图灵程序
设计丛书

动画算法与数据结构

[日] 渡部有隆 [俄] 尼古拉·米连科夫 著 郑明智 译

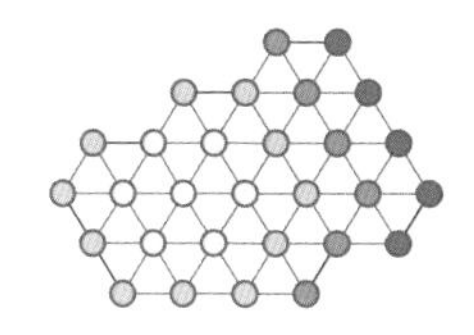
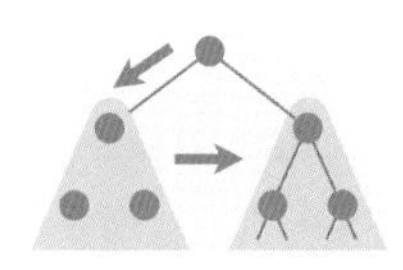
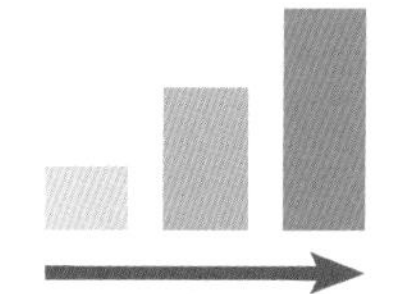
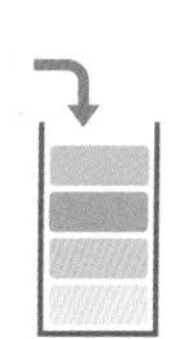

人民邮电出版社
北京

图书在版编目（CIP）数据

动画算法与数据结构 /（日）渡部有隆，（俄罗斯）
尼古拉·米连科夫著 ; 郑明智译. -- 北京 : 人民邮电
出版社, 2024.3
（图灵程序设计丛书）
ISBN 978-7-115-63669-0

Ⅰ. ①动… Ⅱ. ①渡… ②尼… ③郑… Ⅲ. ①动画－
图形软件 Ⅳ. ①TP391.41

中国国家版本馆CIP数据核字(2024)第017833号

版权声明

◆ 著 [日] 渡部有隆 [俄] 尼古拉·米连科夫
译 郑明智
责任编辑 魏勇俊
责任印制 胡 南

◆ 人民邮电出版社出版发行 北京市丰台区成寿寺路11号
邮编 100164 电子邮件 315@ptpress.com.cn
网址 https://www.ptpress.com.cn
雅迪云印（天津）科技有限公司印刷

◆ 开本：800×1000 1/16
印张：25.75 2024年3月第1版
字数：575千字 2024年3月天津第1次印刷

著作权合同登记号 图字：01-2021-6175号

定价：150.00元

读者服务热线：(010)84084456-6009 印装质量热线：(010)81055316

反盗版热线：(010)81055315

广告经营许可证：京东市监广登字 20170147 号

前言

我们生活在由空间和时间组成的世界里。例如，房屋、道路和教室等是作为活动场所的空间，计划和时刻则体现时间的流动。在这个世界里，为了实现各种目标，我们每天都在思考要做什么和如何做，并付诸行动。

例如，要想快速制作出美味的食物，我们需要选择合适的原料和工具，然后规划烹饪步骤。在全家出去旅行前，需要做好旅行路线的规划。为了达成目标，我们需要反复思考，在有限的预算和时间内做出选择，确定行动。

实现目标的步骤叫作“算法”。算法是思考和决策的基础，从日常生活到商业活动、开发和研究等各种需要解决问题的场合，它都会出现。算法不仅可以由人来实现，还可以通过编程自动实现。人脑不容易解决的复杂问题也可以由计算机来解决。因此，算法是 ICT（information and communications technology，信息与通信技术）领域重要的学问之一。在 ICT 领域以外，它也值得作为一种通用的知识来掌握。算法正在成为与阅读、写作、数学和英语相提并论的基础知识。

编程的本质即算法。程序员的必要素质不是具备编程语言和工具的相关知识，而是有良好的思考能力，是能够运用数学知识理解和解决问题、正确地实现算法的能力。这是一种普适和恒久的能力，是无论世界如何变化（例如编程语言发生了变化）都依然有用的能力。

就像人要利用有限的资源来行事一样，算法也需要有效地使用计算机资源。我们需要精简算法，尽可能减少计算步骤，以降低 CPU 的使用频率。另外，程序在计算过程中会将所使用的数据和计算结果存储于内存中。一方面，尽可能地减少内存的使用很重要；另一方面，对内存中数据的“逻辑”形式进行设计，使处理模型化，程序能够更高效地进行计算。

因此，可以认为算法是基于形式（结构）的“在空间结构中流动的处理步骤”。这导致人们难以用文字描述或用程序表现和解释算法。由于它是动态的处理步骤，所以用图和动画来表现和解释会更有效。在我们生活的时空中，图和动画是最适合表示步骤的多媒体形式。数据形式和计算步骤的可视化也有助于人们直观地理解。

因此，本书通过对算法的空间结构、时间结构、数据、计算 4 个特征进行可视化，以统一的形式，结合示意图对算法和数据结构进行讲解。

- 空间结构：数据的逻辑形式
- 时间结构：空间结构上的处理流程
- 数据：与空间结构相关的值
- 计算：处理的内容和状态

本书结合这 4 个特征对每个算法进行讲解，并将计算步骤可视化。虽然在书上它们都是静态的图像帧的序列，但读者只需使用手机或平板电脑扫描二维码，即可查看计算步骤的动画。在动画中，计算步骤从静态的转换成动态的，算法处理也得以突出显示，并且数据的变化也被可视化，直观易懂，便于学习。

本书全面介绍了各种算法和数据结构的知识，通过将算法和数据结构及二者之间的关系可视化，帮助读者愉快地完成学习。

除了可视化部分，书中还进行了相应的解释说明。此外，本书还提供了不依赖于特定编程语言的伪代码实现，帮助读者理解算法的细节及实现。

本书收录的算法和数据结构

本书以图解的方式全面介绍了各种常用的算法和数据结构。现在已经有了各种能高效解决通用问题的算法，其中多数算法在主要的编程语言中作为工具库提供。不过这些库都是内部工作原理不可见的“黑箱”，使用者在使用时往往不能很好地理解。了解它们的内部原理，对于创建没有 bug（即使出现 bug 也能解决）、能够达到预期性能的程序来说是不可缺少的，而且也是创建原创算法的基本灵感来源。

通过本书了解算法和数据结构的工作原理及二者之间的关系后，读者在编程时将有更多选择，不仅能锻炼通用的思考和解决问题的能力，还能从许多算法的奇思妙想中感受到乐趣。

本书的阅读方法

本书的构成

如下图所示，本书由“准备篇”“空间结构”“算法和数据结构”这 3 部分构成。

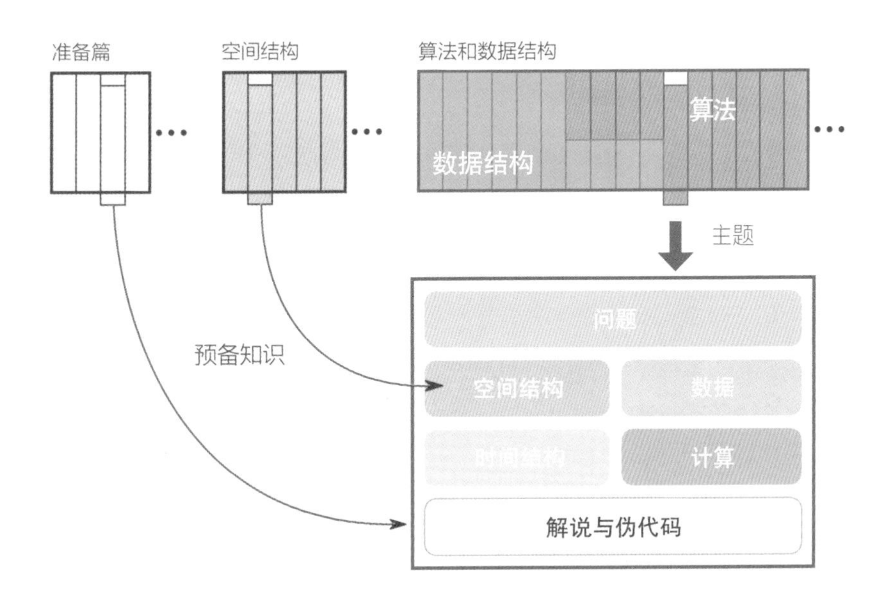

“准备篇”介绍理解本书内容所需的基础知识。这部分将介绍最基础的编程方面的术语和相关知识，为理解伪代码做好准备，同时还将介绍时间复杂度等算法领域的重要概念。

“空间结构”将系统地介绍各种空间结构，另外，也会对相关术语和实现方法进行介绍。

“算法和数据结构”是本书的核心内容。本书将算法看作“解决问题的步骤”，将数据结构看作“根据规则进行操作的数据集”，并分为不同主题进行讲解。为了使实现更高效，有时也将数据结构包含在算法中。

主题的构成元素

问题

算法和数据结构（以下将二者并称为算法）被用于解决“问题”。因此，在开始介绍各个算法之前，本书将先介绍该算法可以解决的问题。在介绍问题时，本书使用图形展示输入和输出的状态。例如，下面的图形展示了排序所解决的问题。

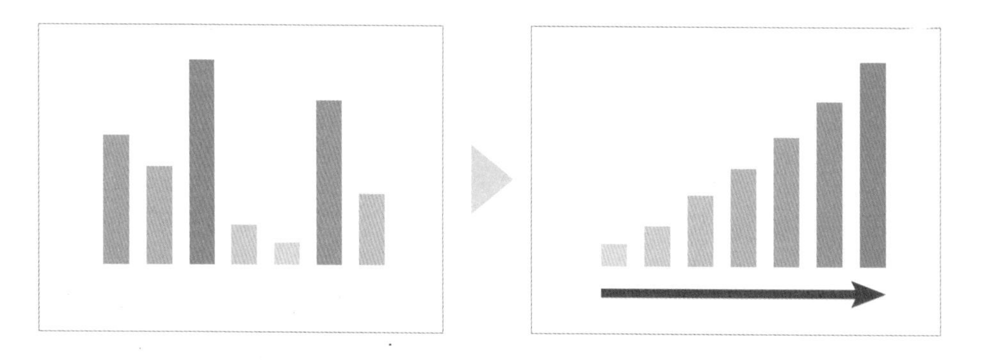

对于数据结构，本书使用图形展示其数据输入和输出操作的状态。例如，下面的图形展示了数据结构中数据的进出情况。

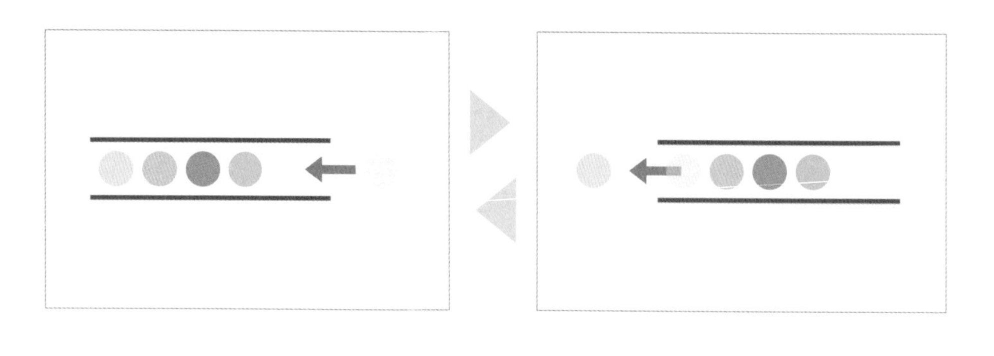

算法和数据结构

本书以统一的方式对各个算法进行介绍，包括以下 4 个要素。

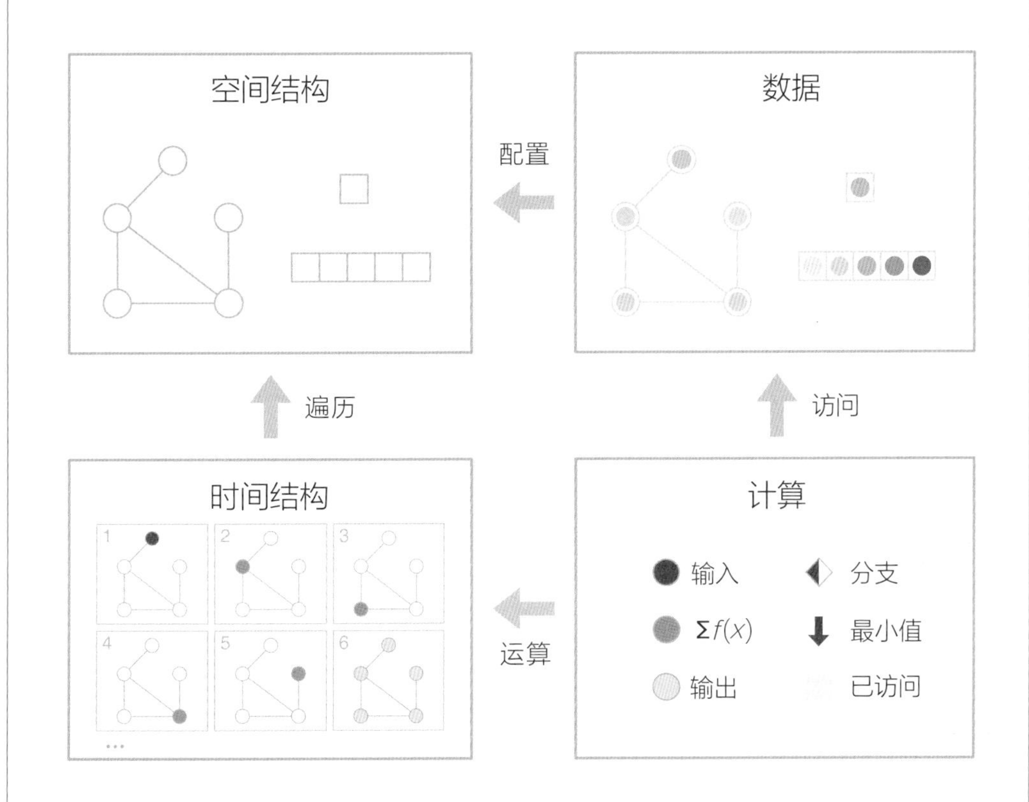

空间结构

空间结构是用于将算法和数据可视化的骨架，由节点（圆形或方形）和连接它们的边（线或箭头）表示。有些结构没有边。空间结构多种多样，包括下图所示的数组、树、图等，本书将首先介绍这些结构。

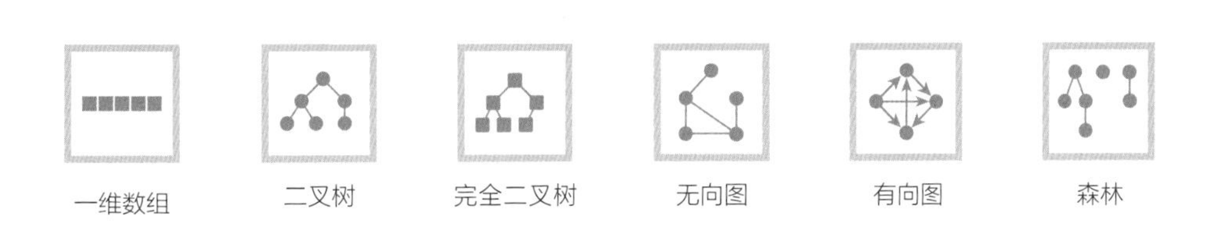

本书的阅读方法

数据

本书将算法处理的输入值、中间结果和输出值等数据可视化为空间结构的节点或边。像程序中的“变量”或“数组变量”这种通过名称或下标访问内存区域的数据的机制，其元素与节点或边相关联。变量或数组变量的值的可视化规则如下所示。

使用单一颜色可视化

根据值的大小使用不同的颜色可视化

使用与各值相应的颜色可视化

时间结构

时间结构将算法的流程可视化。本书用一帧来表示计算的一个步骤（或几个步骤），用帧的时间序列来表示算法的流程。在各个计算步骤（帧）中，除了将空间结构中的数据可视化，还会高亮（闪烁或加粗）显示某个操作的节点。

计算

计算部分将通过文字说明或伪代码的关键字，来介绍时间结构中高亮显示的节点所对应的处理内容和符号的含义。在时间结构和计算中，本书使用颜色区分处理内容和状态，并高亮显示计算的类型，具体说明如下。另外，本书使用箭头和背景图来补充说明重要的下标和状态。

■ 或 ● 实心图形表示数据的写入。这是算法要做的主要计算。

⬇ 箭头表示分支处理的结果、重要的索引和变量。

□ 或 ○ 空心图形表示数据的读取。这是对变量值或节点信息的引用。

背景图用来补充说明特定状态的节点的集合等。这有助于理解计算流程。

半实心的菱形表示某种情况导致处理出现分支，需进行判断。在下一步骤（帧）中将显示判断结果。

? 此外，本书使用符号和文字来补充对算法的步骤和计算内容的说明。

在各个主题中，我们将结合空间结构、时间结构、数据、计算这 4 个特征展示算法的基本信息，并将其可视化为帧的序列。

解说与伪代码

每个主题的后半部分是解说、伪代码、注解和应用示例。

解说是对算法工作原理的文字说明。

通过**伪代码**可以查看变量、循环处理和更具体的计算式等。它从另一个视角呈现了算法的流程，并可作为读者使用具体的编程语言来实现算法的参考。伪代码有一定的自由度，有些通用的流程是用文字编写的。

注解包括对算法的时间复杂度和基于编程语言的实现的补充说明。

应用示例介绍了如何使用该算法和数据结构，以及更复杂的算法和应用。

本书正文的前几个主题将通过具体示例补充介绍本书的阅读方法。

算法图标列表

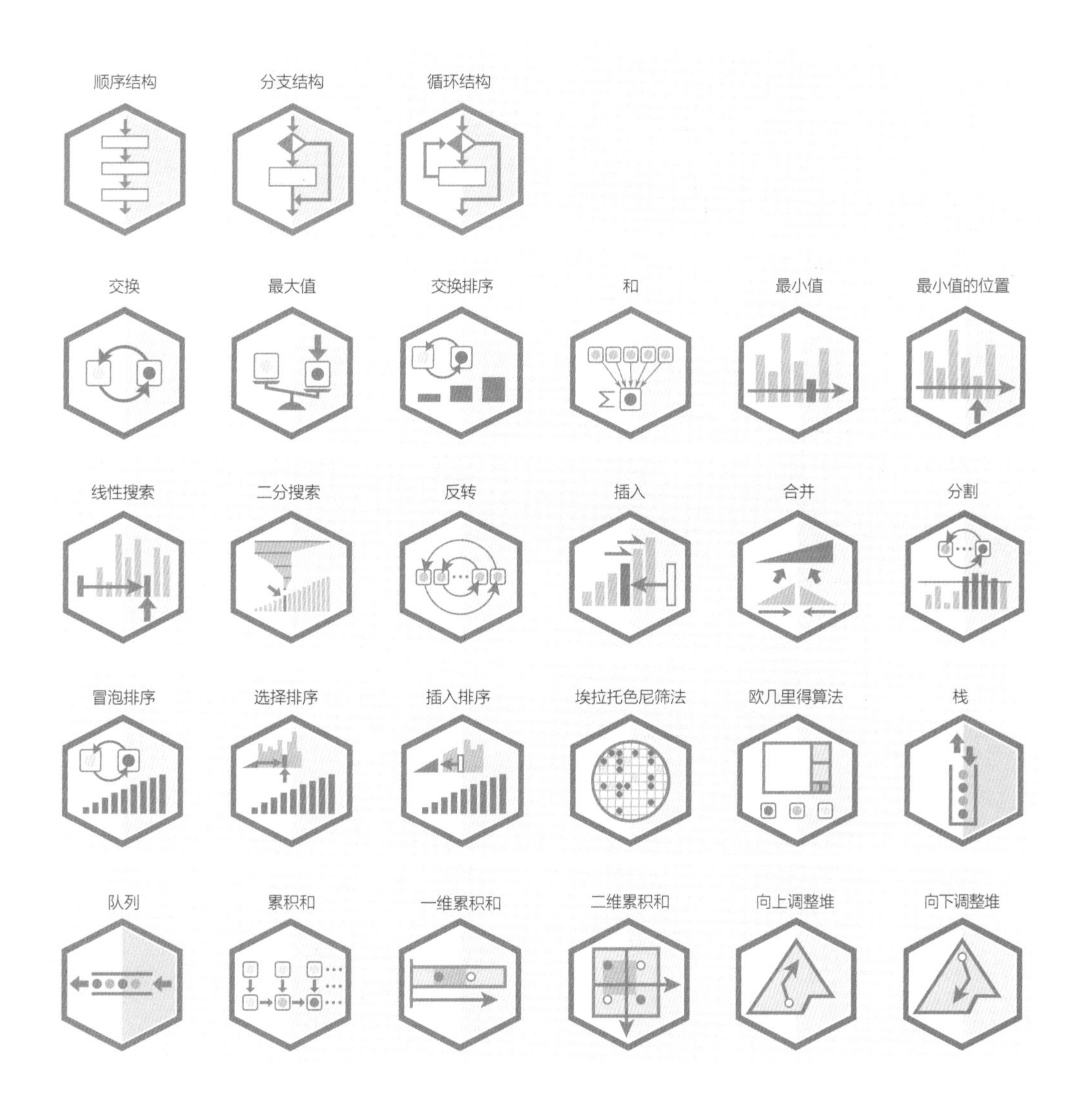

顺序结构
分支结构
循环结构
交换
最大值
交换排序
和
最小值
最小值的位置
线性搜索
二分搜索
反转
插入
合并
分割
冒泡排序
选择排序
插入排序
埃拉托色尼筛法
欧几里得算法
栈
队列
累积和
一维累积和
二维累积和
向上调整堆
向下调整堆

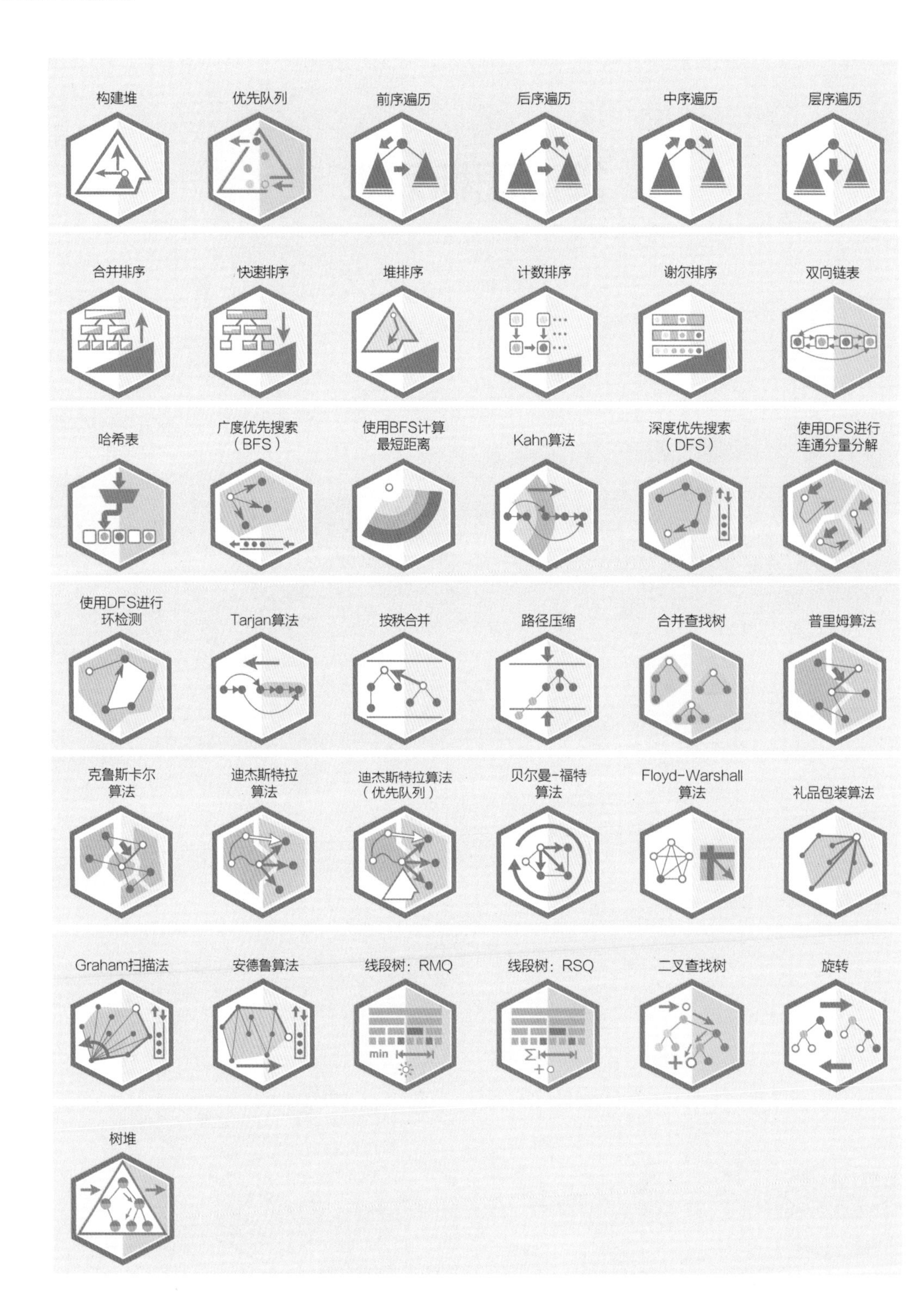
构建堆
优先队列
前序遍历
后序遍历
中序遍历
层序遍历
合并排序
快速排序
堆排序
计数排序
谢尔排序
双向链表
哈希表
广度优先搜索（BFS）
使用BFS计算最短距离
Kahn算法
深度优先搜索（DFS）
使用DFS进行连通分量分解
使用DFS进行环检测
Tarjan算法
按秩合并
路径压缩
合并查找树
普里姆算法
克鲁斯卡尔算法
迪杰斯特拉算法
迪杰斯特拉算法（优先队列）
贝尔曼-福特算法
Floyd-Warshall算法
礼品包装算法
Graham扫描法
安德鲁算法
线段树：RMQ
线段树：RSQ
二叉查找树
旋转
树堆
min
Σ

目　录

第 1 部分 准备篇

第 2 部分 空间结构

第 3 部分 算法和数据结构

第 1 部分

准备篇

第 1 章

编程的基本要素

准备篇是为了使读者顺畅地阅读本书而准备的内容，介绍了理解算法和进行编程所需的最基础的知识，尤其是理解伪代码所需的程序的构成要素。

第 1 章是准备篇的第一阶段的内容，介绍了基本术语和概念。

1.1 变量和赋值运算

变量

算法是根据给定的输入数据，获得想要的输出数据的操作步骤。程序通过在内存中读取输入数据和计算过程中的数据来进行计算。变量是一种为特定的内存区域命名，以便程序访问该区域的机制。因为一个程序（算法）要处理多个数据，所以为了加以区分，每个数据都有一个名称。本书采用多数编程语言的做法，即使用包含字母和数字的字符串表示变量。

变量具有“数据类型”属性，该属性表明变量中存储了什么类型的数据。数据类型包括整数、实数和字符等。在本书中，除非特别指定，否则默认保存的都是整数。

本书涉及的变量有两种：通过一个名字管理一个元素的“变量”和通过一个名字管理多个相关元素的“数组变量”。本书稍后将介绍数组变量。

赋值和读取

向变量写入值的操作叫作“赋值”。本书用←表示赋值操作，←的左侧是变量，右侧是计算式[①]。比如在下面这行代码运行后，变量 a 中将保存整数 8。

```
a ← 8      # 将 a 赋值为 8
```

在本书的伪代码中，# 右边的文本是注释。注释是解释性的文本，对运行没有影响。

一个变量一次只保存一个值，但就像它的字面意思表示的那样，变量的值可以被重写任意次数。例如，在上面的代码运行后，a 的值变为 8，在这种状态下，紧接着再运行下面的代码，a 的值会被重写为 12。

① 许多编程语言用 = 表示赋值操作。

```
a ← 12
```

如果变量在赋值操作的右侧，也就是在计算式之中，那么变量的值将被读取。例如，在a的值为12的状态下，运行下面的代码，那么a的值被读取，这个值的副本被赋值给b，b的值变为12。注意，此时a的值仍然是12。

```
b ← a
```

数组变量

数组变量是通过变量的名称和连续的编号来管理多个相关数据的机制。连续的内存区域整体被赋予一个名称，通过下标（索引）来访问各元素。本书采用多数编程语言的做法，数组变量中表示数组元素的下标从0开始，在[ ]符号中指定。例如下面的代码表示将数组A中从0开始编号的第4个元素赋值为8。在本书中，一个数组中保存的所有元素都是相同的数据类型（如整数）。

```
A[3] ← 8
```

数组中元素的数量叫作数组的大小。一般来说，一旦数组被定义，它的大小就不能改变。在本书中，数组变量的大小由相关空间结构的大小决定（大多数情况下是表示节点数量的 *N*），后文会详细解释。

1.2 基本运算

四则运算

赋值运算符的右侧基本上是计算式（或者像前面的例子那样的仅由常量或变量组成的表达式）。本书分别使用 +、-、*、/ 来表示用于程序中的加、减、乘、除四则运算（与多数编程语言一致）。例如，a 的值是 5，b 的值是 7，运行以下代码，此时计算式将分别读取 a 和 b 的值，并通过 + 运算计算它们的和，最后计算结果会被赋值给 x。

```
x ← a + b
```

计算的优先顺序与普通的数学计算顺序相同，乘和除的优先级最高。括号用于调整优先顺序。例如，a 的值是 2，运行以下代码，y 被赋值为 6。

```
y ← 2 * (a + 1)
```

由于本书主要涉及整数，因此除法计算结果中的小数点将被舍弃。例如，运行以下代码，z 的值为 2。

```
z ← (3 + 2) / 2
```

逻辑表达式

计算结果为真（true）或假（false）的表达式叫作逻辑表达式。逻辑表达式使用判断左右两边给定的两个表达式的结果是否相等的等于运算符、不等于运算符和比较左右两边结果大小的比较运算符。本书使用 =、≠进行等于、不等于运算，使用 <、≤、> 和≥进行比较运算[①]。

我们还可以使用关键字 and 和 or 对逻辑表达式进行组合，它们分别进行表示“并且”

① 许多编程语言的等于运算符是 ==、不等于运算符是 !=、比较运算符是 <、>、<=、>=。

的逻辑与、表示“或者”的逻辑或的运算[1]。

例如，下面代码的意思是当“a 与 b 相等，并且 b 比 c 小”时，该表达式的计算结果为真。

```
a = b and b < c
```

另外，本书使用 not 关键字表示逻辑非（某些编程语言使用！作为逻辑非的运算符）。逻辑非是当对象表达式为真时结果为假，对象表达式为假时结果为真的运算。

自增和自减运算符

许多编程语言提供了自增和自减运算符，能够将变量的值加 1 或减 1。例如，下面是对变量 a 的自增操作，其中用到了将变量 a 的值加 1 的自增运算符。

```
a++
```

它等价于下面这行代码。

```
a ← a + 1
```

而将变量 b 减 1 的自减运算如下所示。

```
b--
```

自增和自减运算符在表达式中的使用方法分为两种：++a 和 a++。++a 表示在表达式中使用 a 加 1 后的结果，而 a++ 表示在代码运行后将 a 的值再加 1。例如，a 的值为 0，运行以下代码，那么 x 的值为 0，a 的值变为 1。

```
x ← a++
```

同样在 a 的值为 0 的情况下，运行以下代码，x 和 a 的值都将是 1。

```
x ← ++a
```

① 许多编程语言的逻辑与运算符是 &&，逻辑或运算符是 ||。

1.3 控制结构

算法的处理流程可以由以下三种结构的组合（嵌套结构）来表示。

- 顺序结构
- 分支结构
- 循环结构

顺序结构

顺序结构按代码顺序处理语句。本书的伪代码按照从上到下的顺序运行（如果代码在同一行，则按照从左到右的顺序）。例如，下面的程序按从上到下的顺序进行三次处理。

```
a ← 7
b ← 5
c ← a + b
```

第 1 行运行结束后，a 的值是 7；第 2 行运行结束后，b 的值是 5；第 3 行运行结束后，c 的值是 12。

分支结构

分支结构根据条件选择处理加以运行。本书的伪代码主要使用 if、if-else 和 if-else-if 这三种分支结构语句。

if 语句的写法如下所示。关键字词后面是以 : 结尾的条件表达式，紧接着的缩进相同的几行是满足条件时运行的一系列处理。

```
if 条件表达式：
    处理
```

可以看出，本书的伪代码使用相同的缩进来表示相关的操作，即代码块。如下面的代码所示，如果 a 的值小于 b 的值，则将 b-a 的结果赋值给 c，并输出 c 的值。

```
if a < b:
    c ← b - a
    输出 c 的值
```

if-else 语句表示如果不满足条件表达式，则运行 else: 下面的处理，写法如下所示。

```
if 条件表达式：
    处理 1

else:
    处理 2
```

在下面的代码示例中，如果 a 的值小于 b 的值，将 b-a 的结果赋值给 c；如果 a 的值大于或等于 b 的值，则将 a-b 的结果赋值给 c。

```
if a < b:
    c ← b - a
else:
    c ← a - b
```

if-else-if 语句用于编写有多个条件表达式时分别进行相应处理的代码，写法如下所示。

```
if 条件表达式 A:
    处理 1

else if 条件表达式 B:
    处理 2
```

```
else if ...:
    ...

else:
    ...
```

循环结构

循环结构用于在满足条件时重复进行处理。本书伪代码的循环结构主要使用 while 语句和 for 语句。

while 语句用于只要给定的条件表达式得到满足，就会重复进行处理的代码中，写法如下所示。关键字 `while` 后面是以 : 结尾的条件表达式，其下以相同的缩进编写的几行是满足条件时要进行的一系列处理。

```
while 条件表达式 :
    处理
```

下面是依次输出从 0 到 9 的整数的代码示例。

```
n ← 0
while n < 10:
    输出 n 的值
    n ← n + 1
```

for 语句在重复运行次数事先确定的情况下使用，写法如下所示。通过规则和模式改变循环结构中使用的变量（本例中为 `i`）的值，重复地进行处理。

```
for i ← 1 to N:
    处理
```

在上面的例子中，`i` 从 1 开始每次递增 1，重复进行处理，直到变为 N（包括 N）为止。

下面是在 for 语句中指定数列的模式重复进行处理的例子。

```
for i ← 1, 3, 5, ..., N:
    # 输出奇数
    print i
```

如下例所示，for 语句也可用于遍历给定的集合或列表中的元素，将每个元素作为变量重复进行处理的情况。

```
for v in L: # 依次取出数据集合 L 中的元素 v
    使用 v 的处理
```

在循环结构中可以使用关键字 break 或 continue 来强制控制处理流程。break 不管 while 语句或 for 语句的条件是否满足，都会退出循环；而 continue 则会跳过本次循环的后续处理的运行，继续进行下一次循环。本书后面的伪代码中有具体的应用示例。

1.4 函数

函数是用于特定目的的处理代码的集合，它可以被其他程序调用。我们可以像命名变量一样给予函数和处理相关的名称。函数接收（必要的）叫作参数的输入值，对其进行计算和处理，并（根据需要）将计算结果返回给调用者。

例如，接收两个整数并返回它们的和的函数定义如下所示。

```
add(a, b):
    c ← a + b
    return c
```

返回计算结果需要借助关键字 return 来实现。

下面是从程序中调用预先编写好的函数的示例。

```
x ← 5
y ← 18
z ← add(x, y)
输出 z # 23
```

函数除了可以接收变量的“值”的副本作为输入值外，还可以接收变量的“地址”。例如，下面的函数接收“地址”，并改写原变量的值。

```
increment(&a): # 通过 & 指示函数接收变量的地址
    a ← a + 1

x ← 99
increment(x)
输出 x # 100
```

这样的函数可以用于改写所传递变量的值的代码。

如果参数是数组变量，那么函数实际接收的是数组变量的地址。例如，下面的代码接收数组 A 并改写它的值。

```
# 初始化元素个数为 N 的数组 A 的值
initialize(A, N):
    for i ← 0 to N-1:
        A[i] ← 0
```

此外，许多编程语言还有表示是否可以访问变量的作用域的概念。为了简单起见，本书假设定义在函数之外的变量的作用域没有限制，函数可以访问定义在函数之外的变量（在实际的开发中不推荐这种做法）。

第2章

编程的应用要素

2.1 命名规则

程序（算法）中使用的变量和函数可以由程序员用字母和数字自由命名。不过为了使代码易于阅读和维护，在软件开发，尤其是大规模的软件开发中，我们需要贯彻变量和函数的命名规则。在实践中，这意味着开发者需应用由开发团队决定的或者根据所使用的编程语言风格决定的命名规则。

本书虽然有一些命名方针，但并没有应用实际的开发团队使用的严格的命名规则。一般来说，使用能够看出具体代表什么的名字来命名变量和函数的规则是必须要遵守的，但由于本书涉及的算法的代码规模很小，一次性处理的变量也很少，因此在不引起混淆的前提下，本书尽量为变量取了简洁的名称，而为那些具有重要意义和需要加以区别的变量或函数指定了具体且适当的名称。

2.2 区间的表示方法

在说明、实现算法和程序的过程中，常常会出现区间这个概念。由于本书主要涉及的是整数，因此在本节对整数区间的表示方法进行补充说明。

本书主要涉及表示连续数组元素的区间的写法。区间表示在整数 a 和整数 b 之间的整数列，但是根据是否分别包含 a 和 b，写法有所不同。本书主要使用关键词“区间”来表示区间，如下所示。

写　法	含　义	具体示例
区间 $[a, b]$	满足 $a \leqslant x \leqslant b$ 的 x	区间 [7,10] 表示 7、8、9、10
区间 $[a, b)$	满足 $a \leqslant x < b$ 的 x	区间 [7,10) 表示 7、8、9

a、b 叫作端点。$[a, b]$ 包含两边的端点，叫作闭区间。不过要注意的是，$[a, b)$ 并不包含 b，这种不包含一边端点的区间叫作半开半闭区间。

2.3 递归

递归是指在对某一事物的描述中出现对被描述事物本身的引用。这个概念在算法和编程中以递归处理的形式出现，尤其是递归函数，它是实现高级算法的一种基本的编程技术。由于本书也使用了递归运算和递归函数，因此本节对递归进行补充说明。

递归函数是在函数中调用自身的函数。例如，计算整数 n 的阶乘 $n! = n \times (n-1) \times \cdots \times 1$ 的函数可以写成如下所示的递归函数的形式。

```
factorial(n):
    if n = 1:
        return 1
    return n * factorial(n-1)
```

这个函数的定义利用了 n 的阶乘等于 $n \times ((n-1)$ 的阶乘) 的特性。需要注意的是，递归函数必须包含结束条件 (或递归函数的运行条件)。如在本例中，当 n 为 1 时返回 1。

递归函数作为分割问题并高效求解的算法，以及系统地访问数据结构内部数据的算法的实现技术被广泛应用。本书后面会给出更偏实践的应用实例。

2.4 类

虽然变量已经有了整数、实数和字符串等“类型”，但许多编程语言还设计了类或结构体等，使程序员可以定义自己的类型。类就像类型的设计书，它的定义方法在不同的编程语言中是不同的。本节将对本书伪代码中的类的写法进行补充说明。例如，可以编写如下表示二维平面上的点的类。

```
class Point:
    x
    y
```

这个类的名字叫 Point，它有两个变量 x 和 y。因为本书主要处理整数，所以省略了整数的类型定义，不过会在需要的时候通过注释进行补充说明。类的定义中包含数据（变量）和对这些数据进行的处理（函数）。下面的示例是 Point 类中移动点的函数的定义。

```
class Point:
    x
    y

    move(dx, dy):
        x ← x + dx
        y ← y + dy
```

下面是一个使用该类的例子。

```
Point p             # p是Point类型
p.x ← 5             # 初始化p的x的值
p.y ← 18            # 初始化p的y的值

p.move(2, -8)       # 移动点

输出p.x             # 显示7
输出p.y             # 显示10
```

本书的伪代码在生成某个类的变量时，需要首先声明该类的名称。要访问类中的变量或函数时，需使用 .（点）。通过像这样使用类的变量，我们可以更直观地操作数据，而且更容易处理同一类型（类）的多个数据。下面是将类和数组结合使用的示例。

```
Point points[10]  # 定义包含 10 个点的数组

# 初始化坐标
for i ← 0 to 9:
    points[i].x ← 0
    points[i].y ← 0

# 下面是取出数组中元素值的另一种写法
for p in points:
    p.x ← 0
    p.y ← 0
```

2.5 指针

本节介绍的指针的概念相对较难，只有第 21 章和第 29 章的伪代码才真正用到了指针，所以一开始跳过本节也不影响阅读。

指针是一种记录变量地址的机制。指针变量指向数据的位置，但不持有数据实体，因此是实现节省内存的高效数据结构所不可或缺的概念[①]。本书中与指针相关的计算的写法很简单。下面通过两个简单的例子来展示。

第一个例子使用以下两个类来模拟矩形的绘制。

```
class Point:
    x
    y

    move(dx, dy):
        x ← x + dx
        y ← y + dy

class Rectangle:
    Point *o     # 原点（指针）
    w            # 宽
    h            # 高

    print():
        输出 o.x, o.y, w, h
```

Point 是通过两个变量 x 和 y 表示点的类。Rectangle 是通过原点 o、宽 w 和高 h 表示矩形的类，Rectangle 持有的原点是指向 Point 实体的指针。本书统一在表示指针的变量前面加上 * 标记。下面的代码使用这两个类来进行简单的模拟。

① 不同的编程语言中指针的概念不同。有些变量看起来像普通变量，但在内部是被当作指针使用的。在实践中要想写出节省内存的程序，需深刻理解该语言的工作原理。

```
Point *origin ← 生成点              # 生成点，将其地址记录于 origin
origin.x ← 0                        # 初始化 x
origin.y ← 0                        # 初始化 y

Rectangle *rect ← 生成矩形          # 生成矩形，将其地址记录于 rect
rect.w ← 8                          # 初始化宽
rect.h ← 5                          # 初始化高

rect.o ← origin                     # 设置原点

rect.print()                        # 显示 0, 0, 8, 5
origin.move(10, 20)                 # 移动原点
rect.print()                        # 显示 10, 20, 8, 5
                                    #（会看到矩形移动了位置）
```

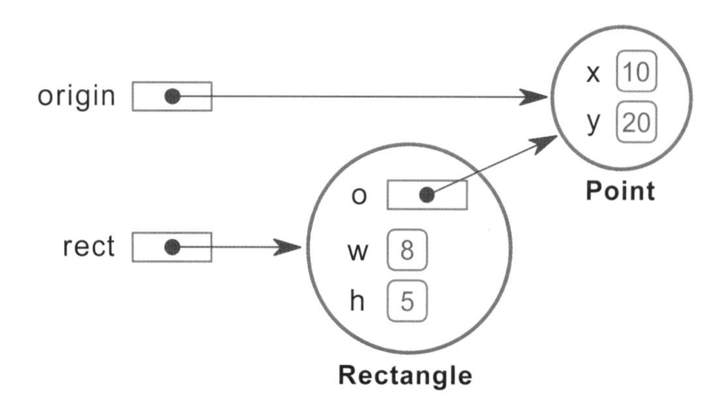

这段代码运行后，内存中的状态如上图所示。因为指针不持有数据的实体，而是持有其地址，所以我们可以像图中那样用箭头来表示指针。矩形的原点是指针，设置原点的代码 rect.o ← origin 的意思是将指针赋值给指针。这个赋值使 rect.o 指向 origin 所指向的实体。本书为简单起见，使用 .（点）来访问“指针所指向的实体”的变量和函数（某些语言会使用特殊的运算符）。

这个模拟的本质是验证 origin.move(10, 20) 会移动矩形的原点。运行 rect.o.move(10, 20) 会得到同样的结果。

在第二个例子中，我们来修改 Point 类，创建一个通过指针连接点的程序，代码如下所示。

```
class Point:
    x
    y
    Point *t

    print():
        输出 (x, y) 的坐标
```

这个 Point 类的特征是其中包含了指向 Point 实体的指针。下面的代码使用这个类来创建点的链表，按照链表顺序输出坐标。

```
Point *root ← 生成坐标 (1, 1) 的点
root.t ← 生成坐标 (2, 4) 的点
root.t.t ← 生成坐标 (3, 9) 的点

Point *cur ← root       # 设置现在的位置
while cur ≠ NULL:
    cur.print()         # 依次输出 (1, 1), (2, 4), (3, 9)
    cur ← cur.t
```

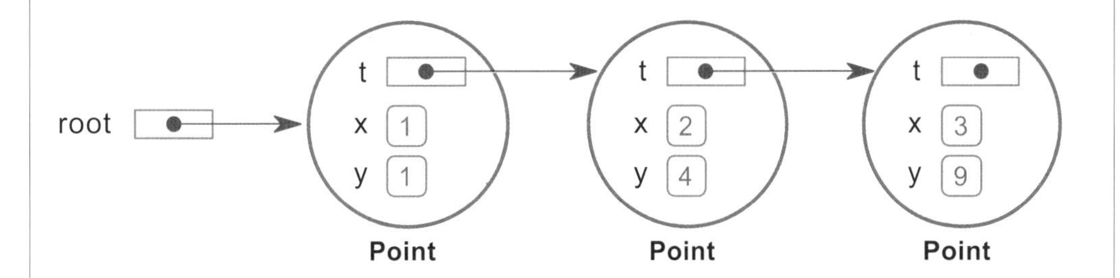

我们可以像上面的代码那样通过追溯指针来访问内存中生成的数据实体的变量。

NULL 的意思是“什么都没有”，表示指针没有指向任何地址。本书使用 NIL 和 NULL 作为表示“什么都没有”的符号或常量，但对于指针的情况，专用 NULL 表示。

第3章

算法设计的准备

3.1 大 O 表示法

要想比较算法并为特定情况选择最合适的算法，我们需要判断基准。可以用来作为参考的一个基准是时间复杂度（time complexity）。

时间复杂度是指基于输入数据的大小，估算得出的算法所需的大致的计算步骤。其表示方法有多种，一般使用的是大 O 表示法。

例如，对于有 N 个元素的数列，某个算法 A 需要 cN 个计算步骤，那么就说算法 A 的时间复杂度为 $O(N)$。表达式中的字母 O 是 Order 的简写，表示阶，因此我们也可以将 $O(N)$ 称为“N 阶”。cN 中的 c 是足够小的常数。这个大致的估算表明我们对计算步骤的“增量”感兴趣。拿这个例子来说，这意味着如果数列 N 的大小变为现在的 100 倍，那么要运行的计算步骤数也将变为现在的 100 倍。即使改变 c，增量也是不变的。此外，即使计算步骤变为 $cN+c_0$，由于常数 c 和 c_0 与 N 相比非常小，时间复杂度还是 $O(N)$。

同样，对于同一个问题，如果算法 B 的计算步骤数为 cN^2+cp，那么时间复杂度为 $O(N^2)$。如果数组 N 的大小变为现在的 100 倍，那么要运行的计算步骤数将变为现在的 10 000 倍。

大 O 表示法在估计增量时不仅忽略常数，而且还忽略更低阶的项。例如，计算步骤数为 $cN^3+c_1N^2+c_2N^2+c_0$（其中 c_i 为常数），那么时间复杂度为 $O(N^3)$。

如果问题的规模（在上面的例子中为 N）足够大，使用大 O 表示法得到的时间复杂度的估计值完全可以用作分析和比较算法的工具。

下表是本书涉及的时间复杂度的列表，在各算法和数据结构的主题中也会显示相应的时间复杂度。

图　标	增　量	时间复杂度的例子	特　点
	常数	$O(1)$	表示独立于数据量的时间复杂度，这种复杂度的算法是最高效的
	对数	$O(\log N)$[①]	时间复杂度与数据量的对数成正比。因为即使 N 很大，其对数也非常小，所以这种复杂度的算法是非常高效的
	平方根	$O(\sqrt{N})$	时间复杂度与数据量的平方根成正比。 这种复杂度的算法是高效的
	线性	$O(N)$, $O(N+M)$	时间复杂度与数据量本身成正比（线性）。虽然这种复杂度的算法可以算作高效的，但在实现重复这种操作的应用（例如对数据结构的处理）中需要注意
	线性、对数	$O(N \log N)$, $O((N+M) \log N)$	因为 $O(\log N)$ 的速度非常快，对于某些问题可以认为 $O(N \log N)$ 几乎等同于线性的，所以这种复杂度的算法可以被归类为高效的算法
	二次函数	$O(N^2)$	时间复杂度与数据量的平方成正比。数据量的增加对时间复杂度影响很大，因此这种复杂度的算法被归类为低效的算法。需要注意数据量达到几千的情况
	三次函数	$O(N^3)$	时间复杂度与数据量的立方成正比。数据量的增加会导致时间复杂度急剧增加，因此这种复杂度的算法被归类为低效的算法。一旦数据量达到几百个，就应该注意了

① 从研究算法的角度，log 的底数变化不影响增量。因此，这里不标注底数。——编者注

3.2 问题的约束条件

在设计软件或算法时，我们必须关注时间复杂度，并考虑应用或问题的规模。例如，对于给定的输入，其数据量最大有多少，每个元素（整数）的上限和下限是多少，等等。软件和待解决的问题总是伴随着需求和约束条件，这些都是算法设计的材料。

本书会在问题的描述栏记载那些对算法设计特别重要的数据量的大小或数据的特性等约束条件。例如，对于数据列表的排序问题，给定数据量的上限是 100 个还是 100 000 个会导致要设计的算法产生区别。本书记载的约束条件并不是完全表现问题特征的严格条件，但是读者可以把它们当作在一定程度上掌握了问题规模的情况下，估算时间复杂度的参考。

第 2 部分

空间结构

第4章

空间结构概述

4.1 空间结构：概述

空间结构是内存的逻辑结构，它是对算法的步骤和数据进行可视化的基础。下面是一些空间结构的图形示例。

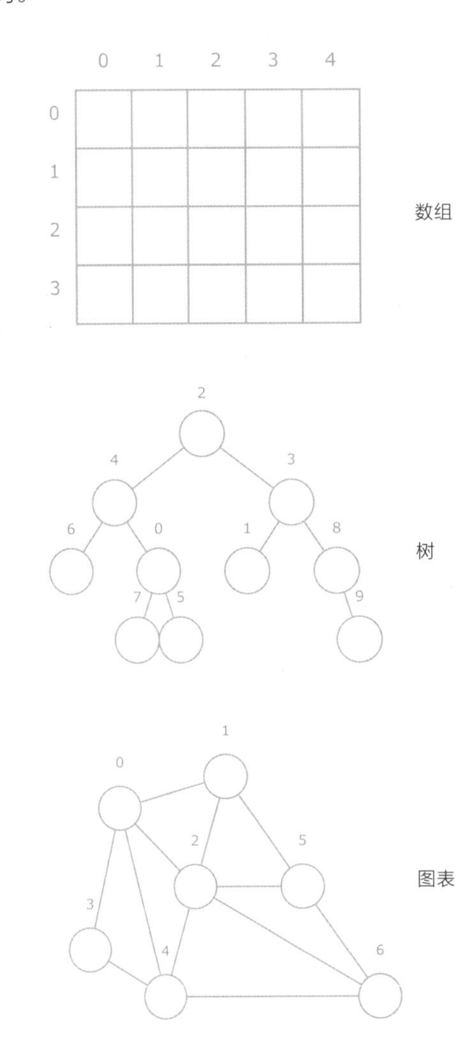

空间结构由表示事物对象的节点和连接它们的边组成。节点是结构的组成部分，用圆形或正方形表示。边用连接节点的线或箭头表示，有些结构中没有边。

本书所涉及的空间结构按形状和特点分类如下。

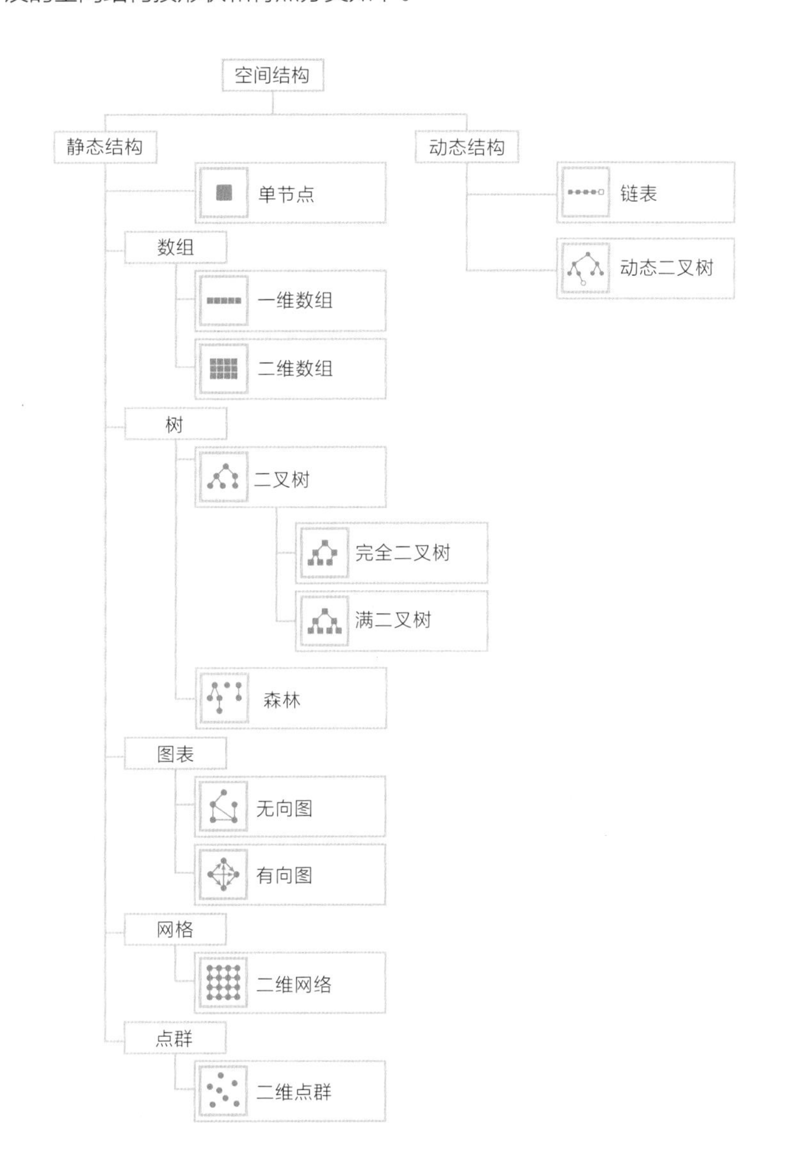

空间结构可以大体分为静态结构和动态结构。静态结构的大小（节点数）一旦确定，就不能再改变，而动态结构可以在算法中（运行期间）改变其大小。

常见的结构，如数组、树和图，因其约束各不相同，属于（一个或多个）更细化的结构分类。本章主要介绍这些常见结构的概念和术语，暂不对其进行详细介绍。

4.2 数组

数组结构是节点排列分布的空间结构。数组结构中没有边，节点也可叫作单元。根据数据排列方向的数量（维度），数组结构可以为一维、二维、三维……n 维结构。数组结构的大小是固定的，被创建出来以后，其大小和维度都不能改变。

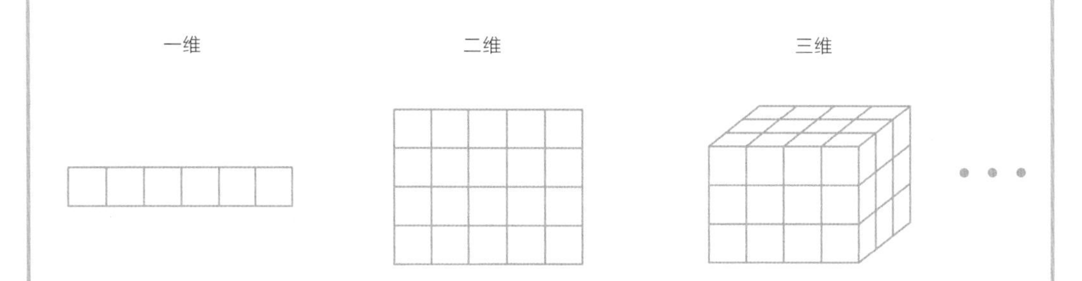

数组结构的节点按顺序编号。在 n 维数组中，每个维度也有连续的编号，如果要指定元素，我们需要将 n 个维度的编号组合。

本书涉及的是一维和二维数组结构，后面将详细介绍。

4.3 图

图是将事物及其关系可视化的表示方法，由对象节点和连接节点的边组成（节点和边的叫法多种多样，本书统一使用节点和边）。在计算机领域，图作为表示现实世界中事物的模型，被广泛使用。

图大体上可分为边没有方向的**无向图**和边有方向的**有向图**。

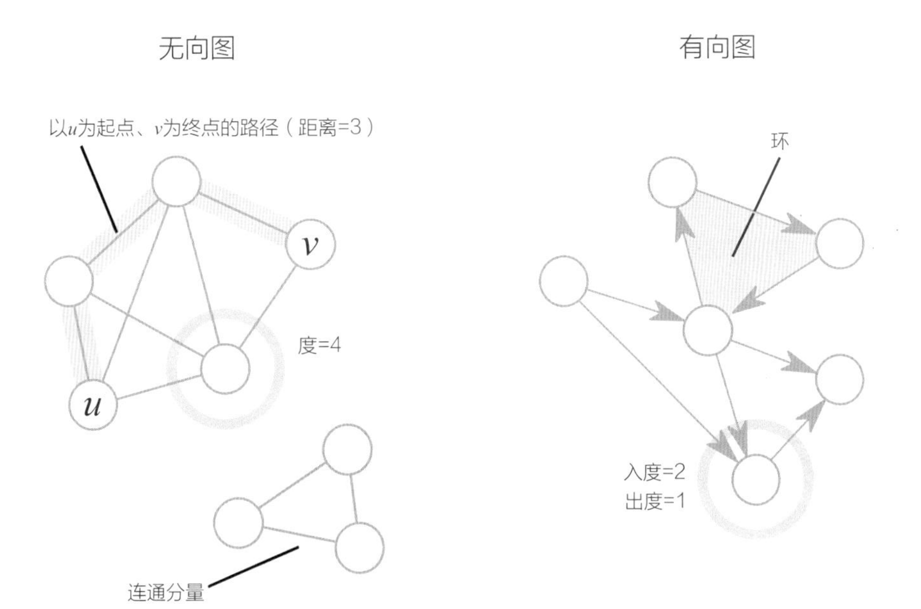

如果节点 u 和节点 v 可用一条边直接连接，我们就称 u 和 v 是**邻接**的。

从图的节点 v 延伸出来的边的数量叫作 v 的**度**。在有向图中，从节点 v 出来的边的数量叫作**出度**，进入节点的边的数量叫作**入度**。

如果在节点与下一个节点之间有边连接，这些节点就构成了路径。路径有起点和终点，起点和终点为同一个节点的路径叫作**环**。

两个节点之间的边的数量叫作长度，最短路径中边的数量叫作**距离**。

如果无向图中任意两个节点 u 和 v 之间都有路径，则可称该图为**连通图**。对于一个不完全连通的图 G，图中的最大连通子图叫作 G 的**连通分量**。换言之，连通分量中的任意两个节点都可以沿着边到达对方。

边具有权重的图叫作**加权图**。权重是问题或应用中涉及的各种数值（如道路的通行费用或关联度的大小）。本书主要关注与图中节点相关的数值，不过如果想为空间结构的边分配权重（变量或数值），可使用以下表示形式。

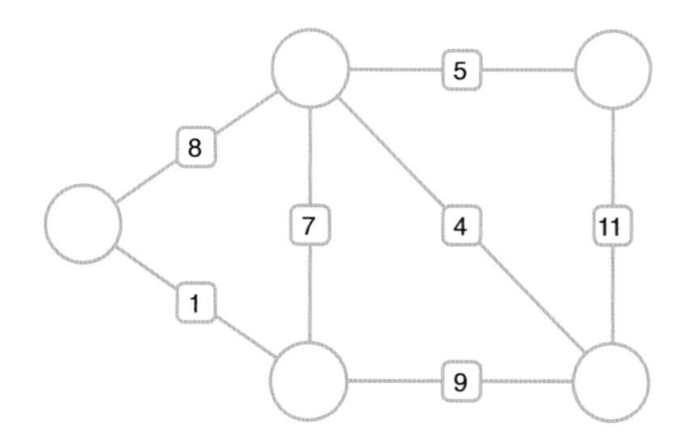

4.4 树

树结构是用于快速存储和获取数据的结构，是信息处理中不可或缺的概念。根据形状的不同，树被分为多种类型。虽然树结构也是图结构，由一组节点和连接它们的边组成，但如下图所示，树不能有任何环。

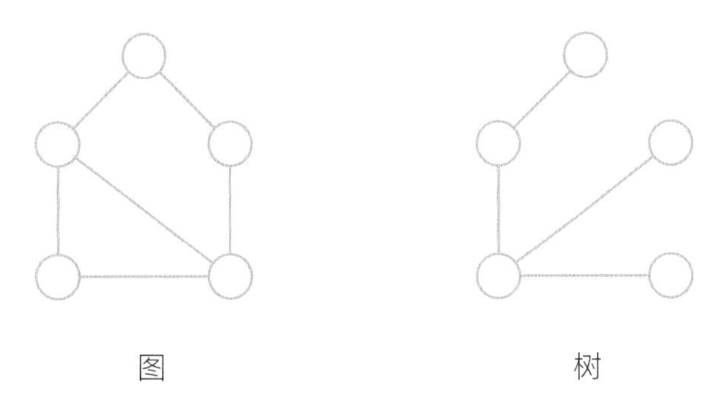

本书中的树都以一个被称为**根节点**的特殊节点为顶点，边在顶点下方延伸，如下图所示。这样的树叫作**有根树**。

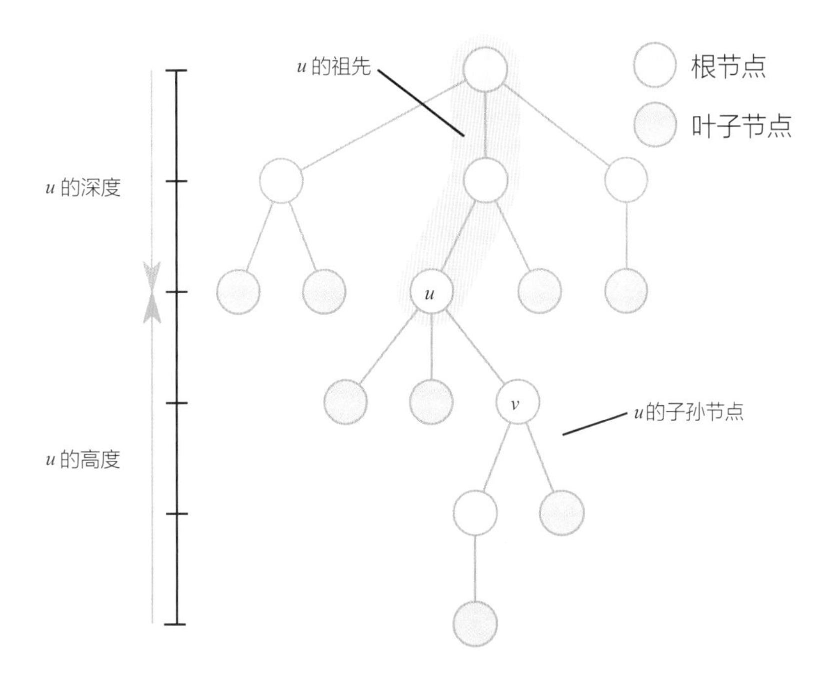

从某个节点 u 向下延伸而连接的另一个节点 v 是 u 的**子节点**，u 则是 v 的**父节点**。没有子节点的是**叶子节点**。叶子节点以外的节点是**内部节点**。

从节点 u 向上追溯到根节点，路径上的节点是 u 的**祖先节点**，而从 u 向下到叶子节点的路径上的节点是 u 的**子孙节点**。祖先节点和子孙节点都包括 u 本身。

从根节点到达节点 u 所需经过的边的数量叫作 u 的**深度**或**层**（例图中 u 的深度为 2），而从最深的叶子节点到达 u 所需经过的边的数量叫作 u 的**高度**（例图中 u 的高度为 3），根节点的高度就是树的高度（例图中树的高度是 5）。

拥有相同父节点的节点是**兄弟节点**。节点 u 的子节点的数量叫作 u 的**度**（例图中 u 的度为 3）。

由 u 及其子孙节点组成的以 u 为根的有根树叫作**子树**。

第5章

数组

5.1 单节点

单节点 Single Node

简明展示空间结构。

单节点结构就像一个没有维度的数组，由一个节点构成。它是将“变量”可视化的最简单的空间结构。

介绍决定结构的大小和形状的参数等。

由于节点的数量总是一个，所以没有决定大小的参数。

单节点结构可以用变量来表示。变量的值被展示在节点上。

补充介绍如何展示变量和数组变量等。

它们出现在所有处理变量的算法中。请注意，本书中的大部分算法和数据结构主要处理数组变量，但在进行不需要数组的简单计算时或者在保存和可视化单个数据时使用单节点（变量）。

介绍应用领域。

在伪代码中没有专门定义表示单节点的类，单节点是作为普通变量出现的。

补充介绍在伪代码中是如何处理的。

5.2 一维数组

一维数组 1 Dimensional Array

一维数组结构是由 N 个节点排成一行或一列而成的空间结构。它是用于数组变量可视化的最基本的结构。

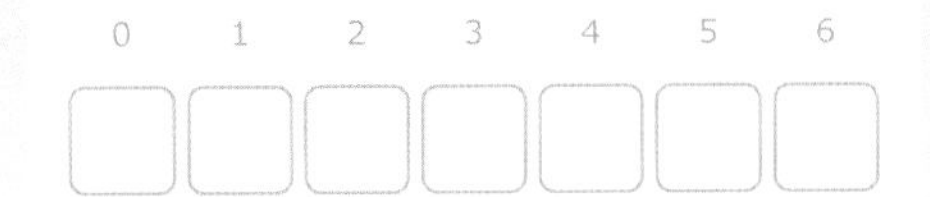

一维数组结构的大小和形状由其包含的节点数 N 决定。节点被依次赋予从 0 到 N−1 的编号。

根据算法和数据结构的不同，本书有时会垂直排列节点，或者进行换行，以多行展示节点。

一维数组结构是用于可视化一维数组变量的结构。各节点上显示的是每个数据变量的值。节点编号依次对应数组变量的下标，数组变量的大小为 N。

它是用于处理（可视化）数列或集合的最常用的空间结构，出现在搜索和排序等各种算法中。

在伪代码中没有专门定义表示它的类。它常作为大小为 N 的普通一维数组变量出现。

5.3 二维数组

二维数组 2 Dimensional Array

二维数组结构是节点在水平和垂直两个方向排列的空间结构。

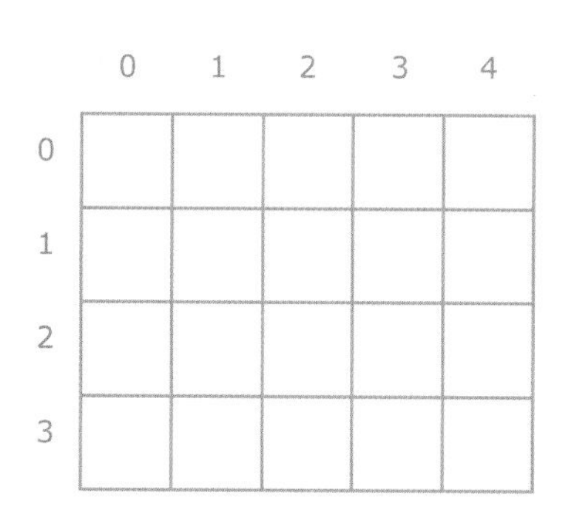

二维数组结构由 N 列和 M 行组成，每个节点都被分配连续的列号和行号，列号为 0 至 N−1，行号为 0 至 M−1。二维数组结构的大小和形状由 N 和 M 决定，节点的数量为 $N \times M$。

二维数组结构是用于可视化二维数组变量的结构。各节点上显示的是每个数据变量的值。列号和行号分别对应于二维数组变量的列索引和行索引，数组的大小为 $N \times M$。

它出现在用二维信息表示状态和数据的算法中，如图像的像素、平面上的地图、表格计算等。

在伪代码中没有专门定义表示它的类，它作为大小为 N，M 的二维数组变量出现。

对于二维数组变量，这里再多说一句。类似于通过 `[]` 中的下标访问一维数组变量的元素（如 `A[i]`），二维数组变量的元素需通过两个下标访问，如 `A[i][j]`。

第6章

树

6.1 二叉树

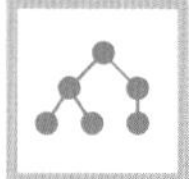

二叉树 Binary Tree

二叉树是满足约束条件“节点的子节点不超过两个”的有根树，它严格区分左子节点和右子节点（有些节点没有子节点）。

二叉树结构的大小和形状由节点数量 N，以及每个节点的父节点、左子节点（如果有）和右子节点（如果有）决定。节点的编号为从 0 到 $N-1$ 的值。

二叉树节点的序列可以使用一维数组变量表示，换言之，一维数组变量的每个元素的值可以显示在二叉树的节点上。节点编号依次对应数组变量的下标，该数组的大小为 N。

二叉树结构不仅被用于加快元素添加和搜索的数据结构，还被用作许多高级算法中的计算形式。虽然静态二叉树结构的应用有限，但动态二叉树结构对于实现高效利用内存的高级数据结构是必不可少的（详见第 9 章）。

在伪代码中，我们使用下面的类来表示二叉树的结构和形状。

```
# 持有父节点、左子节点和右子节点编号的节点 Node 类
class Node:
    parent
    left
    right

# 用一个拥有 N 个节点的数组表示二叉树
class BinaryTree:
    N              # 节点数量
    root           # 根节点的编号
    Node nodes     # 拥有 N 个节点的数组
```

如果 Node 的 parent、left、right 存在，它们将取从 0 到 $N-1$ 之间的值，如果不存在，则取 NIL。NIL 的意思是“什么都没有”，在实际开发中，我们需要为 NIL 分配适当的常量。

BinaryTree 类持有根节点的编号，nodes 是大小为 N 的数组，它的第 i 个元素保存了节点 i 的信息。

6.2 完全二叉树

完全二叉树 Complete Binary Tree

完全二叉树是满足“除最后一层外，其他各层节点都达到最大个数，且最后一层节点连续集中在左边”条件的二叉树。

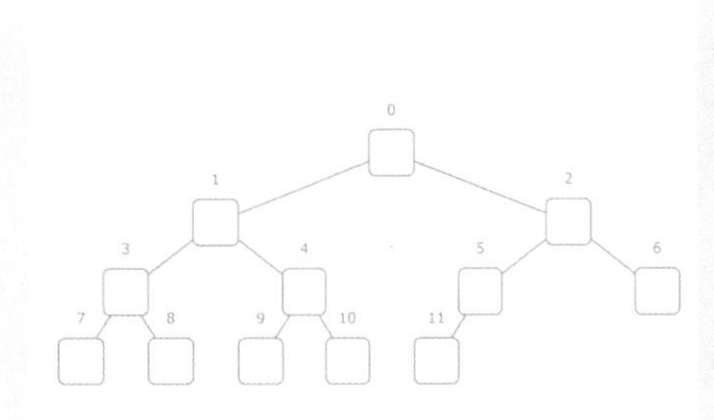

完全二叉树的节点是从根节点开始依次编号的：根节点是 0，其左子节点是 1，右子节点是 2，以此类推，节点 k 的左子节点是 $(2 \times k+1)$，右子节点是 $(2 \times k+2)$。节点 c 的父节点是 $(c-1) \div 2$（舍去小数部分）。完全二叉树的大小和形状只取决于节点数 N。

完全二叉树节点的序列可以使用一维数组变量表示，一维数组变量的每个元素的值显示在二叉树的节点上。节点编号依次对应于数组变量的下标，该数组的大小为 N。

因为完全二叉树的形状只由表示大小的整数 N 决定，所以它的实现很简单，但其高度总是 $\log_2 N$ 的特点非常有用。它可被用于节点的值受到限制的数据结构，如按优先级取出数据的优先队列。

本书实现了基于完全二叉树的数据结构和算法。算法的伪代码中包含能够根据节点编号求出其父节点和子节点编号的函数，如下所示。

```
# 节点 i 的父节点的编号
parent(i):
    return (i - 1) / 2

# 节点 i 的左子节点的编号
left(i):
    return 2 * i + 1

# 节点 i 的右子节点的编号
right(i):
    return 2 * i + 2
```

完全二叉树的数据结构类的伪代码如下所示。

```
class CompleteBinaryTree:
    N      # 节点数量
    key    # 与节点关联的各种数据
    ...
    # 上述 3 个函数以及其他操作
    parent(i): ...
    left(i): ...
    right(i): ...
```

6.3 满二叉树

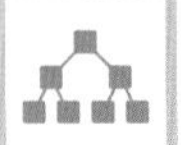

满二叉树 Full Binary Tree

满二叉树是满足“除叶子节点外，所有节点均有两个子节点，且所有叶子节点都在同一层”条件的二叉树。

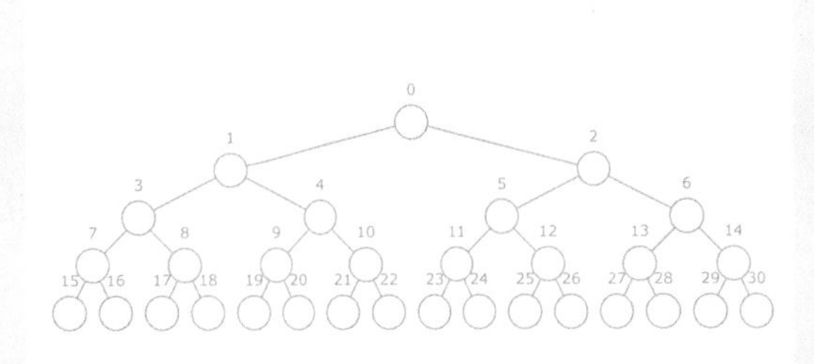

满二叉树的节点编号的分配方法与完全二叉树相同。满二叉树的大小和形状由节点数 N 决定。不过本书中的算法和数据结构将最下层的节点（叶子节点）的数量调整为 2 的幂。

满二叉树的节点的序列可以使用一维数组变量表示，这一点与完全二叉树相同。

从左起依次排列的满二叉树的叶子节点可以表示为一列，而叶子节点以外的节点可以表示为该列的区间。换言之，满二叉树可以被看作线段树（区间树），可应用于高效处理区间操作的算法和数据结构中。

满二叉树的实现方法与完全二叉树大体相同，但涉及根据所需的最小叶子节点数量调整节点数的过程。

6.4 森林

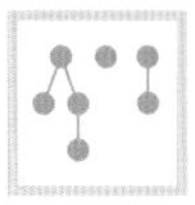

森林 Forest

森林是树的集合，其中每个节点最多只有一个父节点。

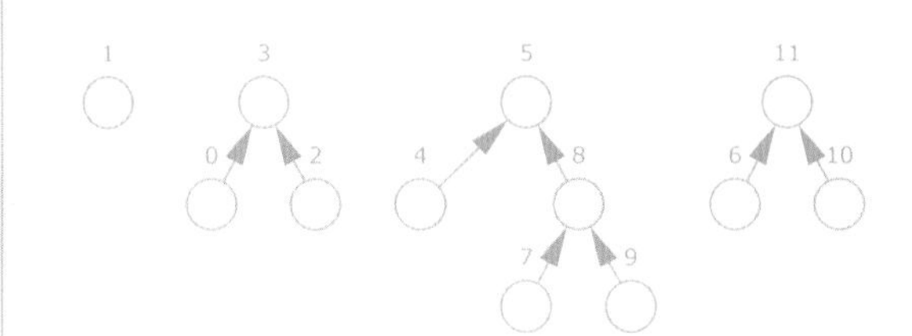

森林的大小和形状由节点的数量 N 和每个节点的父节点的编号决定。每个节点的编号为从 0 到 N-1 的值。森林的形状会随着每个节点的父节点的链接变化而变化。

与其他树结构一样，森林的节点的序列也可以使用一维数组变量表示。

树表示集合，而节点可以被看作属于某个集合的元素。因为一个节点不能属于两个及以上的树，所以森林可以用于实现管理不相交集合的数据结构。

因为森林中每个节点只有一个编号，所以它可以用一个数组来表示。森林的数据结构类的伪代码如下所示。

```
class Forest:
    N           # 节点数量
    parent      # 大小为 N 的数组，parent[i] 是节点 i 的父节点的编号
    ...
```

第7章

图

7.1 无向图

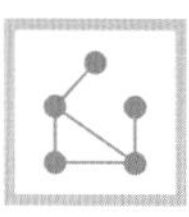

无向图 Undirected Graph

无向图是边没有方向的图，边可以沿两个方向前进。换言之，在无向图中，每条边由“没有先后顺序”的节点编号表示。

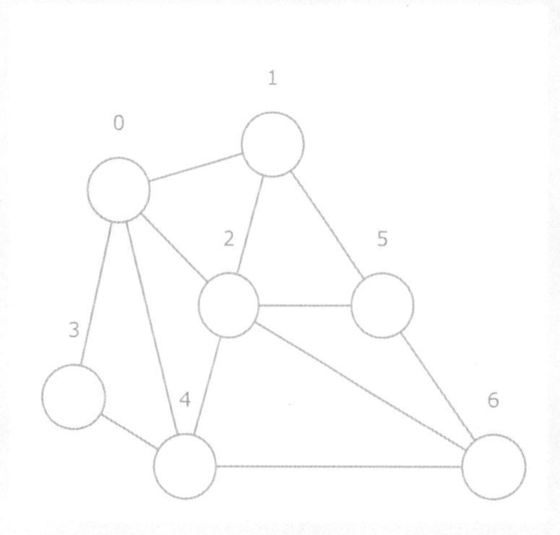

无向图的大小和形状由节点的数量 N 和连接节点的 M 条边的信息决定。每个节点的编号为从 0 到 $N-1$ 的值。存储图的边的信息有两种方法，分别是邻接矩阵和邻接表，稍后将对此进行介绍。

图的节点的序列可以使用一维数组变量表示。换言之，一维数组变量的每个元素的值可以显示在图的节点上。节点编号依次对应数组变量的下标，该数组的大小为 N。

图结构作为一种表示世界上多种事物和现象的模型，被广泛应用。

图结构主要用邻接矩阵或邻接表来表示。

使用邻接矩阵表示

$N \times N$ 的二维数组变量 `adjMatrix` 表示图的边。`adjMaxtrix` 是二维数组，如果节点 i 和节点 j 之间有边连接，那么 `adjMaxtix[i][j]` 为 1，否则为 0。如果 `adjMatrix[i][j]` 为 1，那么 `adjMatrix[j][i]` 也为 1。

使用邻接矩阵表示图的优点是，如果指定了节点之间的边，那么边的添加或删除可以在时间复杂度 $O(1)$ 内完成。不过列举与节点 u 相邻的节点 v 的时间复杂度是 $O(N)$。另外，它占用的内存总是与 N^2 成正比，所以它不适合用于大型图。使用邻接矩阵表示图的类的伪代码如下所示。

```
class Graph:
    N            # 节点数量
    adjMatrix    # 表示邻接矩阵的 N×N 的二维数组变量（元素为 0 或 1）
    ...
```

下面是边有权重时类的伪代码。

```
class Graph:
    N            # 节点数量
    weight       # 表示邻接矩阵及其权重的 N×N 的二维数组变量
    ...
```

使用邻接表表示

链表是一种能够动态添加、删除和搜索数据，同时保持顺序的数据结构（更多内容见第 21 章）。使用邻接表表示图的具体做法是，用一个包含 N 个链表的数组 **adjLists** 表示图。**adjLists[i]** 是表示节点 i 的相关信息的链表，包含与节点 i 相邻的节点编号。

因为邻接表使用的内存只与边的数量成正比，所以它能够高效地表示图。但要想找出与节点 u 相邻的节点 v，则需要遍历链表。不过这个缺点在多数情况下都不是问题，因为大多数算法只需要遍历一次某个节点的邻接表。

使用邻接表表示图的类的伪代码如下所示。

```
class Graph:
    N            # 节点数量
    adjLists     # 表示邻接表，是由 N 个链表构成的数组。
                 # 第 u 个链表保存了与 u 相连的节点编号的序列
    ...
```

下面是边有权重时类的伪代码。

```
class Edge:
    v           # 表示边的终点的节点编号
    weight      # 表示边的权重的变量
    ...

class Graph:
    N            # 节点数量
    adjLists     # 表示邻接表，是由 N 个链表构成的数组。
                 # 第 u 个链表保存了以 u 为起点的 Edge 的序列。
    ...
```

7.2 有向图

有向图 Directed Graph

有向图是边有方向的图，每条边由“有先后顺序”的节点编号的组合表示。换言之，边可以沿着箭头的方向从一个节点（起点）前进到另一个节点（终点），只能单向前进（不能反向前进）。

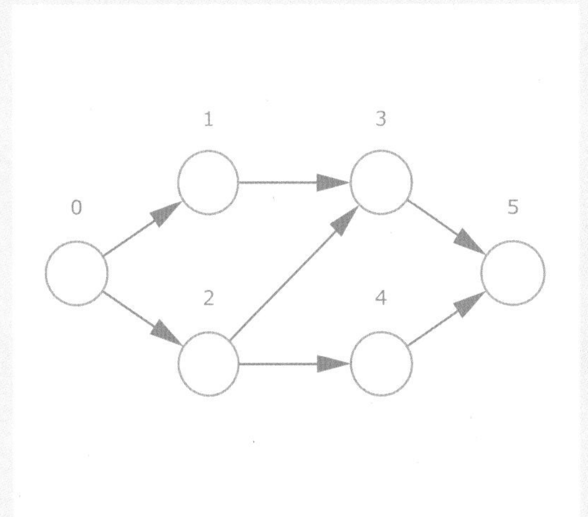

与无向图一样，有向图结构的大小和形状由节点的数量 N 和连接节点的 M 条边的信息决定。每个节点的编号为从 0 到 $N-1$ 的值。存储有向图的边的信息的方法也与无向图一样，即使用邻接矩阵和邻接表。

与无向图一样，有向图的节点的序列可以使用一维数组变量表示。

有向图可以表示许多事物或现象，如包含单行道的地图、任务的步骤等。

与无向图一样，有向图可以用邻接矩阵或邻接表表示。

使用邻接矩阵表示时，如果有一条从节点 i 到节点 j 的边，那么 `adjMatrix[i][j]` 为 1。但由于边有方向，`adjMatrix[j][i]` 不一定也是 1。

使用邻接表表示时，如果有一条从节点 i 到节点 j 的边，那么 `adjLists[i]` 链表中包含节点 j。伪代码中的类与无向图结构的类相同。

第8章

点群

8.1 二维点群

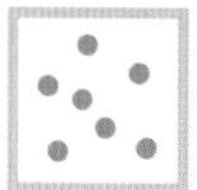

二维点群 Point Group in 2D

二维点群结构是由表示点的 N 个节点组成的排列在二维平面上的结构。

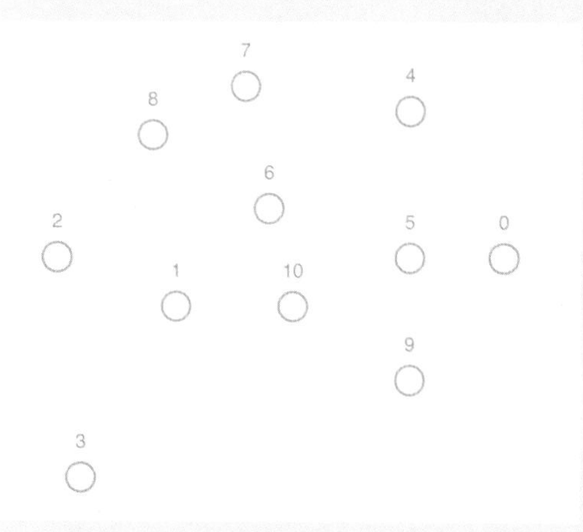

二维点群结构由点的数量 N 和每个点（节点）的 (x, y) 坐标定义。本书只使用了整数坐标。每个节点的编号为从 0 到 $N-1$ 的值。

本书不涉及为二维点群结构的节点分配变量的算法，基本上只使用与节点（点）关联的 (x, y) 坐标。

二维平面上的点群是计算几何学领域中最基本的结构。它被广泛地应用于处理位置信息的应用程序、游戏，以及图形学等各种领域。

下面的伪代码使用数组表示二维点群结构。

```
class Point:
    x
    y

# 包含N个点的点群
class PointGroup:
    N               # 点的数量
    Point points    # 元素数量为N的一维数组变量，points[i]保存的是
                    # 点i的信息（Point）
```

第9章

动态结构

本章的空间结构是相对较难的内容，在阅读第 21 章和第 29 章的伪代码时才真正需要它。首次阅读时跳过这一章也没问题。

9.1 链表

链表 Linked List

链表是由通过指针连接的、排成一列的节点组成的空间结构。链表有几种类型，本书中的链表是节点双向连接的双向链表。每个节点都持有指向前一个节点的指针和指向后一个节点的指针。

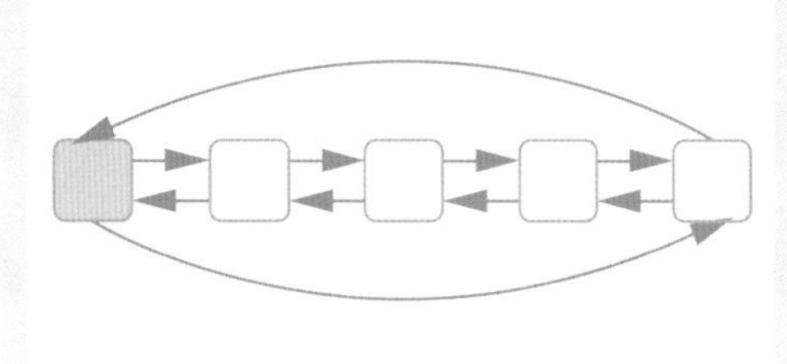

链表中有 N 个节点。一开始链表是空的（N=0），其大小和形状会随着节点的添加和删除而动态变化。我们无法通过编号指定节点。

链表的每个节点内定义了存储所需数据的变量，其值显示在节点上。在程序中，可以通过追踪节点的指针找到节点，访问其中的变量。

链表是管理动态数据集的最基本的结构之一。它也是能高效地利用内存，同时保留元素顺序的实用数据结构的基础。

链表结构类的伪代码如下所示。

```
class Node:
    Node *prev   # 指向前一个节点的指针
    Node *next   # 指向后一个节点的指针
    key          # 定义与节点关联的各种数据
    ...

class LinkedList:
    Node *sentinel    # 指示链表起点的哨兵
```

LinkdedList 中定义的 *sentinel 是被称为哨兵的特殊节点。哨兵不在实际的数据中，但它是对链表进行操作的起点。

由于链表是动态结构，因此不能直接将普通的数组变量关联到它的节点上。如前例所示，在伪代码中准备了作为节点数据的变量。

9.2 动态二叉树

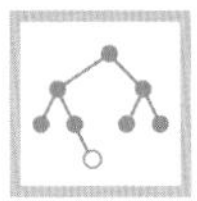

动态二叉树 Binary Tree (Dynamic)

动态二叉树由通过指针连接的节点组成。每个节点都持有指向左子节点、右子节点和父节点的指针。

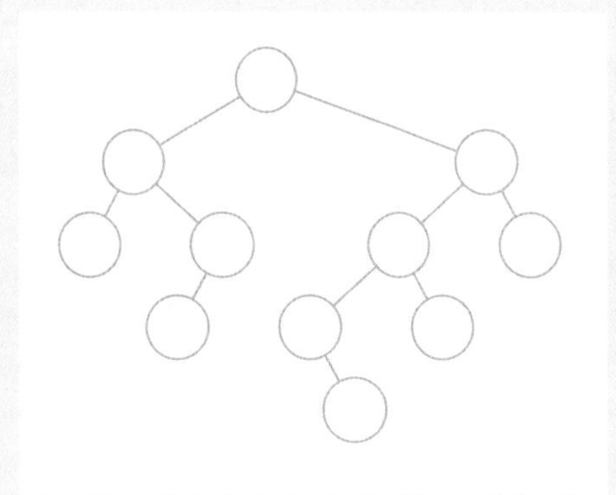

动态二叉树中有 *N* 个节点，其大小和形状随着节点的添加和删除而动态变化。

动态二叉树的每个节点内定义了存储所需数据的变量，其值显示在节点上。在程序中，可以通过追踪节点的指针找到节点并访问其中的变量。

向二叉树添加动态的特性后，它成为高效使用内存、高速访问数据的高级数据结构的基础。

动态二叉树结构类的伪代码如下所示。它与链表结构的特点相同。

```
class Node:
    Node *parent  # 指向父节点的指针
    Node *left    # 指向左子节点的指针
    Node *right   # 指向右子节点的指针
    key           # 定义与节点关联的各种数据
    ...

class BinaryTree:
    Node *root    # 指向根节点的指针
```

第 3 部分

算法和数据结构

第10章

入门

本章作为入门的一章，将使用赋值、顺序处理和条件分支解决最简单的问题，涉及的算法也非常简单，但它们是许多算法的基本组成部分。

另外，本书以第一个算法的内容作为具体示例，帮助读者了解如何阅读本书。

- 交换
- 最大值
- 交换排序

10.1 交换 ★

两个元素的交换

算法的最基本操作是对变量（内存）进行数据的读写。需要结合数据读写操作的“交换”问题作为数据的排序等处理的基本操作，出现在许多算法中。

请交换两个不同变量的值。

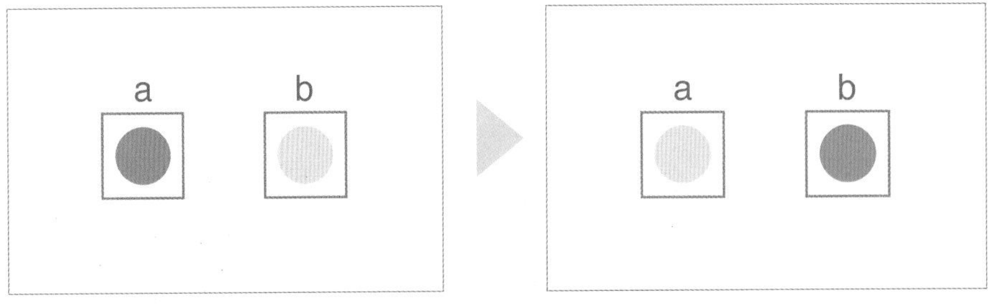

有顺序的两个整数

交换顺序后的两个整数

交换 Swap

交换指的是交换变量的值的处理。交换处理除了需要两个变量，还需要另一个变量来存储其中一个变量的值。

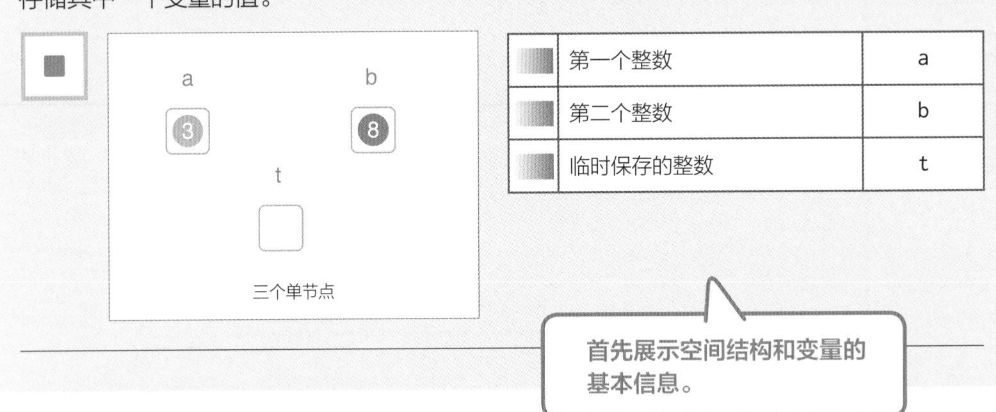

	第一个整数	a
	第二个整数	b
	临时保存的整数	t

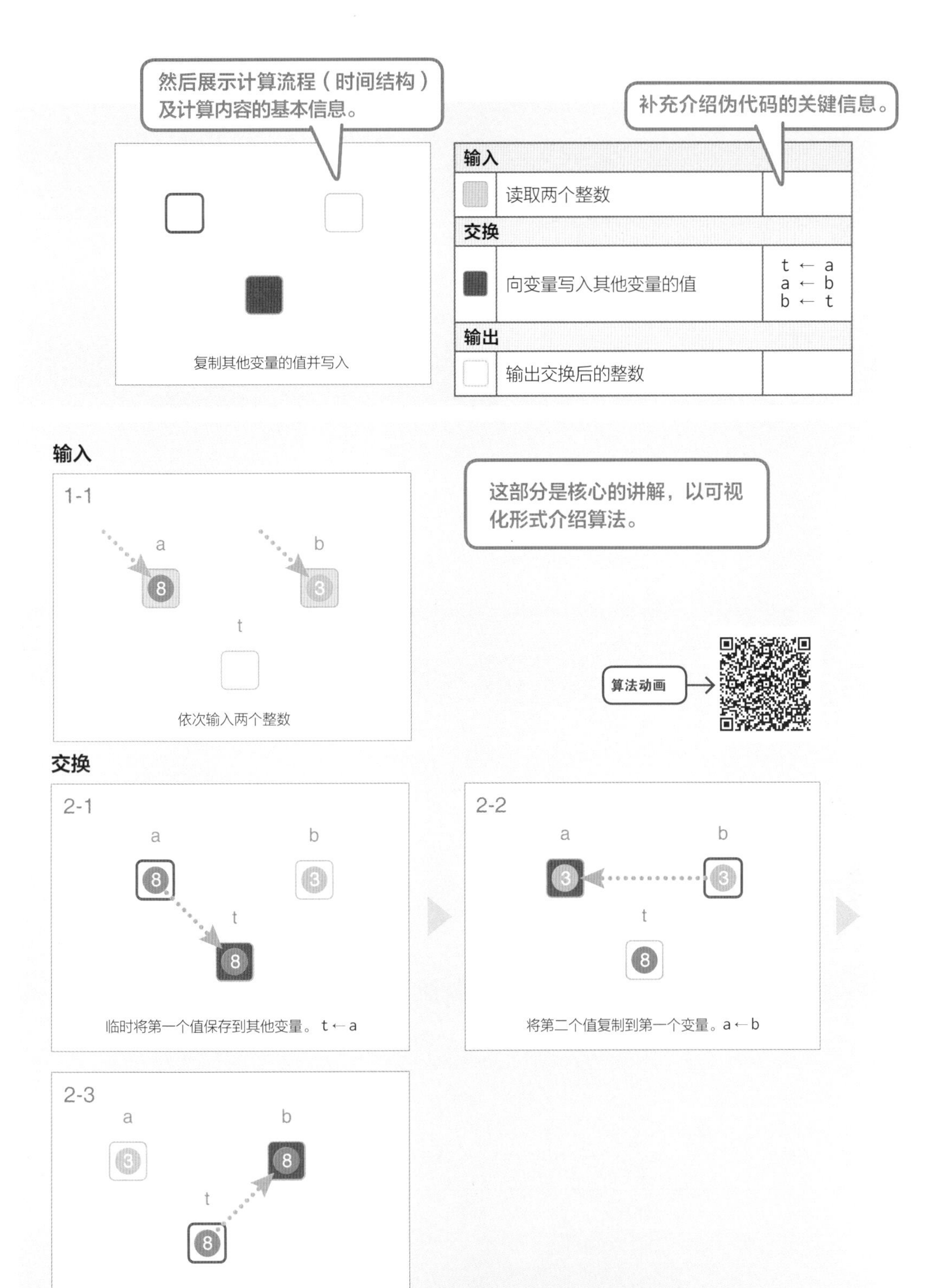
然后展示计算流程（时间结构）及计算内容的基本信息。
复制其他变量的值并写入
补充介绍伪代码的关键信息。
输入
读取两个整数
交换
向变量写入其他变量的值
t ← a
a ← b
b ← t
输出
输出交换后的整数
输入
1-1
a
8
b
3
t
依次输入两个整数
这部分是核心的讲解，以可视化形式介绍算法。
算法动画
交换
2-1
临时将第一个值保存到其他变量。t ← a
2-2
将第二个值复制到第一个变量。a ← b
2-3
将临时保存的值复制到第二个变量。b ← t
10.1
交换

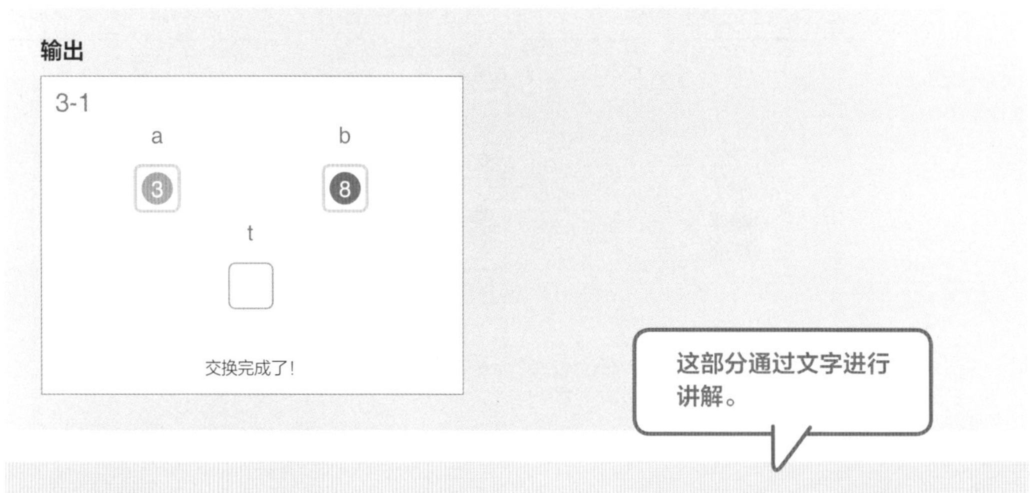

要交换两个变量的内容，首先需要把第一个变量的值临时保存到第二个变量之外的另一个变量中。临时保存数据的目的是避免它因变量的覆盖而丢失。然后，在将第二个变量的值写入第一个变量后（此时两个变量的值相同），算法将临时保存的值写入第二个变量，完成交换过程。

算法的基本结构是“顺序处理”，从上到下逐行运行程序。

```
# 输入
a ← 输入的整数
b ← 输入的整数

# 交换
t ← a
a ← b
b ← t

# 输出
输出 a 的值
输出 b 的值
```

实现为函数的伪代码如下所示。

```
swap(&a, &b): # 带有 & 的变量接收的是地址
    t ← a
    a ← b
    b ← t
```

补充介绍时间复杂度和实现相关的信息。

后面就可以通过函数 swap(a, b) 使用这个处理了。这个 swap 函数属于接收变量地址的类型，运行 swap(a, b) 后，变量 a 和 b 的值被交换了。

特点

交换通常是在管理数列的数组元素上进行的，是用于数据排序的算法和数据结构操作等的通用处理。

介绍应用领域和应用程序。

10.2 最大值 ★

两个整数的最大值

解决这个问题需要根据实际情况进行决策。选择两个数值中大的值或小的值的处理是操作具有大小关系的程序中最常用的。

请从给定的两个整数中选择大的那个。

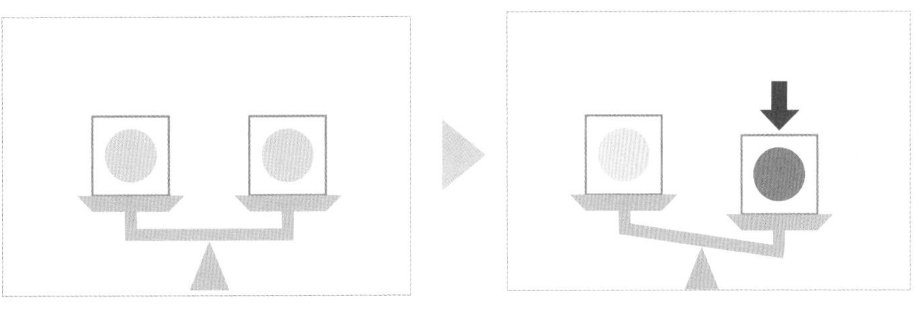

两个整数　　大的整数

最大值 Maximum

基于条件分支，选择两个整数值中大的那个。对于两个值相等的情况，则将其一视为最大值。

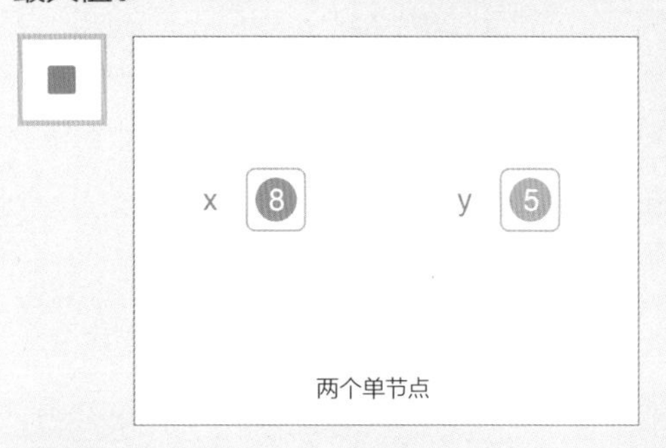

两个单节点

	第一个整数	x
	第二个整数	y

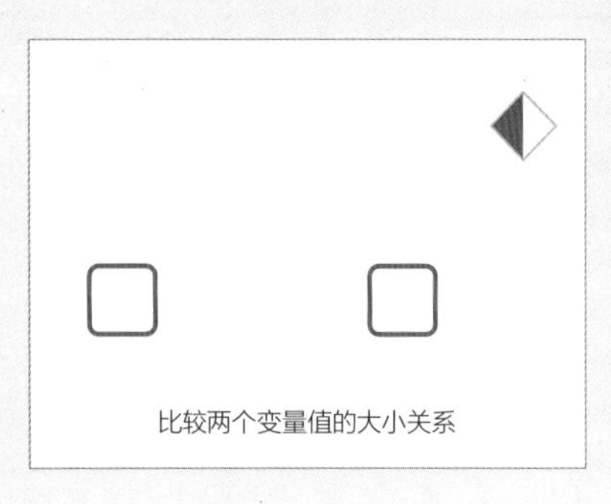
比较两个变量值的大小关系

输入		
	读取两个整数	
选择		
	判断 x 是否比 y 大	if x > y:
	指向大的值	x 或者 y
	输出大的整数值	

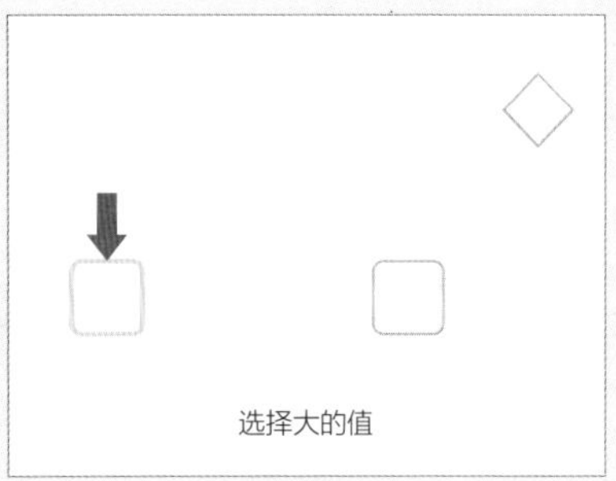
选择大的值

算法动画

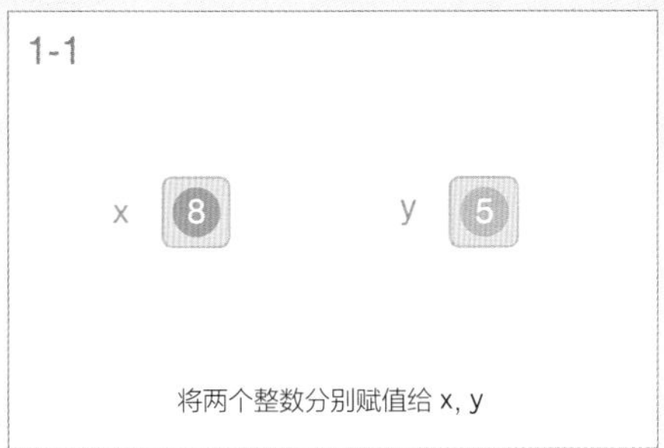

选择

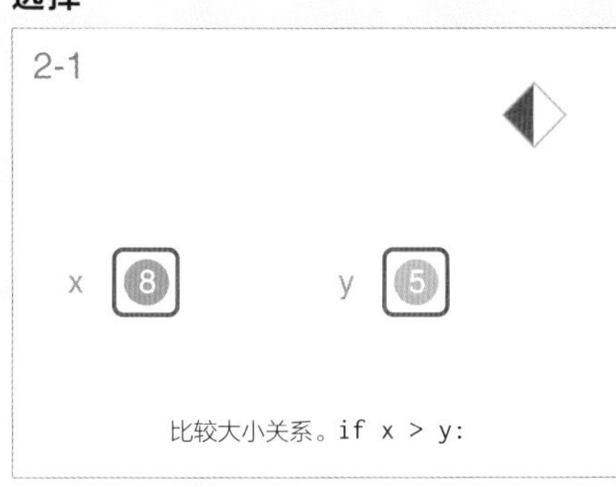

本书在可视化时将一个分支过程的条件判断和由它决定的处理表示为两个步骤（帧）。分支所选择的处理取决于变量的值和条件表达式的结果。在这个例子中，x 之所以被选中是因为满足了 x>y 的条件。上面的帧是一个分支处理决策的例子。

```
x ← 输入的整数
y ← 输入的整数

if x > y:
    print x
else:
    print y
```

实现为函数的伪代码如下所示。

```
max(x, y):
    if x > y:
        return x
    else:
        return y

x ← 输入的整数
y ← 输入的整数
print max(x, y)
```

许多编程语言将求最大值的程序作为通用处理予以实现。这个处理作为函数可以这样实现：函数接收两个变量x和y的值，满足`if x > y:`时，则`return x`，否则`return y`。

后面就可以通过 max(a, b) 使用这个处理了。max(a, b) 返回 a 和 b 的值中大的那个。另外，将函数中 x>y 改为 x<y，即可得到求两个值中小的值的函数 min(a, b)。

特点

求最大值的 max 函数和求最小值的 min 函数是许多处理数值的算法中所使用的通用组件。

10.3 交换排序 ★

三个整数的排序

算法是步骤的组合。让我们组合已经学到的组件来解决问题。

请按照从小到大的顺序排列三个整数。

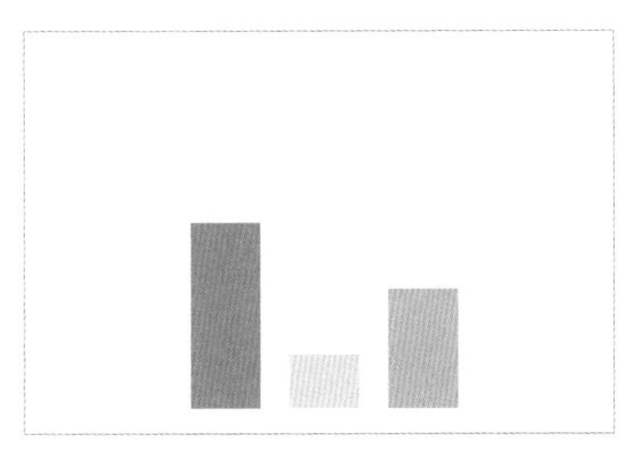
有顺序的三个整数

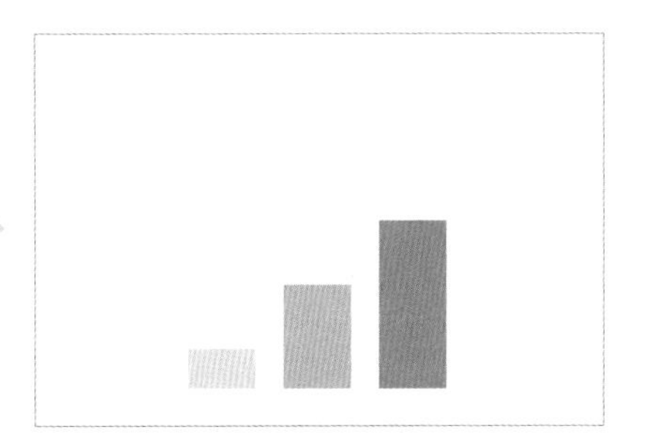
按从小到大的顺序排列的三个整数

交换排序 Sorting by Swaps

三个整数的排序可以通过共六次条件分支的判断来进行，但我们可以通过组合条件分支和交换来制定一个更简洁的解决方案。

三个单节点

	第一个整数	a
	第二个整数	b
	第三个整数	c

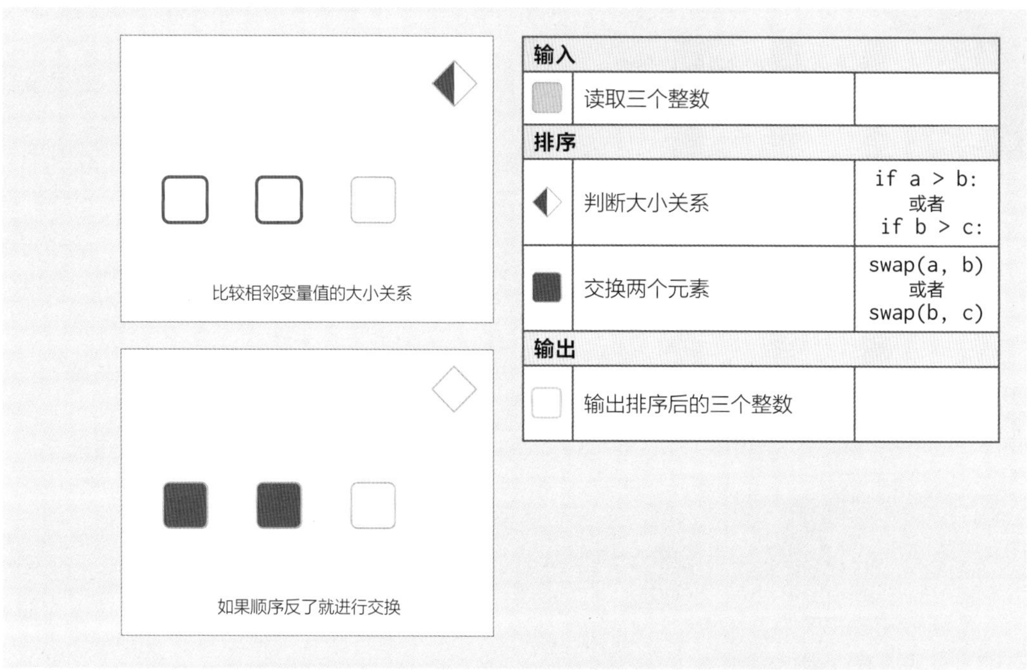
比较相邻变量值的大小关系
如果顺序反了就进行交换
输入
读取三个整数
排序
判断大小关系
if a > b:
或者
if b > c:
交换两个元素
swap(a, b)
或者
swap(b, c)
输出
输出排序后的三个整数

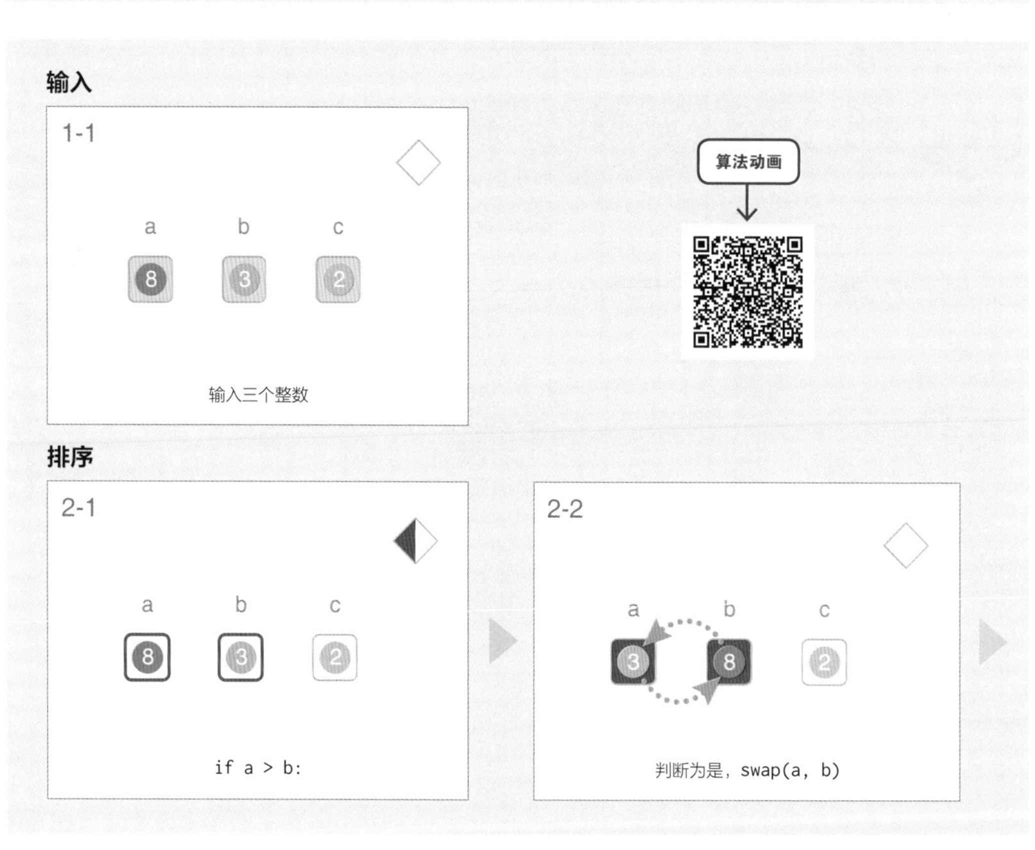
输入
1-1
a
b
c
8
3
2
输入三个整数
算法动画
排序
2-1
a
b
c
8
3
2
if a > b:
2-2
a
b
c
3
8
2
判断为是，swap(a, b)

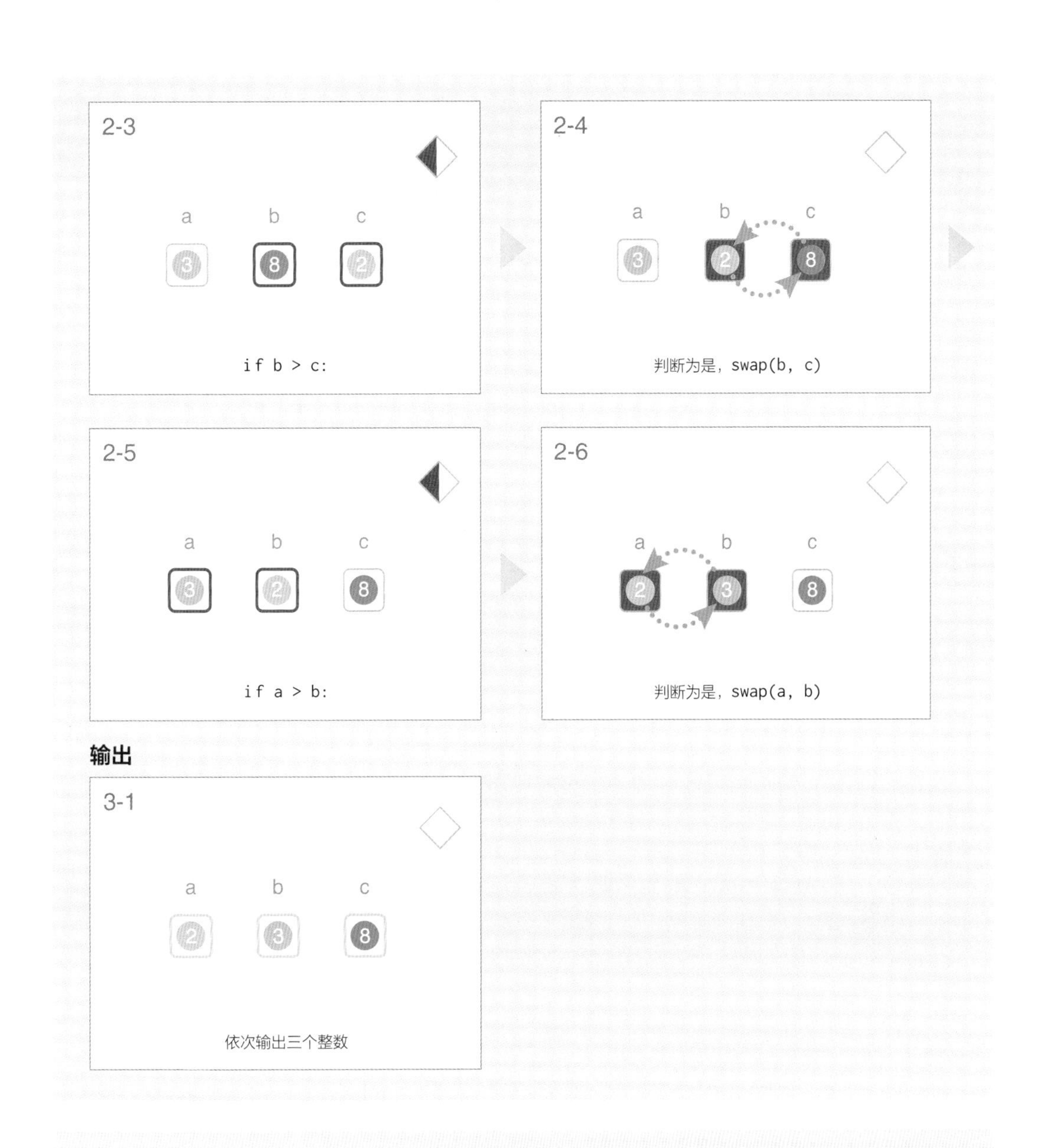

经过两次交换即可将最大的数值移动到第三个变量，然后根据需要再交换一次第一个和第二个变量，这样排序就完成了。最多需要三次交换操作即可完成升序排序。

```
# 输入
a ← 输入的整数
b ← 输入的整数
c ← 输入的整数

# 排序
if a > b:
    swap(a, b)
if b > c:
    swap(b, c)
if a > b:
    swap(a, b)

# 输出
输出 a 的值
输出 b 的值
输出 c 的值
```

因为三个元素有 3!=6 种排列组合，所以通过六个条件语句（如 a ≤ b　and　b ≤ c）以及相应的输出也能完成排序，但使用交换的方法只需要两个条件分支，实现起来更简单。

如果把这个算法的思想加以泛化，将其应用于整数列，就会得到一个基础的排序算法，即冒泡排序。

第11章

对数组的基本查询

计算机通过数组变量管理多个相关元素的数列。对于数组元素，我们可以执行获取它们的统计数据和分析其特点的查询（提问），以及变更元素的操作。因为需要访问所有元素，所以这些查询和操作需要循环进行。

本章通过解决与一维数组结构有关的简单问题来介绍循环处理和数组变量的操作方法。

- 和
- 最小值
- 最小值的位置

11.1 和 ★

整数的和

对数据集合最基本的操作是引用（读取）所有的元素以获得所需的值。比如求和就需要所有元素的信息。

请求出给定的 *N* 个整数的和。

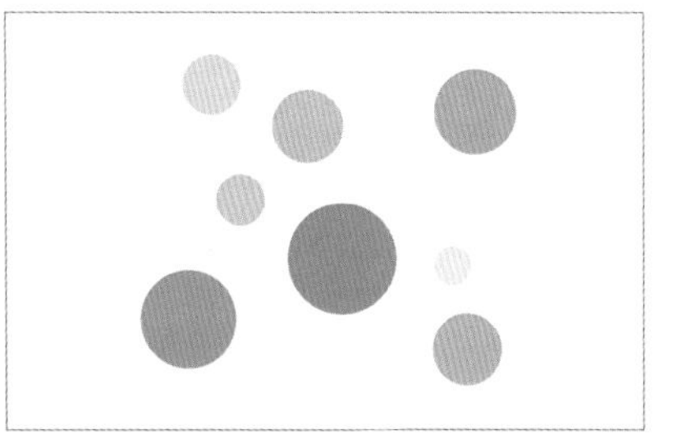

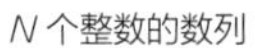

N 个整数的数列

所有整数的和

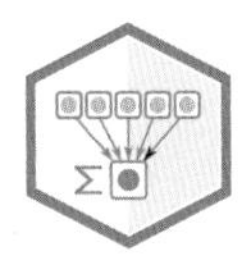

和 Sum

这里使用一维数组变量管理给定的整数列，另外还需准备一个用于记录和的变量。

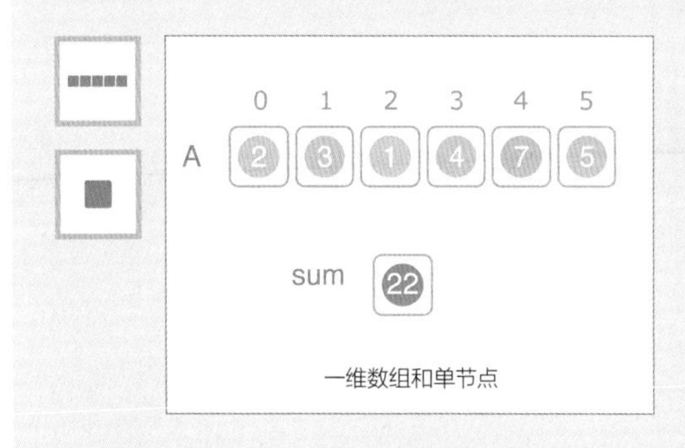

一维数组和单节点

	整数列	A
	元素的和	sum

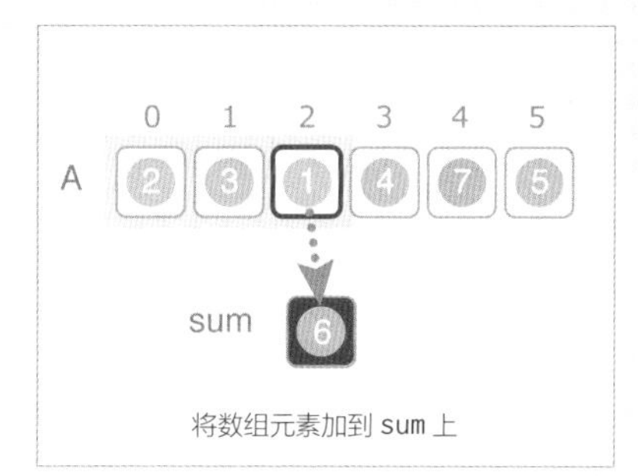

将数组元素加到 sum 上

输入及初始化		
	读取整数列	
	将和初始化为 0	sum ← 0
加法运算		
	读取第 i 个元素	A[i]
	将读取的元素加到 sum 上	sum ← sum + A[i]
	已完成加法运算的范围	区间 [0, i]
输出		
	输出和的值	

输入及初始化

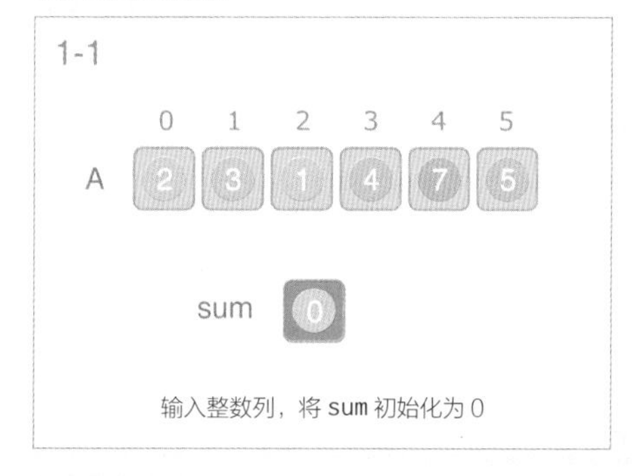

输入整数列，将 sum 初始化为 0

加法运算

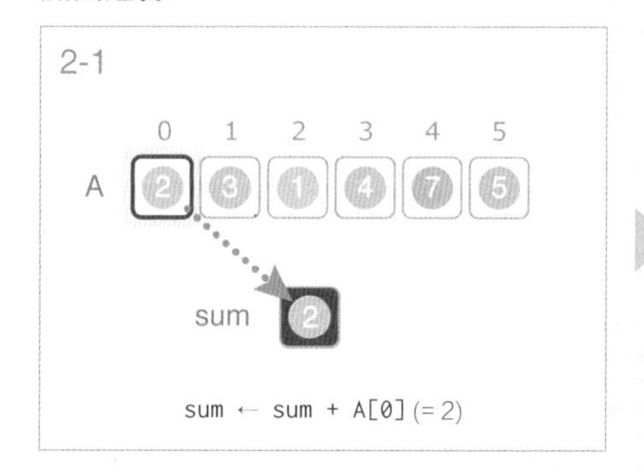

sum ← sum + A[0] (= 2)

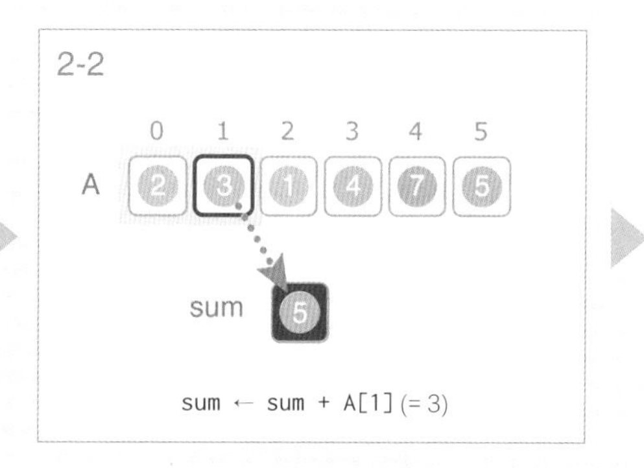

sum ← sum + A[1] (= 3)

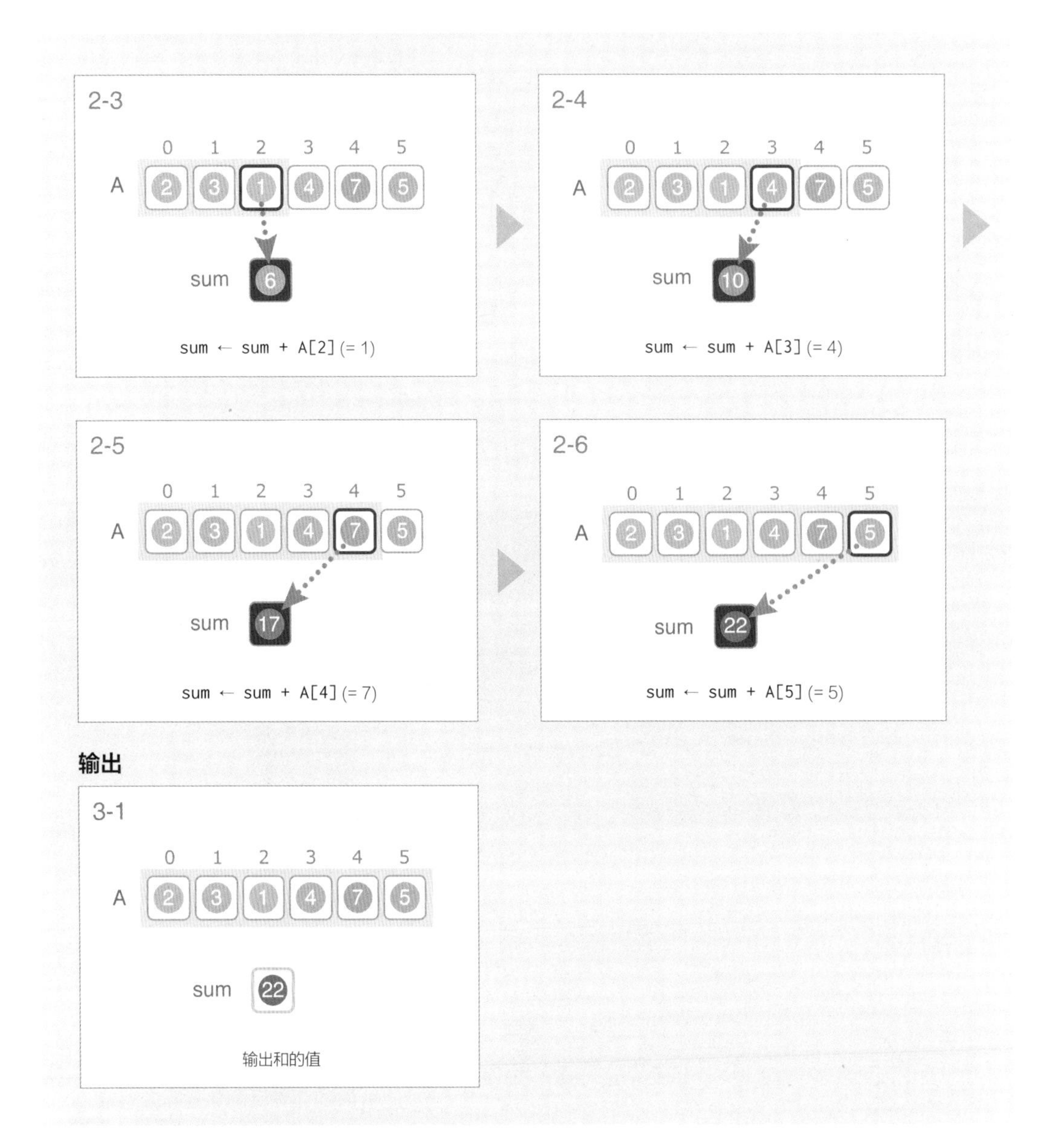

本书使用连续的步骤（帧的序列）来可视化循环处理。循环处理从头开始按顺序读取数组 A 的元素，并将它们的值加到 sum 上。sum 的初始值为 0。

```
# 输入及初始化
A ← 整数列
sum ← 0

# 加法运算
for i ← 0 to N-1:
    sum ← sum + A[i]

输出 sum 的值
```

许多编程语言提供了求数组元素和的处理的工具函数。需要注意的是，有些语言需要使用者对记录和的变量进行初始化。另外，由于多个元素的值被加到一个变量上，我们要小心溢出（需要注意变量类型的取值范围）。

特点

虽然求数组元素和的操作非常简单，但它是一般的应用程序经常使用的算法。

11.2 最小值 ★

整数列的最小值

数据集合的最小值和最大值是遍历数据集合的所有元素后，所能得到的最通用的值的其中两种。许多应用和算法都包含求这些值的处理。

请从给定的 N 个整数中求出最小值。

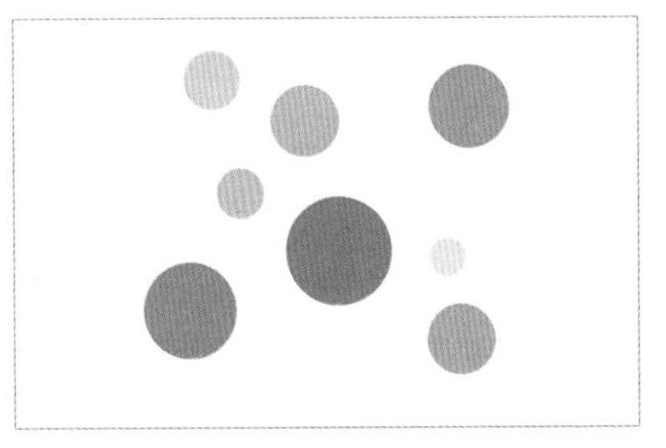

N 个整数的集合

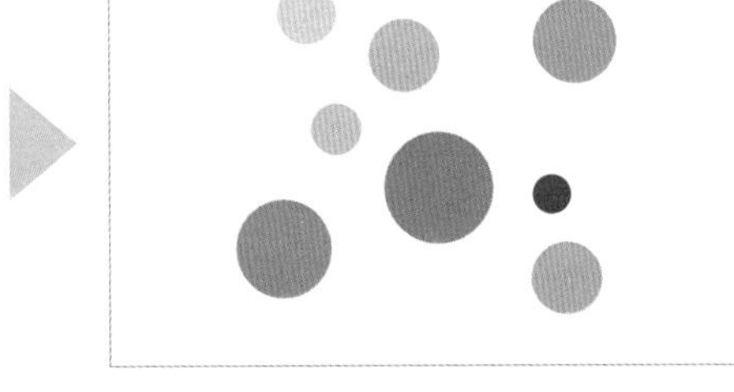

最小值

最小值 Minimum

一维数组变量中存储了给定的整数列。除了这个数组，还需准备存储最小值的变量。

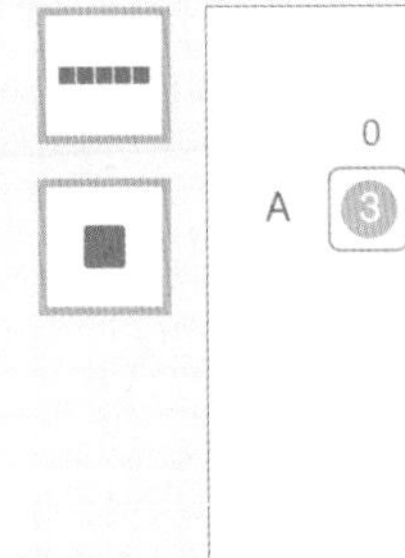

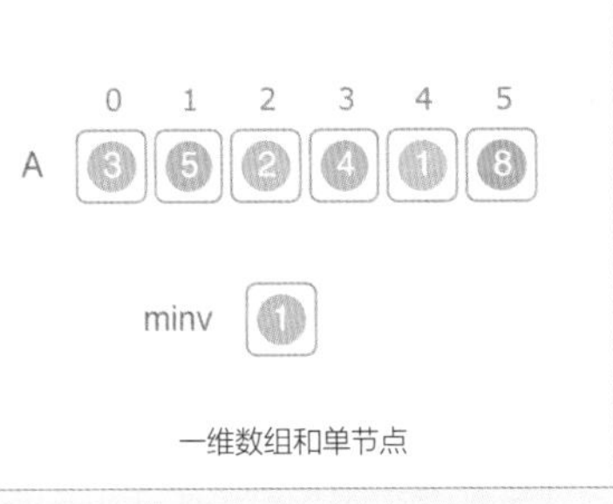

一维数组和单节点

	输入的整数列	A
	最小值	minv

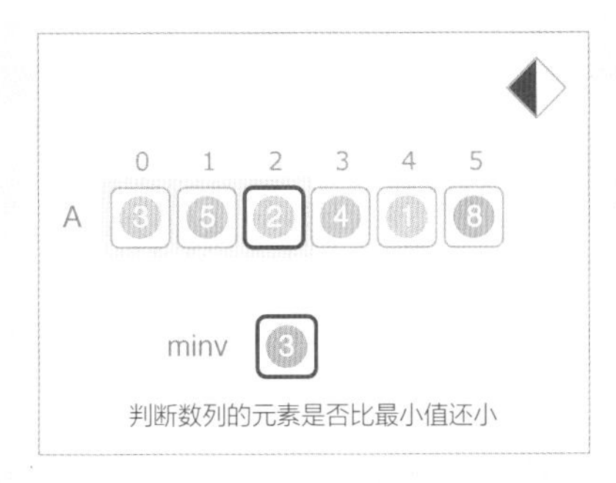

判断数列的元素是否比最小值还小

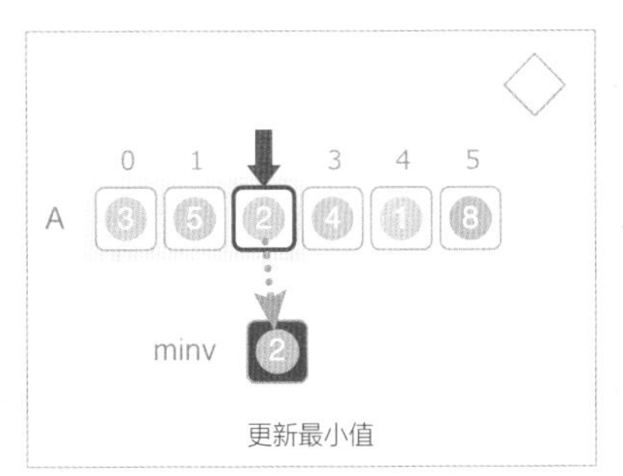

更新最小值

输入及初始化		
	读取整数列	
	初始化最小值	`minv ← INF`
最小值的更新		
◐	比较数组元素和最小值	`if A[i] < minv:`
⬇	指向可更新为最小值的元素	`i`
	更新最小值	`minv ← A[i]`
	扩展已判断完毕的元素区间	区间 `[0, i]`
输出		
	输出最小值	

输入及初始化

将整数列输入到数组中，初始化最小值

最小值的更新

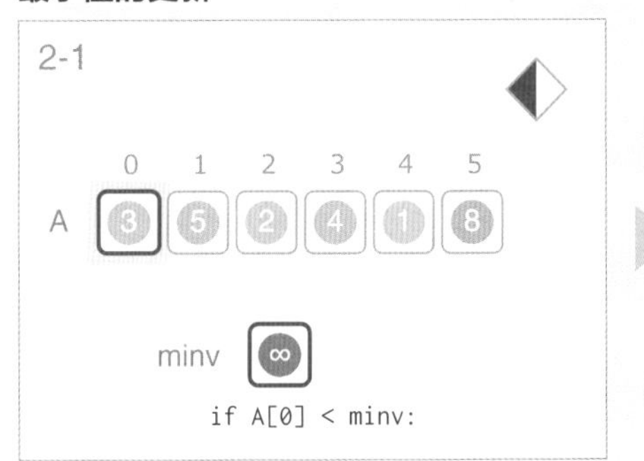

`if A[0] < minv:`

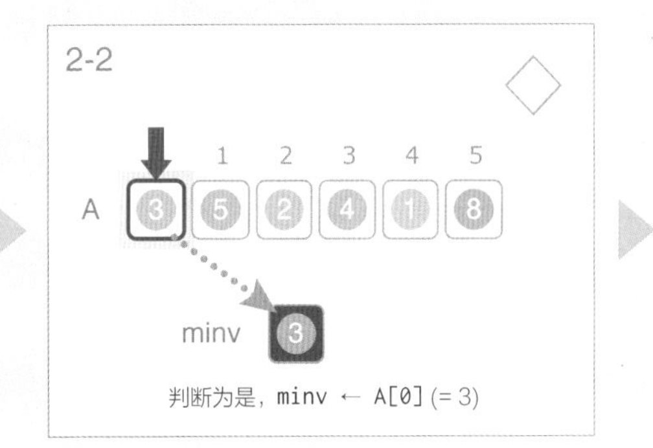

判断为是，`minv ← A[0]` (= 3)

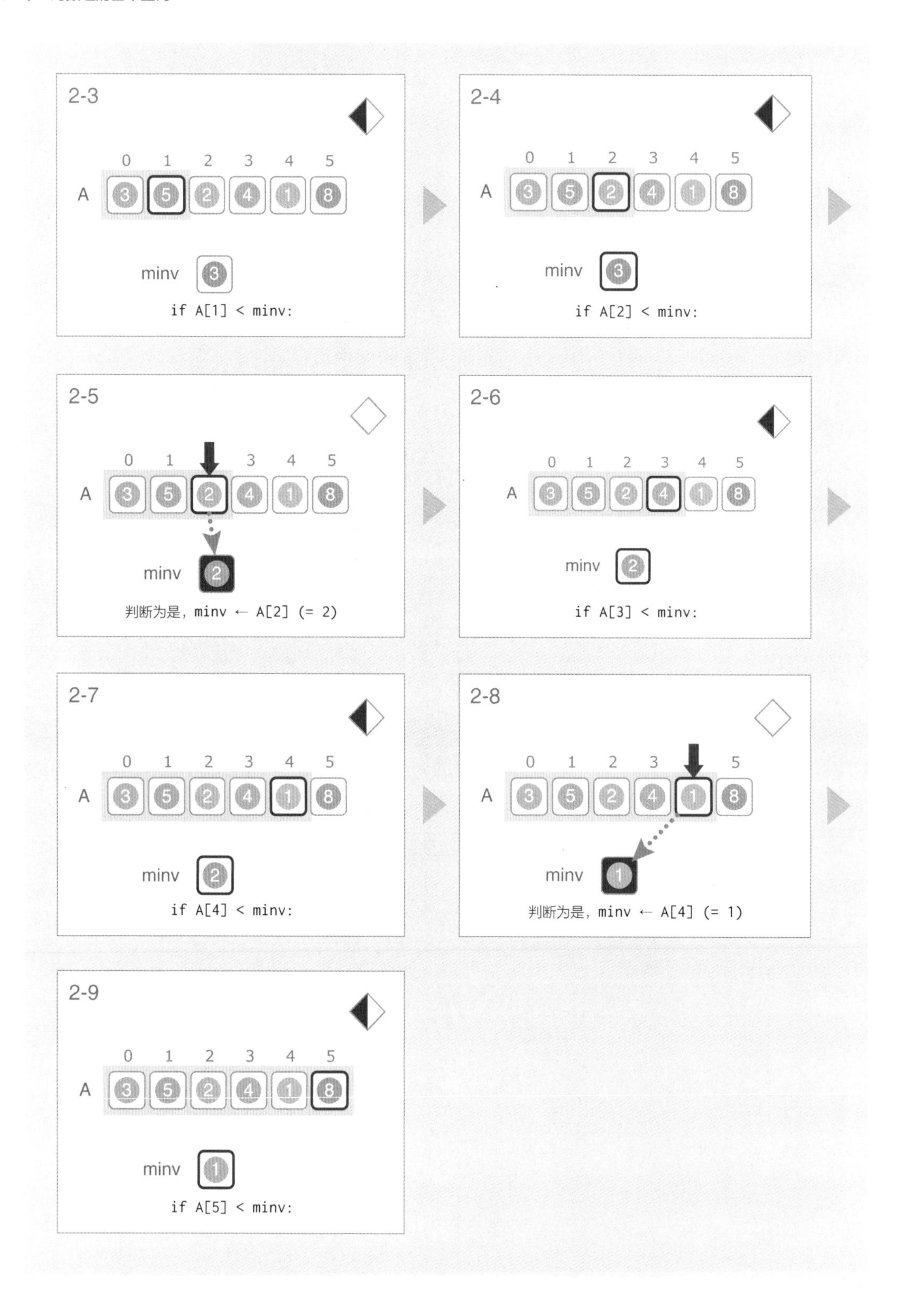
2-3
0 1 2 3 4 5
A 3 5 2 4 1 8
minv 3
if A[1] < minv:
2-4
0 1 2 3 4 5
A 3 5 2 4 1 8
minv 3
if A[2] < minv:
2-5
0 1 3 4 5
A 3 5 2 4 1 8
minv 2
判断为是，minv ← A[2] (= 2)
2-6
0 1 2 3 4 5
A 3 5 2 4 1 8
minv 2
if A[3] < minv:
2-7
0 1 2 3 4 5
A 3 5 2 4 1 8
minv 2
if A[4] < minv:
2-8
0 1 2 3 5
A 3 5 2 4 1 8
minv 1
判断为是，minv ← A[4] (= 1)
2-9
0 1 2 3 4 5
A 3 5 2 4 1 8
minv 1
if A[5] < minv:

输出

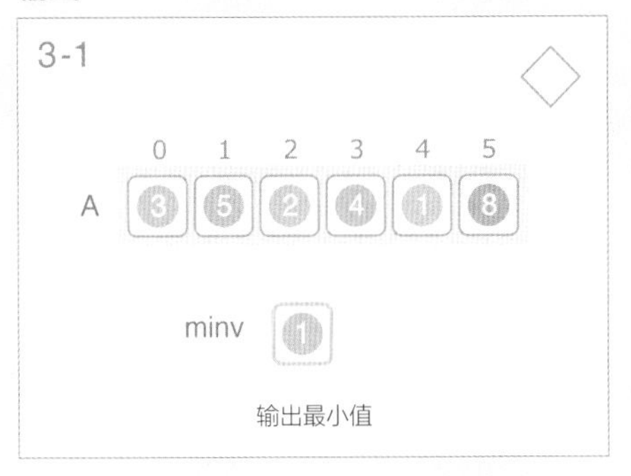

从前到后依次查看数组元素，与之前得到的最小值进行比较，如果当前元素更小，则更新最小值。最小值应被初始化为合适的值。由于我们求的是最小值，因此变量的初始值应被设置为一个非常大的值，或者数组中的某个元素（例如第一个元素）。本书使用符号 ∞ 表示非常大的数值，相应地在代码中则使用 INF 作为表示非常大的数值的常数。

```
# 输入及初始化
A ← 整数列
minv ← INF

# 最小值的更新
for i ← 0 to N-1:
    if A[i] < minv:
        minv ← A[i]

输出 minv
```

为了求最大值，我们可以准备一个变量，比如 maxv，用然后用 A[i] > maxv 替换 A[i] < minv。注意，在求最大值时，maxv 的初始值应被设置为一个足够小的值。

特点　求数组或其子列的最小值或最大值的处理出现在各种算法和应用程序中。

11.3 最小值的位置 ★

整数列的最小值的位置

如果给定的数据是一个有顺序的数列，对于算法或程序来说，找出目标元素的“位置”可能比找出目标的“值”更有用。

请从给定的有 N 个整数的数列中找出最小值的位置。

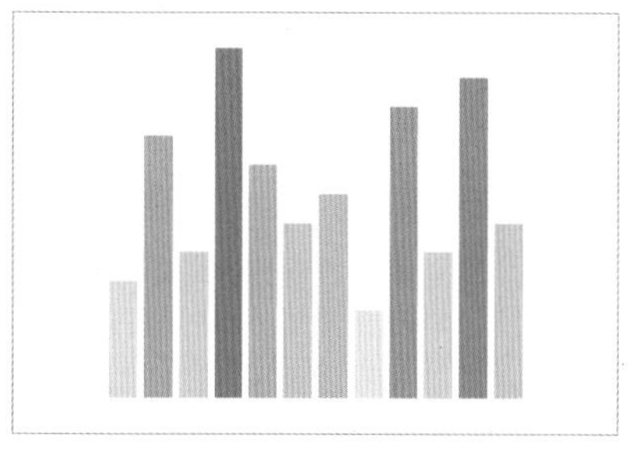

有 N 个整数的数列

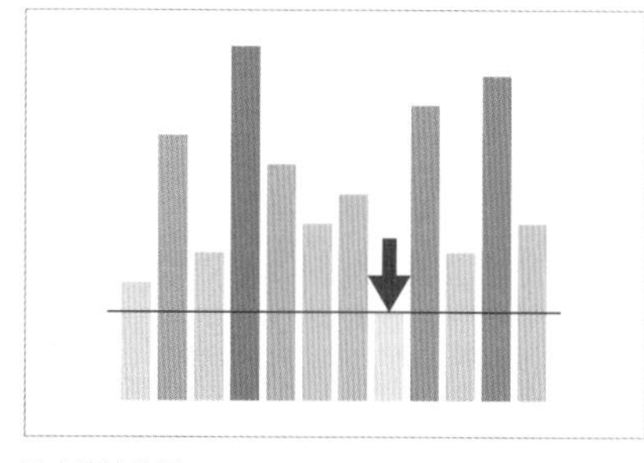

最小值的位置

最小值的位置 Index of Minimum Value

我们使用数组管理给定的数列，不使用变量来保存最小值，而是标记出最小数组元素的“位置”。

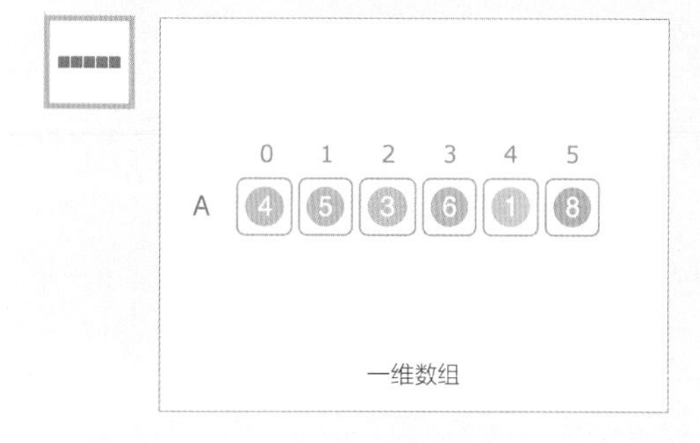

	整数列	A

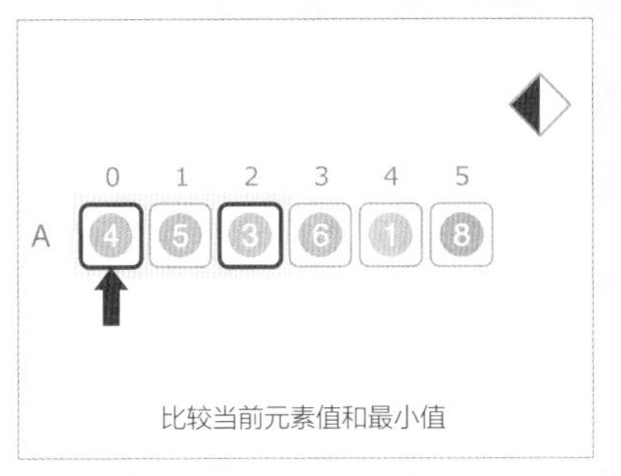

比较当前元素值和最小值

选择小的值

输入		
	读取整数列	
更新最小值的位置		
	比较当前元素值和最小值	if A[i] < A[mini]:
	指向最小值的位置	mini
	扩展已判断完毕的元素区间	区间 [0, i]
输出		
	输出最小值的位置	

输入

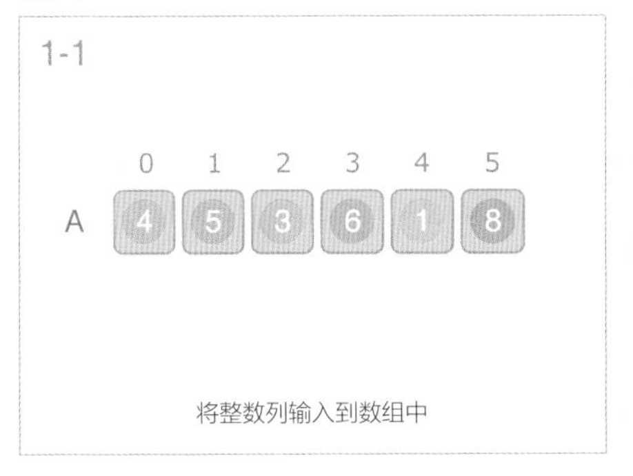

将整数列输入到数组中

更新最小值的位置

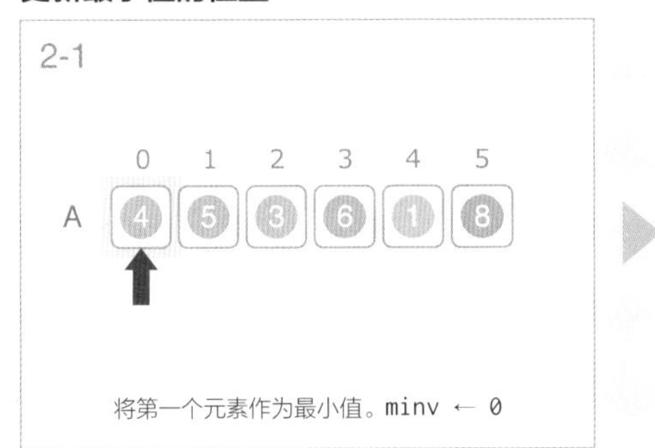

将第一个元素作为最小值。minv ← 0

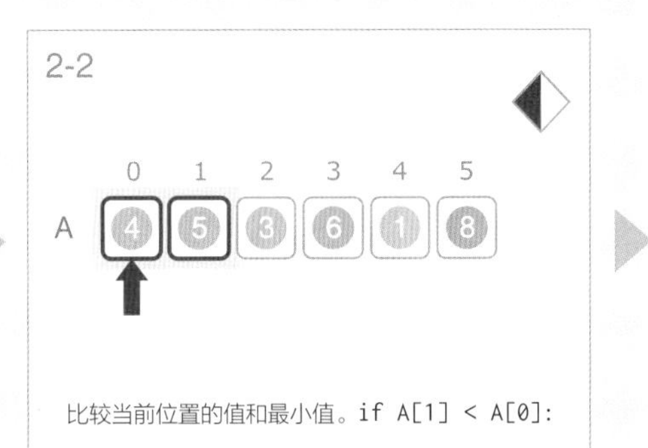

比较当前位置的值和最小值。if A[1] < A[0]:

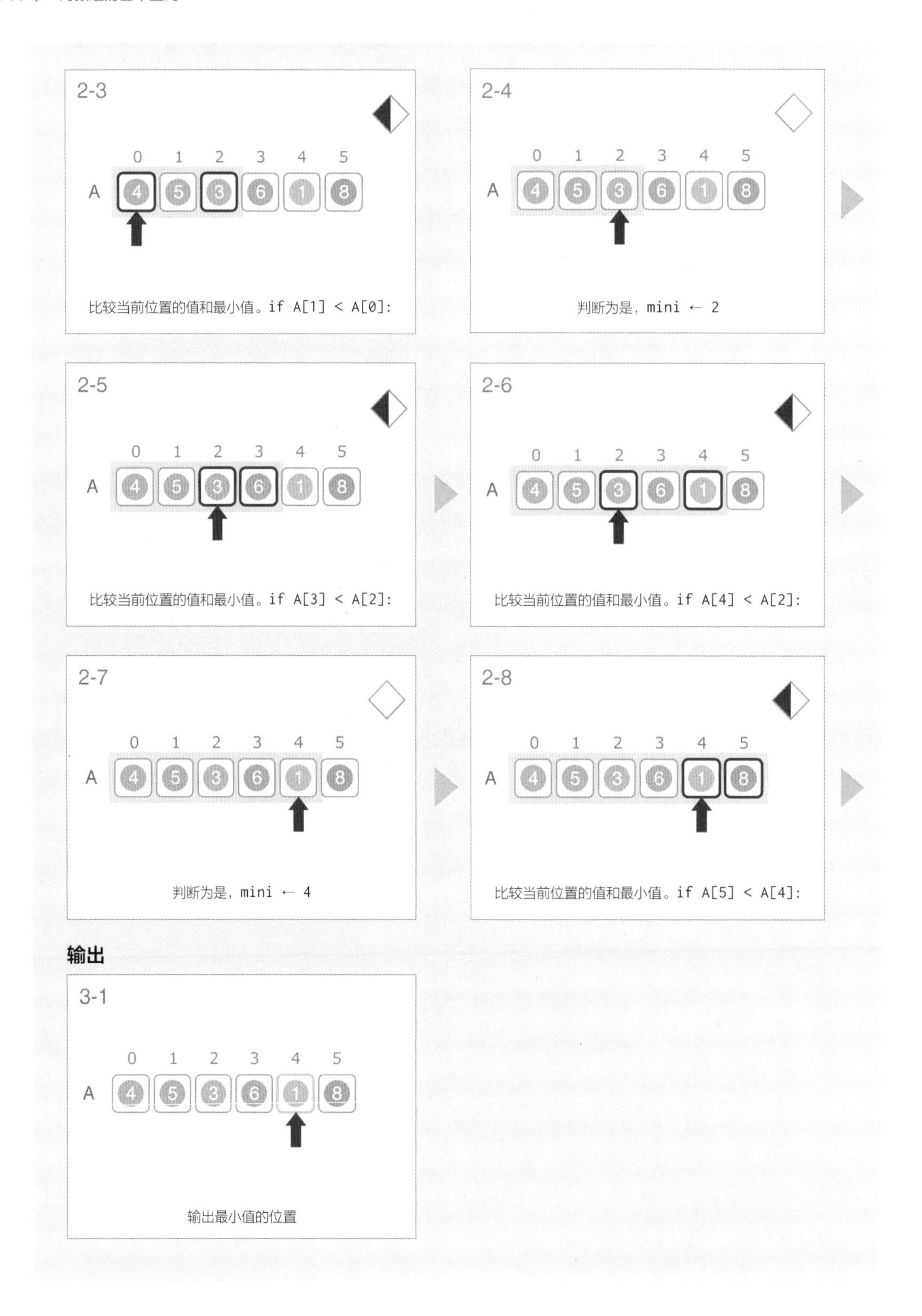
2-3
0 1 2 3 4 5
A 4 5 3 6 1 8
比较当前位置的值和最小值。if A[1] < A[0]:
2-4
0 1 2 3 4 5
A 4 5 3 6 1 8
判断为是，mini ← 2
2-5
0 1 2 3 4 5
A 4 5 3 6 1 8
比较当前位置的值和最小值。if A[3] < A[2]:
2-6
0 1 2 3 4 5
A 4 5 3 6 1 8
比较当前位置的值和最小值。if A[4] < A[2]:
2-7
0 1 2 3 4 5
A 4 5 3 6 1 8
判断为是，mini ← 4
2-8
0 1 2 3 4 5
A 4 5 3 6 1 8
比较当前位置的值和最小值。if A[5] < A[4]:
输出
3-1
0 1 2 3 4 5
A 4 5 3 6 1 8
输出最小值的位置

首先把标记放在数组的第一个元素上，从该元素开始遍历数组。将当前元素的值与目前标记的最小值进行比较，如果当前元素的值更小，就移动标记。最后被标记的元素就是最小值，它的位置就是要找的位置。

```
# 输入
A ← 整数列

# 初始化最小值的位置
mini ← 0

for i ← 1 to N-1:
    if A[i] < A[mini]:
        mini ← i

输出 mini
```

实现为函数的伪代码如下所示。

```
# 从数组 A 的区间 [b, e) 的元素中找出最小值的位置
minimum(A, b, e):
    mini ← b
    for i ← b to e-1:
        if A[i] < A[mini]:
            mini ← i

    return mini
```

后面就可以通过 minimum(A, a, b) 函数来更简单地使用该处理了。该函数返回数组 A 中第 a 个元素到第 b-1 个元素之间值最小元素的位置。

特点

找出数组或其子数组中最小值或最大值位置的处理被应用于各种算法。例如，从一个数组的特定范围中找到最小值位置的处理，可被应用于作为初级排序算法的选择排序。

第12章

搜索

从大量数据中寻找目标值的“搜索”是信息处理最基本的操作。除了数据的大小，数据的排列方式和特点也是选择算法的重要因素。

本章将介绍最简单的搜索算法，以及灵活利用了数据特点的高效搜索算法。

- 线性搜索
- 二分搜索

12.1 线性搜索 ★

对随机的整数列进行搜索

在一个有序的数列中寻找所需数据的操作叫作搜索。搜索算法是信息处理的基础，被用在各种应用中。

请在数组中寻找给定的值。如果给定的值不存在，则报告未找到；如果存在，则报告首次找到它的位置。

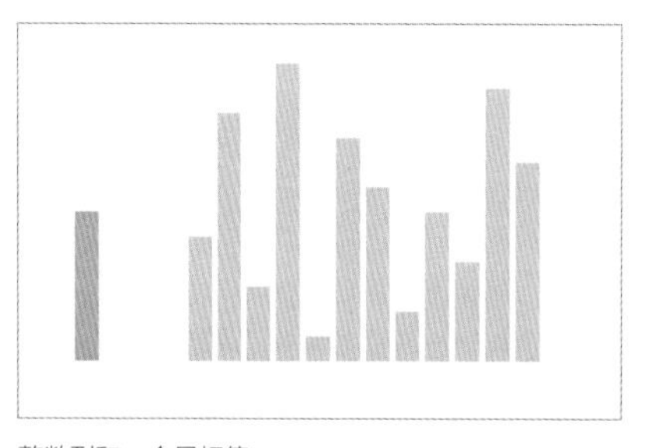

整数列和一个目标值

- 元素数量 $N \leq 1\,000\,000$

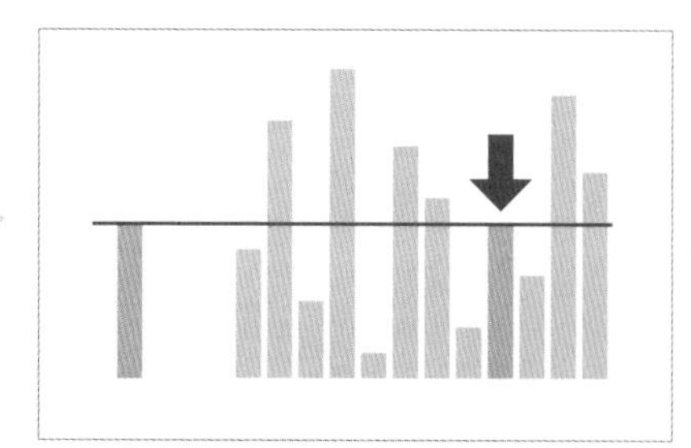

首次找到的目标值的位置

线性搜索 Linear Search

从数组的第一个元素开始，逐个查看数组的每个元素，比较其与目标值是否相等。

一维数组和单节点

	作为搜索对象的整数列	A
	目标值	key

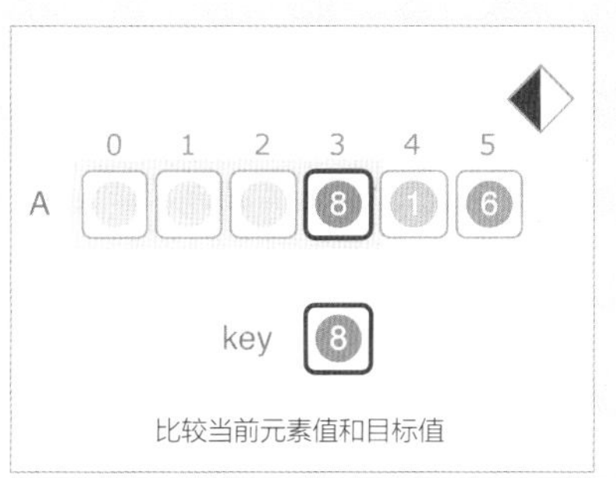

比较当前元素值和目标值

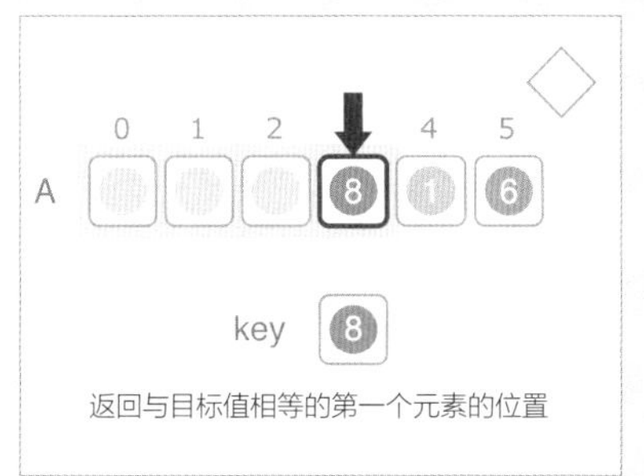

返回与目标值相等的第一个元素的位置

输入		
	读取作为搜索对象的整数列	
	读取目标值	
搜索		
	比较是否与目标值相等	if A[i] = key:
⬇	指向与目标值相等的第一个元素的位置	i
	扩展已搜索的元素区间	区间 [0, i]

输入

输入整数列和目标值

搜索

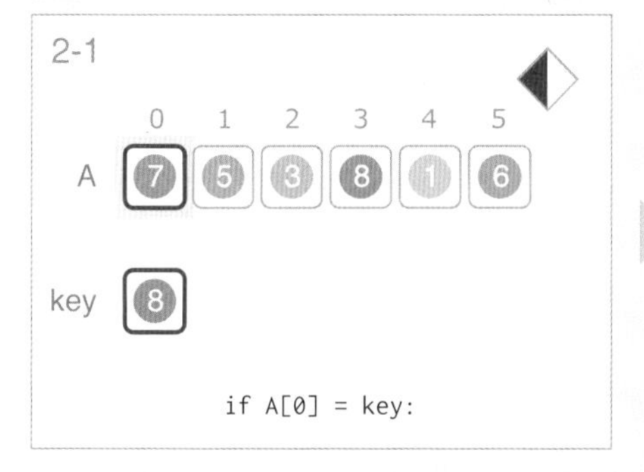

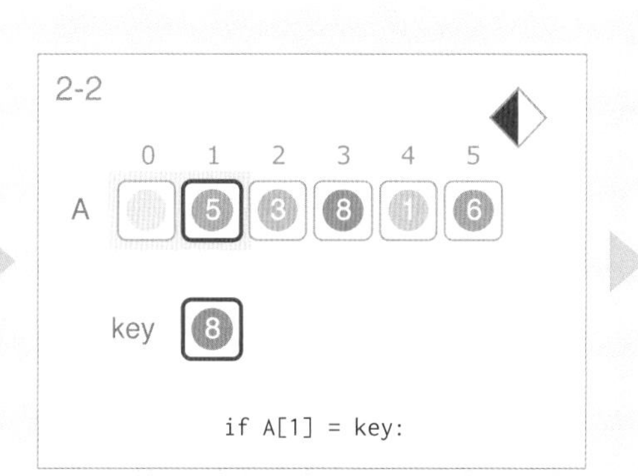

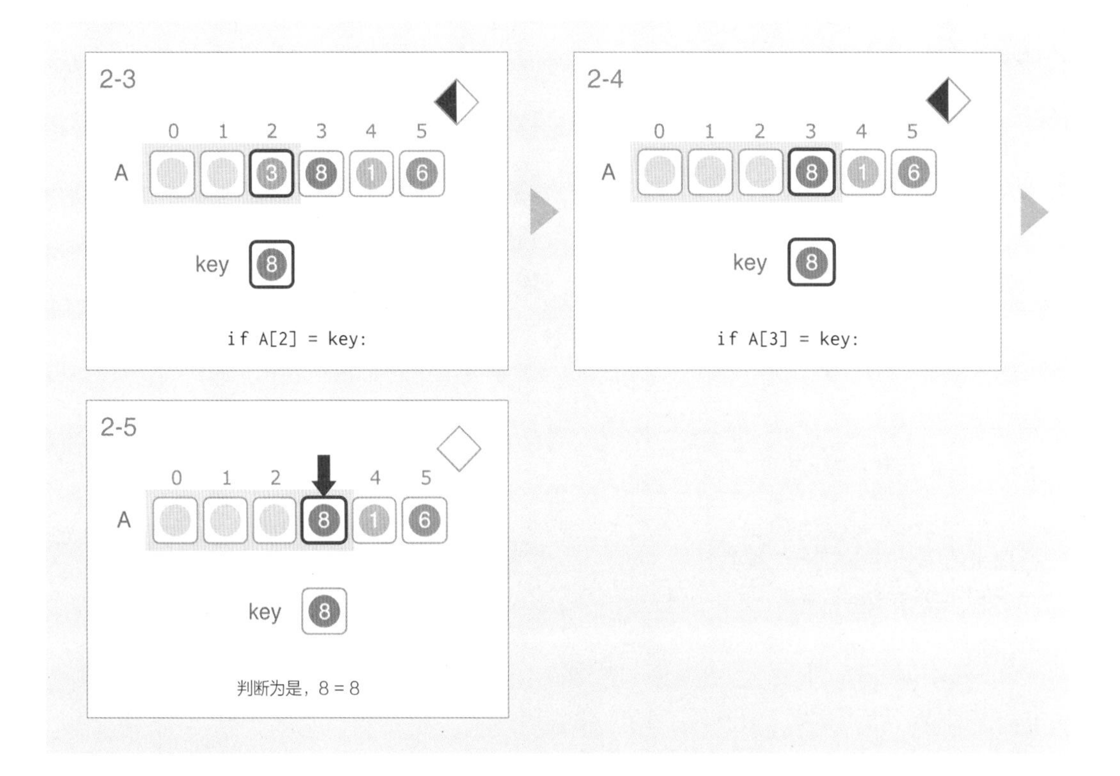

线性搜索从数组的第一个元素开始，逐个进行比较，当发现与目标值相等的值，或者所有元素都被检查后，结束搜索。如果找到了匹配的元素，返回元素的位置，然后结束；如果没有找到匹配的元素，则断定其不存在。

实现为函数的伪代码如下所示。

```
# 从数组 A 的区间 [0, N) 中找到 key 的位置
linearSearch(A, N, key):
    for i ← 0 to N-1:
        if A[i] = key:
            return i

    return NIL # 元素不存在
```

如果数组中不存在目标值，那么所有的元素都会被比较。因此线性搜索的时间复杂度是 $O(N)$。如果只进行单次搜索，这个时间复杂度还可接受，但是如果需要进行 Q 次搜索，时间复杂度就变成了 $O(QN)$。因此在需进行多次搜索的场景下，这个算法可被归类为低效的算法。

线性搜索不受作为搜索对象的数组中元素排列顺序的限制。它的计算效率不高，但可被应用于任何数列。

12.2 二分搜索 ★★

对已排序的整数列进行搜索

计算机处理的大部分数据都是经过精心管理的。例如，字典是按字母顺序整理的（字典顺序），这是为了让人们更容易找到数据。利用这一特点，搜索算法的效率可以大大提高。

请在一个元素按升序排序的数组中找到给定的值。如果值不存在，报告未找到；如果存在，则找出它的位置。

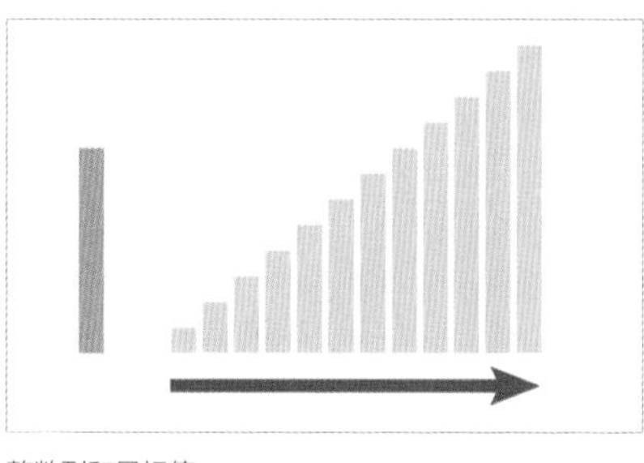

整数列和目标值

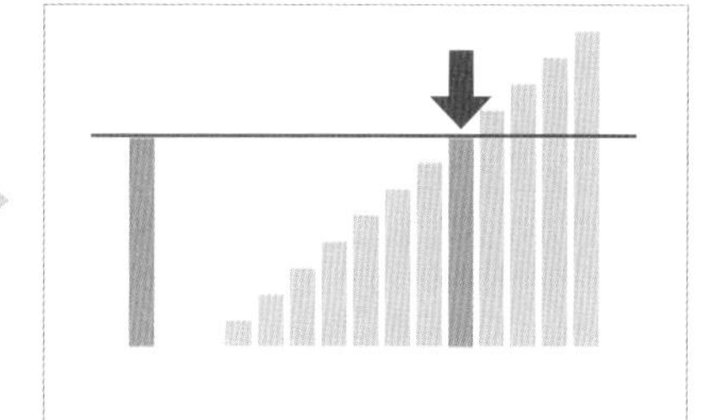

目标值的位置

- 数列的元素按升序排列
- 元素数量 $N \leqslant 1\,000\,000$

二分搜索 Binary Search

利用数组中的元素和目标值的大小关系，通过缩小搜索范围来进行搜索。

一维数组和单节点

	作为搜索对象的整数列。元素应按升序排序	A
	目标值	key

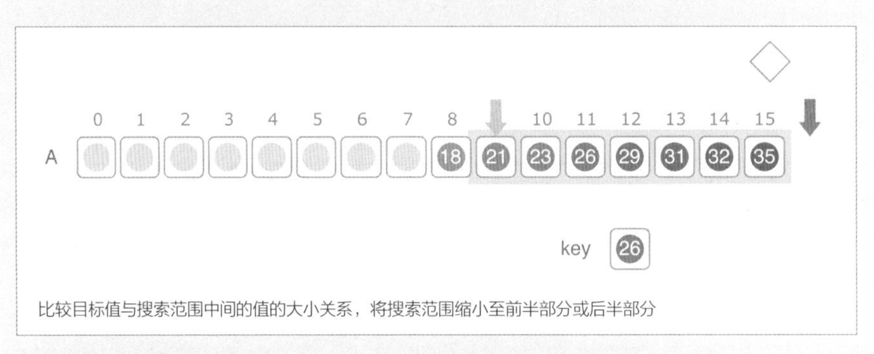

比较目标值与搜索范围中间的值的大小关系，将搜索范围缩小至前半部分或后半部分

输入		
	读取整数列	
	读取目标值	
搜索		
	比较搜索范围中间的值和目标值	if A[mid] = key:
	指向搜索范围的开头	left
	指向搜索范围的末尾	right
	指向目标值的位置	mid
	缩小搜索范围	区间 [left, right)

输入

1-1
0 1 2 3 4 5 6 7 8 9 10 11 12 13 14 15
A 1 3 4 7 9 12 13 17 18 21 23 26 29 31 32 35
key 26
算法动画
输入整数列和目标值

搜索

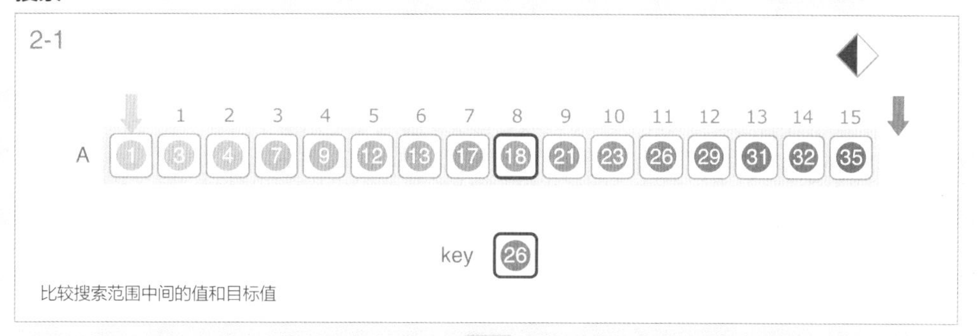
2-1
1 2 3 4 5 6 7 8 9 10 11 12 13 14 15
A 1 3 4 7 9 12 13 17 18 21 23 26 29 31 32 35
key 26
比较搜索范围中间的值和目标值

2-2
0 1 2 3 4 5 6 7 8 10 11 12 13 14 15
A 18 21 23 26 29 31 32 35
key 26
因为 18 < key，所以搜索范围缩小为后半部分

2-3
0 1 2 3 4 5 6 7 8 10 11 12 13 14 15
A 21 23 26 29 31 32 35
key 26
比较搜索范围中间的值和目标值

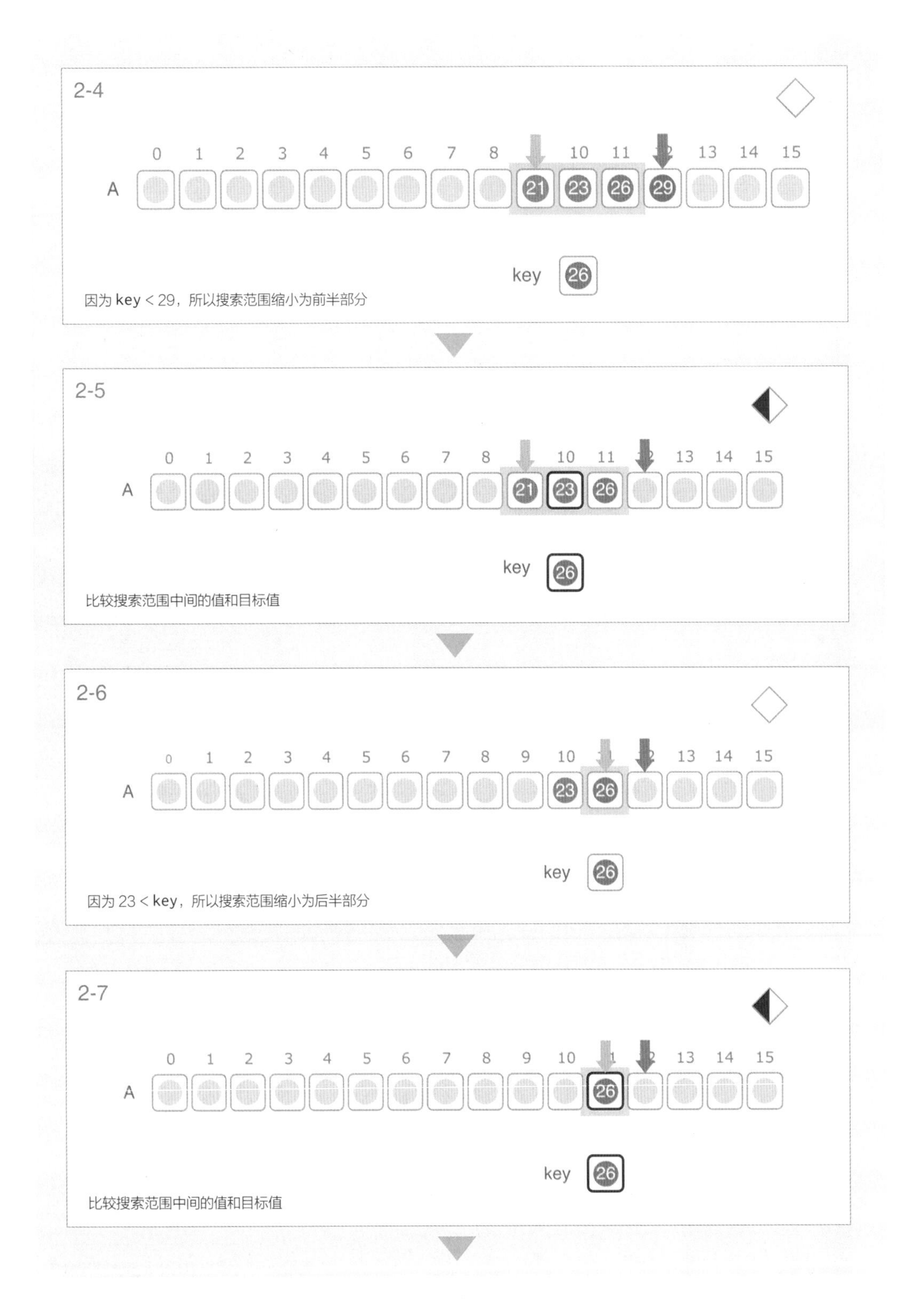
2-4
0 1 2 3 4 5 6 7 8 10 11 13 14 15
A
21 23 26 29
key 26
因为 key < 29，所以搜索范围缩小为前半部分
2-5
0 1 2 3 4 5 6 7 8 10 11 13 14 15
A
21 23 26
key 26
比较搜索范围中间的值和目标值
2-6
0 1 2 3 4 5 6 7 8 9 10 13 14 15
A
23 26
key 26
因为 23 < key，所以搜索范围缩小为后半部分
2-7
0 1 2 3 4 5 6 7 8 9 10 13 14 15
A
26
key 26
比较搜索范围中间的值和目标值

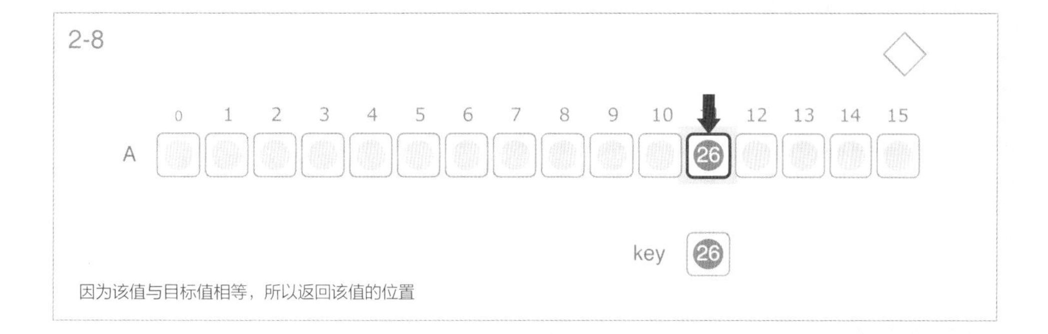

根据目标值和当前搜索范围中间的值的大小关系，将搜索范围减半。这里将搜索范围表示为区间 [left, right)。首先，通过 (left + right) / 2 求出搜索范围的中间位置 mid。除法结果的小数位将被舍弃。如果中间的值等于目标值，说明目标值已被找到，返回 mid，结束搜索。如果目标值大于中间的值，那么搜索范围可以缩小到中间的值的后方区域，因此将 left 更新为 mid + 1，继续搜索。反之，如果目标值小于中间的值，搜索范围可以缩小为前方区域，因此将 right 更新为 mid，继续搜索。

实现为函数的伪代码如下所示。

```
# 从元素数为 N 的数组 A 的区间 [0, N) 中找到 key 的位置
binarySearch(A, N, key):
    left ← 0
    right ← N
    while left < right:
        mid ← (left + right) / 2
        if  A[mid] = key:
            return mid
        else if A[mid] < key:
            left ← mid + 1
        else:
            right ← mid

    return NIL # 元素不存在
```

二分搜索每次将搜索范围缩小一半，直到找到目标值，而最差的情况是最终的搜索范围内只有一个值。因此，最差情况下实施的步骤是将元素数 N 不断除以 2，直到变为 1 为止，时间复杂度是 $O(\log N)$。最差情况下的计算步骤数是 $\log_2 N$，但大 O 表示法中，2 可以省略。

时间复杂度为 $O(\log N)$ 的二分搜索是非常强大的。即使元素的数量有 100 万个，搜索也会在最多 20 个计算步骤内完成。这比线性搜索快 5 万倍。

特点

二分搜索是许多搜索算法的基础，可被应用于处理元素值递增的数列的问题和算法。它还可以应用于求单调递增的函数 $f(x)$ 在 $f(x)=0$ 处的解等问题，是一种通用的算法。

第13章

对数组元素进行排序

许多算法因为要对数据排序，所以要改变数组元素的顺序。组合已排序的子列，将元素分组的操作也适用于高级排序算法。

本章将会介绍改变数组元素位置，将数组变换为所需的排列的基本算法。

- 反转
- 插入
- 合并
- 分割

13.1 反转 ★

区间的反转

颠倒数组或指定范围内的元素顺序的反转是改变数列区间内元素顺序的最基本操作。

请按颠倒顺序排列整数列的元素。

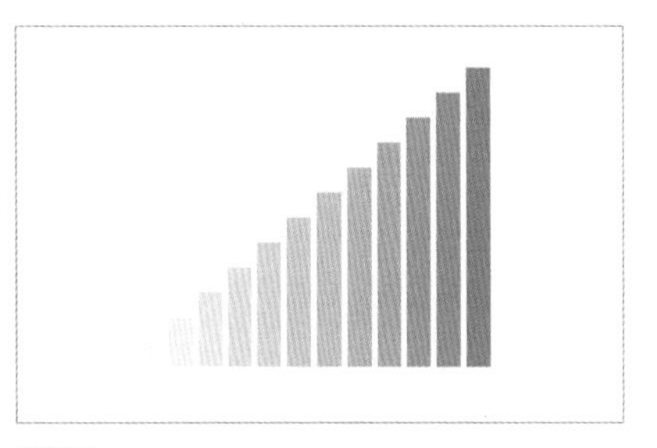

整数列

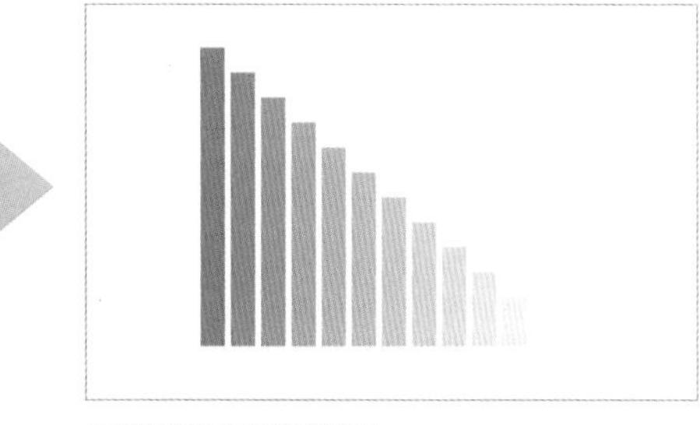

元素顺序颠倒后的整数列

- 元素数量 $N \leq 1000$

反转 Reverse

通过应用交换函数，只用一个存储输入数据的数组就能实现反转处理。

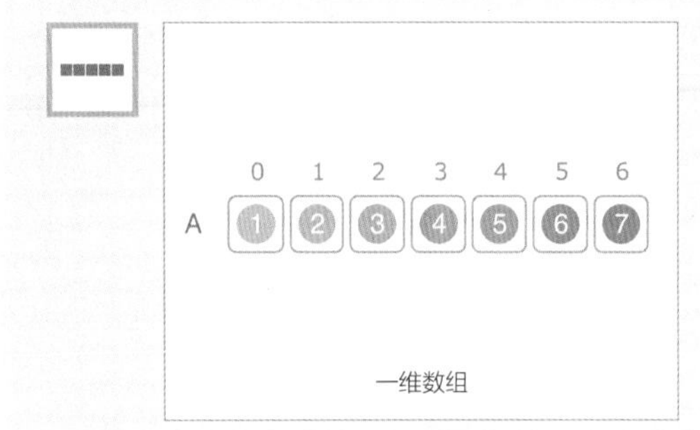

一维数组

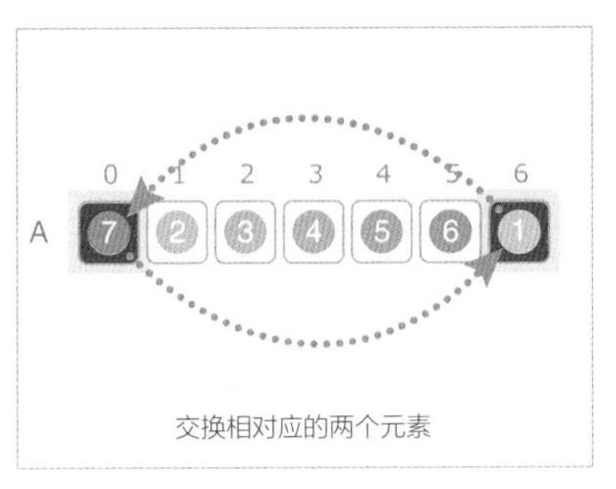

交换相对应的两个元素

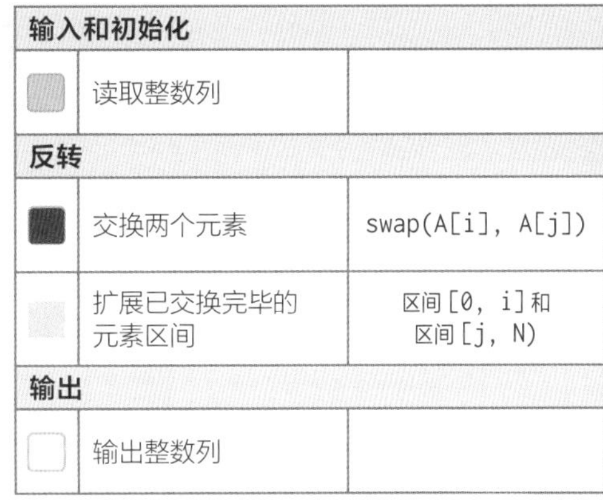

输入和初始化		
	读取整数列	
反转		
	交换两个元素	swap(A[i], A[j])
	扩展已交换完毕的元素区间	区间[0, i]和区间[j, N)
输出		
	输出整数列	

输入

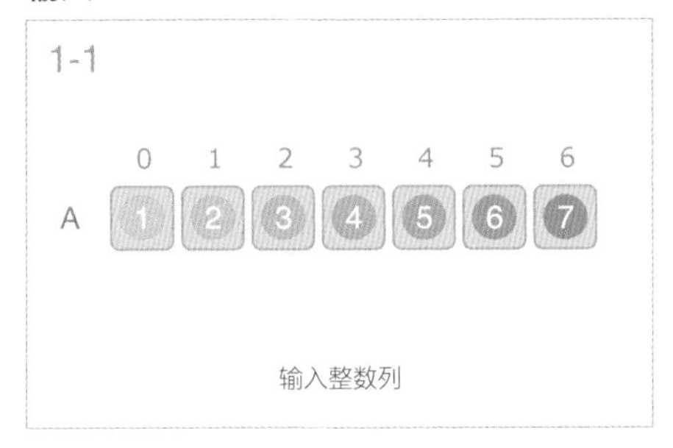

输入整数列

反转

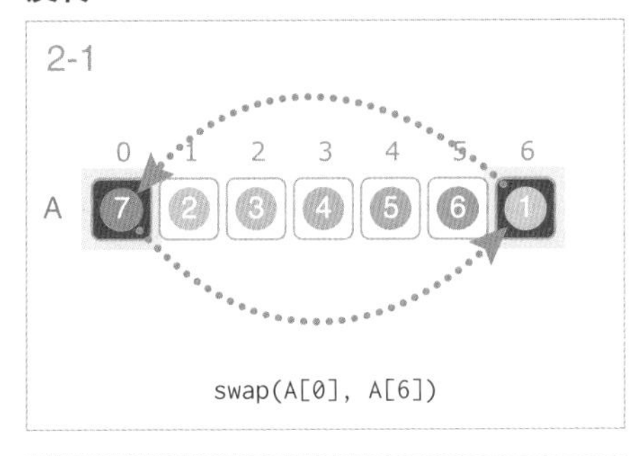

swap(A[0], A[6])

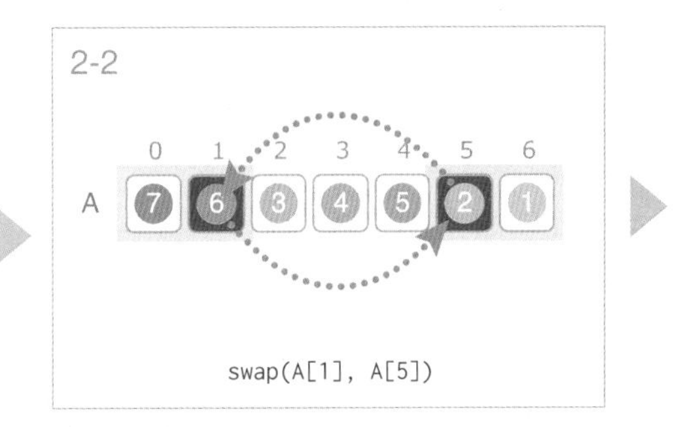

swap(A[1], A[5])

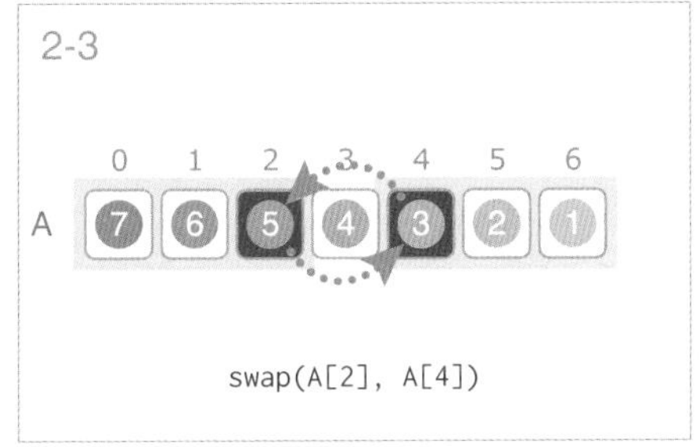

swap(A[2], A[4])

输出

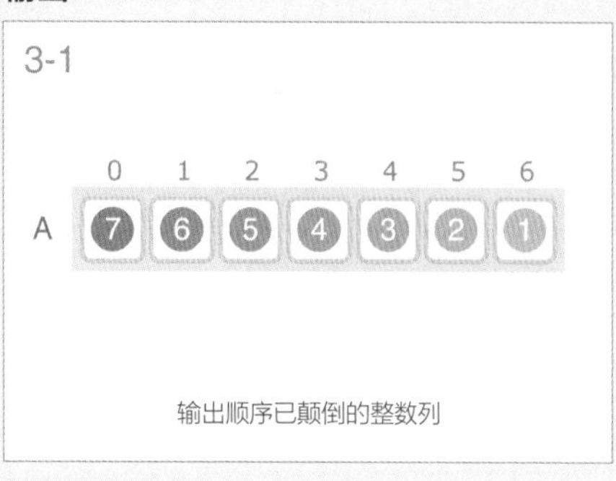

反转通过交换以数组中心为轴的两个对象元素，按颠倒的顺序重新排列数组中的元素。如果两个对象元素的下标分别为 i 和 j，那么 $i = 0, 1, 2, \cdots, N/2-1$，而与 i 相对的 j 可通过使用 i 的计算式 $N-(i+1)$，即 $N-i-1$ 求得。

```
A ← 整数列

for i ← 0 to N/2 - 1:
    j ← N-i-1
    swap(A[i], A[j])

输出 A
```

实现为通用的函数的伪代码如下所示。

```
# 反转数组 A 的区间 [l, r)
reverse(A, l, r):
    for i ← l to l + (r-l)/2 - 1:
        j ← r - (i-l) - 1
        swap(A[i], A[j])
```

交换的次数是数组大小的一半，即 $N/2$ 次。因此，反转的时间复杂度为 $O(N)$。反转操作可被抽象为反转区间 $[l, r)$ 的通用函数 `reverse(A, l, r)`。

特点

想把按升序排序的数列变为降序或者把按降序排序的数列变为升序时，也可以使用反转。

13.2 插入 ★

向已排序的数列添加元素

灵活运用已经解决的子问题的解，能够更有效地求解父问题。下面向已排序的数列添加一个元素。

请在保持升序的前提下，向已升序排序的整数列添加整数。

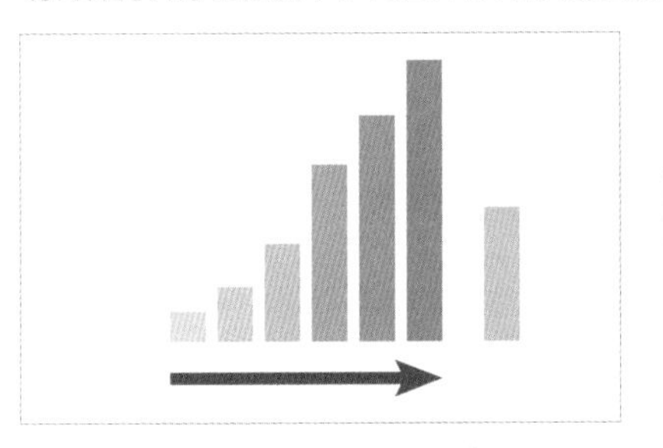

除末尾的元素以外，其余元素是已升序排列的整数列

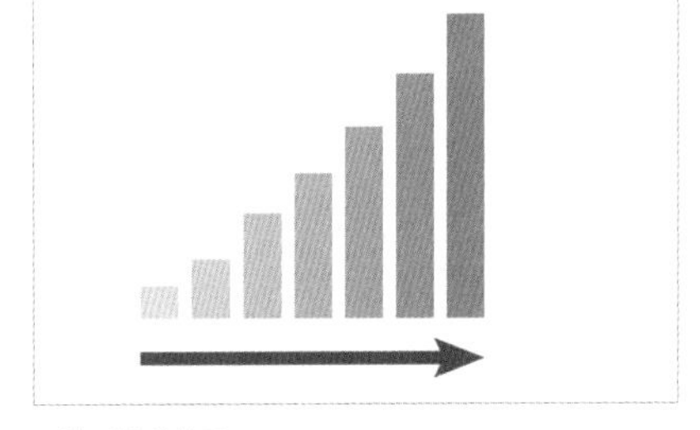

已排列的整数列

- 元素数量 $N \leqslant 100$

插入 Insertion

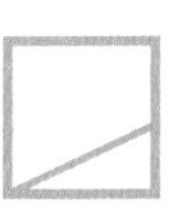

准备保存待插入值的临时变量 t，然后从末尾向前方搜索插入 t 值的位置。

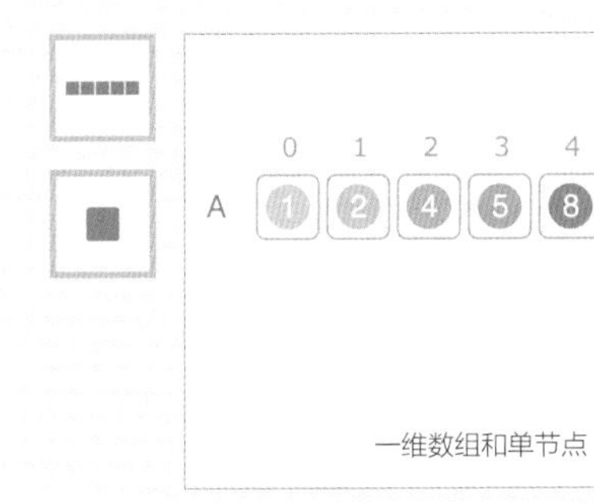

一维数组和单节点

	整数列	A
	临时保存的待插入值	t

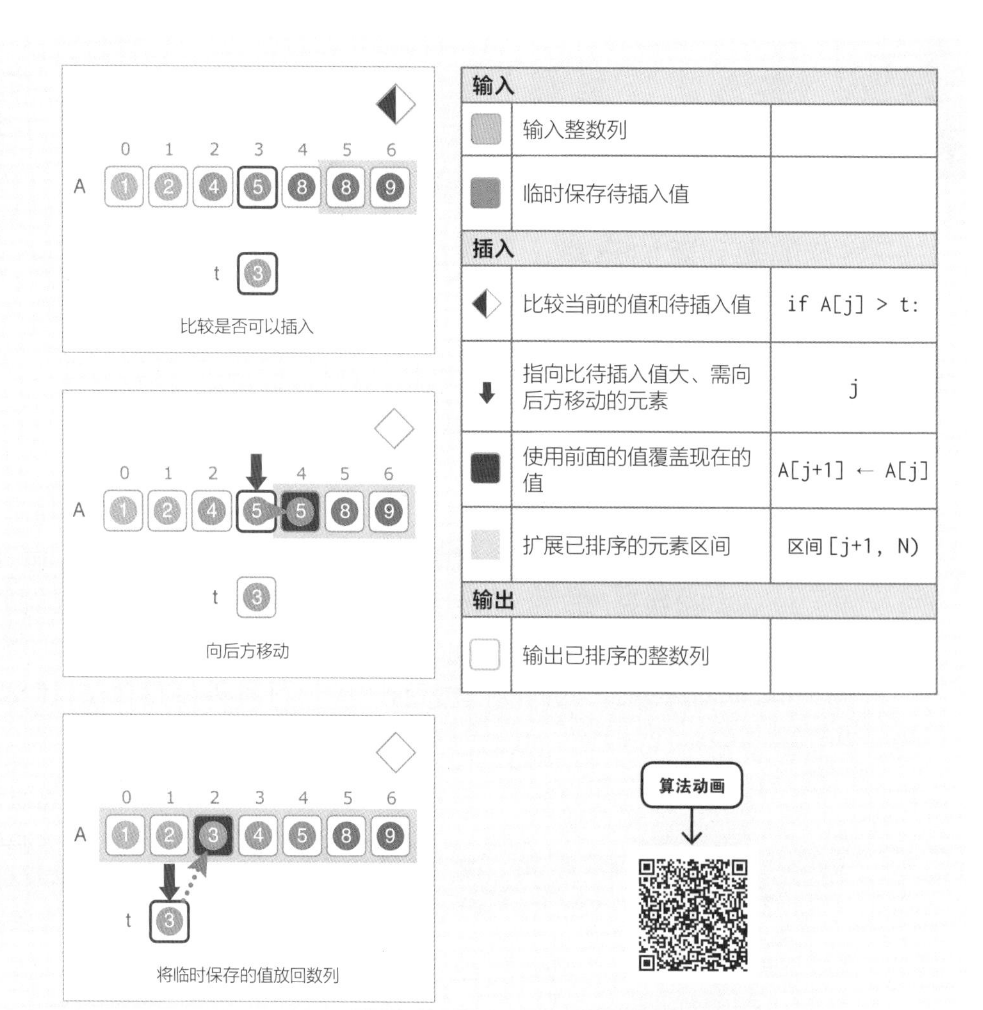

输入		
	输入整数列	
	临时保存待插入值	
插入		
	比较当前的值和待插入值	if A[j] > t:
	指向比待插入值大、需向后方移动的元素	j
	使用前面的值覆盖现在的值	A[j+1] ← A[j]
	扩展已排序的元素区间	区间 [j+1, N)
输出		
	输出已排序的整数列	

输入

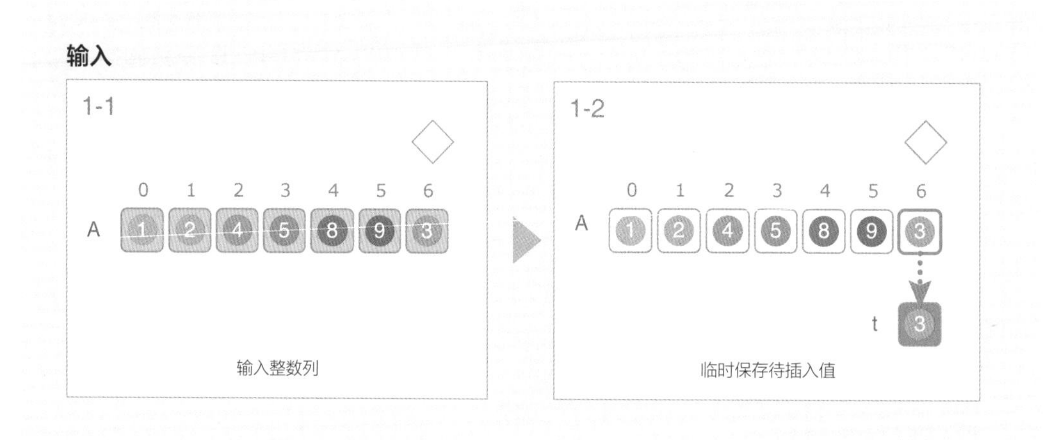

插入

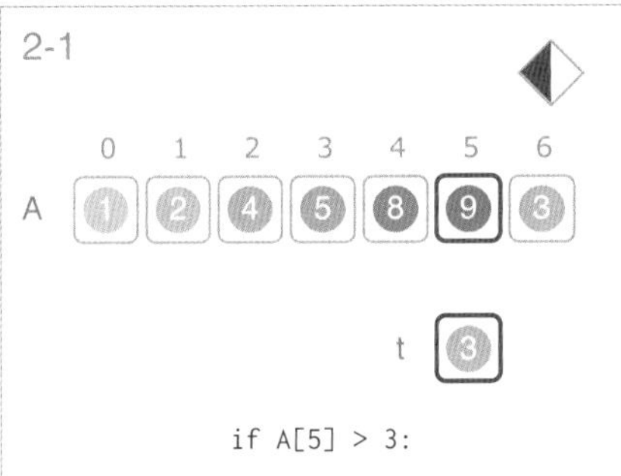
2-1
0 1 2 3 4 5 6
A 1 2 4 5 8 9 3
t 3
if A[5] > 3:

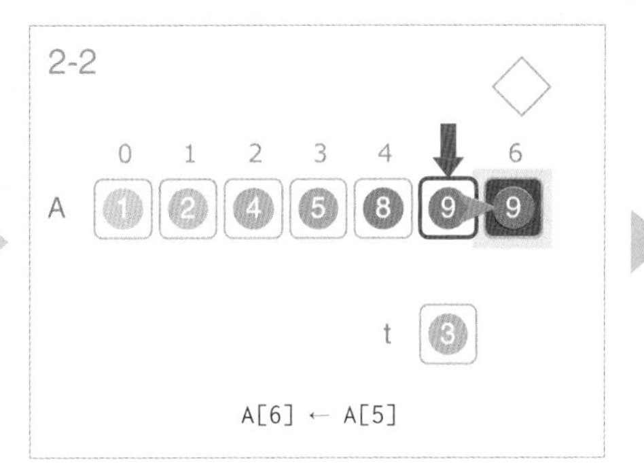
2-2
0 1 2 3 4 6
A 1 2 4 5 8 9 9
t 3
A[6] ← A[5]

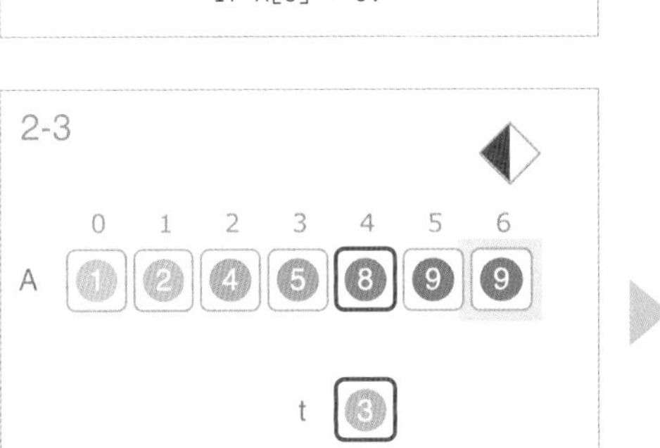
2-3
0 1 2 3 4 5 6
A 1 2 4 5 8 9 9
t 3
if A[4] > 3:

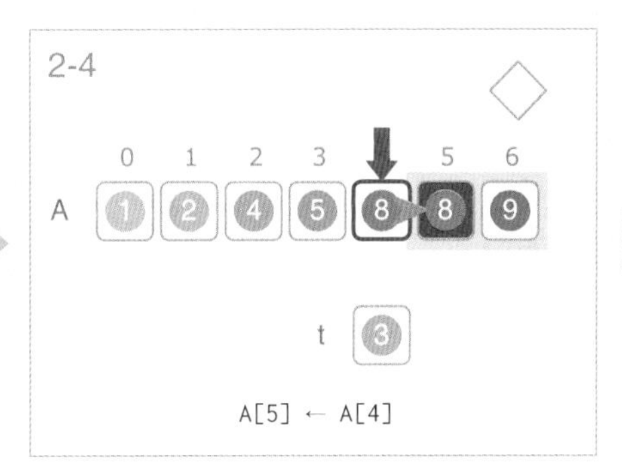
2-4
0 1 2 3 5 6
A 1 2 4 5 8 8 9
t 3
A[5] ← A[4]

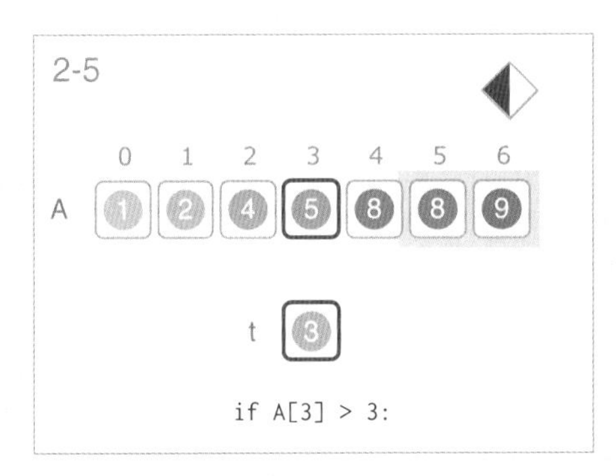
2-5
0 1 2 3 4 5 6
A 1 2 4 5 8 8 9
t 3
if A[3] > 3:

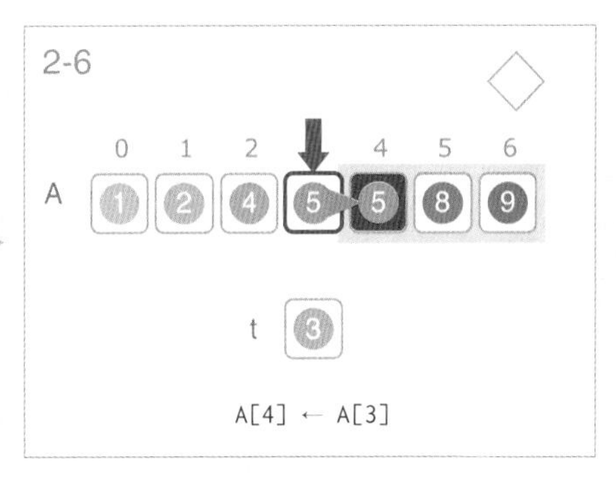
2-6
0 1 2 4 5 6
A 1 2 4 5 5 8 9
t 3
A[4] ← A[3]

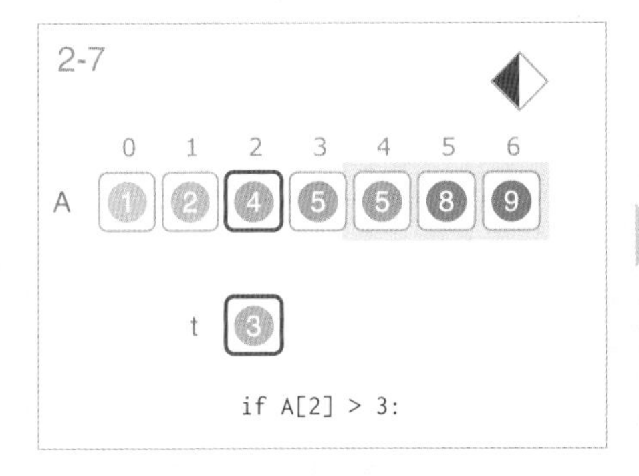
2-7
0 1 2 3 4 5 6
A 1 2 4 5 5 8 9
t 3
if A[2] > 3:

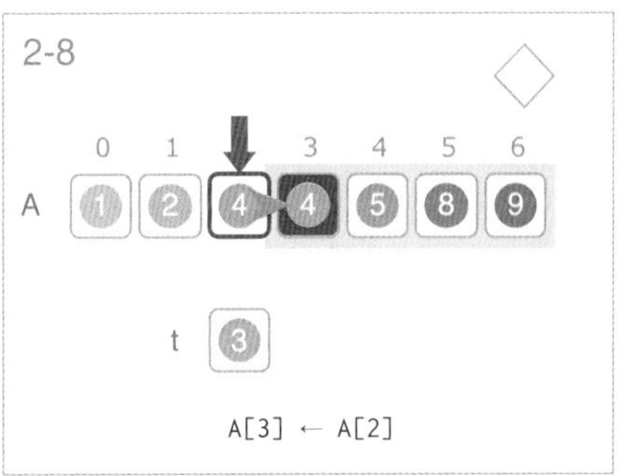
2-8
0 1 3 4 5 6
A 1 2 4 4 5 8 9
t 3
A[3] ← A[2]

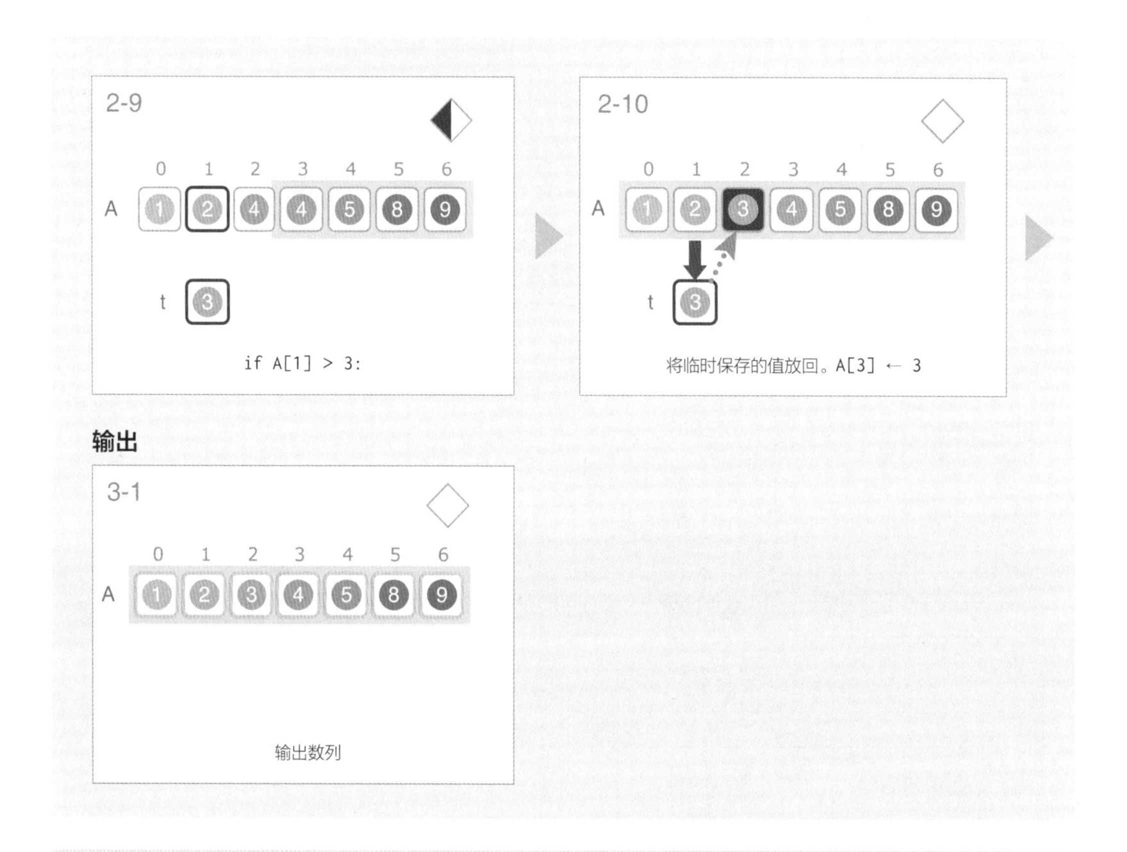

在进行数组元素顺序的变换时，我们可以准备数组之外的空间，基于该空间设计计算和实现的方法。在插入操作中，给定的末尾的值被记录在临时变量 t 中，然后在已排序的部分中从后向前寻找 t 值可以被插入的位置。在这个过程中，比 t 值大的元素会向后方移动一个位置（复制）。当找到小于等于 t 值的元素时，将 t 值放回紧随该元素之后的空余空间，结束插入处理。如果待插入值是最小的，它将在所有元素都向后移动之后被插入到开头。

```
# 在数组 A 中插入元素 i（第 i 个元素）
# 区间 [0, i) 按升序排列
insertion(A, i):
    j ← i - 1
    t ← A[i]

    while True:  # 无限循环，直到满足条件退出
        if j < 0:
            break
        if not (j ≥ 0 and A[j] > t):
            break
        A[j+1] ← A[j]
        j ← j - 1

    A[j+1] ← t
```

在插入操作中，任何大于待插入值的元素都要向后移动。最坏的情况是待插入值比任何元素都小，此时要一个个移动所有的元素。因此，插入操作的时间复杂度是 $O(N)$。我们将在数组 A 末尾插入元素 i 的操作定义为函数 insertion(A, i)。

特点

插入是初级排序算法插入排序的基本操作。

13.3 合并 ★

对已分别排序的两个数列合并且排序

有时候利用已分别解决的多个子问题的解的特性，能够更高效地解决原本的问题。下面综合两个子问题的解来求解父问题。

请将两个都按升序排列的整数列合并为一个按升序排列的整数列。实际的输入是一个数列，其中包含这两个子列。

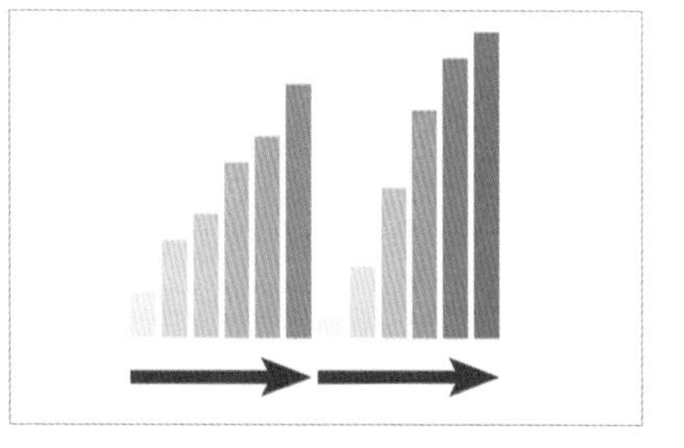

前半部分和后半部分都是已排序的整数列

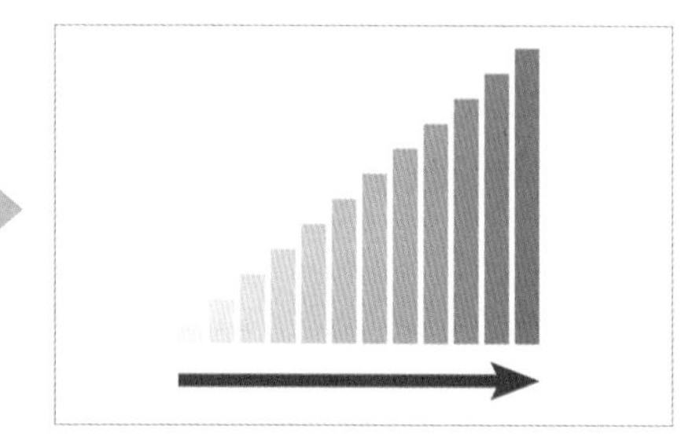

合并后已排序的整数列

・元素数量 $N \leqslant 100\,000$

合并（Merge）

准备另一个数组来临时存储所有元素。在把临时存储的元素放回原来的数组的过程中，使整个数组按升序排列。

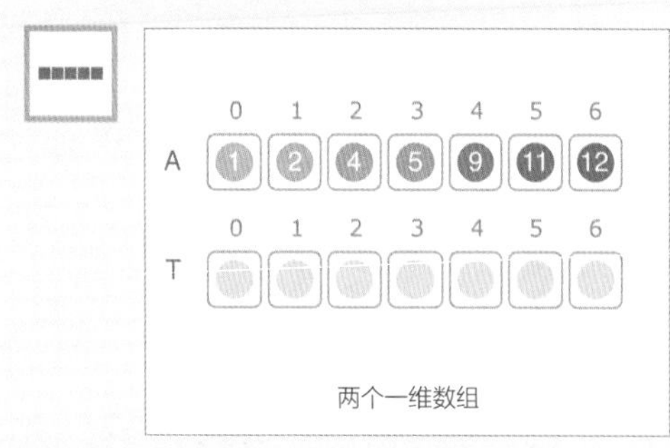

两个一维数组

	整数列	A
	临时存储元素的整数列	T

比较两个部分开头的元素

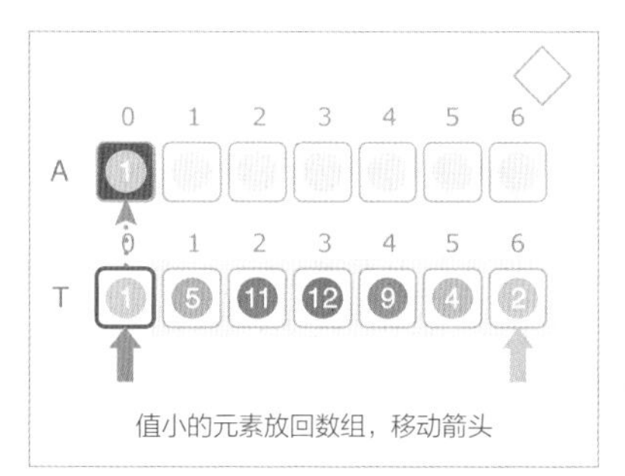

值小的元素放回数组，移动箭头

输入和数据的临时保存		
	临时保存输入数据	
	反转后半部分	
合并		
	判断两个部分开头的值哪个更小	if T[i] ≤ T[j]:
	返回选择的元素	A[k] ← T[?]
	指向前半部分的当前元素	i
	指向后半部分的当前元素	j
	扩展已排序部分的区间	区间 [l, k]
输出		
	输出已排序的整数列	

输入和数据的临时保存

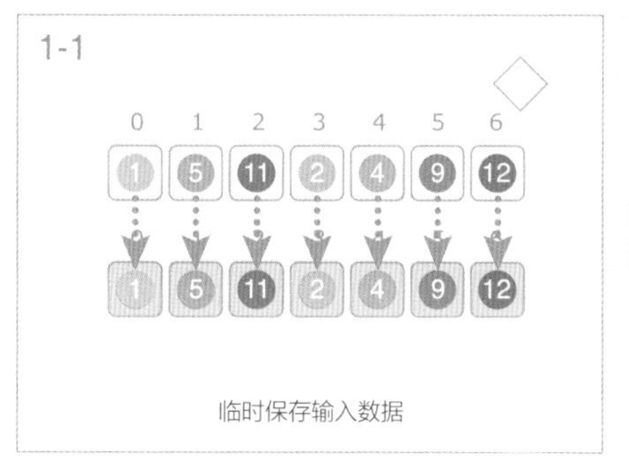

临时保存输入数据

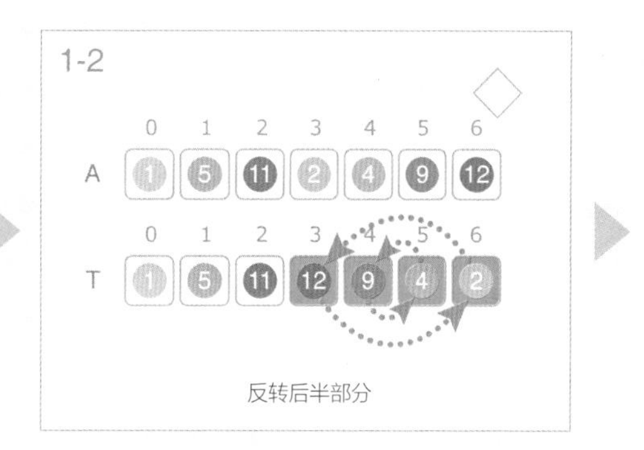

反转后半部分

合并

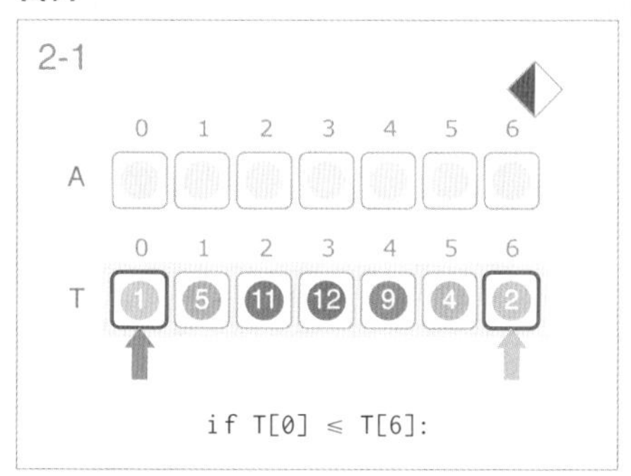

if T[0] ≤ T[6]:

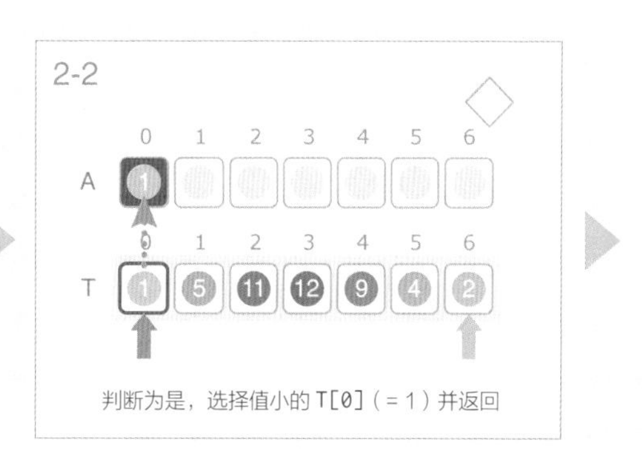

判断为是，选择值小的 T[0]（= 1）并返回

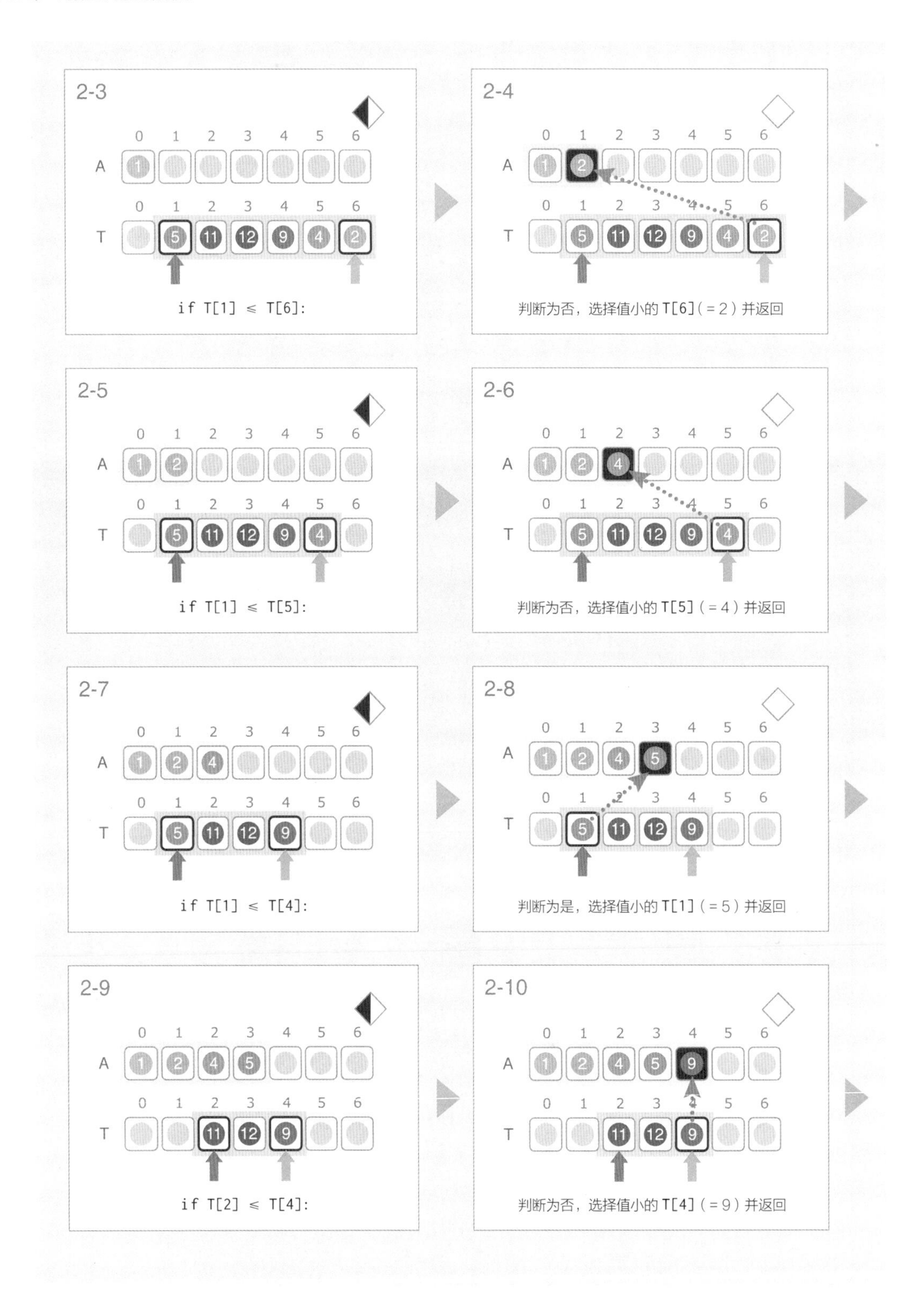
2-3
A
T
if T[1] ≤ T[6]:
2-4
判断为否，选择值小的 T[6]（= 2）并返回
2-5
if T[1] ≤ T[5]:
2-6
判断为否，选择值小的 T[5]（= 4）并返回
2-7
if T[1] ≤ T[4]:
2-8
判断为是，选择值小的 T[1]（= 5）并返回
2-9
if T[2] ≤ T[4]:
2-10
判断为否，选择值小的 T[4]（= 9）并返回

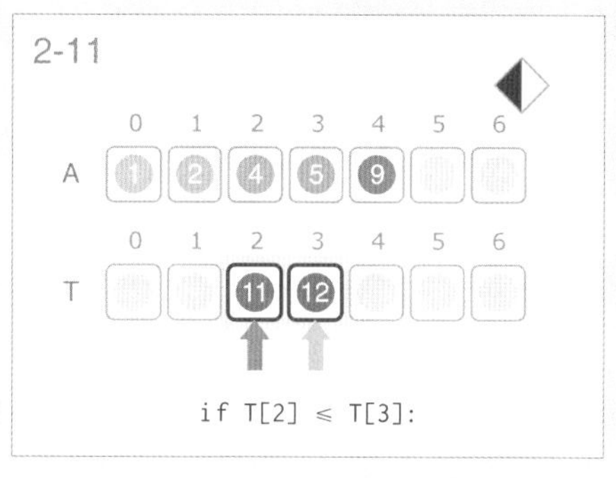

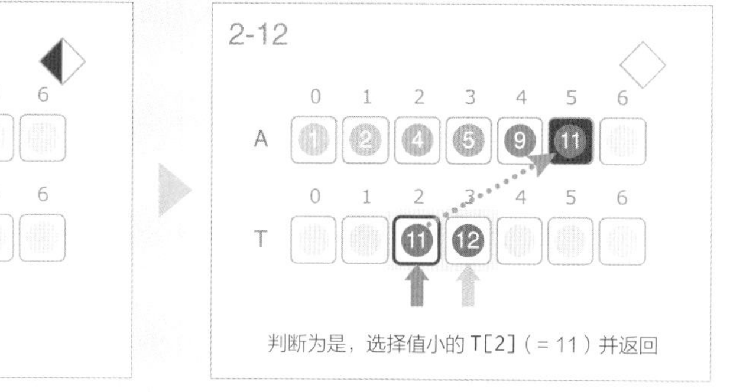

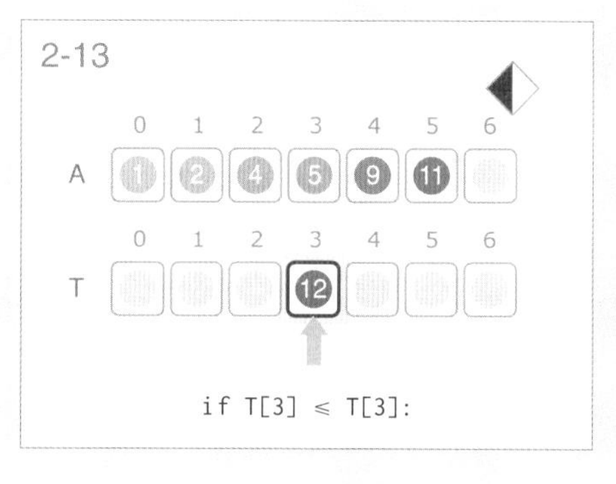

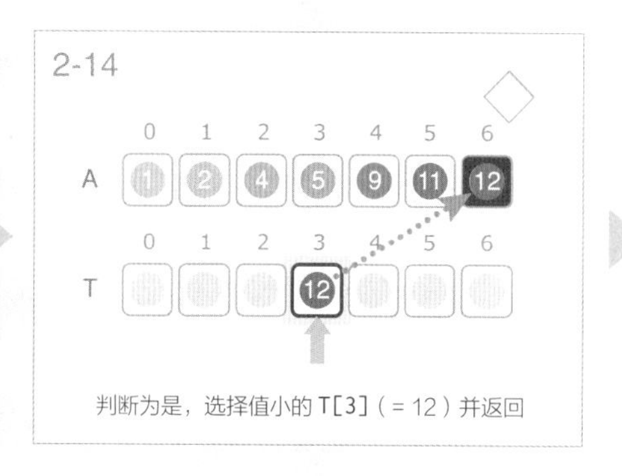

输出

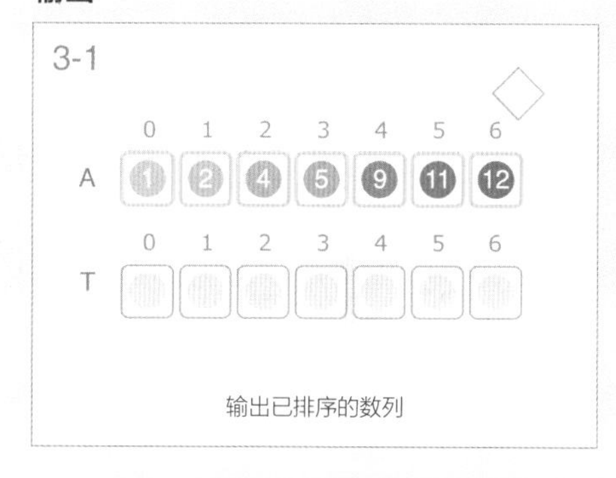

我们将已排序的两个部分的元素临时复制到一个数组，然后反转后半部分。在合并过程中，依次选择前半部分和后半部分中值小的元素，将其放回原数组中。因为反转了后半部分，所以如果前半部分或后半部分的数列空了，其箭头将指向另一半部分末尾的元素。

```
# 合并数组 A 的区间 [l, m) 的元素和区间 [m, r) 的元素
# 合并后两个区间的元素按升序排列
merge(A, l, m, r):
    for i ← l to r-1:
        T[i] ← A[i]

    reverse(T, m, r)

    i ← l
    j ← r-1

    for k ← l to r-1:
        if T[i] ≤ T[j]:
            A[k] ← T[i]
            i ← i + 1
        else:
            A[k] ← T[j]
            j ← j - 1


# 将有 N 个元素的数组的前半部分和后半部分分开再合并、排序的使用示例
merge(A, 0, N/2, N)
```

如果数组的前半部分和后半部分已经按升序排列，那么就可以对整个数组进行高效的排序。因为对两个部分开头的元素的比较和元素的复制需进行 N 次，所以合并的时间复杂度为 $O(N)$。另外，因为需要将整个数组元素临时保存到另一个数组，所以需要两倍于输入大小的内存。

特点　两个已排序的子列的合并是作为高级排序算法的合并排序的基本操作。

13.4 分割

★★

根据大小关系对元素进行分组

根据某个条件对数组的元素进行分组的操作是划分子数组的方法，尽管很简单，但它是高效地对整个数组进行排序的强大组件。

请以数组中某个元素为基准，将数组分成比基准小的元素组和比基准大的元素组。

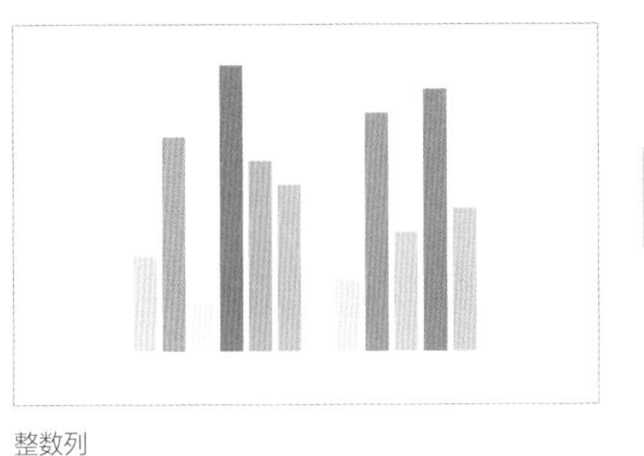

整数列

- 元素数量 $N \leq 100\ 000$

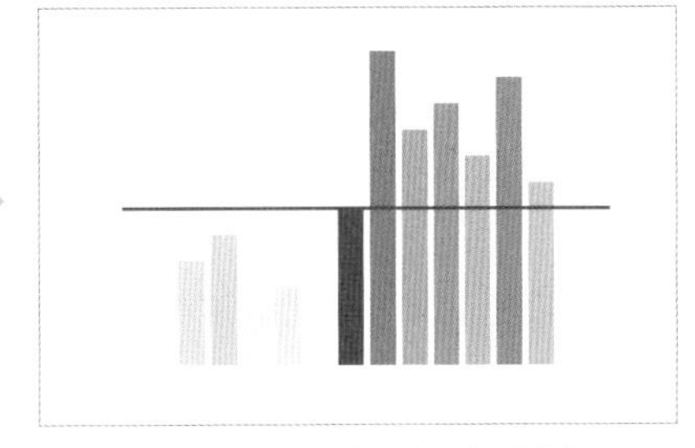

小于基准值的组配置于前方，大于基准值的组配置于后方

分割 Partition

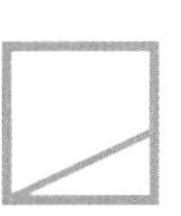

分割的做法是从开头依次确认每个元素，将小于基准值的元素移动到数列的前方，将大于基准值的元素移动到后方，这里我们设定基准值是末尾的值。在分割过程中，元素的移动只通过交换处理进行，只需一个数组就能完成操作。

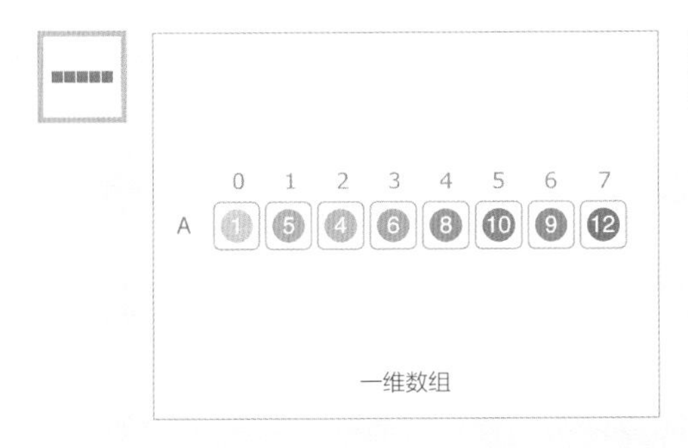

整数列	A

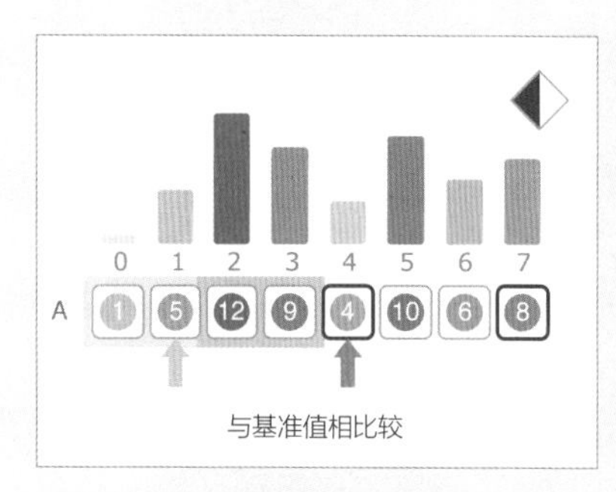

与基准值相比较

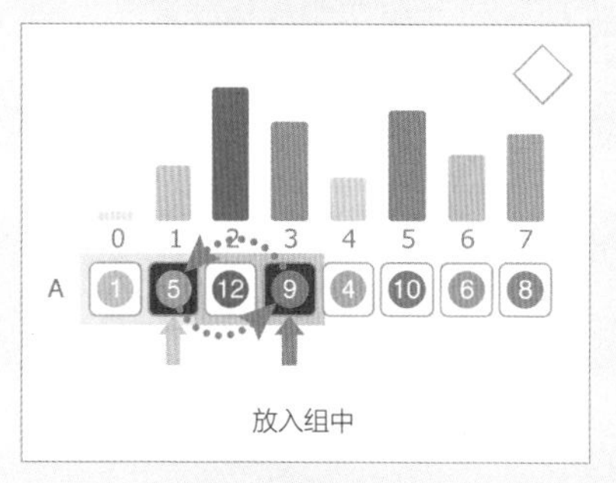

放入组中

输入		
	读取整数列	
分割		
	与基准值相比较	`if A[j] < A[r]:`
	与大值组的开头交换	`swap(A[i], A[j])`
	扩展小值组的区间	区间 [l, i]
	扩展大值组的区间	区间 [i + 1, j]
	指向小值组的右端	i
	指向大值组的右端	j
输出		
	输出已分组的整数列	

输入

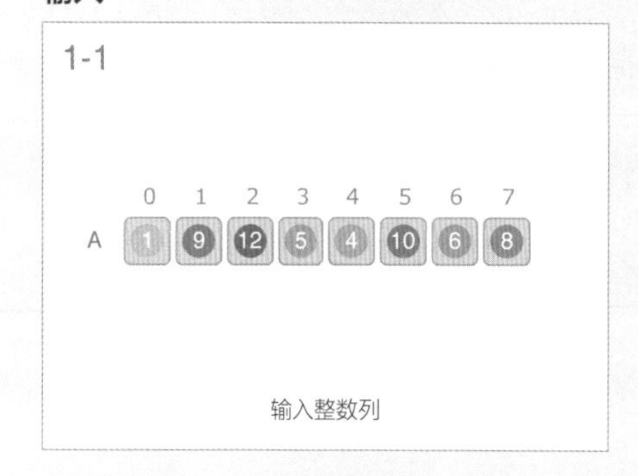

输入整数列

算法动画

分割

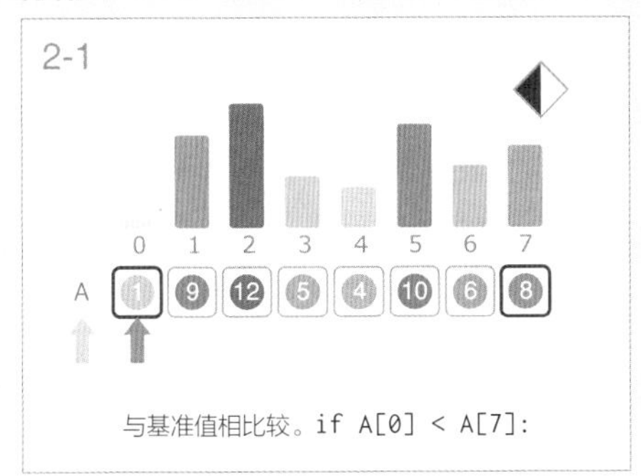
2-1
0 1 2 3 4 5 6 7
A 1 9 12 5 4 10 6 8
与基准值相比较。if A[0] < A[7]:

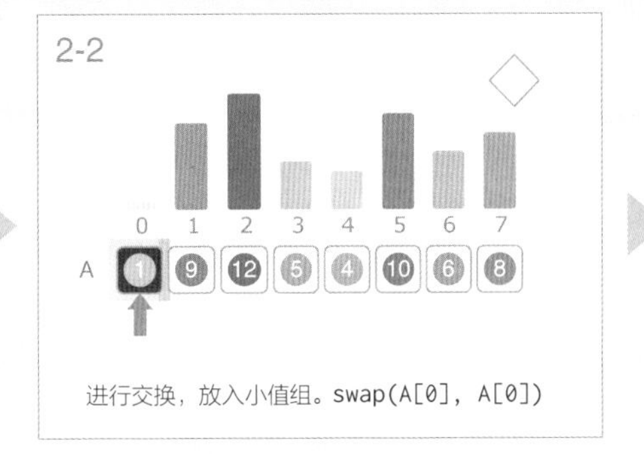
2-2
0 1 2 3 4 5 6 7
A 1 9 12 5 4 10 6 8
进行交换，放入小值组。swap(A[0], A[0])

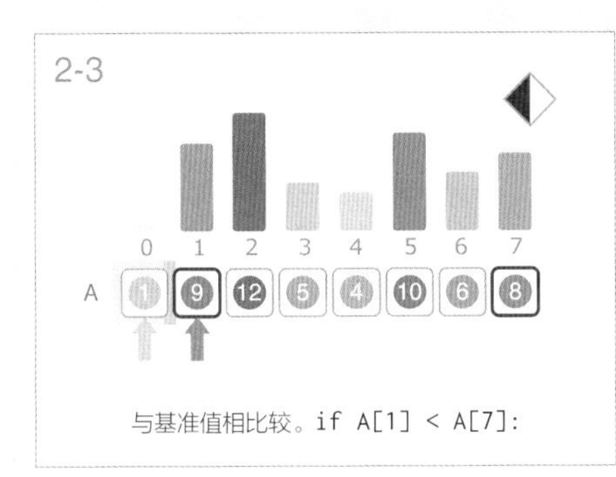
2-3
0 1 2 3 4 5 6 7
A 1 9 12 5 4 10 6 8
与基准值相比较。if A[1] < A[7]:

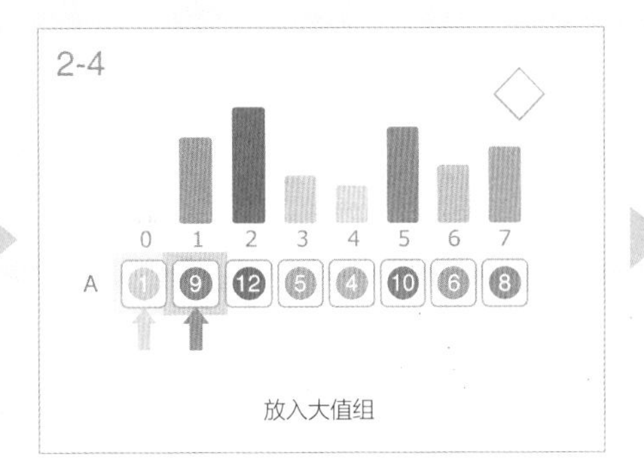
2-4
0 1 2 3 4 5 6 7
A 1 9 12 5 4 10 6 8
放入大值组

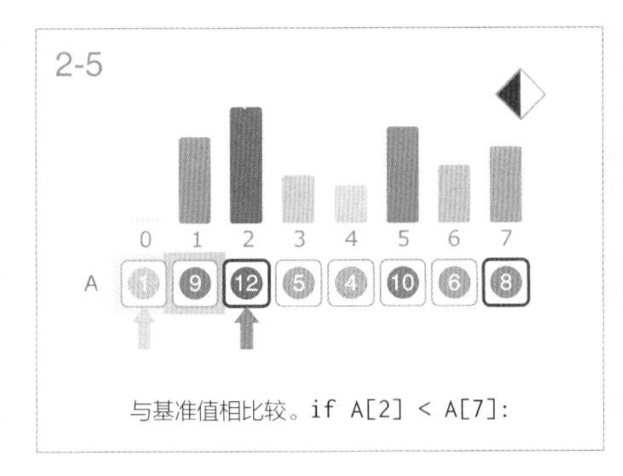
2-5
0 1 2 3 4 5 6 7
A 1 9 12 5 4 10 6 8
与基准值相比较。if A[2] < A[7]:

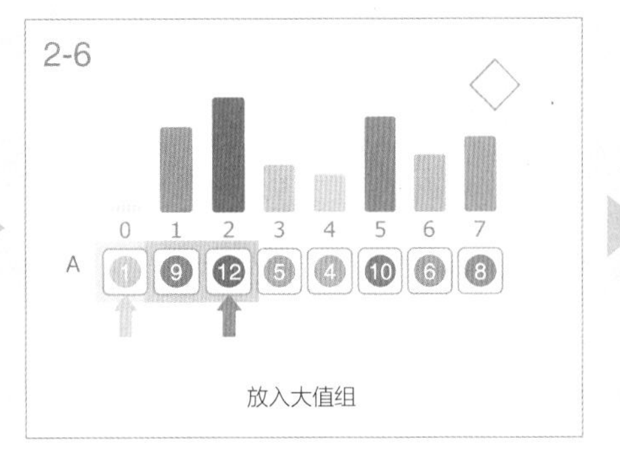
2-6
0 1 2 3 4 5 6 7
A 1 9 12 5 4 10 6 8
放入大值组

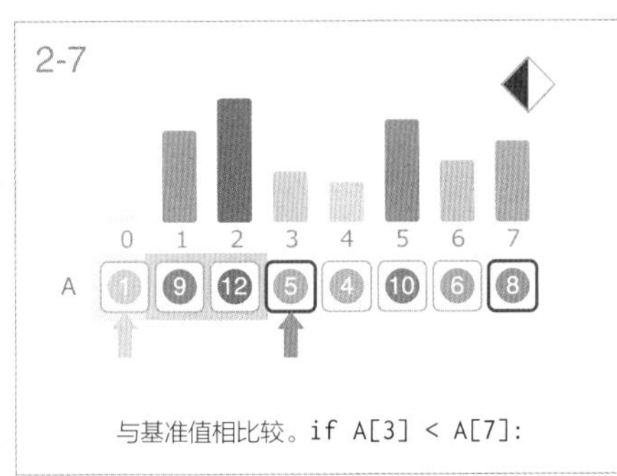
2-7
0 1 2 3 4 5 6 7
A 1 9 12 5 4 10 6 8
与基准值相比较。if A[3] < A[7]:

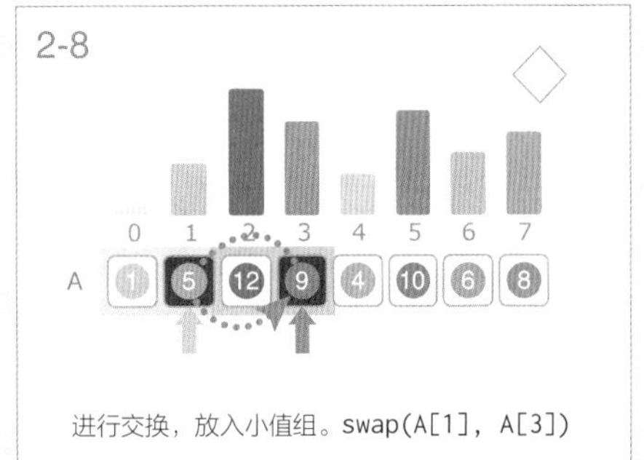
2-8
0 1 2 3 4 5 6 7
A 1 5 12 9 4 10 6 8
进行交换，放入小值组。swap(A[1], A[3])

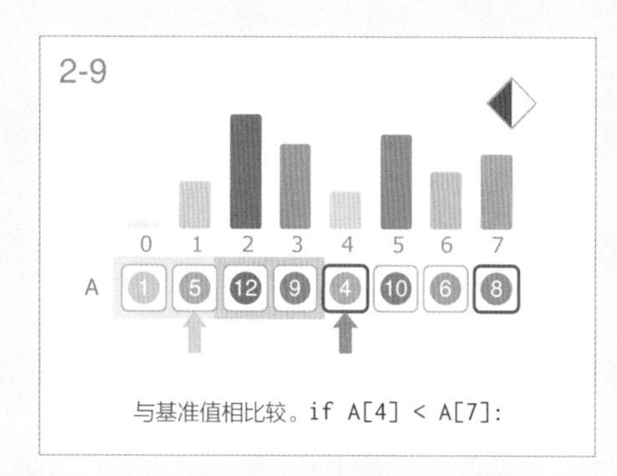

与基准值相比较。if A[4] < A[7]:

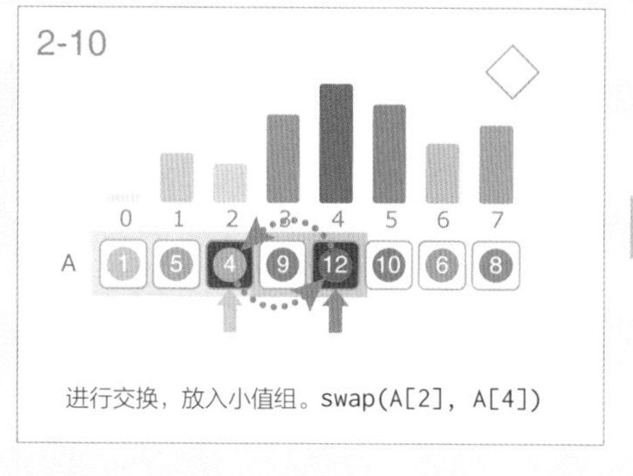

进行交换，放入小值组。swap(A[2], A[4])

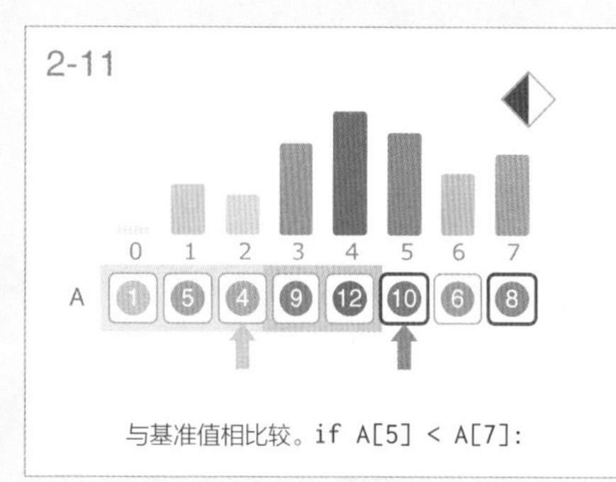

与基准值相比较。if A[5] < A[7]:

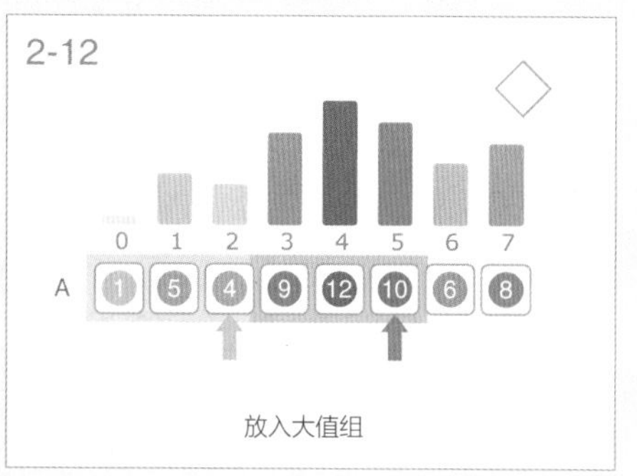

放入大值组

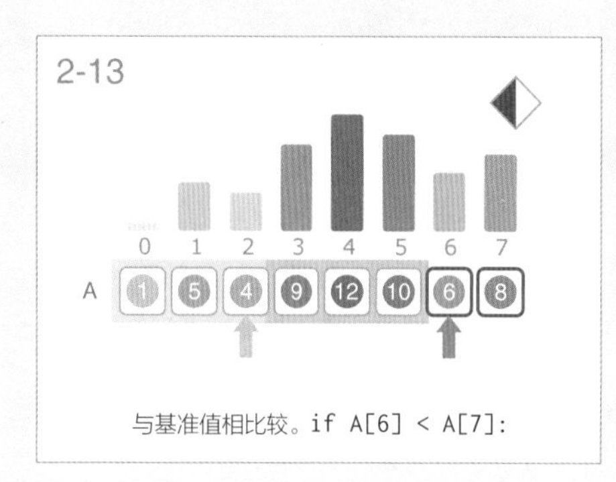

与基准值相比较。if A[6] < A[7]:

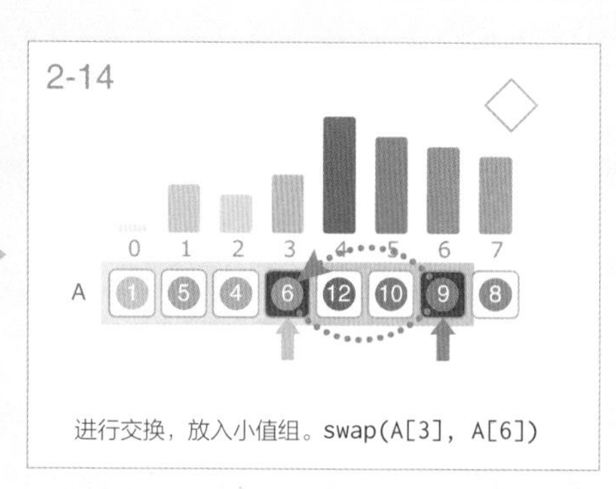

进行交换，放入小值组。swap(A[3], A[6])

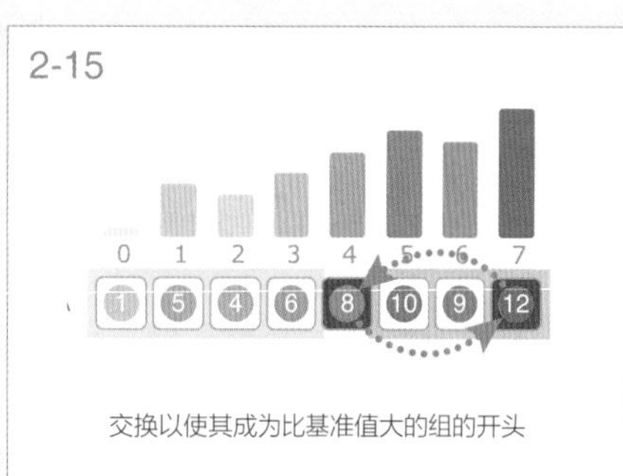

交换以使其成为比基准值大的组的开头

输出

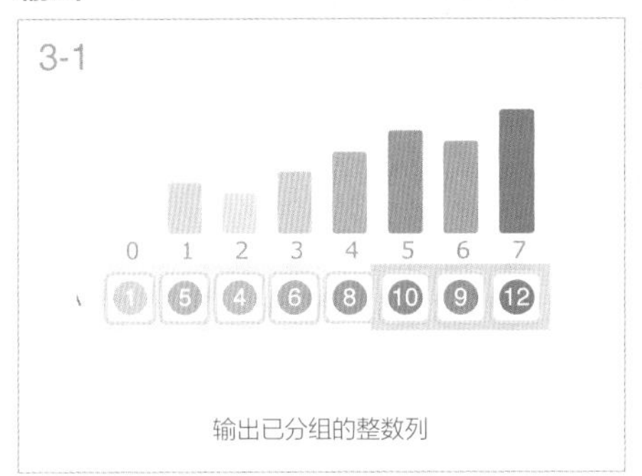

从开头的元素开始依次与基准值相比较，判断它属于哪个组。如果该元素大于或等于基准值，将其直接放入大值组；反之，如果该元素小于基准值，则将其与大值组开头的元素交换，放入小值组，小值组的元素数量增加 1。最后交换大值组开头的元素和最后一个元素（基准值），使基准值移动到小值组和大值组之间。这个操作决定了数组中基准值的位置。

```
# 以 A[r] 的值为基准，分割数组 A 的区间 [l, r]
partition(A, l, r):
    p ← l
    i ← p-1
    for j ← p to r-1:
        if A[j] < A[r]:
            i ← i + 1
            swap(A[i], A[j])

    i ← i + 1
    swap(A[i], A[r])
    return i

# 分割有 N 个元素的整个数组 A 时的使用示例
q ← partition(A, 0, N-1)
```

因为需对每个元素进行 N 次分组操作，所以分割处理的时间复杂度是 $O(N)$。我们将这个过程定义为函数 `partition(A, l, r)`，它根据基准值 `A[r]` 将数组 A 的区间 [`l`, `r`] 分成小值组和大值组。`partition` 在改变元素的排列位置后，最终返回分割后基准值的位置。

> **特点**
>
> 分割是以某个基准值为轴，将数组中的元素进行分组的处理，是高级排序算法快速排序的基本操作。

第14章

慢速排序

电话簿和字典等数据列表是根据某种基准来排序的。这是因为有序的数据可以使搜索更高效。人们设计了各种排序算法。排序算法对输入数组的元素按照升序或降序进行排序。

本章将会介绍基于此前学到的基本操作即可实现的初级排序算法。

- 冒泡排序
- 选择排序
- 插入排序

14.1 冒泡排序 ★★

整数列的排序

根据数据拥有的某个共同的键对数据进行排序是信息处理的基础。本节探讨元素数量较少的整数列的排序。

请按从小到大的顺序对整数列 $\{a_0, a_1, \cdots, a_{N-1}\}$ 进行排序。

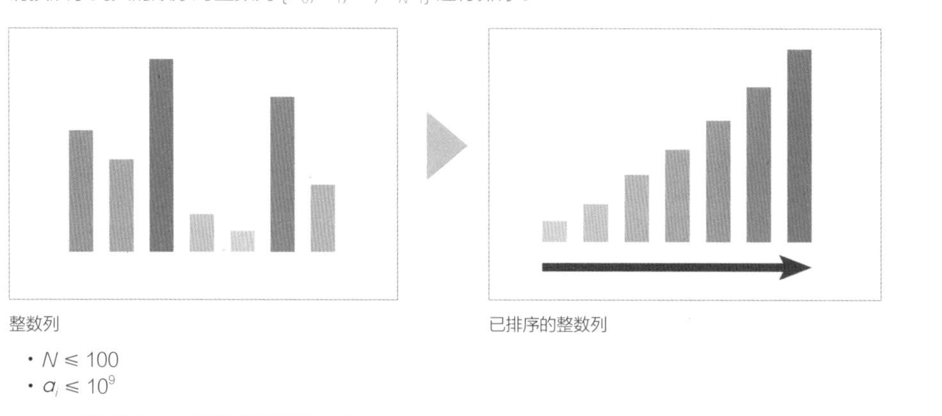

- $N \leqslant 100$
- $a_i \leqslant 10^9$

冒泡排序 Bubble Sort

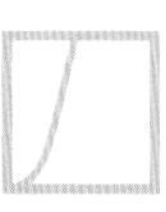

冒泡排序将数组分为前方已排序的部分和后方未排序的部分，反复进行相邻元素的比较，并交换顺序相反的元素对，逐一确定元素的顺序。

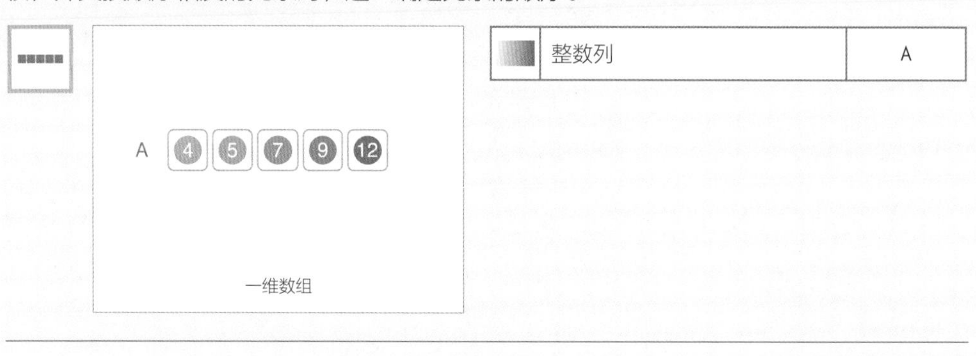

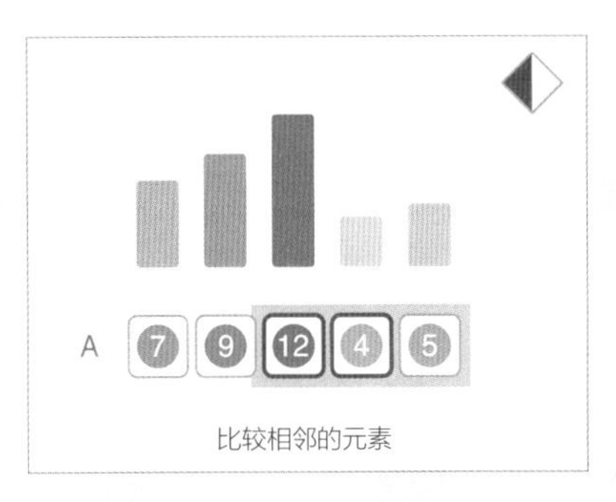

比较相邻的元素

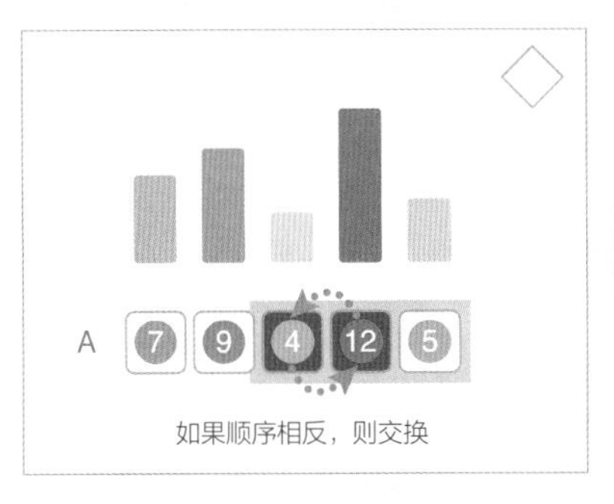

如果顺序相反，则交换

输入		
	输入整数列	
排序		
	比较相邻元素的大小关系	if A[j-1] > A[j]:
	交换两个元素	swap(A[j-1], A[j])
	扩展已排序部分的区间	区间 [0, i)
	扩展从后开始的已比较过的相邻元素的区间	区间 [j-1, N)
输出		
	输出已排序的整数列	

输入

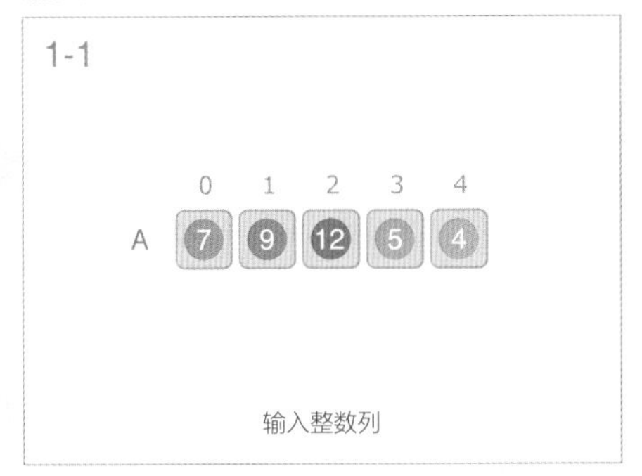

输入整数列

排序

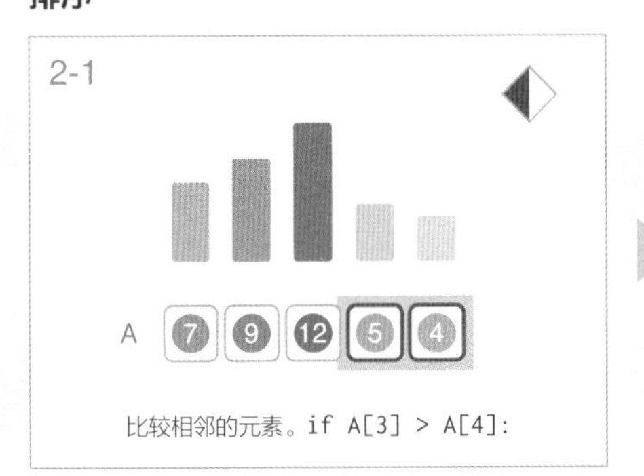

比较相邻的元素。if A[3] > A[4]:

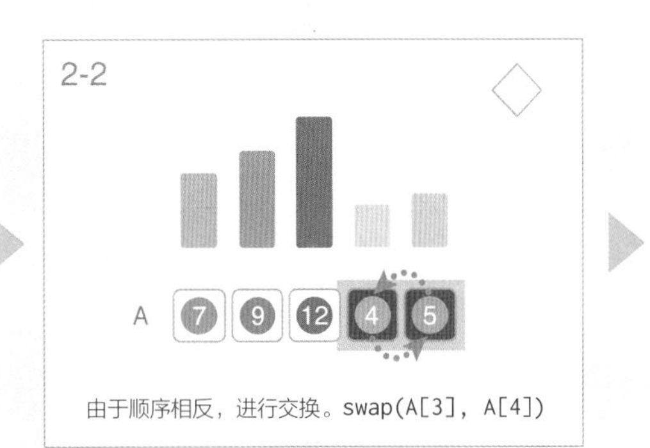

由于顺序相反，进行交换。swap(A[3], A[4])

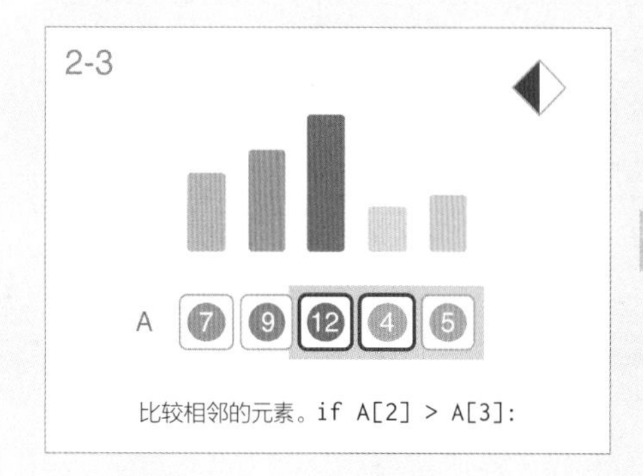

比较相邻的元素。if A[2] > A[3]:

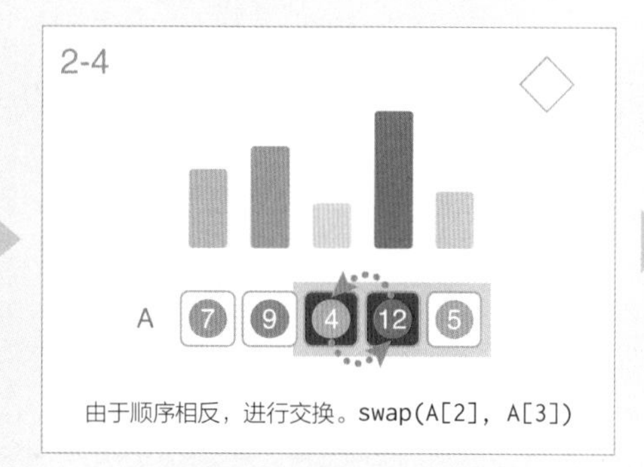

由于顺序相反，进行交换。swap(A[2], A[3])

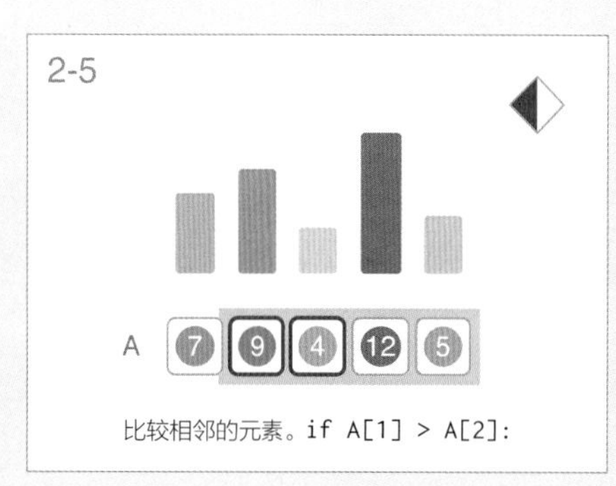

比较相邻的元素。if A[1] > A[2]:

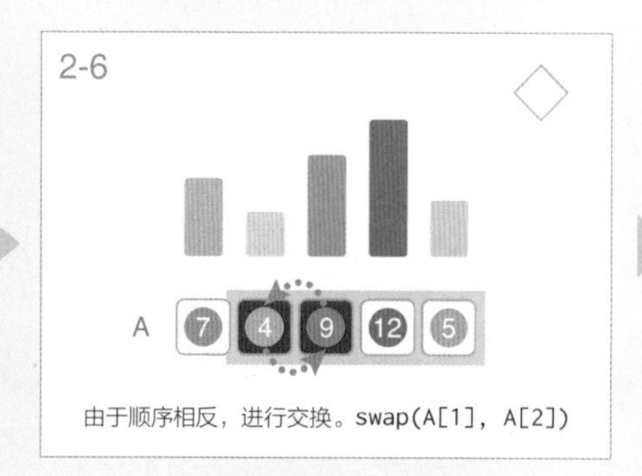

由于顺序相反，进行交换。swap(A[1], A[2])

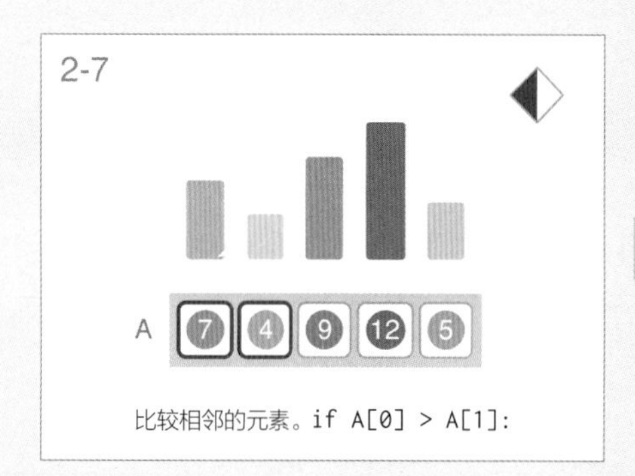

比较相邻的元素。if A[0] > A[1]:

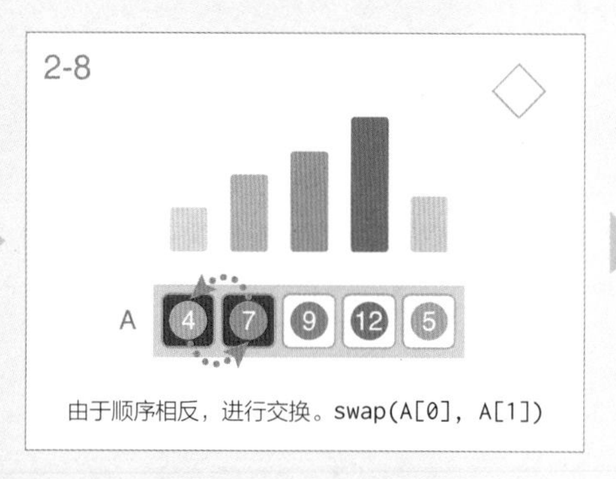

由于顺序相反，进行交换。swap(A[0], A[1])

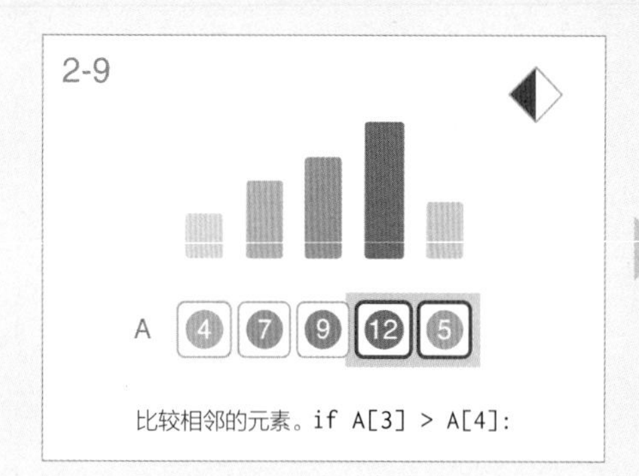

比较相邻的元素。if A[3] > A[4]:

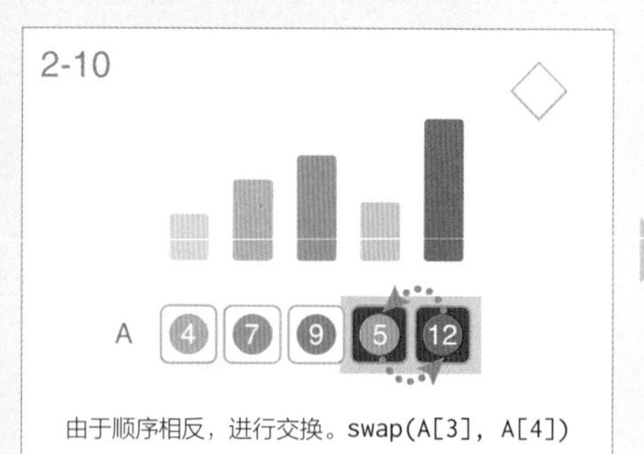

由于顺序相反，进行交换。swap(A[3], A[4])

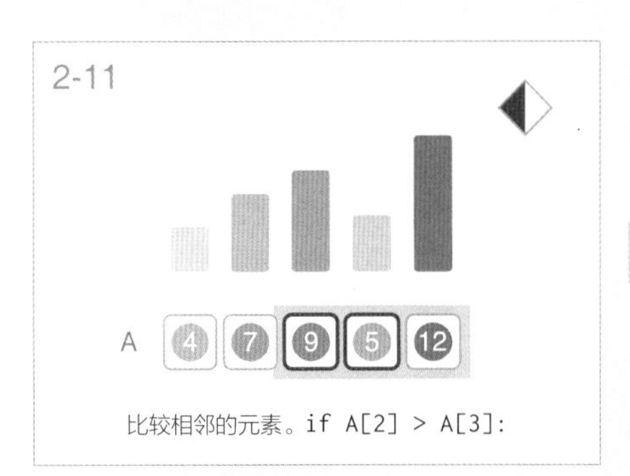
2-11
A 4 7 9 5 12
比较相邻的元素。if A[2] > A[3]:

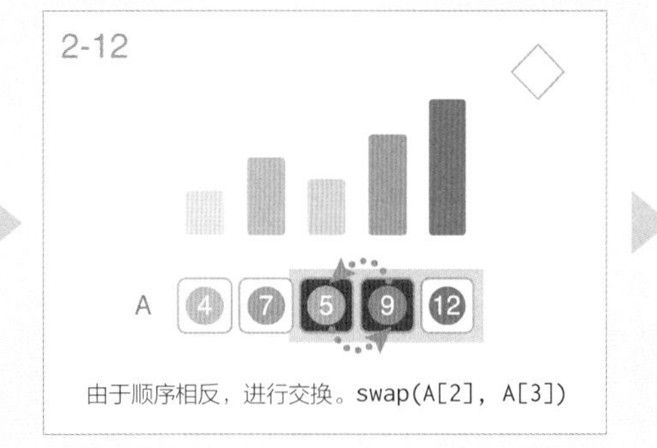
2-12
A 4 7 5 9 12
由于顺序相反，进行交换。swap(A[2], A[3])

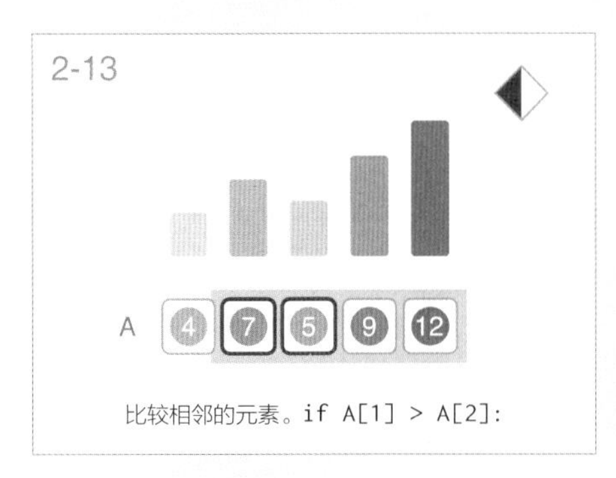
2-13
A 4 7 5 9 12
比较相邻的元素。if A[1] > A[2]:

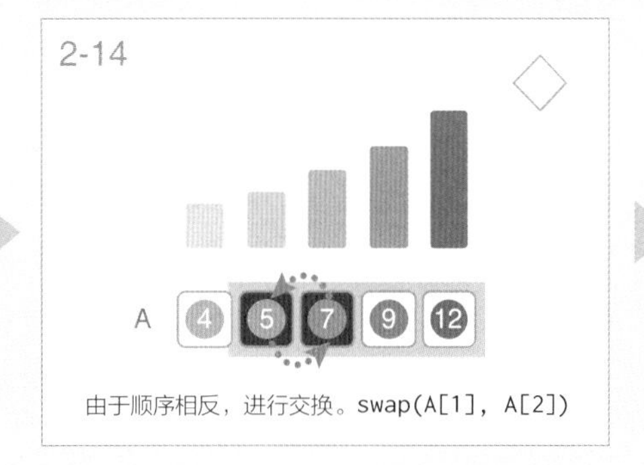
2-14
A 4 5 7 9 12
由于顺序相反，进行交换。swap(A[1], A[2])

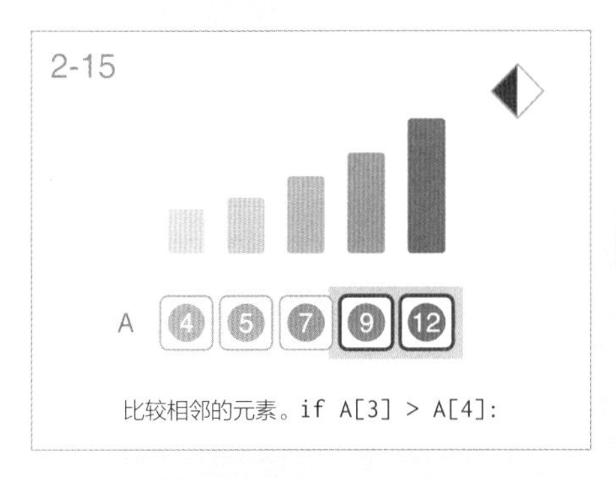
2-15
A 4 5 7 9 12
比较相邻的元素。if A[3] > A[4]:

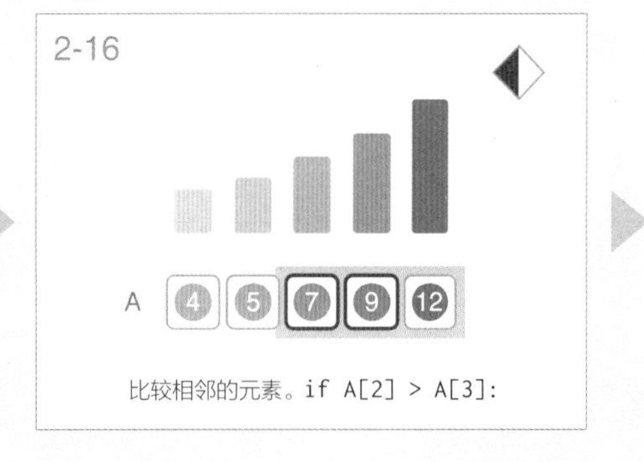
2-16
A 4 5 7 9 12
比较相邻的元素。if A[2] > A[3]:

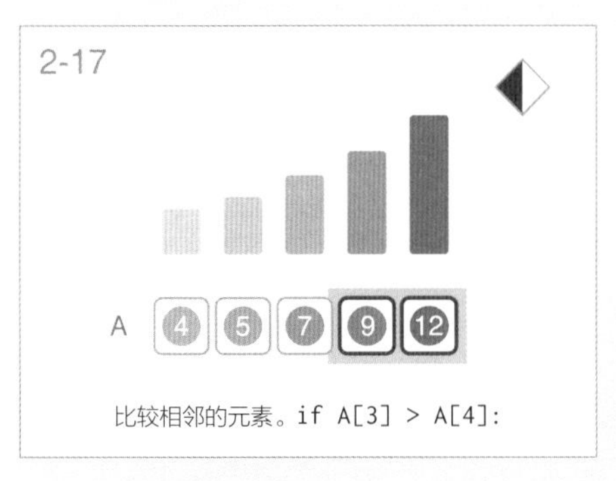
2-17
A 4 5 7 9 12
比较相邻的元素。if A[3] > A[4]:

输出

从前方开始逐一确定元素的顺序。为了确定元素的顺序，从末尾开始到未排序部分的开头为止比较相邻的元素，根据需要进行交换。经过这个操作后，未排序部分的最小值将会移动到未排序部分的开头（也就是已排序部分的末尾）。重复这个过程，直到未排序的部分全部完成排序。

```
bubbleSort(A, N):
    for i ← 0 to N-2:
        for j ← N-1 downto i+1: # downto 表示 j 的值递减
            if A[j-1] > A[j]:
                swap(A[j-1], A[j])
```

由于排序的过程就像水泡浮到水面上，这个排序算法被称为“冒泡”排序。最小的元素移动到开头需经过 $N-1$ 次交换，第二小的元素移动到已排序部分的末尾需经过 $N-2$ 次交换，以此类推，这样的将最小值移动到已排序部分末尾的处理共需进行 $N-1$ 次。因此全部比较和交换的次数是 $(N-1)+(N-2)+\cdots+1=N(N-1)/2$，冒泡排序的时间复杂度是 $O(N^2)$。

特点

冒泡排序是最基本的排序算法之一。由于计算效率低，它并不实用，但该算法中通过重复交换相邻元素来移动数据的操作被应用于其他一些算法中。

14.2 选择排序

整数列的排序

根据数据拥有的某个共同的键对数据进行排序是信息处理的基础。本节探讨元素数量较少的整数列的排序。

请按从小到大的顺序对整数列 $\{a_0, a_1, \cdots, a_{N-1}\}$ 进行排序。

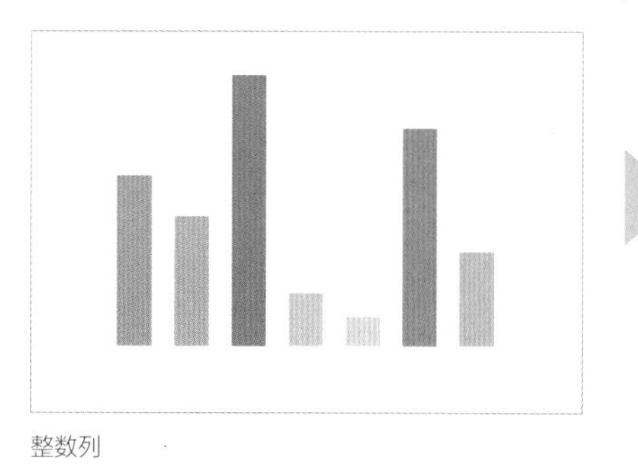

整数列

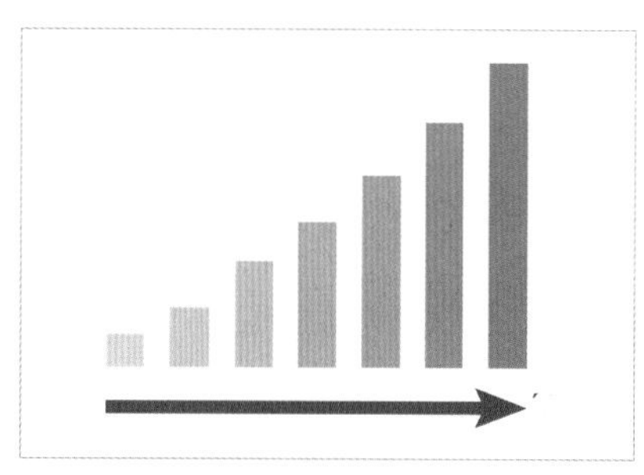

已排序的整数列

- $N \leqslant 100$
- $a_i \leqslant 10^9$

选择排序 Selection Sort

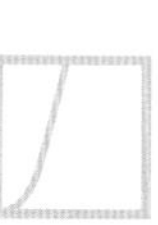

选择排序将数组分为前方已排序的部分和后方未排序的部分，搜索未排序部分的最小值，通过将其与未排序部分的开头进行交换的方式，把它添加到已排序部分的末尾。

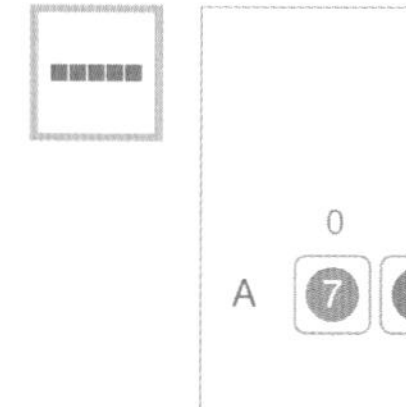

一维数组

	整数列	A

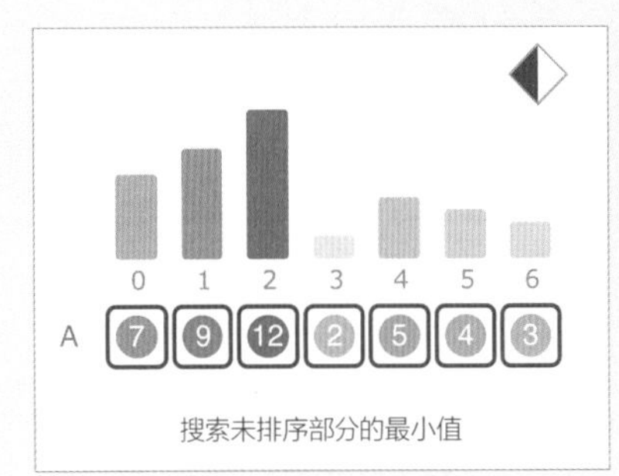

搜索未排序部分的最小值

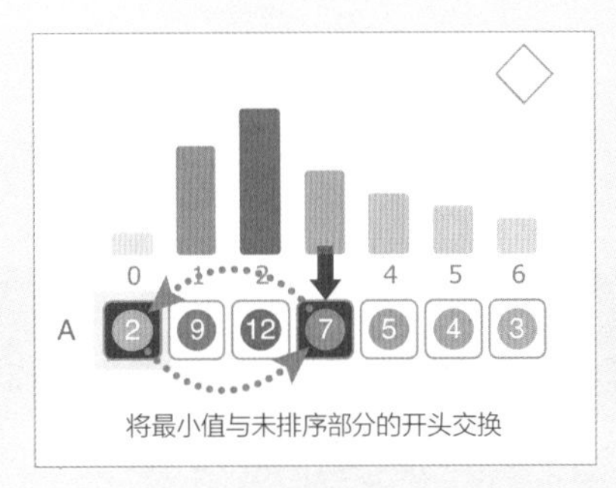

将最小值与未排序部分的开头交换

输入		
	输入整数列	
排序		
	搜索未排序部分的最小值	minj ← minimum(A, i, N)
⬇	指向最小值	minj
	将最小值与未排序部分的开头交换	swap(A[i], A[minj])
	扩展已排序部分的区间	区间 [0, i)
输出		
	输出已排序的整数列	

输入

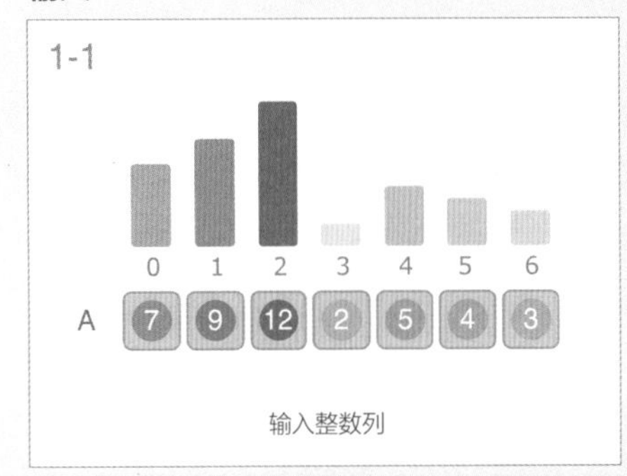

输入整数列

整列

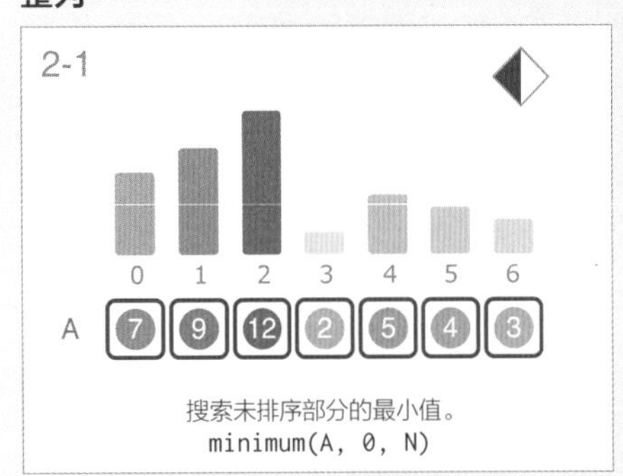

搜索未排序部分的最小值。
minimum(A, 0, N)

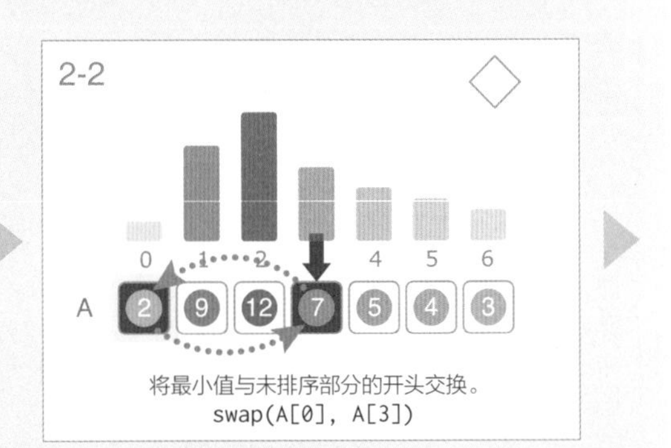

将最小值与未排序部分的开头交换。
swap(A[0], A[3])

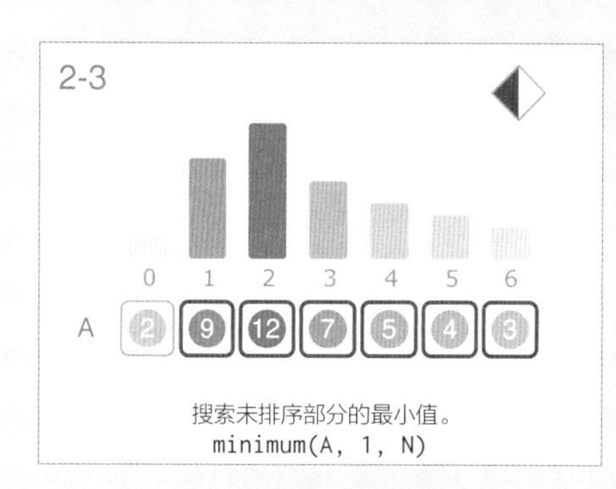
2-3
0 1 2 3 4 5 6
A 2 9 12 7 5 4 3
搜索未排序部分的最小值。
minimum(A, 1, N)

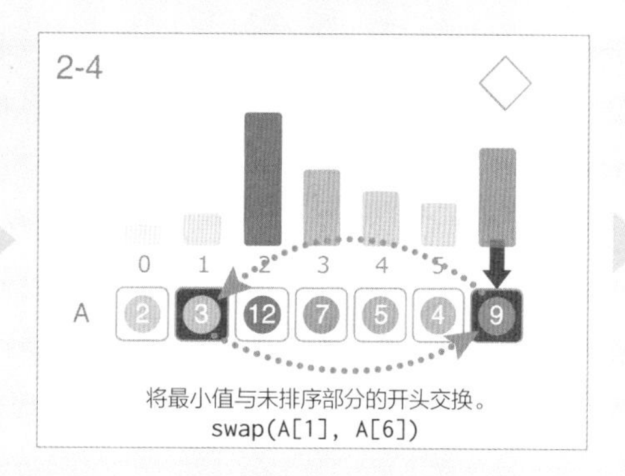
2-4
0 1 2 3 4 5 6
A 2 3 12 7 5 4 9
将最小值与未排序部分的开头交换。
swap(A[1], A[6])

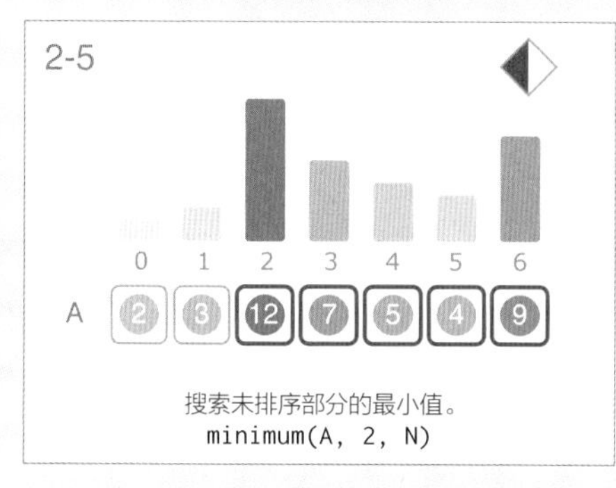
2-5
0 1 2 3 4 5 6
A 2 3 12 7 5 4 9
搜索未排序部分的最小值。
minimum(A, 2, N)

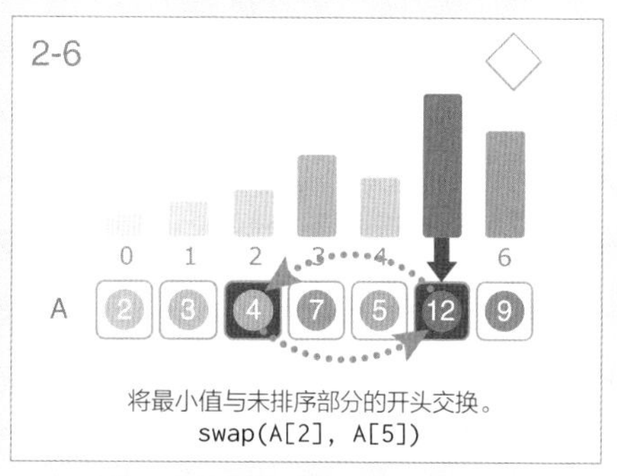
2-6
0 1 2 3 4 5 6
A 2 3 4 7 5 12 9
将最小值与未排序部分的开头交换。
swap(A[2], A[5])

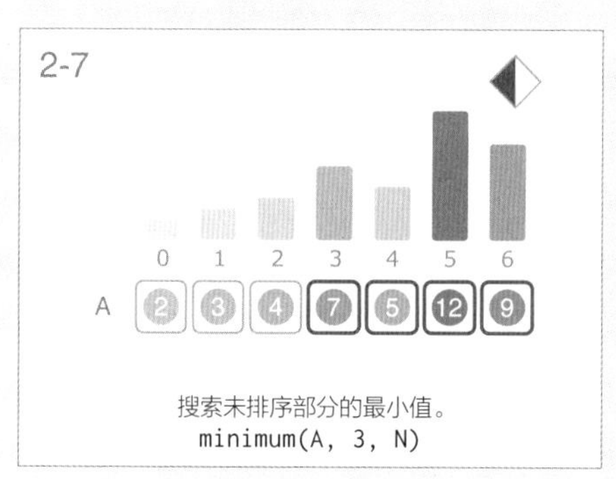
2-7
0 1 2 3 4 5 6
A 2 3 4 7 5 12 9
搜索未排序部分的最小值。
minimum(A, 3, N)

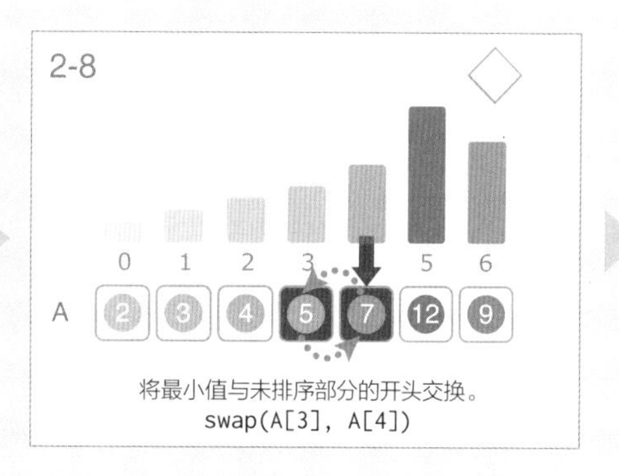
2-8
0 1 2 3 5 6
A 2 3 4 5 7 12 9
将最小值与未排序部分的开头交换。
swap(A[3], A[4])

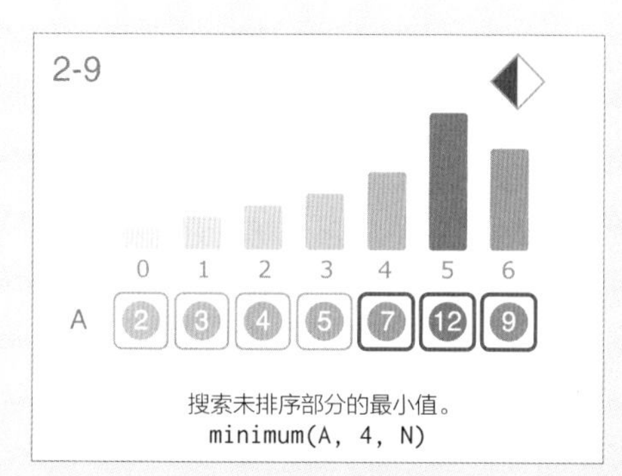
2-9
0 1 2 3 4 5 6
A 2 3 4 5 7 12 9
搜索未排序部分的最小值。
minimum(A, 4, N)

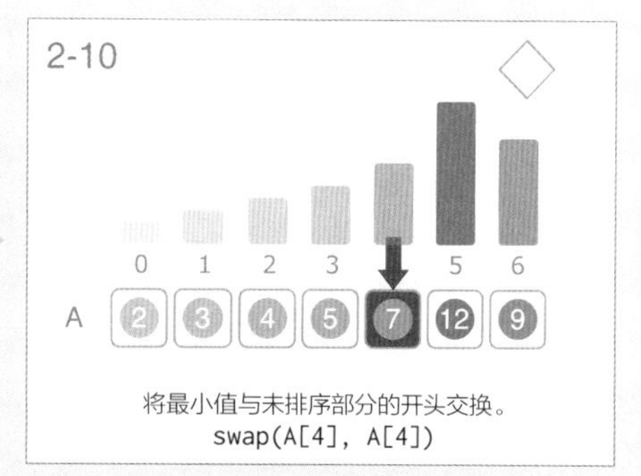
2-10
0 1 2 3 5 6
A 2 3 4 5 7 12 9
将最小值与未排序部分的开头交换。
swap(A[4], A[4])

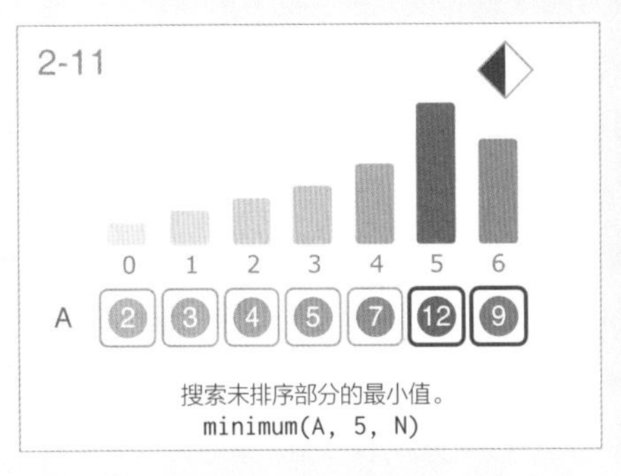

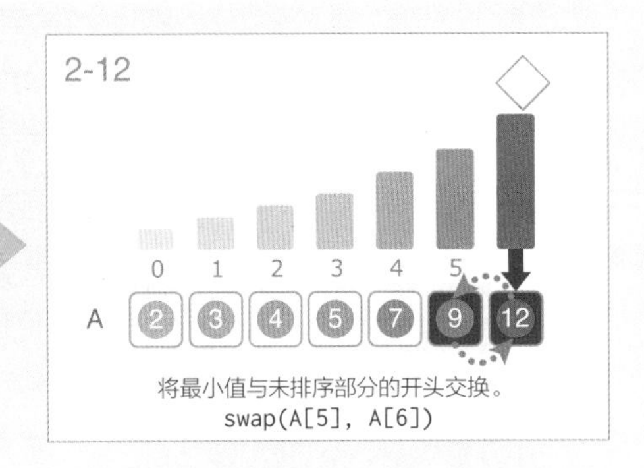

输出

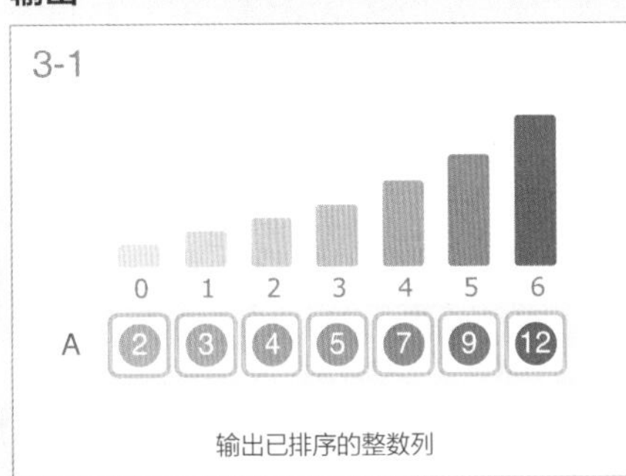

算法从前方开始逐一确定元素的顺序。它以未排序的部分为对象，通过 `minimum(A, i, N)` 找出数组 A 的区间 [i, N) 的元素中最小值的位置 `minj`，并将该元素与未排序部分的开头交换。此时，被选中的元素被移到已扩展的排序部分中。

```
selectionSort(A, N):
    for i ← 0 to N-2:
        minj ← minimum(A, i, N)
        swap(A[i], A[minj])
```

将最小的元素移动到开头的最小值搜索需经过 $N-1$ 次比较，移动第二小的元素需经过 $N-2$ 次比较，以此类推，这样的最小值搜索共需进行 $N-1$ 次。因此全部比较和交换的次数是 $(N-1)+(N-2)+\cdots+1=N(N-1)/2$, 选择排序的时间复杂度是 $O(N^2)$。

特点

选择排序是简洁的排序算法之一。由于计算效率低，它并不实用，但该算法操作直观，适合作为初级算法使用。

14.3 插入排序

★★

整数列的排序

根据数据拥有的某个共同的键对数据进行排序是信息处理的基础。本节探讨元素数量较少的整数列的排序。

请按从小到大的顺序对整数列 $\{a_0, a_1, \cdots, a_{N-1}\}$ 进行排序。

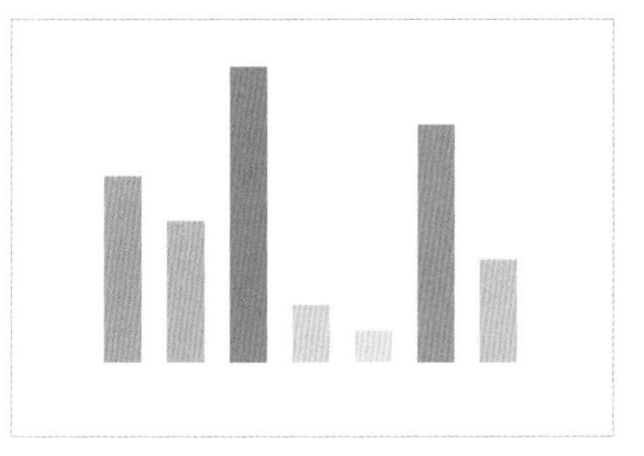

整数列

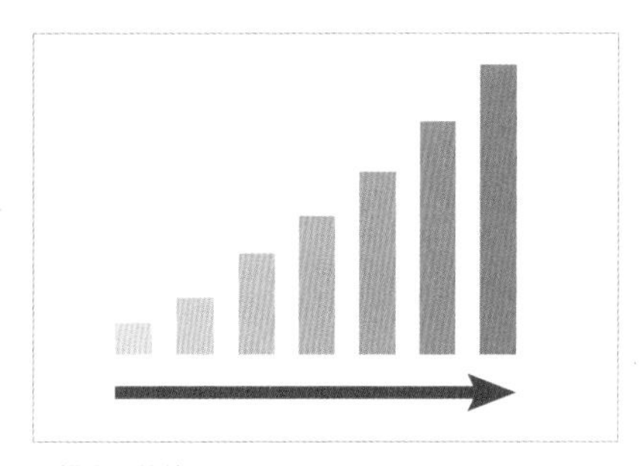

已排序的整数列

- $N \leqslant 100$
- $a_i \leqslant 10^9$

插入排序 Insertion Sort

插入排序通过从开头依次进行插入（insertion）操作来对数据进行排序。

整数列	A

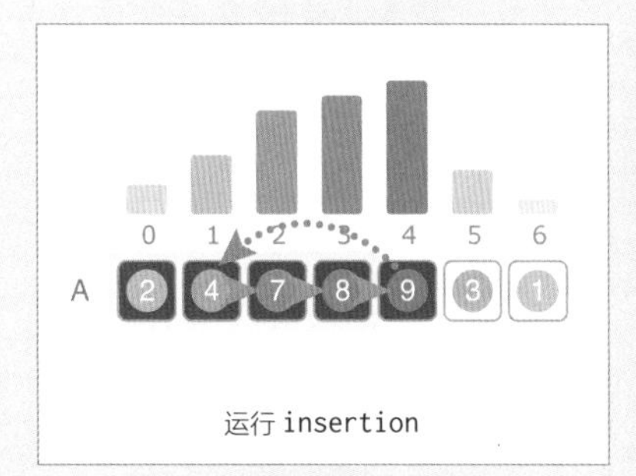

输入		
	输入整数列	
排序		
	运行 insertion	insertion(0, j)
	扩展已排序的区间	区间 [0, i)
输出		
	输出已排序的整数列	

输入

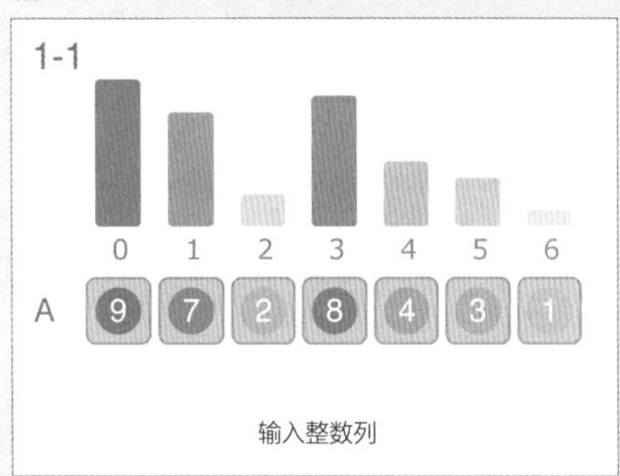

排序

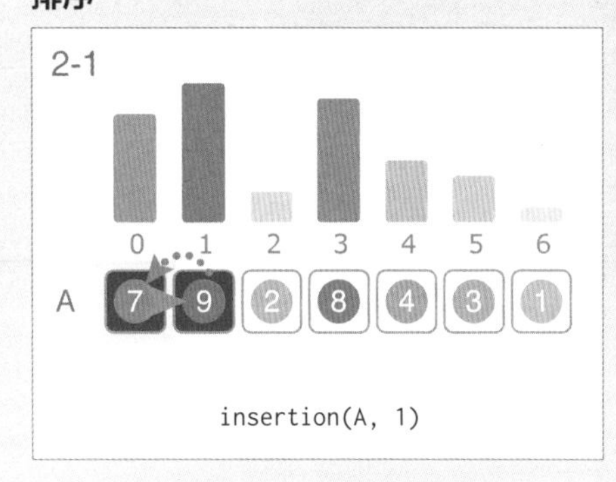

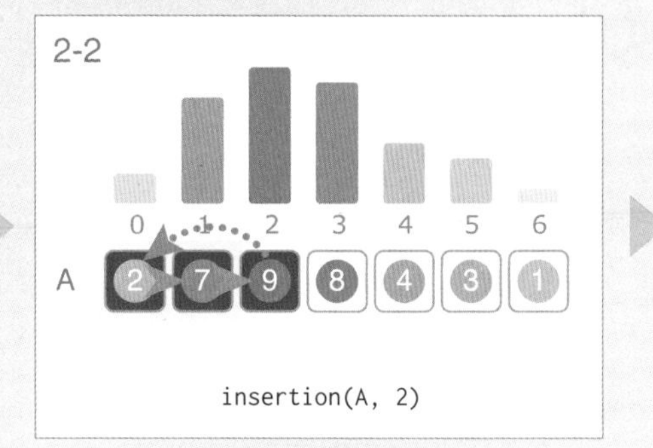

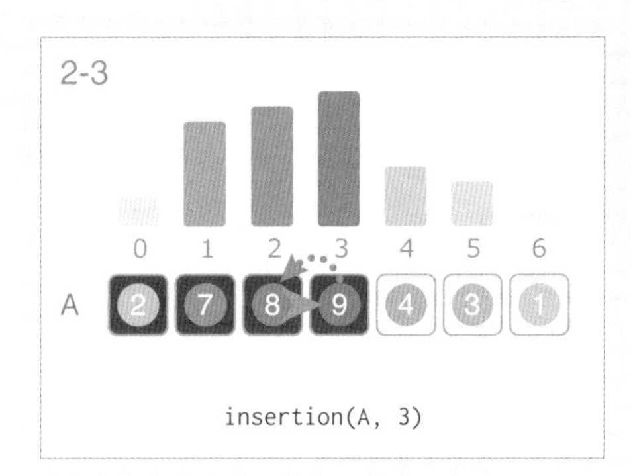

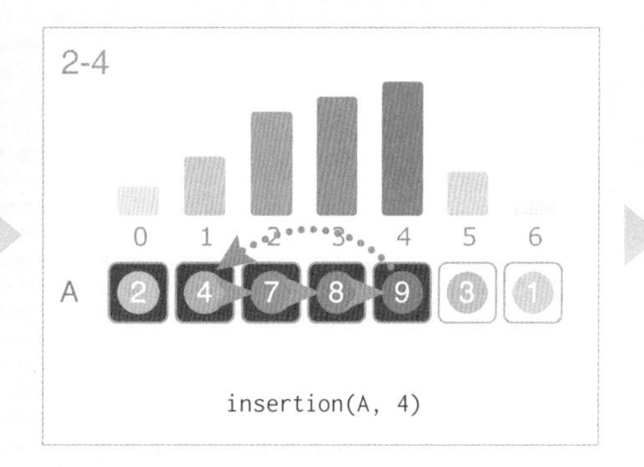

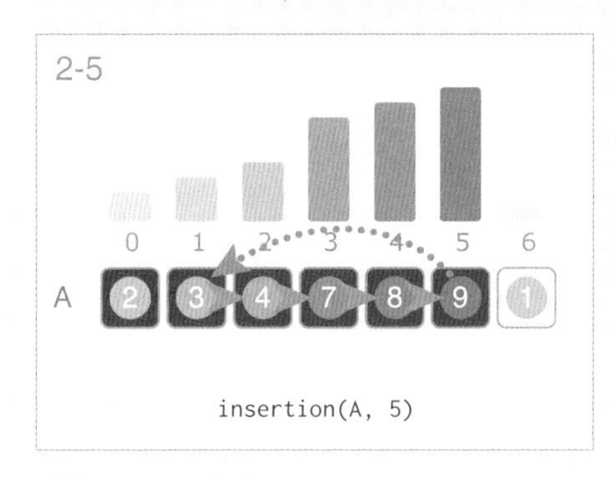

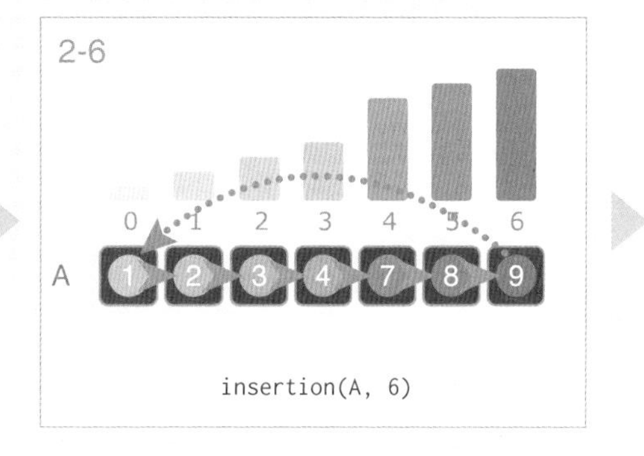

输出

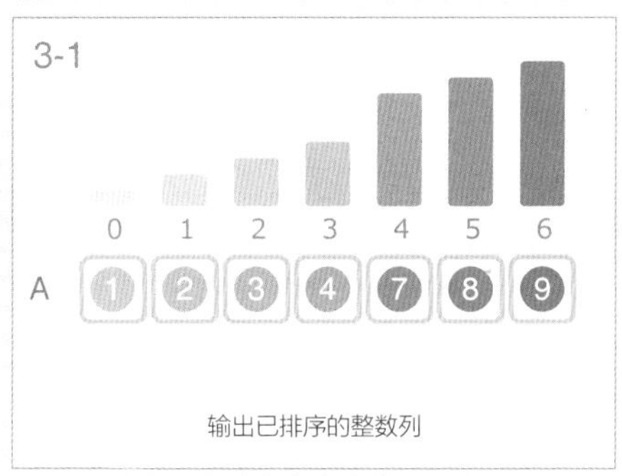

元素数为 1 的子数组是已排序的，因此从数组的第二个位置（下标为 1）开始依次确定要插入的元素，然后运行 insertion。第 i 次 insertion 结束后，从开头开始的 $i+1$ 个要素已经排序完毕，已排序的部分从开头开始逐个增加。

```
insertionSort(A, N):
    for i ← 1 to N-1:
        insertion(A, i)
```

插入排序是计算效率取决于输入数据元素特点的算法。如果元素已经按升序排序（或相近的情况），由于一次 `insertion` 操作可以在时间复杂度 $O(1)$ 内完成，因此插入排序的时间复杂度是 $O(N)$。反之，对于元素按降序排列的情况（或相近的情况），第 i 次 `insertion` 操作需要遍历 i 个元素，插入排序的时间复杂度变为 $O(N^2)$。平均来看，考虑到第 i 次 `insertion` 的元素的比较和移动次数是 $i/2$，所以时间复杂度同样是 $O(N^2)$。

特点

因为插入排序在已经按升序或近似于升序排序的数据上运行得很快，所以它被用于处理具有这种特性的数据的应用程序，或者被用作高级排序算法的一部分。例如，插入排序被用在高级排序算法谢尔排序中。

第15章

与整数相关的算法

研究整数性质的数学领域被称为数论。数论不但在数据加密方面发挥着重要作用，而且对于算法和数据结构的效率提升也非常重要。因此，人们设计了各种用于整数的算法。

本章将介绍用于整数的初级算法。

- 埃拉托色尼筛法
- 欧几里得算法

15.1 埃拉托色尼筛法

素数表

素数是除了 1 和自身外没有其他因数的正整数。它的这个特点被应用在密码学和高效算法的实现上，因此我们需要能判断一个数是否是素数以及生成素数的高效算法。

请创建一个素数表，如果整数 i 是素数，表中的第 i 个元素值为 1；如果整数 i 是合数，表中的第 i 个元素值为 0。

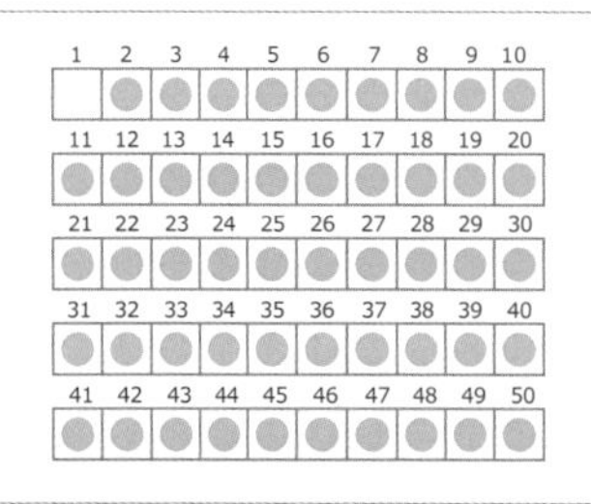

一个整数 N

到 N 为止的素数表

- $2 \leqslant N \leqslant 1\,000\,000$

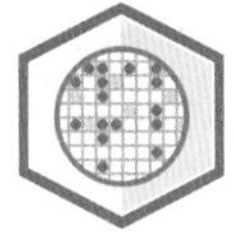

埃拉托色尼筛法 Sieve of Eratosthenes

埃拉托色尼筛法是一种将大小为 N 的数组视为素数表，列举出从 2 到 N−1 中的素数的算法。

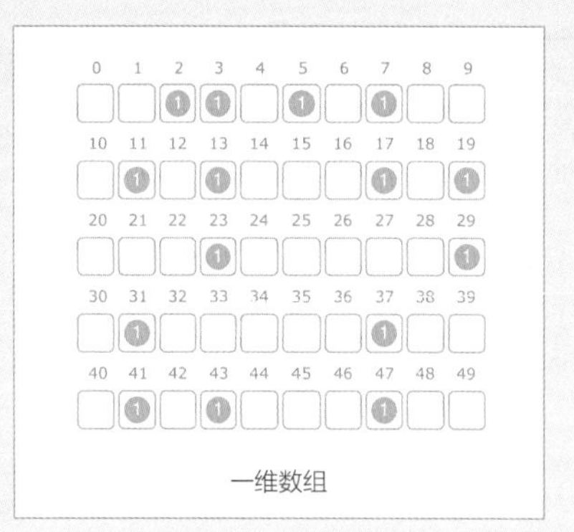

一维数组

	素数表，如果表中 P[i] 为 1，说明 i 为素数。	P

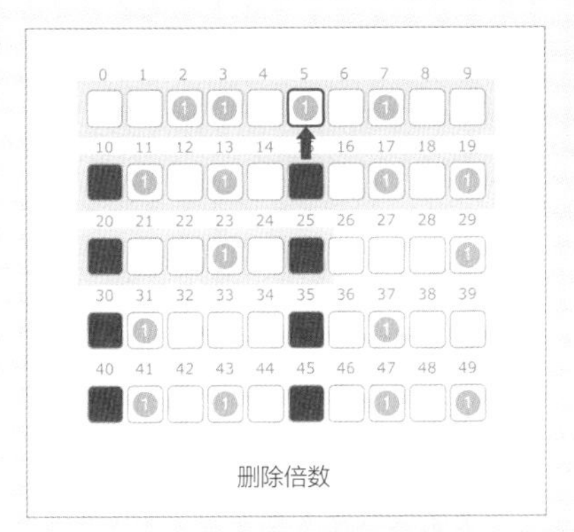

初始化		
(浅灰色方块)	将大于或等于 2 的数作为候选素数，进行初始化	
删除 2 的倍数		
(黑色方块)	将 2 的倍数作为合数	P[j] ← 0
删除奇数的倍数		
⬇	剩下的数仍作为素数	i
(黑色方块)	已删除的素数的倍数作为合数	P[j] ← 0
(浅色方块)	确定素数表	区间 [0, i*i]
输出素数列表		
(白色方块)	列举素数	

初始化

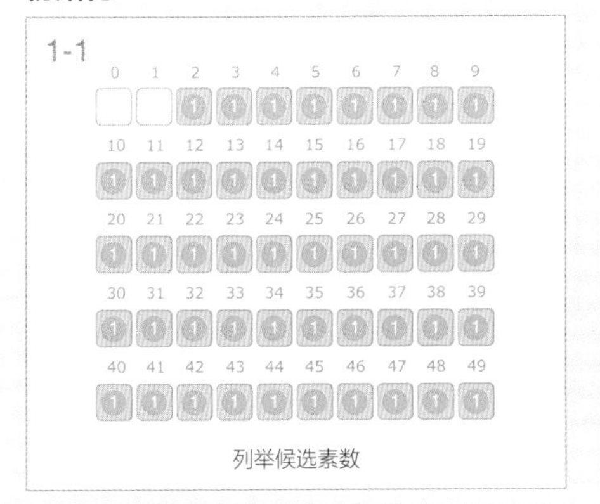

删除 2 的倍数

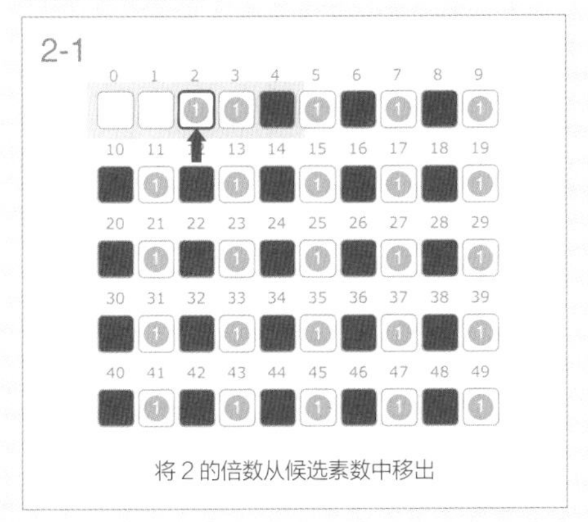

删除奇数的倍数

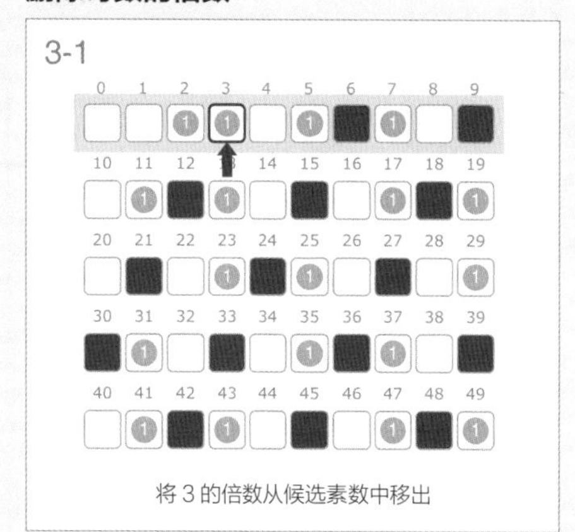

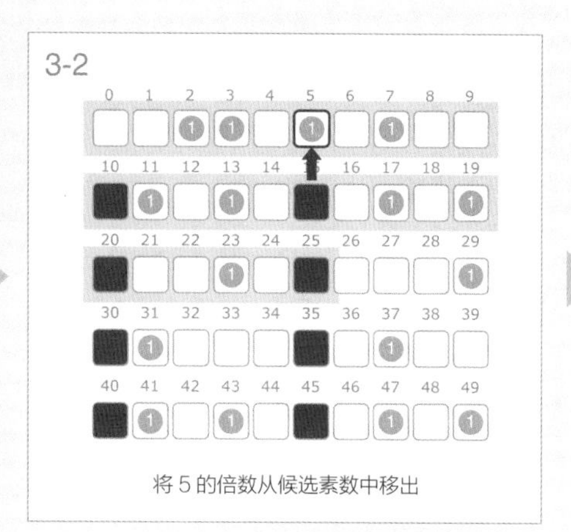

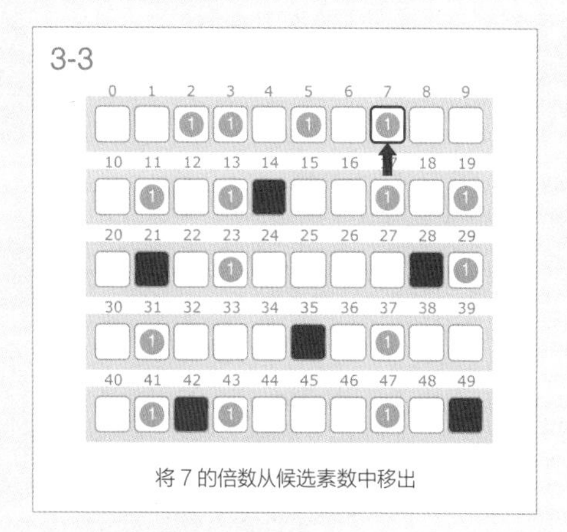

输出素数列表

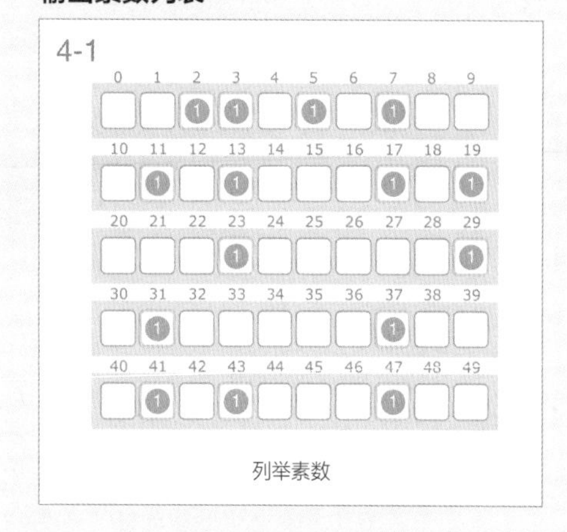

埃拉托色尼筛法主要包括三个阶段。第一个阶段，将大于或等于 2 的整数作为候选素数；下一个阶段，保留 2 作为素数，然后将 2 的倍数（4，6，8 …）从候选素数中移出；最后一个阶段，对于候选列表中的奇数 i，保留 i 作为素数，然后将 i 的倍数从候选素数中移出。

将奇数 i 作为素数，将其倍数作为合数后，从 2 到 i^2 的素数表也就确定了。例如，保留 5 作为素数，将其倍数全部筛选出去之后，到 25 为止的素数表也就确定了（假如此时 6 到 25 存在合数，那么 1 到 4 就应该存在相应的因数）。同理，筛选奇数 i 的倍数的处理只要筛选到 N 的平方根为止就足够了。

```
for i ← 2 to N-1:
    P[i] ← 1

for j ← 4, 6, 8, ..., N-1:
    P[j] ← 0

for i ← 3, 5, 7, ..., sqrt(N): # 到N的平方根为止
    if P[i] = 0:
        continue
    for j ← i*2, i*3, ..., N-1:
        P[j] ← 0
```

埃拉托色尼筛法的时间复杂度是 $O(N \log N)$。

特点

素数被用于各种应用，能高效创建素数表和判断素数的埃拉托色尼筛法及相关算法被应用于安全领域。在安全领域之外，素数也被用于生成随机数的算法和数据结构的实现中。

15.2 欧几里得算法 ★★

最大公因数

最大公因数可通过列出对象整数的公因数来求得，但这对大数来说效率很低。

请求出两个整数的最大公因数。

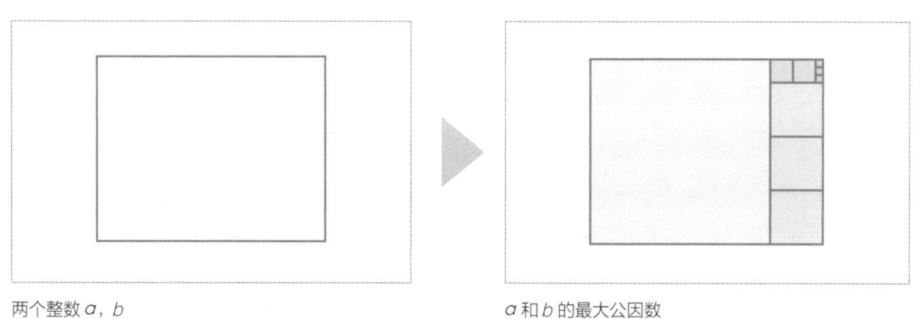

两个整数 a，b

- $1 \leqslant a \leqslant 10^9$
- $1 \leqslant b \leqslant 10^9$

a 和 b 的最大公因数

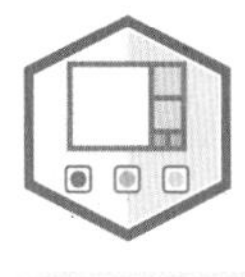

欧几里得算法 Euclidean Algorithm

欧几里得算法是利用整数 a 和 b（$a>b$）的最大公因数等于 b 和“a 除以 b 的余数”的最大公因数的特性，来高效地求最大公因数的算法。它使用三个变量分别保存两个整数 a 和 b，以及二者相除的余数 r。

三个单节点

	第一个整数	a
	第二个整数	b
	a 除以 b 的余数	r

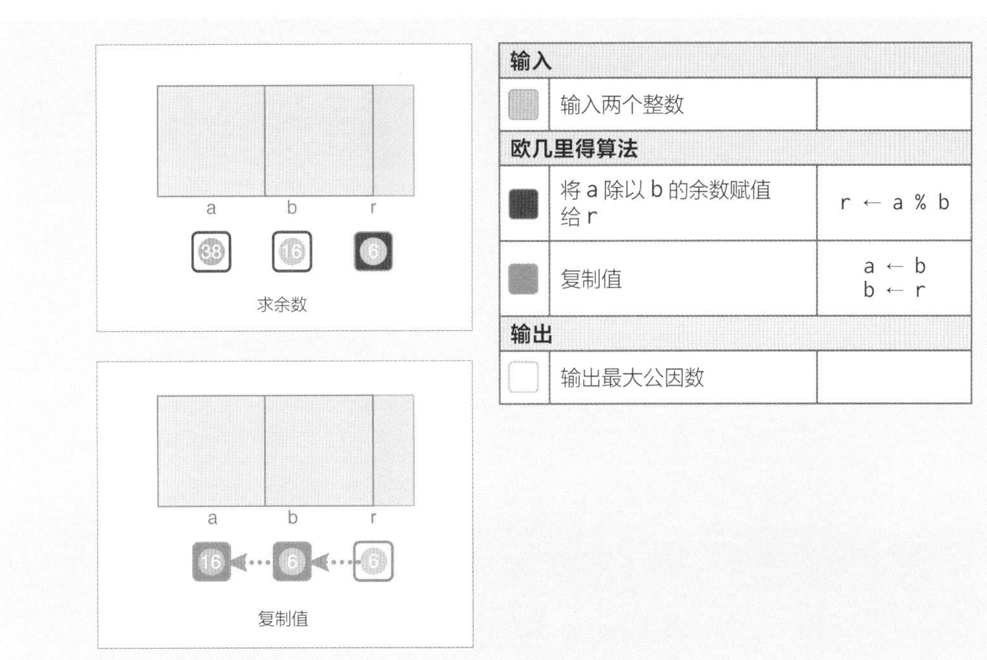
a
b
r
38
16
6
求余数
a
b
r
16
6
6
复制值
输入
输入两个整数
欧几里得算法
将 a 除以 b 的余数赋值给 r
r ← a % b
复制值
a ← b
b ← r
输出
输出最大公因数

输入
1-1
a
b
38
16
使用正方形将 38 × 16 的矩形铺满
算法动画
欧几里得算法
2-1
a
b
r
38
16
6
试着用 16 × 16 的正方形铺满
2-2
a
b
r
16
6
6
未被铺满的区域是 16×6 的矩形

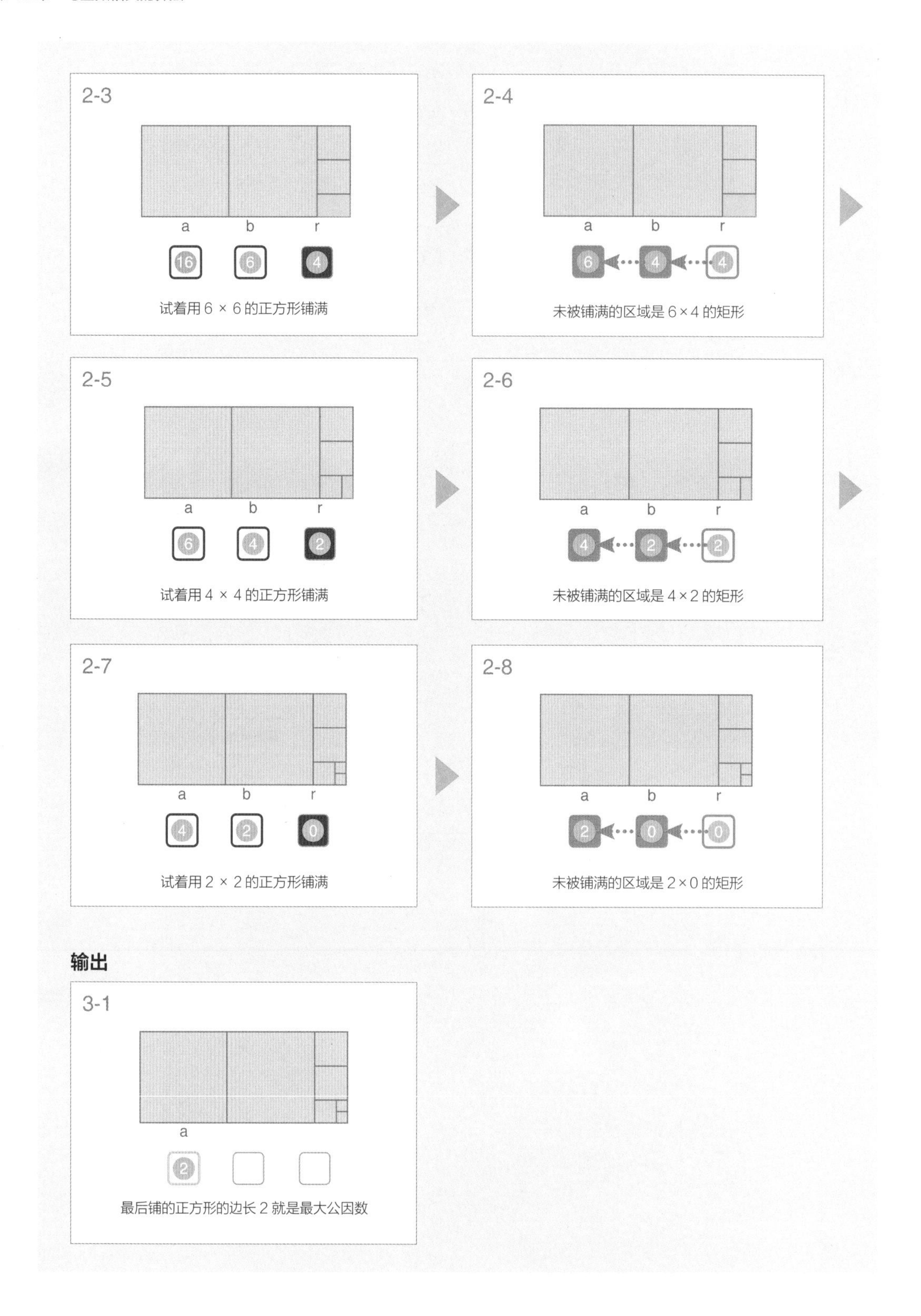
2-3
a
b
r
16
6
4
试着用 6 × 6 的正方形铺满
2-4
a
b
r
6
4
4
未被铺满的区域是 6×4 的矩形
2-5
a
b
r
6
4
2
试着用 4 × 4 的正方形铺满
2-6
a
b
r
4
2
2
未被铺满的区域是 4×2 的矩形
2-7
a
b
r
4
2
0
试着用 2 × 2 的正方形铺满
2-8
a
b
r
2
0
0
未被铺满的区域是 2×0 的矩形
输出
3-1
a
2
最后铺的正方形的边长 2 就是最大公因数

找出 a 和 b 的最大公因数意味着找到能够将 $a \times b$ 的矩形铺满，而且既没有空隙，又没有重叠的正方形中，边长最大的那个正方形。如果使用 $b \times b$ 的正方形无法铺满 $a \times b$（$a > b$）的矩形，会留下 $b \times (a \% b)$ 的矩形区域（这里的 $a \% b$ 是 a 除以 b 的余数）。能铺满这个 $b \times (a \% b)$ 矩形的正方形，也能铺满原来的 $a \times b$ 的矩形。因此，我们继续以同样的方法使矩形不断变小，直到它被正方形铺满。

```
gcd(a, b):

    while 0 < b:
        r ← a % b
        a ← b
        b ← r

    return a
```

欧几里得算法重复执行了求余数 r 的过程，我们可以通过分析 r 是如何减小的来估算时间复杂度。r 经过最多两步就减小了一半，换言之，最多需要进行 $2\log_2 b$ 次计算。因此，该算法的时间复杂度是 $O(\log b)$。

最大公因数的英文缩写是 GCD（greatest common divisor），在伪代码中将求两个整数的最大公因数的处理定义为函数 `gcd(a, b)`。

特点

最大公因数是数论中最基本的问题，它在许多应用和计算中发挥着重要作用。最常见的应用是分数的除法（例如，39/52 的分子、分母同时除以二者的公因数 13 后，分数变为 3/4，更容易计算）。最小公倍数 LCM（least common multiple）也可以借助 GCD 轻松地求得，计算公式为：`lcm(a, b) = (a * b) / gcd(a, b)`。

第16章

基本数据结构 1

数据结构是用于管理一组数据，并根据给定的规则访问和操作数据的机制。数据结构不仅被用于控制应用程序中的处理顺序，还被用于实现高效的算法。

本章将介绍使用一维数组结构的最基本的数据结构。

- 栈
- 队列

16.1 栈

★★

后进先出（LIFO）

许多算法和系统的控制过程都会用到临时保存处理过程中的数据和状态，优先继续进行最后保存的数据和状态的处理。

请实现遵循优先取出最后插入的数据的 Last-In-First-Out（LIFO）规则的数据结构。

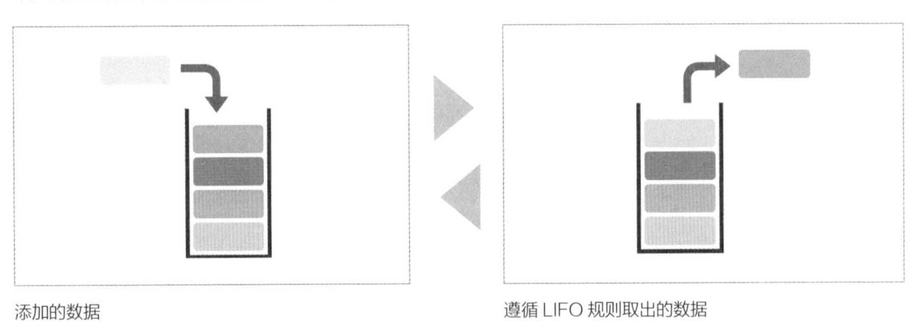

添加的数据　　　　遵循 LIFO 规则取出的数据

栈 Stack

我们使用数组实现栈。栈是一种主要对数据集进行压入（push）和弹出（pop）操作的数据结构。push 向数据集添加元素，而 pop 则取出和删除最后添加的元素。

4
3
2
1
0 8

一维数组

栈的元素	S

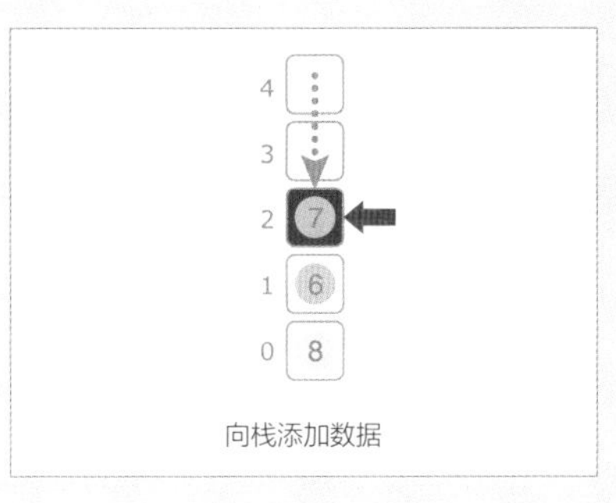

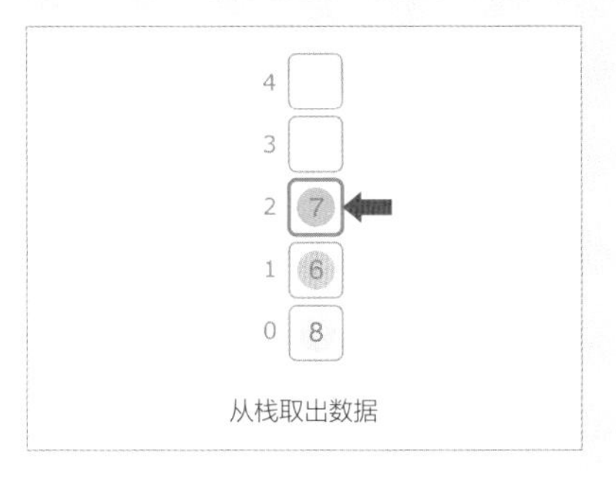

数据的插入和取出		
■	向栈的顶点添加数据	S[++top] ← x
□	从栈的顶点取出并删除数据	return S[top--]
⬇	指向栈的顶点	top

数据的插入和取出

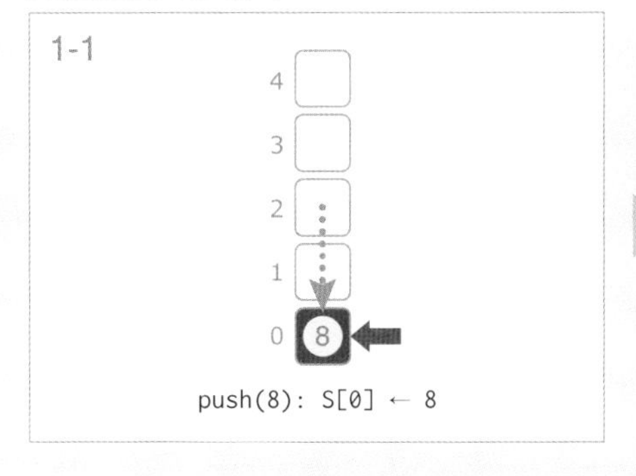

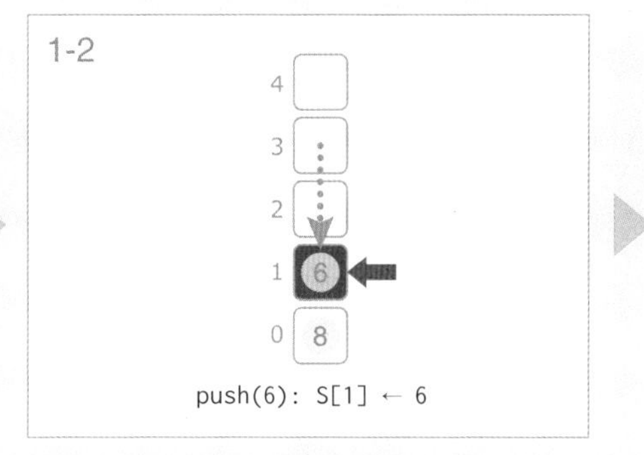

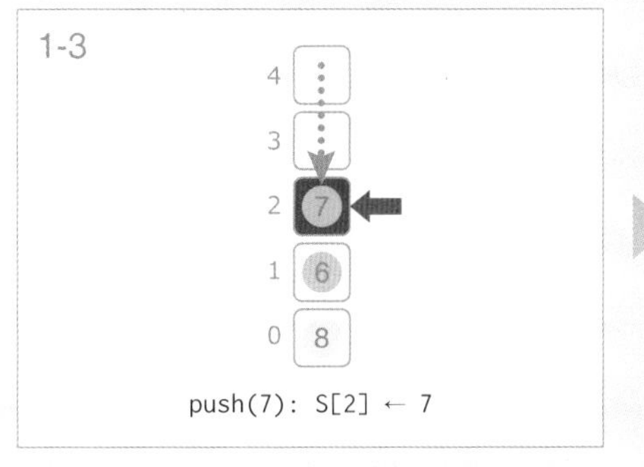

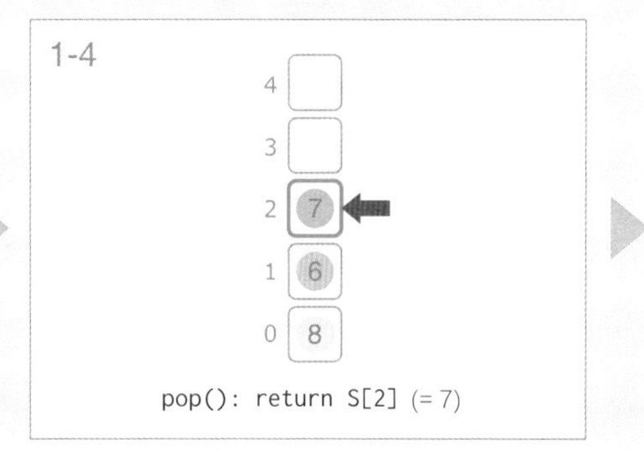

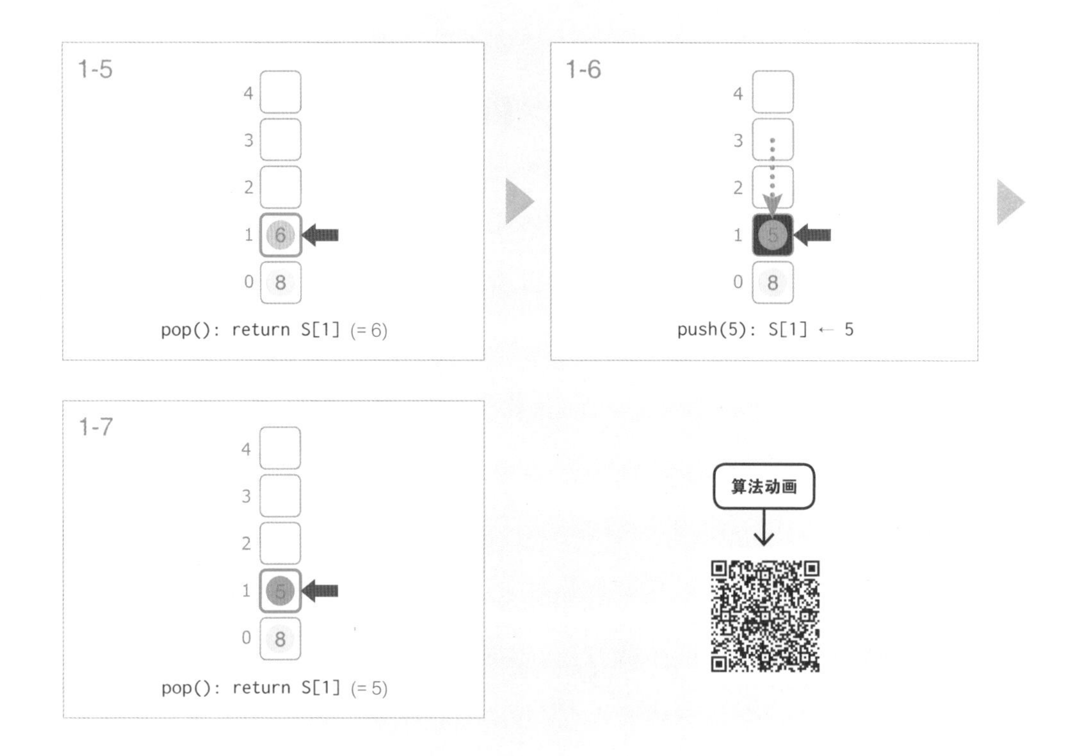

我们使用一维数组和一个指向栈顶点的变量 top 实现栈。top 中保存的是数组变量的下标（节点编号）。push 操作使 top 加 1，然后在该位置插入给定的数据。pop 操作返回 top 指向的元素，但在操作后使 top 减 1。

```
class Stack:
    S # 管理元素的数组
    top

    init():
        top ← -1            # 初始化栈

    push(x):
        S[++top] ← x        # 使 top 加 1 后，将 top 指向的位置赋值为 x

    pop():
        return S[top--]     # 返回 S[top] 后使 top 减 1

    peak():
        return S[top]

    empty():
        return top = -1     # top 为 -1 时栈是空的

    size():
        return top + 1


# 栈操作模拟
Stack st
st.push(8)
st.push(6)
st.push(7)
st.pop()
st.push(5)
st.pop()
```


因为 push 和 pop 操作的时间复杂度与元素数量无关，所以时间复杂度都是 $O(1)$。在实现上，需要注意检查以避免在栈为空（top 为 −1 的状态）时进行 pop 操作和在栈满时进行 push 操作。

一般来说，栈这样的数据结构会被定义为类或结构体。将栈定义为类后，我们就可以在程序中创建栈的对象，并更直观地操作数据（也很容易创建多个栈）。

特点

在日常生活中也能经常看到栈的操作，比如桌上堆积的文件和自助餐的餐盘等。在计算机系统中，栈被广泛用于因中断需要临时保存计算过程中的处理等场景。递归函数的机制也是借助栈来实现的。在算法中，栈被用于实现深度优先搜索（第 23 章）和点的凸包（第 27 章）。

16.2 队列

★★

先进先出（FIFO）

就像商店收银台优先服务排在前面的客户一样，许多应用和算法都会用到优先处理先到数据的操作。

请实现遵循优先取出最先插入的数据 First-In-First-Out (FIFO) 规则的数据结构。

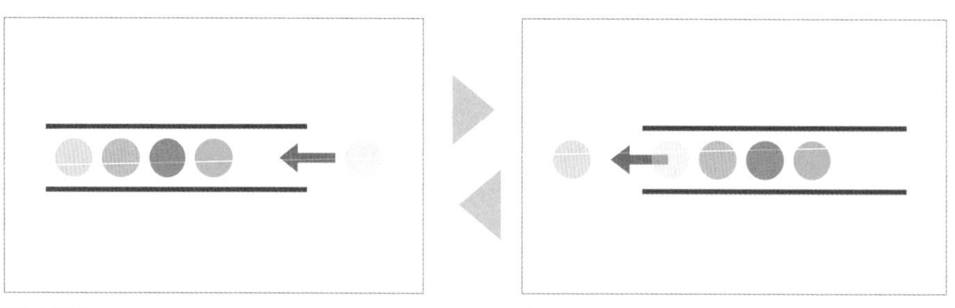

添加的数据　　遵循 FIFO 规则取出的数据

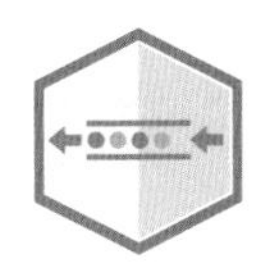

队列 Queue

我们使用数组实现队列。队列是一种主要对数据集进行入队（enqueue）和出队（dequeue）操作的数据结构。队列表示一列数据集，enqueue 向队列末尾添加元素，而 dequeue 则从队列开头取出和删除元素。

一维数组

	队列的元素	Q

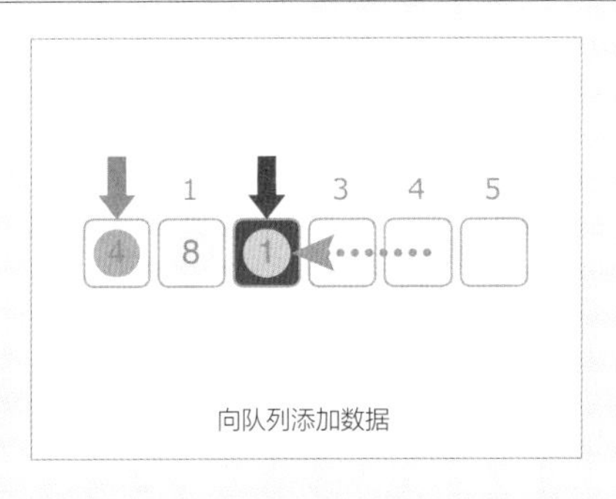

向队列添加数据

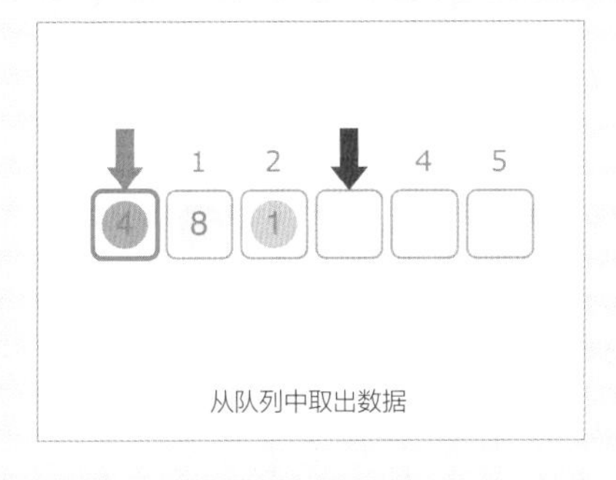

从队列中取出数据

数据的插入和取出		
■	向队列的末尾添加数据	Q[tail++] ← x
□	从队列的开头取出数据	return Q[head++]
↓	指向队列的开头	head
↓	指向队列的末尾	tail

数据的插入和取出

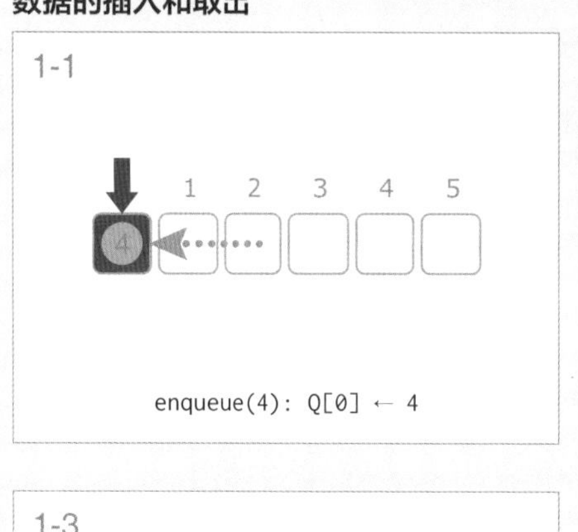
1-1
1 2 3 4 5
4
enqueue(4): Q[0] ← 4

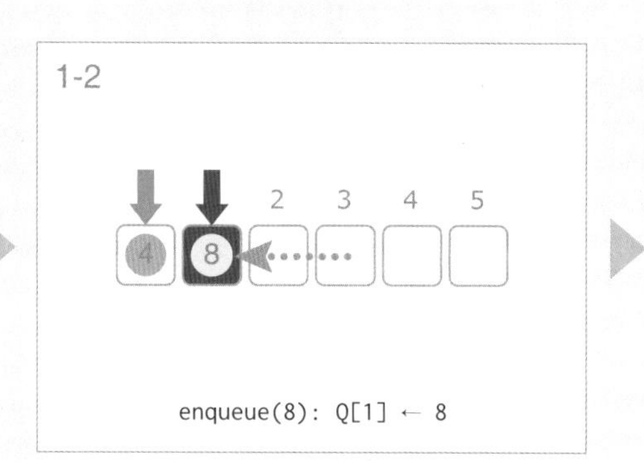
1-2
2 3 4 5
4 8
enqueue(8): Q[1] ← 8

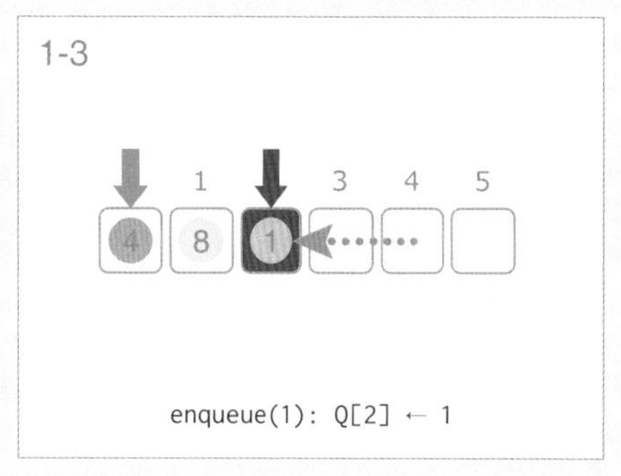
1-3
1 3 4 5
4 8 1
enqueue(1): Q[2] ← 1

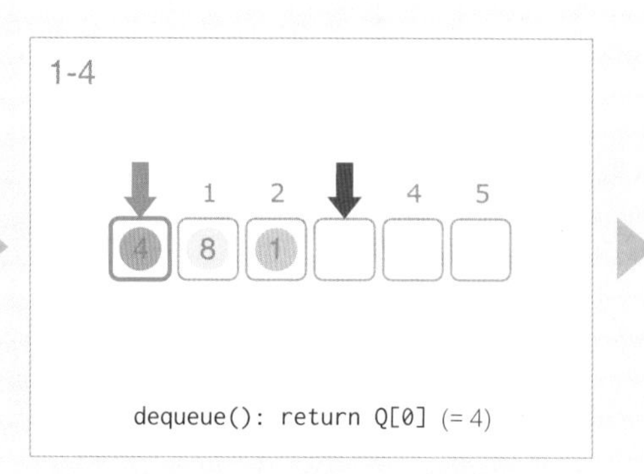
1-4
1 2 4 5
4 8 1
dequeue(): return Q[0] (= 4)

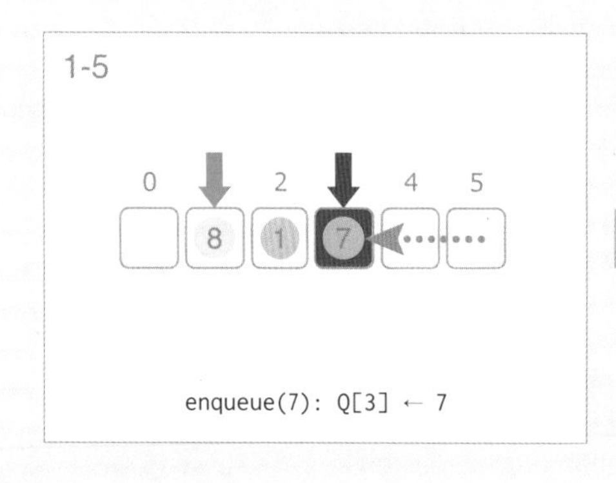
1-5
0 2 4 5
8 1 7
enqueue(7): Q[3] ← 7

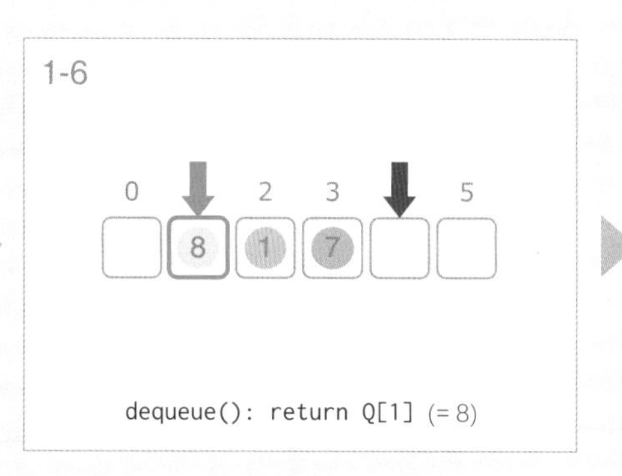
1-6
0 2 3 5
8 1 7
dequeue(): return Q[1] (= 8)

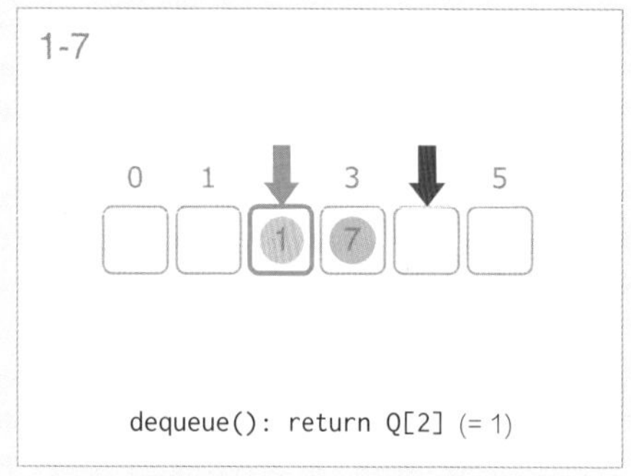
1-7
0 1 3 5
1 7
dequeue(): return Q[2] (= 1)

算法动画

队列的实现要用到一维数组，以及分别指向队列开头和末尾的变量 head、tail。enqueue 操作在 tail 位置插入给定的数据后，将 tail 加 1。dequeue 操作返回 head 指向的元素，在操作后将 head 加 1。在这个实现中，当 head 和 tail 相等时，队列是空的。另外，如果在操作过程中 tail 和 head 分别超过了数组的大小，它们会被重置到开头，以节省空间（内存）（伪代码没有进行这个处理）。

```
# 实现了队列操作的类
class Queue
    Q # 保存队列元素的数组
    head ← 0
    tail ← 0

    init():
        head ← 0
        tail ← 0

    enqueue(x):
        Q[tail++] ← x        # 将 tail 位置赋值为 x 后，将 tail 加 1

    dequeue():
        return Q[head++]     # 返回 Q[head] 的值后，将 head 加 1

    empty():
        return head = tail   # head 和 tail 相等时返回 True

# 队列操作模拟
Queue que
que.enqueue(4)
que.enqueue(8)
que.enqueue(1)
que.dequeue()
que.enqueue(7)
que.dequeue()
```

enqueue 和 dequeue 操作的时间复杂度与元素的数量无关，所以时间复杂度都是 $O(1)$。和栈一样，应该避免在空队列上（head 和 tail 相等的情况）进行 dequeue 操作和对满队列（满足 tail + 1 = head 的情况）进行 enqueue 操作。

在日常生活中也能经常看到队列的操作，比如餐馆的排队行为。它也是一种被用在许多系统和算法中的数据结构，用于按照到达顺序处理数据的场景。例如，队列被用于实现广度优先搜索（第 22 章）。

第17章

对数组的计算

前面介绍了数组的搜索和排序的算法，接下来要思考的是改变数组元素的值的问题。更新数值以获得所需的输出当然很重要，但在实现高效的算法时，使数据更容易处理的预处理和数据的转换也很重要。

本章将介绍预处理中简单却十分强大的累积和的算法。

- 累积和
- 一维累积和
- 二维累积和

17.1 累积和 ★★

区间的和

为了能更高效地对目标值进行计算，例如对已排序的数列进行二分搜索，对给定的数据进行预处理的做法非常重要。通过简单的预处理，可以高效地求得整数序列上的区间的和。

给定一个整数列和数列上的 Q 个区间。请求出各区间的和。

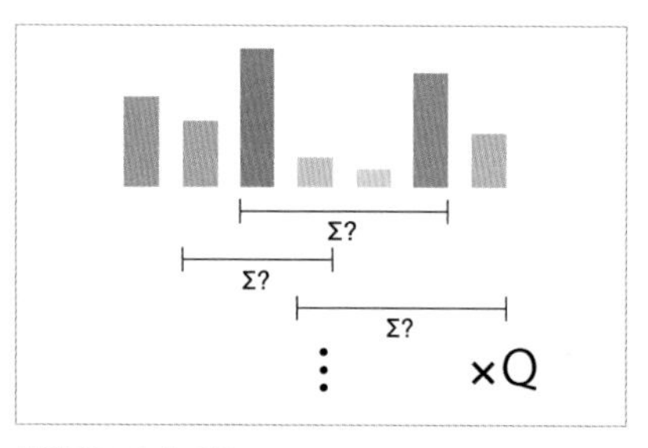

整数列和 Q 个区间

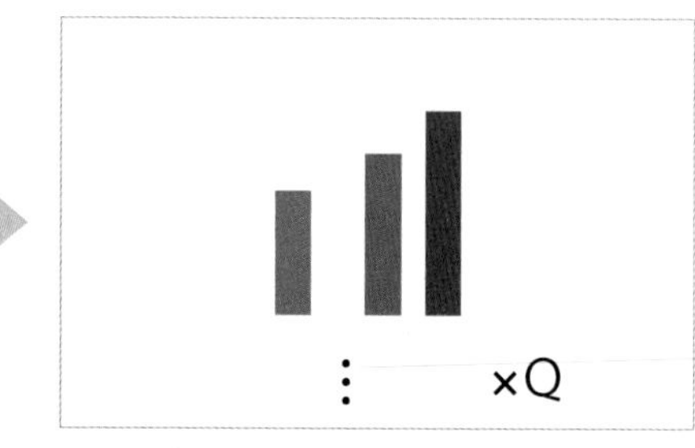

给定的各区间的和

- 数列的元素数量 $N \leqslant 100\ 000$
- $Q \leqslant 100\ 000$

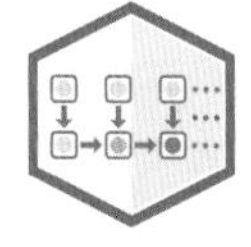

累积和 Accumulation

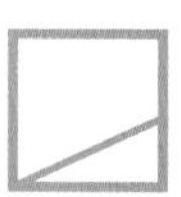

在求解 Q 个区间之和的问题之前，我们首先求整数列的累积和。除了输入数组，还要用到另一个数组来计算累积和。

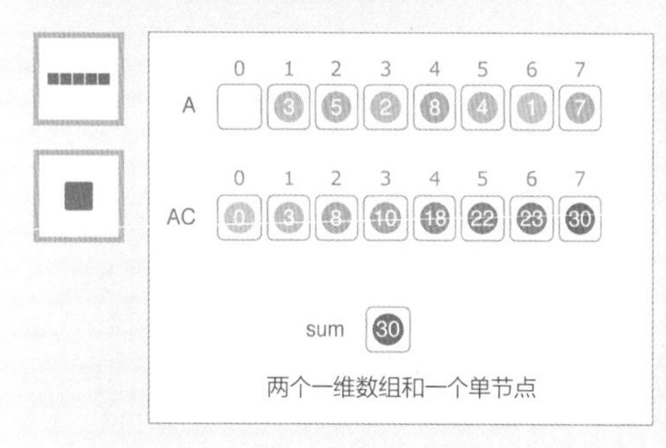

两个一维数组和一个单节点

	输入的整数列	A
	整数列的累积和	AC
	区间的和	sum

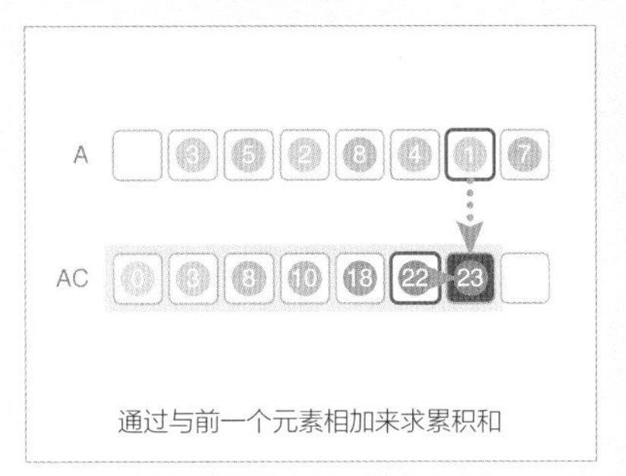

通过与前一个元素相加来求累积和

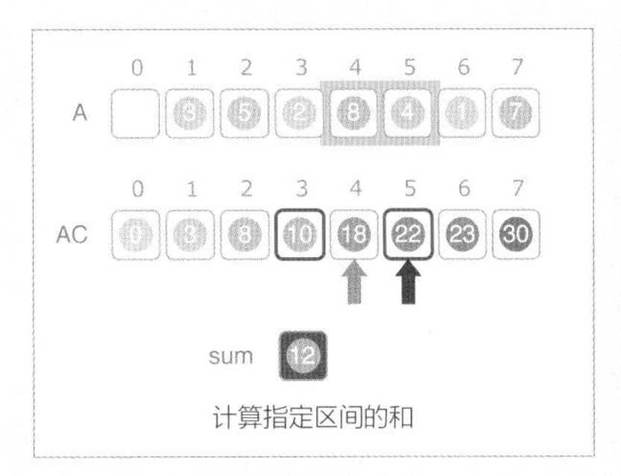

计算指定区间的和

输入		
	读取整数列	
	将累积和的开头初始化为 0	AC[0] ← 0
生成累积和		
	与前一个元素相加	AC[i] ← AC[i-1] + A[i]
对问题的处理		
	根据区间的起点和终点计算和	sum ← AC[r] - AC[l-1]
	给定的区间	[l, r]
⇩	区间的起点	l
⬇	区间的终点	r

输入

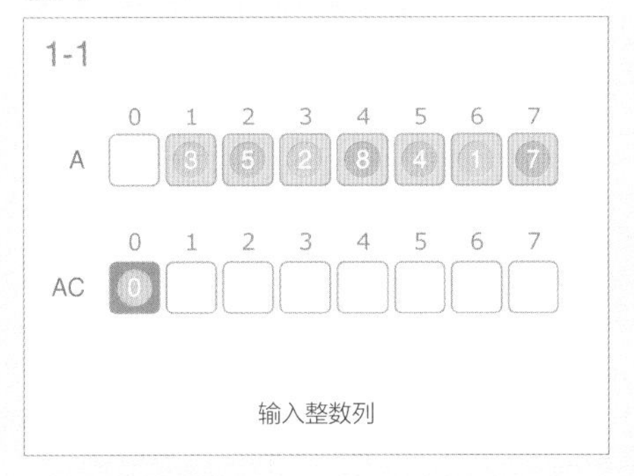

输入整数列

算法动画

生成累积和

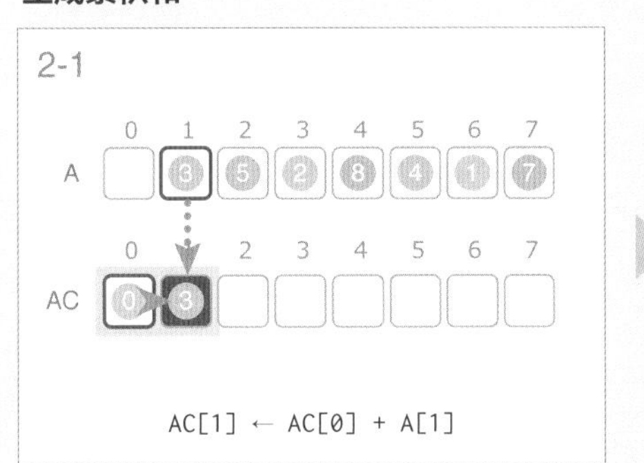

AC[1] ← AC[0] + A[1]

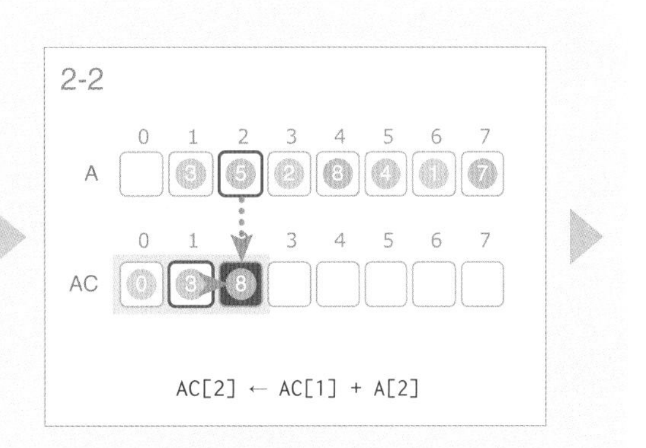

AC[2] ← AC[1] + A[2]

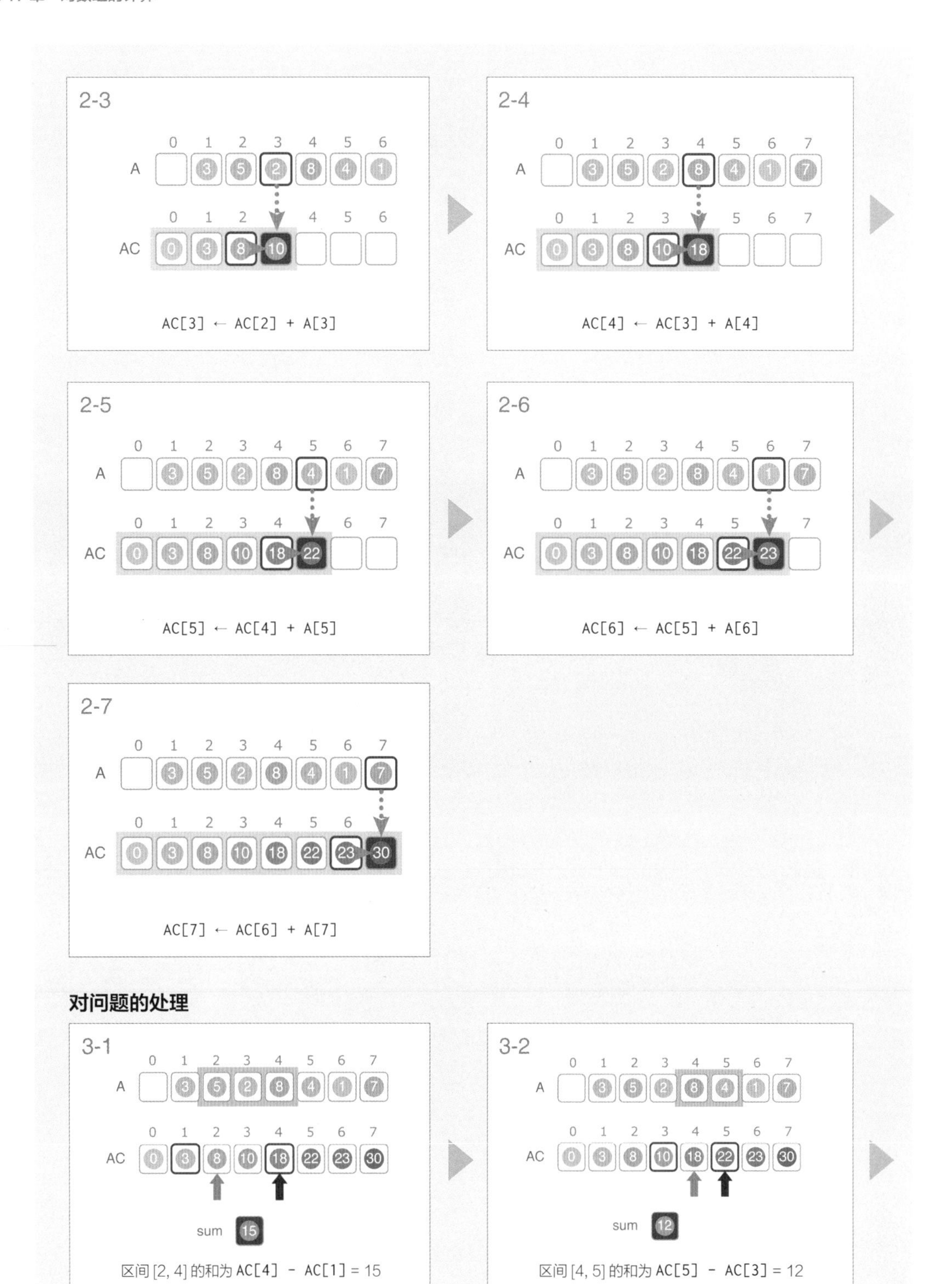
2-3
A
AC
AC[3] ← AC[2] + A[3]
2-4
A
AC
AC[4] ← AC[3] + A[4]
2-5
A
AC
AC[5] ← AC[4] + A[5]
2-6
A
AC
AC[6] ← AC[5] + A[6]
2-7
A
AC
AC[7] ← AC[6] + A[7]
对问题的处理
3-1
A
AC
sum 15
区间 [2, 4] 的和为 AC[4] - AC[1] = 15
3-2
A
AC
sum 12
区间 [4, 5] 的和为 AC[5] - AC[3] = 12

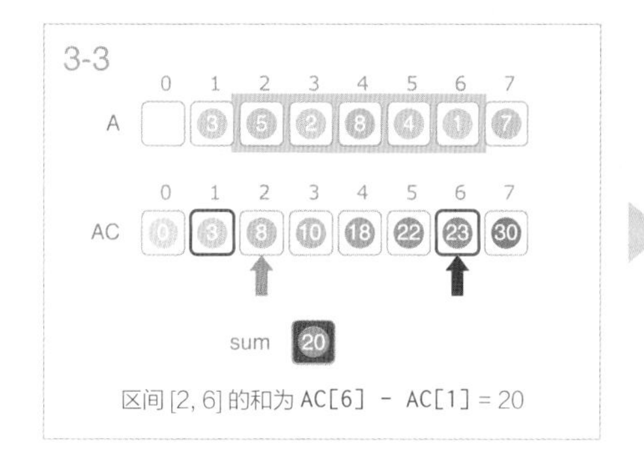

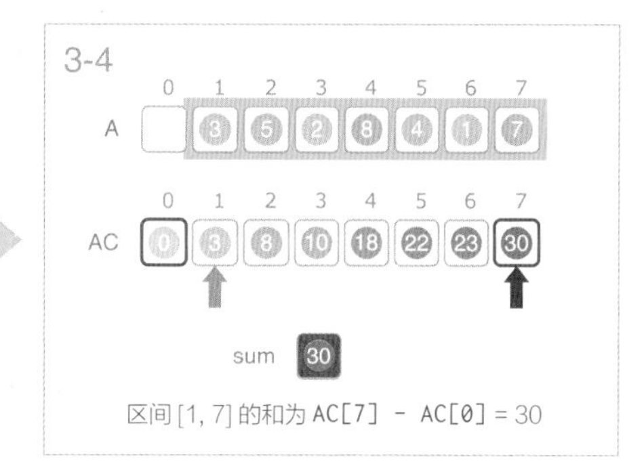

虽然累积和可以通过覆盖保存输入数据的数组变量 A 的元素直接求得，但这里我们在数组变量 AC 中保存 A 的累积和。而且我们也没有使用 A 的第 0 个节点，数据是从下标 1 开始输入的。AC 的第一个元素被初始化为 0。

累积和的计算从下标 1 开始。在第 i 次计算中，A[1] 到 A[i] 的和被记录在 AC[i] 中。这个结果可以通过 AC[i] ← AC[i-1] + A[i] 求得，其中 i 从 1 开始。

一旦求得累积和，我们就可以通过 AC[r] - AC[l-1] 求得区间 [l, r] 的和，即 A[l] 到 A[r] 的和。这个值是 A[1] 到 A[r] 的和减去 A[1] 到 A[l-1] 的和的结果。

```
A ← 整数列 # 从 1 开始
AC[0] ← 0

for i ← 1 to N-1:
    AC[i] ← AC[i-1] + A[i]

Q ← [l, r] 形式的问题数列

for q in Q:
    l ← q.l
    r ← q.r
    sum ← AC[r] - AC[l-1]
```

如果不使用累积和，分别计算每个区间的和的简单算法的时间复杂度是 $O(NQ)$。

而使用累积和时的时间复杂度是 $O(1)$，这是因为每个区间的和只需做一次减法即可求得。因此，计算累积和，然后使用它来求 Q 个区间的和的算法的时间复杂度是 $O(N+Q)$。

特点

累积和的思维被用于高级排序算法之一计数排序。它也可被用于接下来要介绍的一维和二维（多维）的叠加问题。

17.2 一维累积和

★★★

线段的叠加

一维整数坐标区间的相关问题有时可以用累积和的思维来高效求解。

给定多条线段，请求出在每个坐标处叠加的线段的数量。

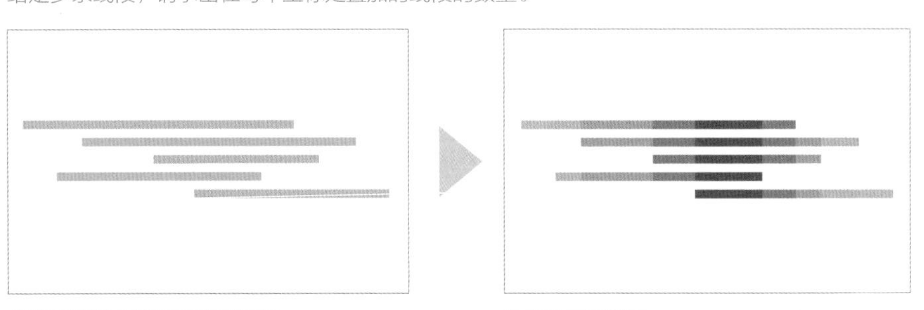

使用起点和终点坐标表示的多条线段　　各坐标的线段数量

- $1 \leqslant x$ 坐标 $\leqslant 100\,000$
- 线段的数量 $Q \leqslant 100\,000$

一维累积和 1 Dimensional Accumulation

一维数组结构的节点表示线段端点的坐标，相应的数组元素中记录的是该坐标上线段的数量。一维数组结构的大小 N 必须大于或等于 x 坐标的最大值加 1。这里假定线段的终点不计算在内。

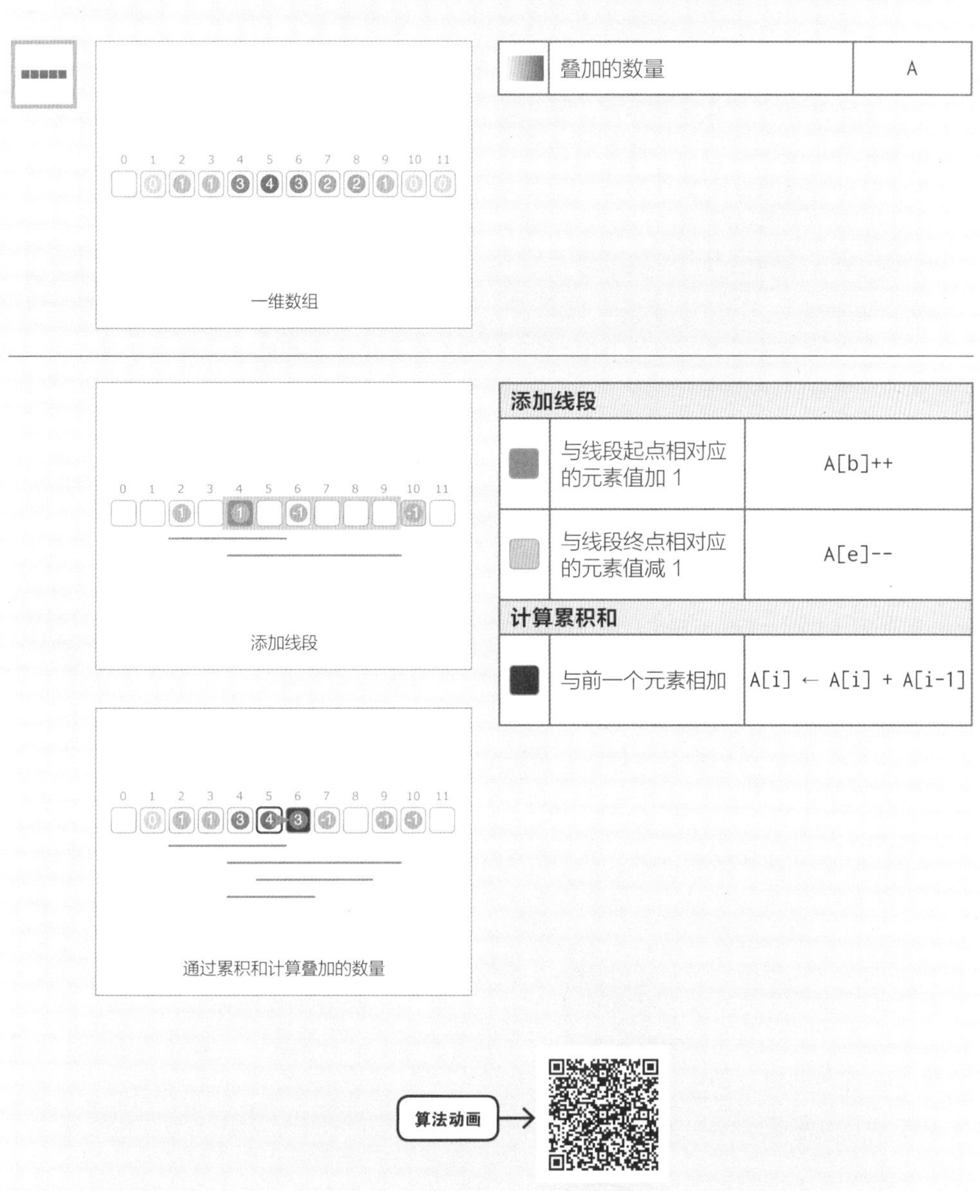

算法动画

添加线段

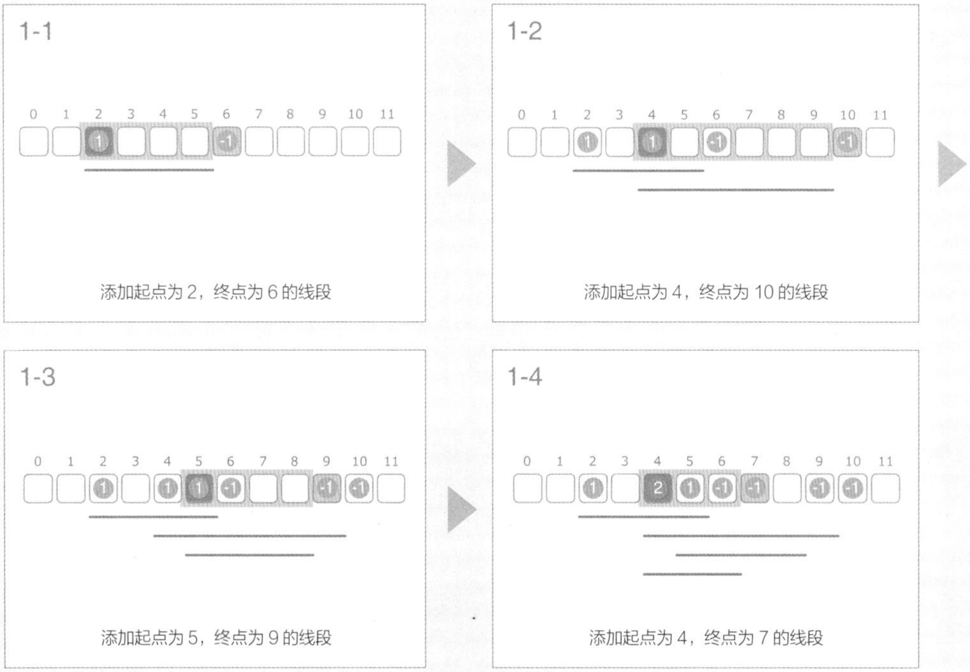

1-1

0 1 2 3 4 5 6 7 8 9 10 11

添加起点为 2，终点为 6 的线段

1-2

0 1 2 3 4 5 6 7 8 9 10 11

添加起点为 4，终点为 10 的线段

1-3

0 1 2 3 4 5 6 7 8 9 10 11

添加起点为 5，终点为 9 的线段

1-4

0 1 2 3 4 5 6 7 8 9 10 11

添加起点为 4，终点为 7 的线段

计算累积和

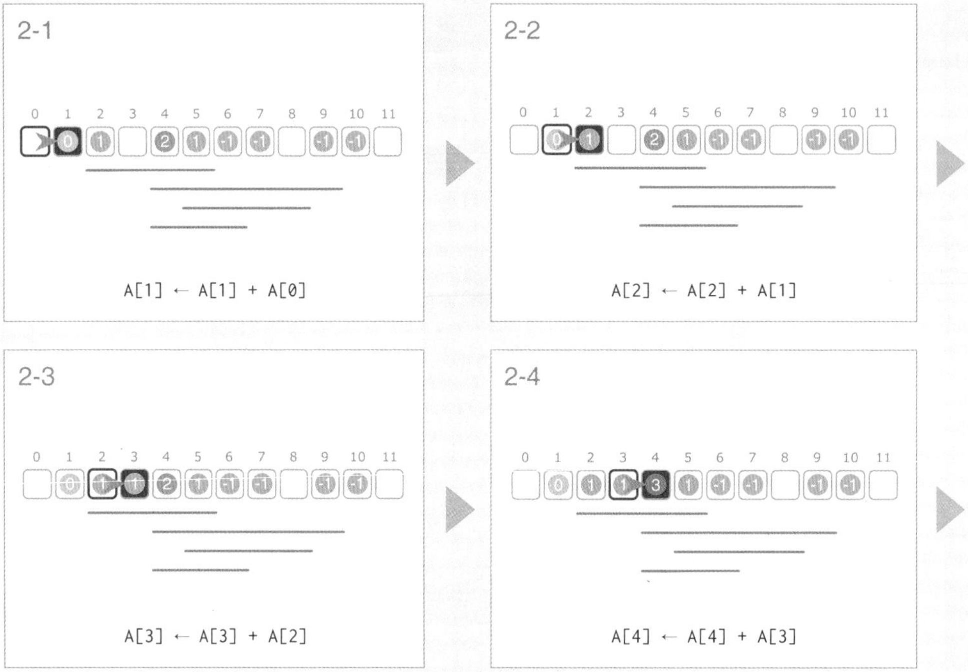

2-1

0 1 2 3 4 5 6 7 8 9 10 11

A[1] ← A[1] + A[0]

2-2

0 1 2 3 4 5 6 7 8 9 10 11

A[2] ← A[2] + A[1]

2-3

0 1 2 3 4 5 6 7 8 9 10 11

A[3] ← A[3] + A[2]

2-4

0 1 2 3 4 5 6 7 8 9 10 11

A[4] ← A[4] + A[3]

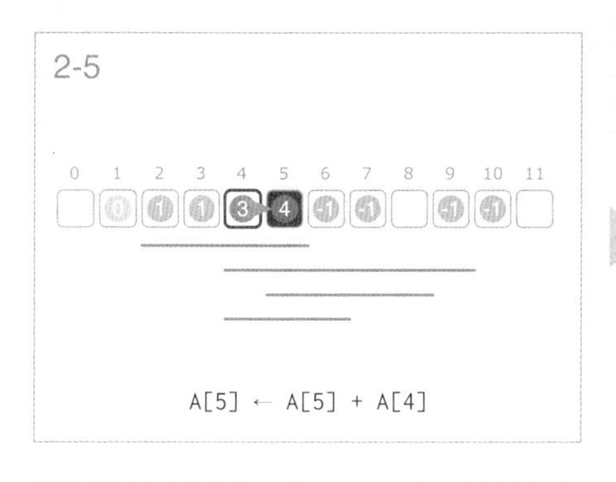
2-5
A[5] ← A[5] + A[4]

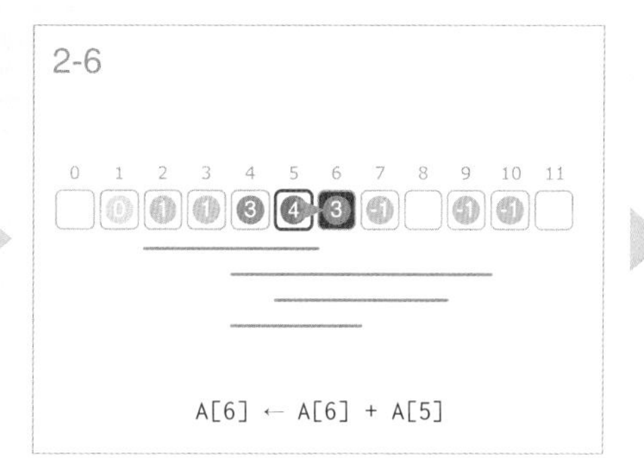
2-6
A[6] ← A[6] + A[5]

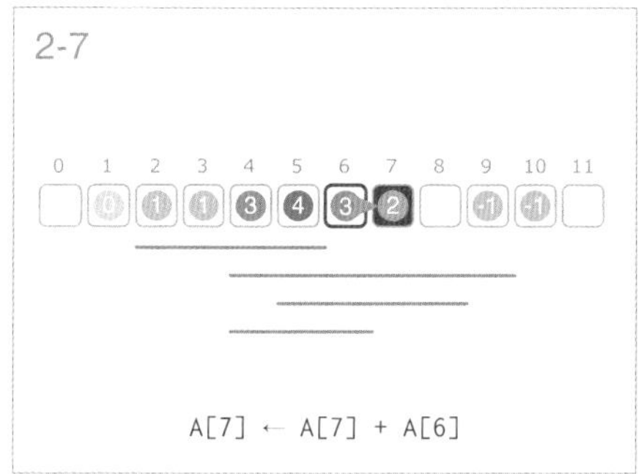
2-7
A[7] ← A[7] + A[6]

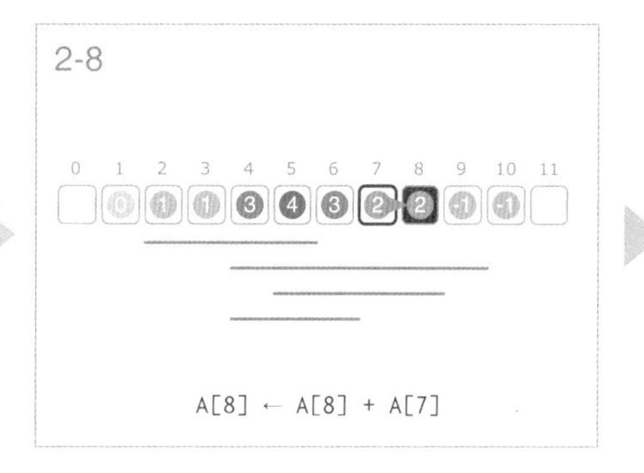
2-8
A[8] ← A[8] + A[7]

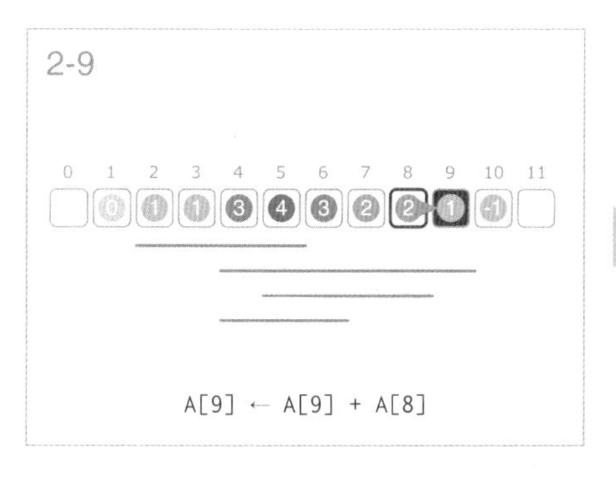
2-9
A[9] ← A[9] + A[8]

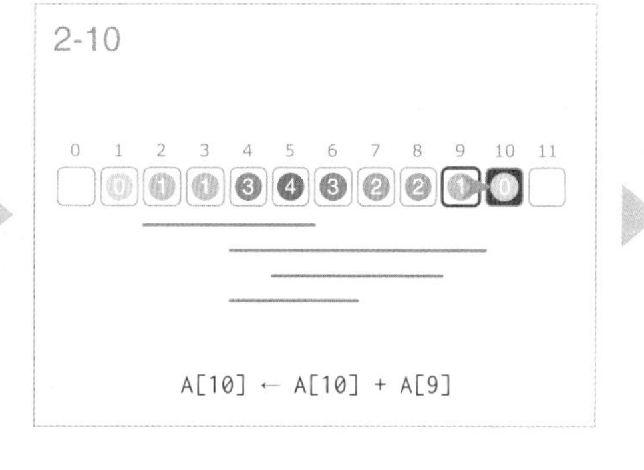
2-10
A[10] ← A[10] + A[9]

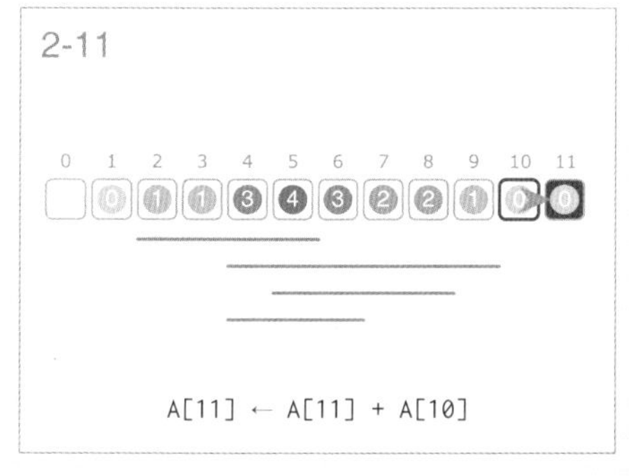
2-11
A[11] ← A[11] + A[10]

如果给定线段的端点坐标分别为 b 和 e，那么 A[b] 加 1，A[e] 减 1。这意味着，如果我们从数组的开头计算叠加的线段数量，那么在坐标 b 线段加 1，在坐标 e 线段减 1。

在线段添加过程结束后，由于记录了每个坐标上增加（如果是负值则为减去）的线段数量，因此从 A 的开头开始计算累积和即可求得每个坐标的线段数量。

```
Q ← 线段列表

for segment in Q:
    b ← segment.begin.x
    e ← segment.end.x
    A[b]++
    A[e]--

for i ← 1 to N-1:
    A[i] ← A[i] + A[i-1]
```

如果用简单的算法解决这个问题，假定给定的线段的端点坐标分别为 b 和 e，为了计算每个坐标的线段数量，我们需要将数组中从 b 开始到 e-1 为止的值（线段数）都加 1。这个简单算法的时间复杂度是 $O(NQ)$。

而使用累积和的算法的添加 Q 个线段操作的时间复杂度是 $O(Q)$，求累积和处理的时间复杂度是 $O(N)$，总的时间复杂度是 $O(N+Q)$。

特点

除了应用于线段这样的几何问题，我们还可以通过诸如把问题引申为时间轴的区间的叠加以扩展应用范围。比如根据每个顾客的进店和出店时间，求出每个时间点店里的顾客人数。

17.3 二维累积和

矩形的叠加

通过一维累积和高效求区间信息的思路同样可以应用于二维问题。

给定多个矩形，请求出每个坐标上叠加的（一个或多个）矩形的数量。

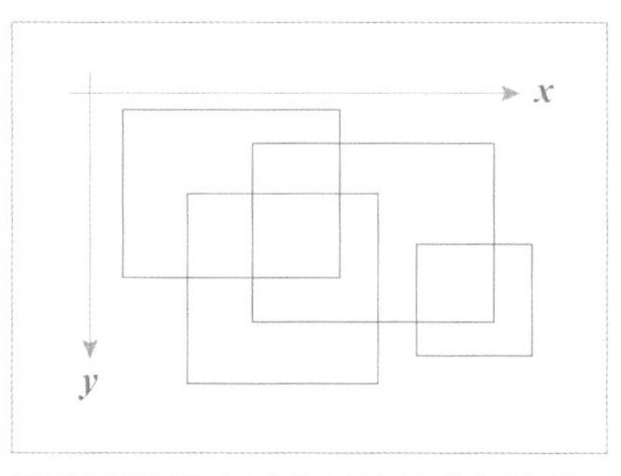

使用左下角的点和右上角的点组合表示的多个矩形

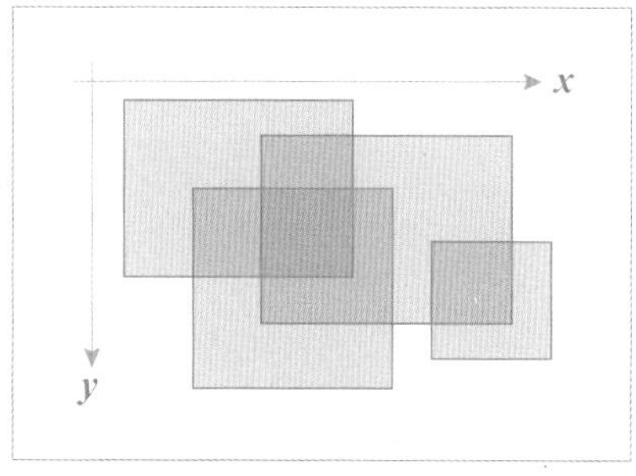

各坐标叠加的矩形的数量

- $1 \leqslant x$，y 坐标 $\leqslant 1000$
- 矩形的数量 $Q \leqslant 100\,000$

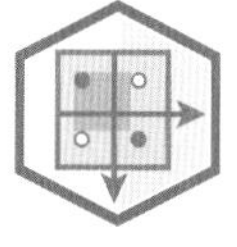

二维累积和 2 Dimensional Accumulation

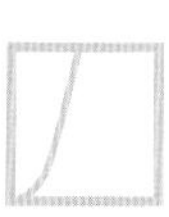

二维数组结构的节点表示矩形的左上角的点和右下角的点的坐标，相应的数组元素中记录的是该坐标上矩形的数量。二维数组结构的大小 $N \times M$ 必须分别大于或等于 x 和 y 坐标的最大值加 1。

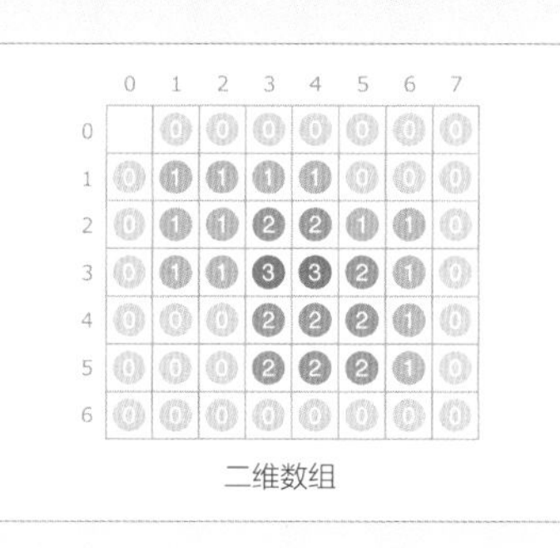

二维数组

	叠加的矩形的数量	A

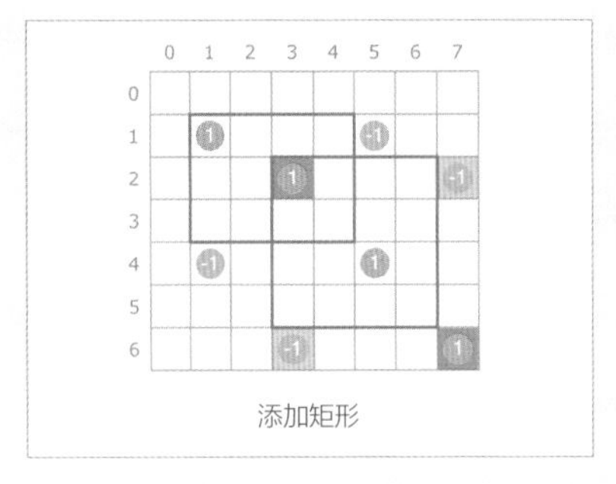

添加矩形

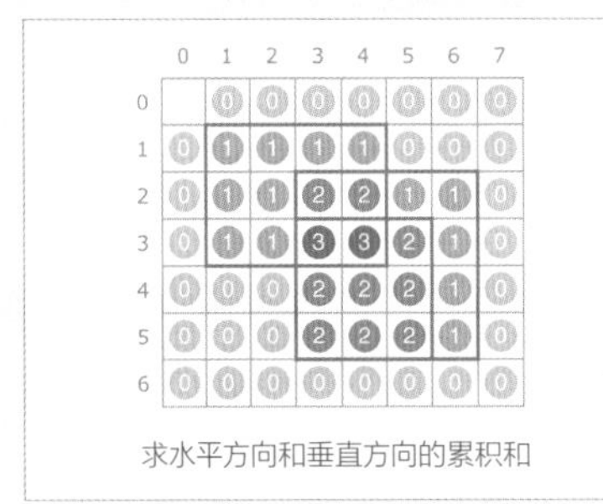

求水平方向和垂直方向的累积和

添加矩形		
	与左上角的点和右下角的点的相对应的元素值加 1	A[x1][y1]++ A[x2][y2]++
	与左下角的点和右上角的点相对应的元素值减 1	A[x1][y2]-- A[x2][y1]--
扫描水平方向		
	与前一个元素相加	A[x][y] ← A[x][y] + A[x-1][y]
扫描垂直方向		
	与前一个元素相加	A[x][y] ← A[x][y] + A[x][y-1]

输入矩形

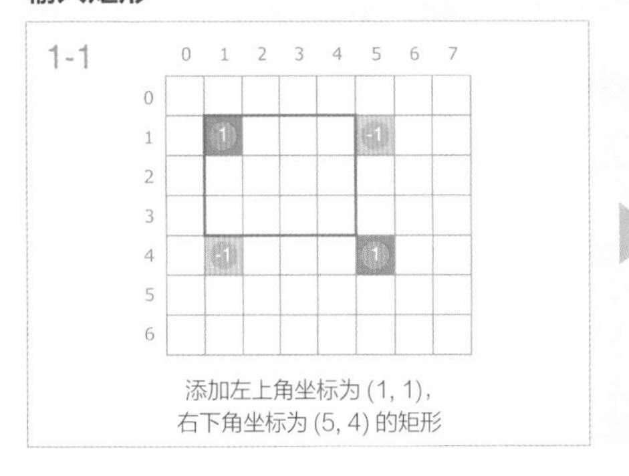

添加左上角坐标为 (1, 1)，右下角坐标为 (5, 4) 的矩形

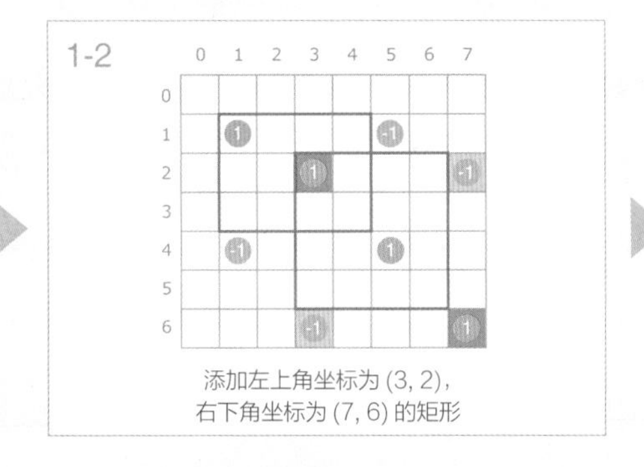

添加左上角坐标为 (3, 2)，右下角坐标为 (7, 6) 的矩形

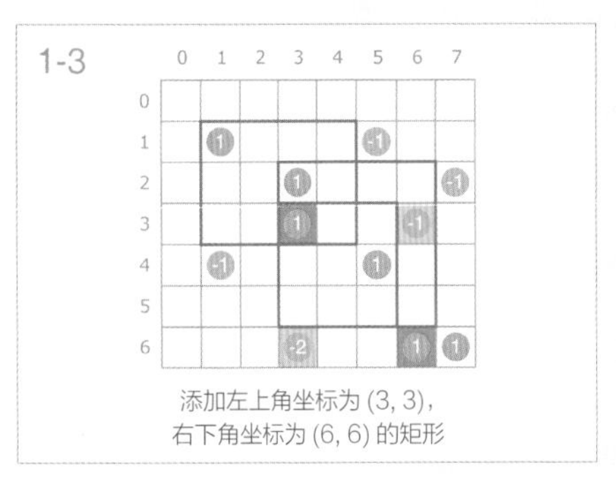

添加左上角坐标为 (3, 3)，右下角坐标为 (6, 6) 的矩形

算法动画

扫描水平方向

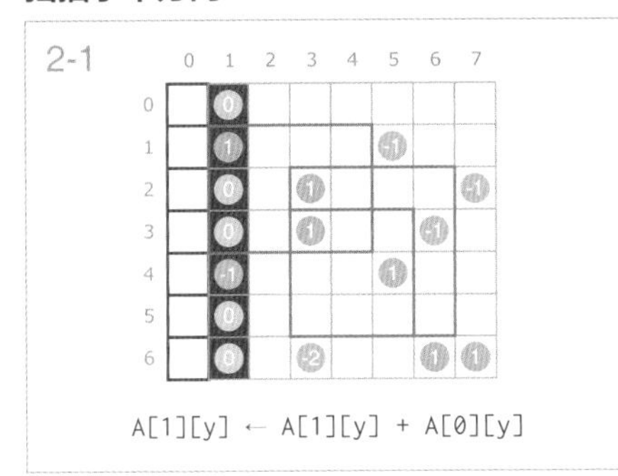
2-1
A[1][y] ← A[1][y] + A[0][y]

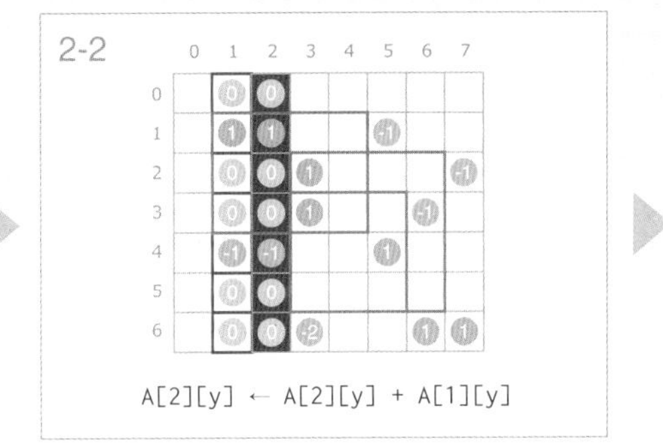
2-2
A[2][y] ← A[2][y] + A[1][y]

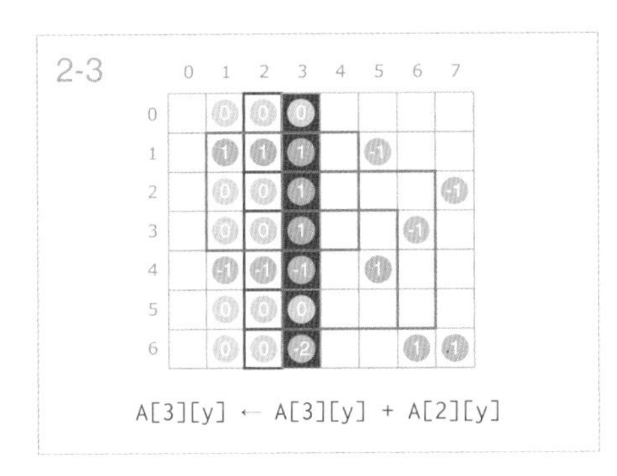
2-3
A[3][y] ← A[3][y] + A[2][y]

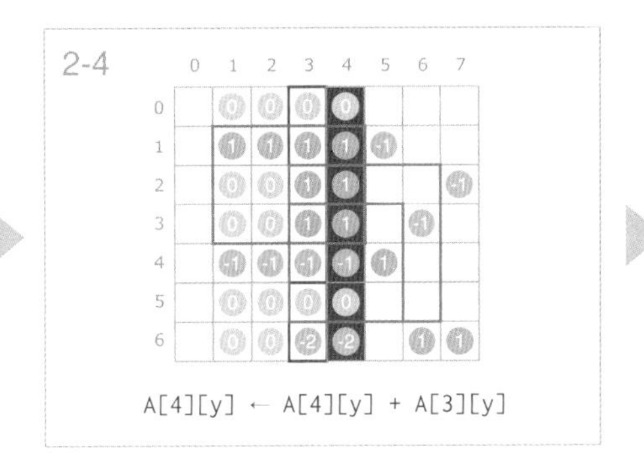
2-4
A[4][y] ← A[4][y] + A[3][y]

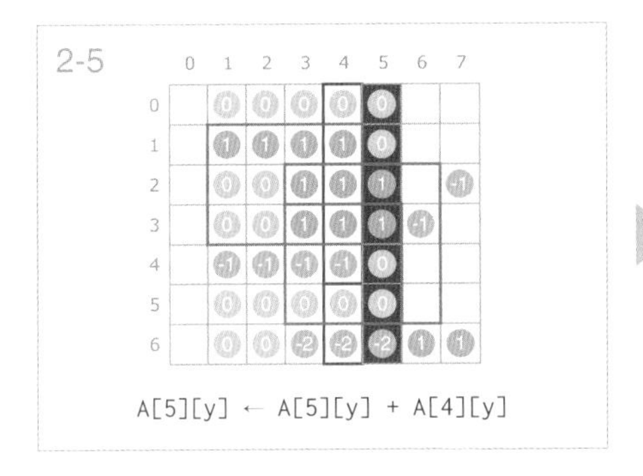
2-5
A[5][y] ← A[5][y] + A[4][y]

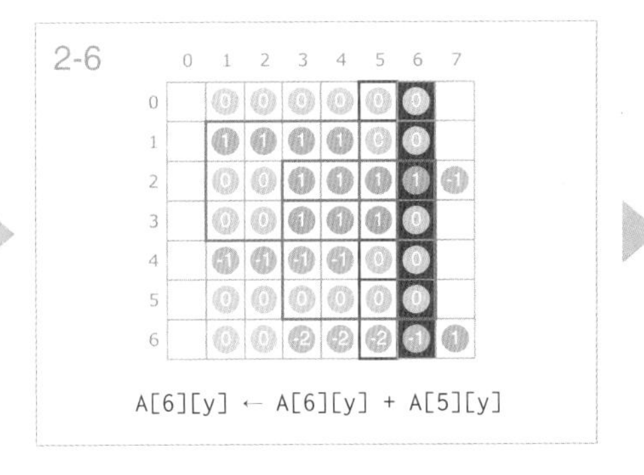
2-6
A[6][y] ← A[6][y] + A[5][y]

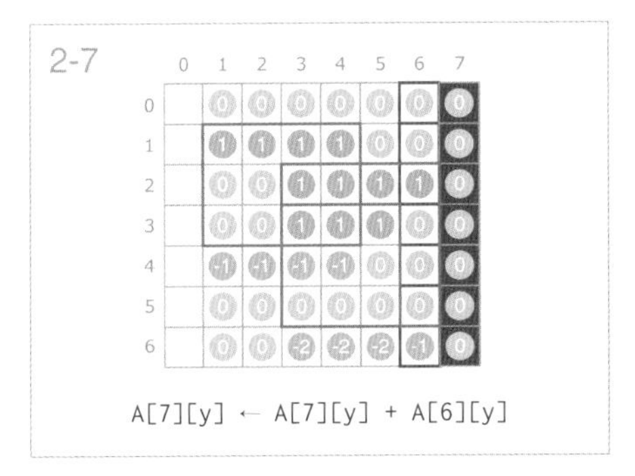
2-7
A[7][y] ← A[7][y] + A[6][y]

扫描垂直方向

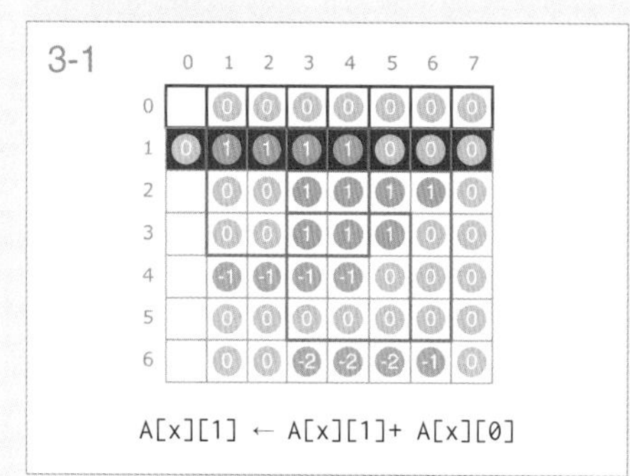
3-1
A[x][1] ← A[x][1]+ A[x][0]

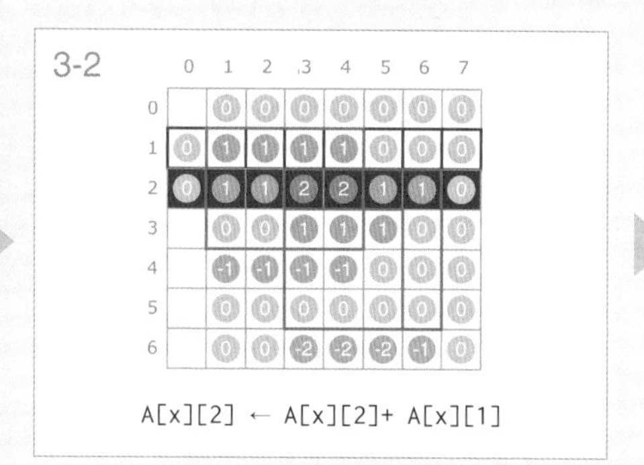
3-2
A[x][2] ← A[x][2]+ A[x][1]

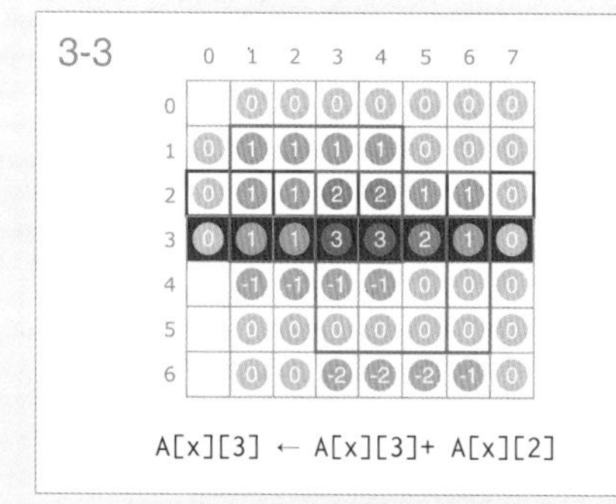
3-3
A[x][3] ← A[x][3]+ A[x][2]

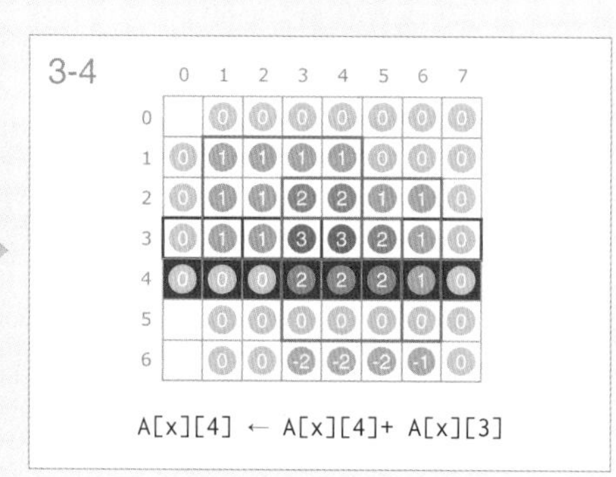
3-4
A[x][4] ← A[x][4]+ A[x][3]

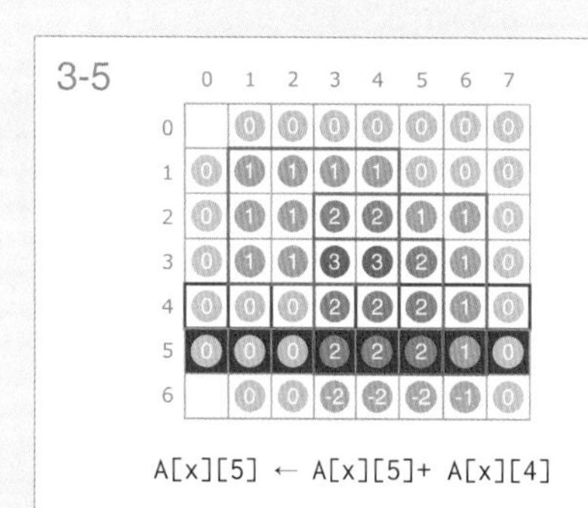
3-5
A[x][5] ← A[x][5]+ A[x][4]

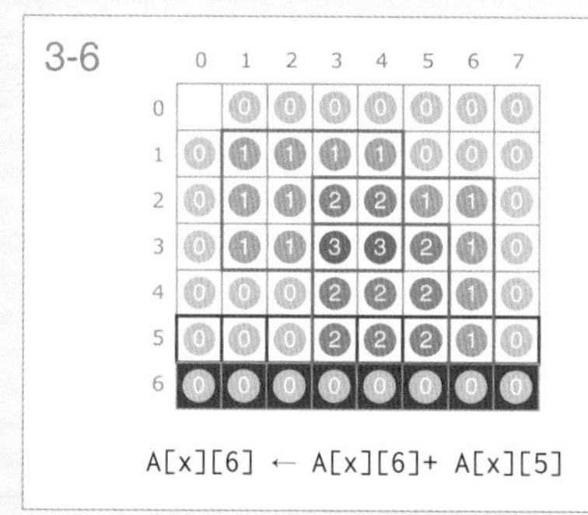
3-6
A[x][6] ← A[x][6]+ A[x][5]

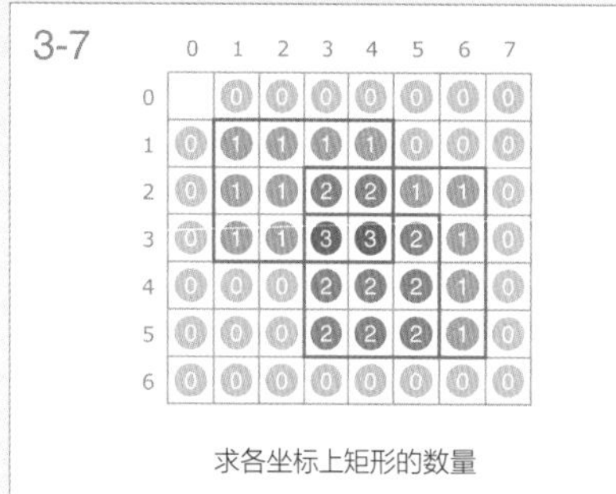
3-7
求各坐标上矩形的数量

这里将一维累积和扩展为二维累积和。如果给定矩形左上角的点和右下角的点的坐标分别是 (x1, y1) 和 (x2, y2)，那么在 A[x1][y1] 和 A[x2][y2] 上加 1，从 A[x1][y2] 和 A[x2][y1] 上减 1。注意，只有 (x1, y1) 的坐标被包括在矩形中。

累积和算法首先水平扫描（沿 x 增加的方向），并将每个节点的值与 y 相等的前一个节点的值相加，然后垂直扫描（沿 y 增加的方向）。经过这个过程，可以求得每个节点对应坐标上矩形的数量。

```
rects ← 矩形的列表

# 叠加矩形
for rect in rects:
    x1 = rect.左上顶点.x
    y1 = rect.左上顶点.y
    x2 = rect.右下顶点.x
    y2 = rect.右下顶点.y
    A[x1][y1]++
    A[x2][y2]++
    A[x1][y2]--
    A[x2][y1]--

# 水平方向的累积和
for x ← 1 to N-1:
    for y ← 0 to M-1:
        A[x][y] ← A[x][y] + A[x-1][y]

# 垂直方向的累积和
for y ← 1 to M-1:
    for x ← 0 to N-1:
        A[x][y] ← A[x][y] + A[x][y-1]
```

如果用简单的算法解决这个问题，因为要在与矩形大小相对应的数组范围内的节点上加 1（即涂满），所以时间复杂度是 $O(NM)$。又因为要运行与矩形数量相等的次数，所以简单算法的时间复杂度是 $O(QNM)$。

而对于使用累积和的算法，添加 Q 个矩形操作的时间复杂度是 $O(Q)$，求累积和处理的时间复杂度是 $O(NM)$，所以总的时间复杂度是 $O(Q+NM)$。

累积和的思维非常有趣，它也适用于高于二维的空间，还被应用在基于像素的图像和信号处理领域。

第18章

堆

根据优先级的高低，从数据集中取出优先级高的数据的优先队列，被应用于许多应用和算法中。为了高效地获取、插入和删除数据，我们通过一个被称为堆的数据结构实现优先队列。堆由二叉树构成，与堆节点关联的值满足被称为堆条件的大小关系。

本章基于二叉树中实现相对简单的完全二叉树，来实现堆的算法和优先队列。

- 向上调整堆
- 向下调整堆
- 构建堆
- 优先队列

18.1 向上调整堆

增加堆节点的值

最大堆满足“每个节点本身的值大于或等于其子节点的值”的条件。如果要增大堆节点的值，需要根据其祖先节点的值的情况，从其父节点开始重新构建堆。

为提高优先级，最大堆的某个节点的值已更新。请重新构建最大堆。

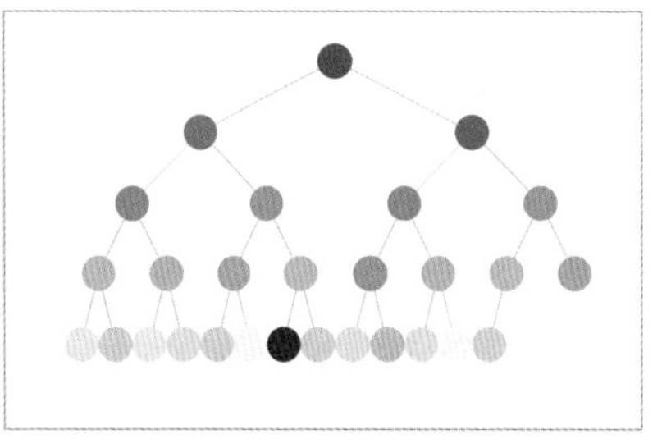

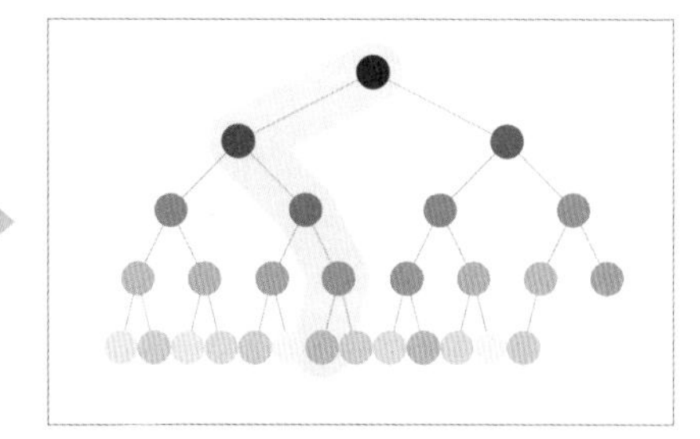

对最大堆进行元素值增加的更新

重新构建后的最大堆

- 堆的元素数量 $N \leq 100\ 000$

向上调整堆 Up Heap

我们使用一个数组变量表示最大堆。当对最大堆的某个元素进行“值增大”的更新时，为了满足最大堆的条件，“变大了的”元素需要向根节点的方向移动，这种操作叫作向上调整堆。这里是通过交换进行元素移动的。

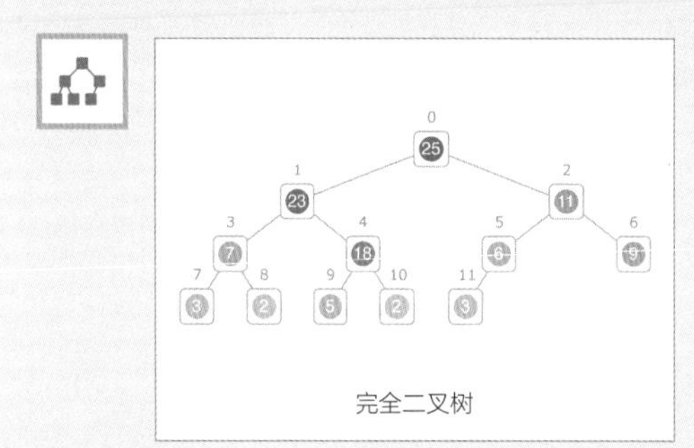

完全二叉树

最大堆的元素	A

比较父子节点的值

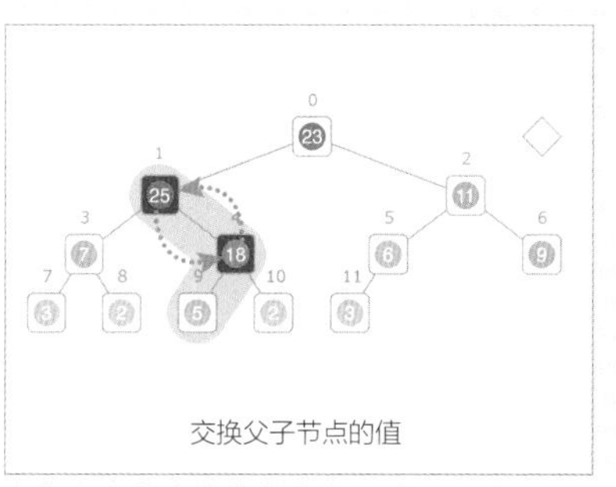

交换父子节点的值

输入及初始化		
	读取满足最大堆条件的整数列	
元素的更新和向上调整堆		
	将元素更新为更大的值	A[i] ← value
	检查是否满足堆条件	if A[i] ≤ A[parent(i)]:
	交换父子节点的值	swap(A[i], A[parent(i)])
	已更新的元素沿着根节点的方向移动	i 的轨迹

输入及初始化

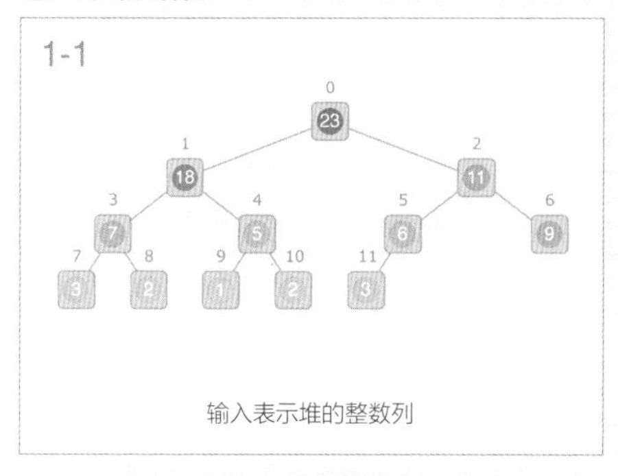

输入表示堆的整数列

算法动画

元素的更新和向上调整堆

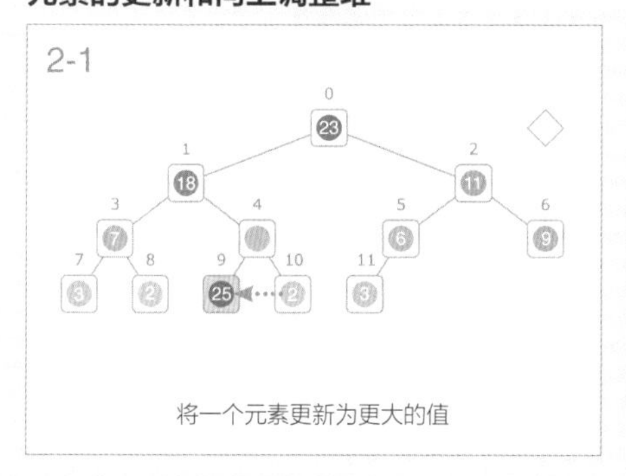

将一个元素更新为更大的值

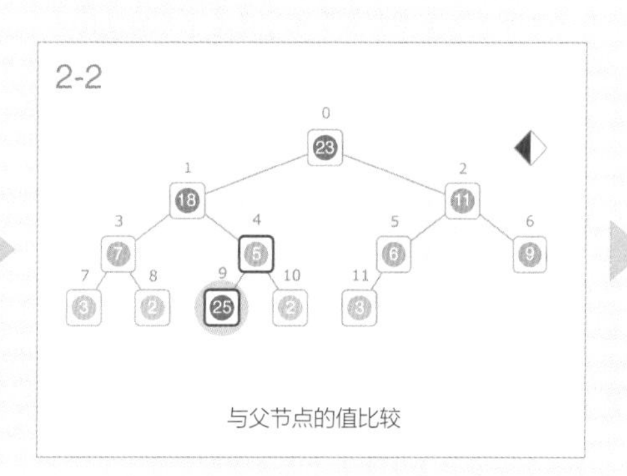

与父节点的值比较

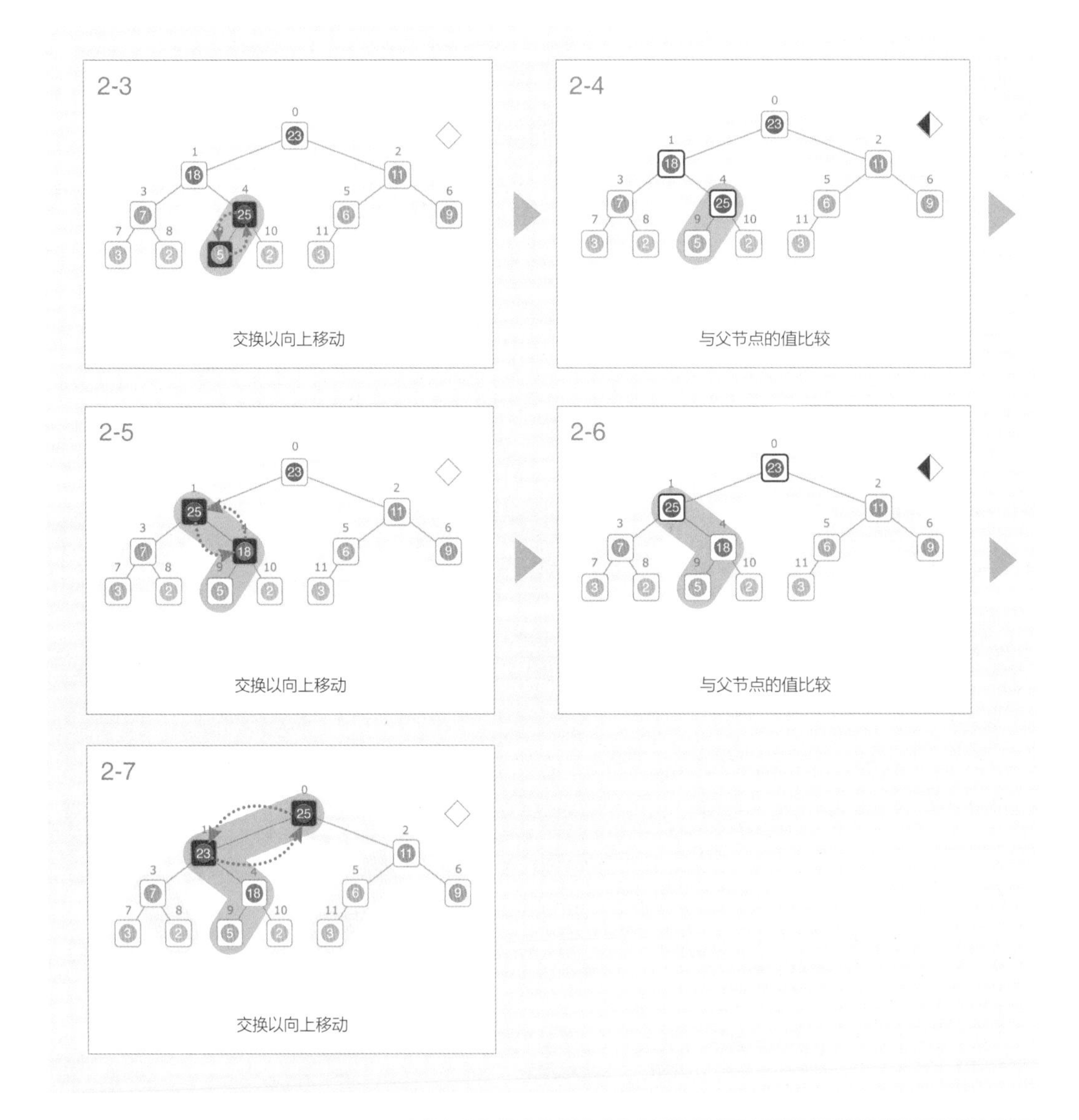

当最大堆中的一个节点的值增加时，以该节点作为当前位置，开始将其与父节点的值进行比较，如果父节点的值更小，则进行交换，然后重复进行这些处理。元素被交换后，交换前父节点的位置成为当前位置。这个处理在满足堆条件的父节点出现时，或者当前位置到达根节点时结束。

```
# 将通过数组 A 构建的堆的元素 i 更新为更大的值 value
increase(A, i, value):
    A[i] ← value

# 从通过数组 A 构建的堆的元素 i 开始向上调整堆
upHeap(A, i):
    while True:
        if  i ≤ 0:                 # 到达根节点时结束
            break
        if  A[i] ≤ A[parent(i)]: # 满足堆条件时结束
            break
        swap(A[i], A[parent(i)])
        i ← parent(i)              # 向根节点移动


# 增加元素值的使用示例
A ← 满足堆条件的整数列
increase(A, 9, 25)
upHeap(A, 9)
```

这里的实现用到了比较和交换父节点与子节点的元素的 swap 函数。还有一种可行的做法：将值增加的元素保存到临时变量中，如果祖先节点的值比该元素值小，则通过 insertion 在正确的位置插入元素，使祖先节点的值下降。不管是 swap 方法还是 insertion 方法，每个元素的活动范围都在满二叉树的高度之内，所以向上调整堆的时间复杂度是 $O(\log N)$。

本处理会被用作优先队列实现的一部分。

18.2 向下调整堆

★★

减少堆节点的值

对最大堆的更新包括元素值的增大和减小。如果堆节点的值减小了，需要根据其子节点，乃至更后面的子孙节点的值的情况，重新构建堆。

为降低优先级，最大堆的某个节点的值已更新。请重新构建最大堆。

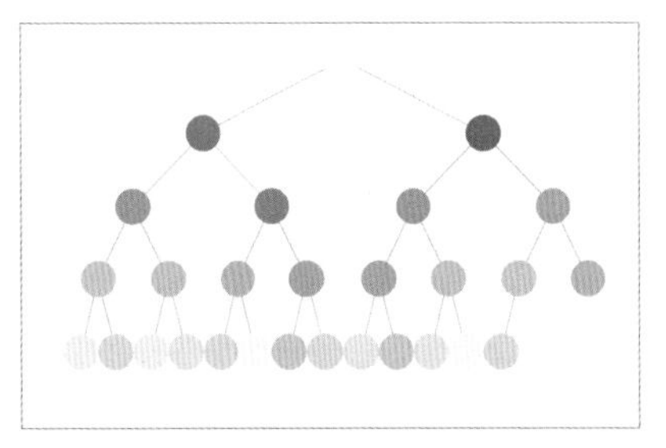

对最大堆进行元素值减少的更新

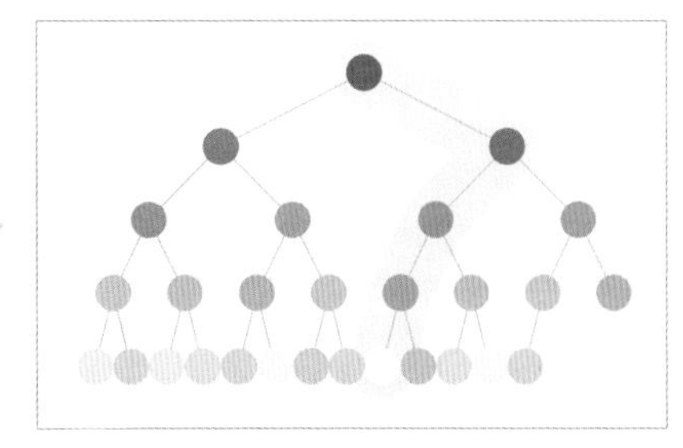

重新构建后的最大堆

- 堆的元素数量 $N \leqslant 100\ 000$

向下调整堆 Down Heap

当对最大堆的某个元素进行“值减小”的更新时，为了满足最大堆的条件，“变小了的”元素需要向叶子节点的方向移动，这种操作叫作向下调整堆。这里是通过交换进行元素移动的。

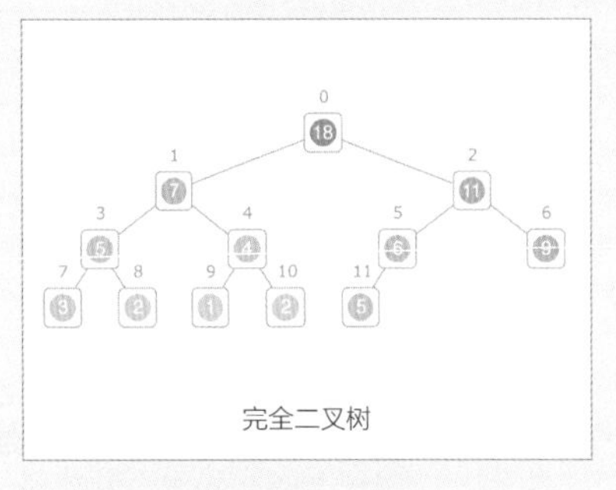

完全二叉树

 最大堆的元素	A

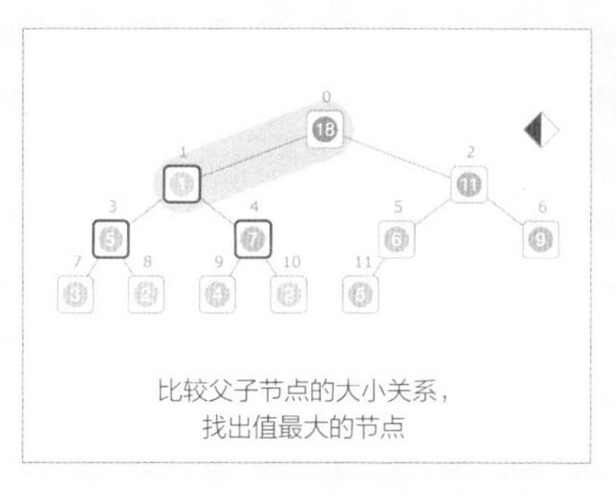

比较父子节点的大小关系，
找出值最大的节点

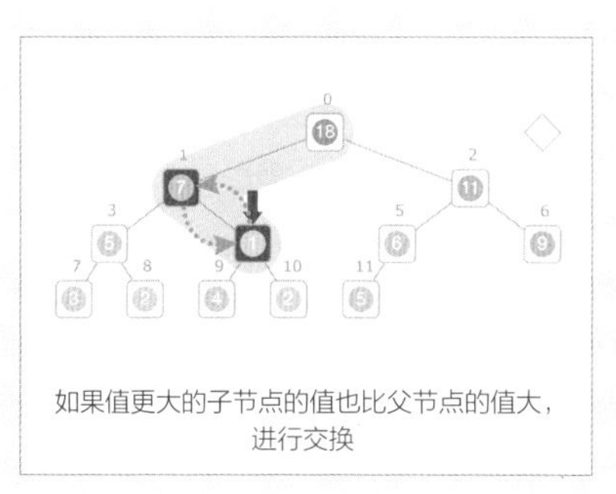

如果值更大的子节点的值也比父节点的值大，
进行交换

输入及初始化		
	读取满足最大堆条件的整数列	
元素的更新和向下调整堆		
	更新元素的值	A[i] ← value
	找出父节点和左右子节点中值最大的节点	largest ← ?
	指向值最大的节点	largest
	交换父子节点的值	swap(A[i], A[largest])
	已更新的元素沿着叶子节点的方向移动	i 的轨迹

输入及初始化

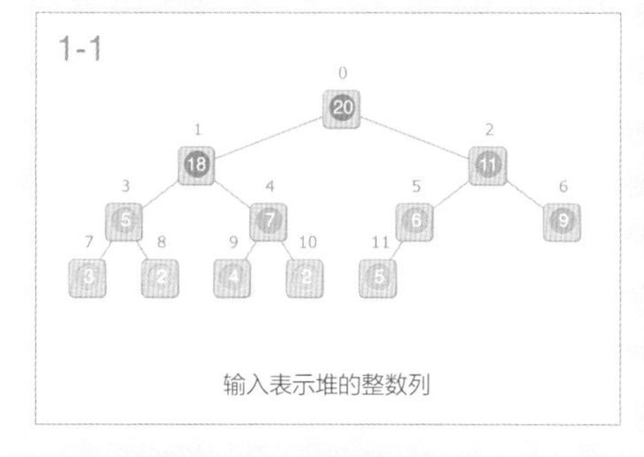

输入表示堆的整数列

元素的更新和向下调整堆

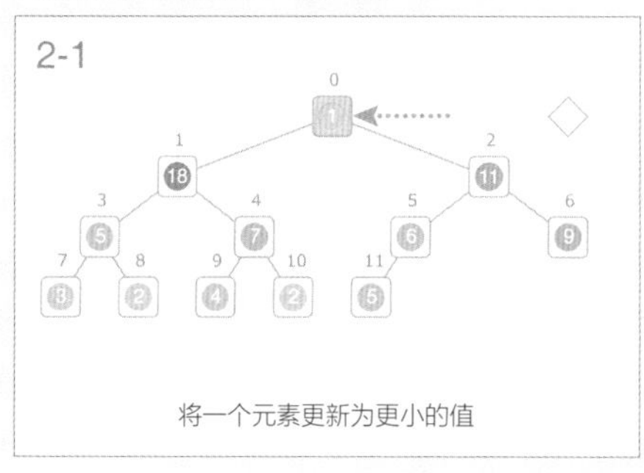

将一个元素更新为更小的值

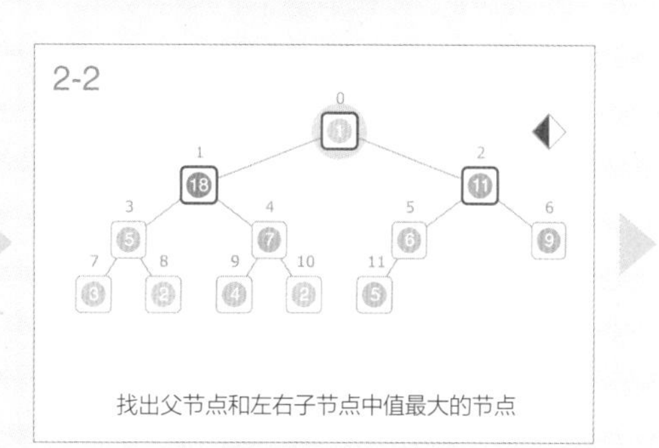

找出父节点和左右子节点中值最大的节点

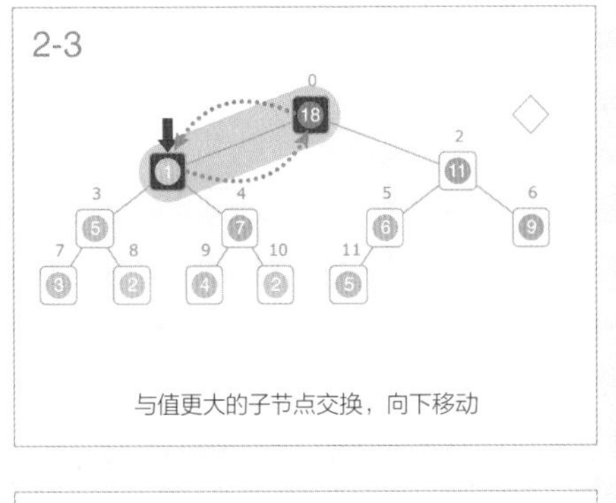

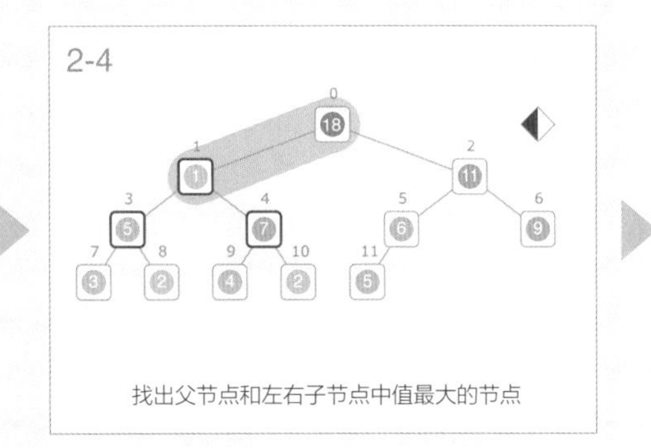

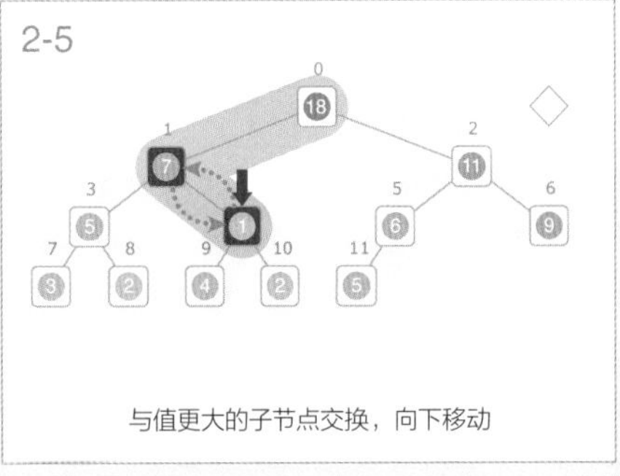

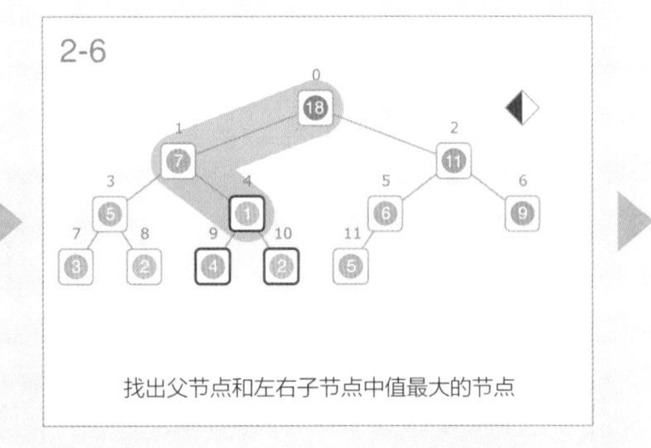

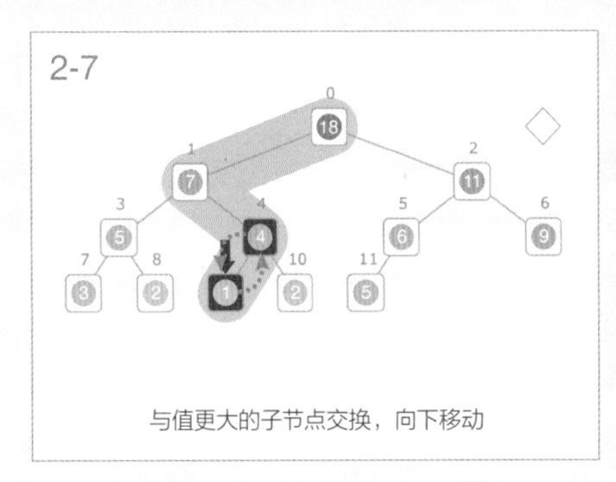

当最大堆中的一个节点的值减小时，以该节点作为当前位置开始，将其与子节点的值进行比较，如果子节点的值更大，则进行交换，然后重复进行这个操作。为了继续满足堆条件，在与子节点进行比较时，需要选择左右节点中值大的节点。这就要找出父节点和左右子节点中值最大的节点，决定如何交换（或者不交换）。元素被交换后，交换前子节点的位置成为当前位置。这个处理在左右子节点都满足堆条件时（父节点的值最大），或者当前位置到达叶子节点时结束。

```
# 将通过数组 A 构建的堆的元素 i 更新为较小的值 value
decrease(A, i, value):
    A[i] ← value

# 从通过数组 A 构建的堆的元素 i 开始向下调整堆
downHeap(A, i):
    l ← left(i)
    r ← right(i)

    # 找出父节点（自身）、左子节点、右子节点中值最大的节点
    if l < N and A[l] > A[i]:
        largest ← l
    else:
        largest ← i
    if r < N and A[r] > A[largest]:
        largest ← r

    if largest ≠ i:              # 如果某个子节点的值最大
        swap(A[i], A[largest])
        downHeap(A, largest)     # 通过递归重复进行向下调整堆


# 减小元素值的使用示例
A ← 满足堆条件的整数列
decrease(A, 0, 1)
downHeap(A, 0)
```

这里的实现用到了比较和交换父节点与子节点的元素的 swap 函数。还有一种可行的做法：将值减小的元素保存到临时变量中，如果子孙节点的值比该元素值大，则通过 insertion 在正确的位置插入元素，使子孙节点上升。不管是 swap 方法还是 insertion 方法，每个元素的活动范围都在满二叉树的高度之内，所以向下调整堆的时间复杂度是 $O(\log N)$。

特点

本处理会被用作优先队列实现的一部分。另外，它也被用在高级排序算法之一堆排序的实现中。

18.3 构建堆 ★★

构建堆

将给定的或正在处理的数列转化为堆，为排序算法和优先级具有重要意义的数据结构做好准备。

请基于任意的整数列构建最大堆。

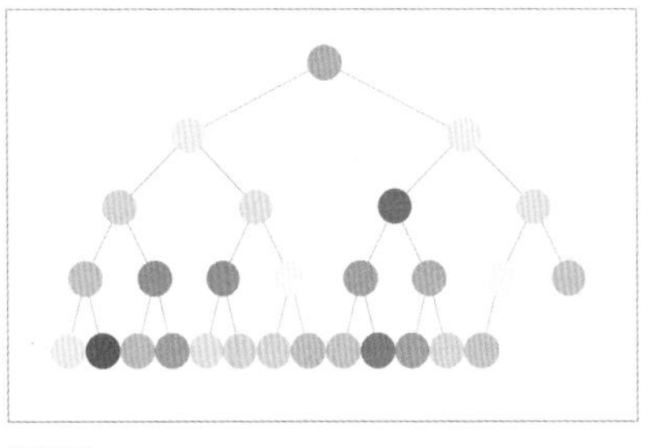

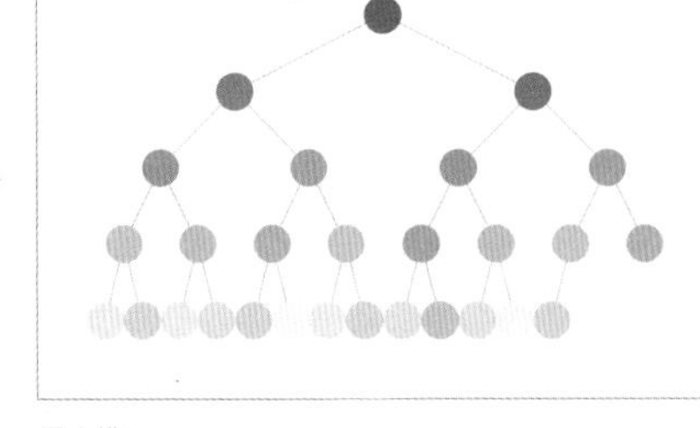

整数列

最大堆

- 元素数量 $N \leqslant 100\ 000$

构建堆 Building Heap

构建堆算法按照从下向上的顺序进行向下调整堆的方式，将随机的整数列构建为最大堆。该算法对叶子节点以外的所有节点按节点序号降序（朝根节点的方向）选择起点，沿着从下向上的方向依次进行向下调整堆的操作。

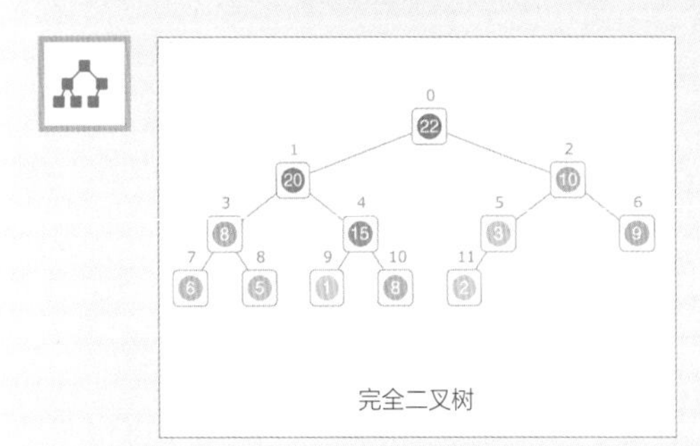

完全二叉树

	最大堆的元素	A

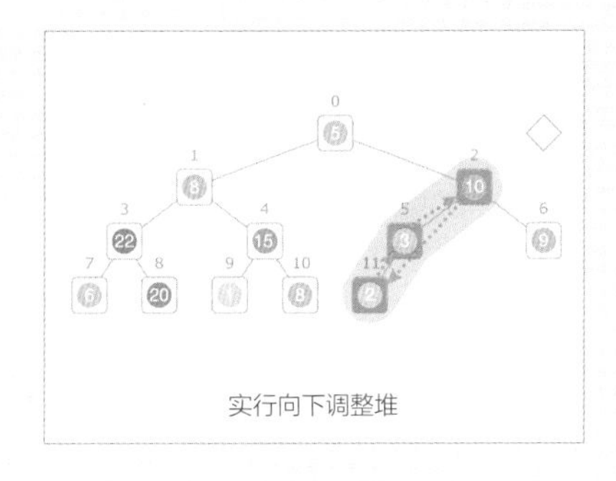

实行向下调整堆

输入及初始化		
(浅色方块)	读取整数列（不要求为堆）	
构建最大堆		
(深色方块)	对子树进行向下调整堆	downHeap(A, i)
输出		
(白色方块)	输出堆的元素	

输入及初始化

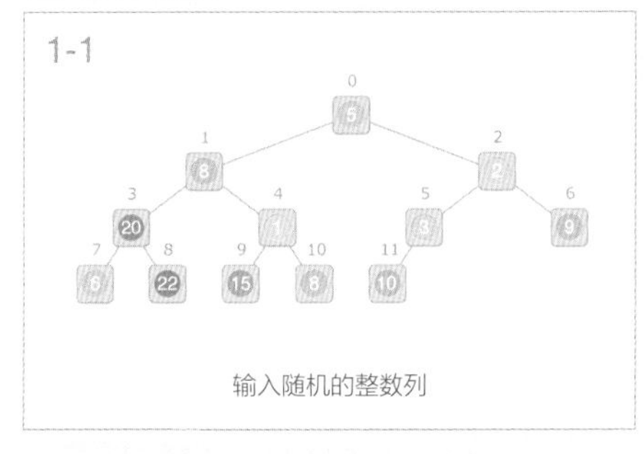

1-1

输入随机的整数列

构建最大堆

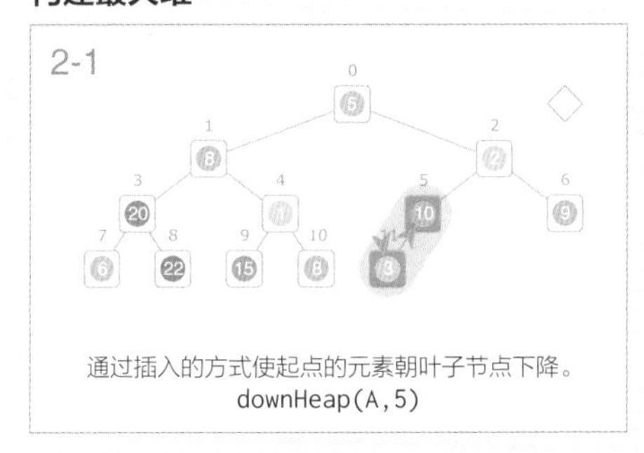

2-1

通过插入的方式使起点的元素朝叶子节点下降。
downHeap(A,5)

2-2

通过插入的方式使起点的元素朝叶子节点下降。
downHeap(A,4)

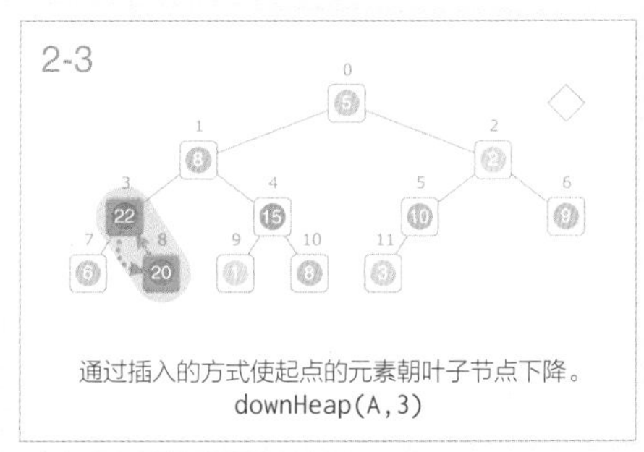

2-3

通过插入的方式使起点的元素朝叶子节点下降。
downHeap(A,3)

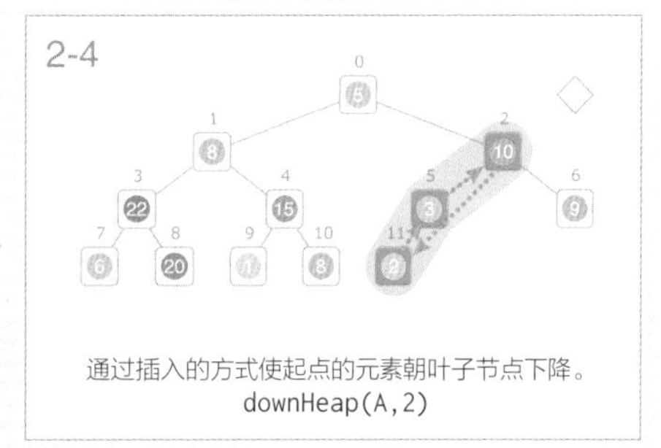

2-4

通过插入的方式使起点的元素朝叶子节点下降。
downHeap(A,2)

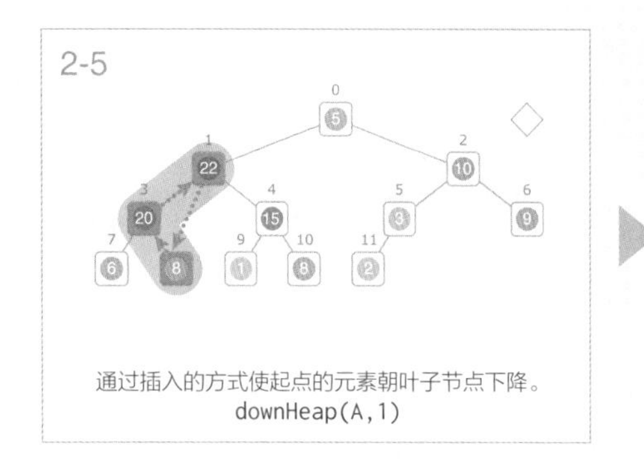

通过插入的方式使起点的元素朝叶子节点下降。
downHeap(A,1)

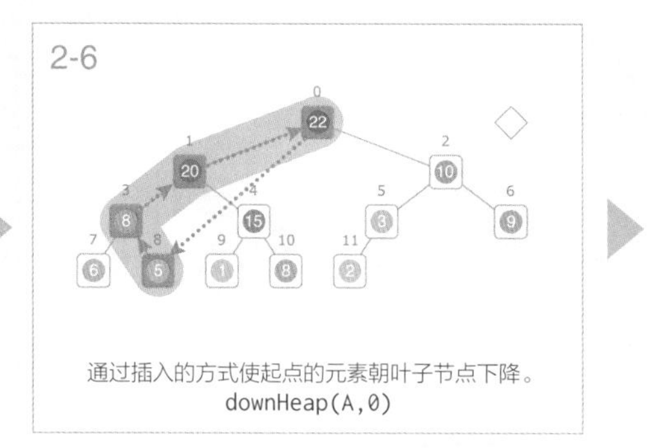

通过插入的方式使起点的元素朝叶子节点下降。
downHeap(A,0)

输出

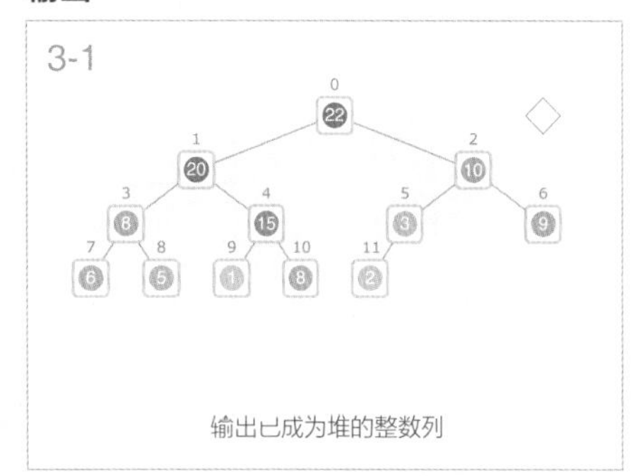

输出已成为堆的整数列

为了构建最大堆，我们需要根据条件，从更深的节点进行向下调整堆。按照完全二叉树的节点编号的降序对其进行遍历，即按照由深入浅的顺序选择起点。对于大小为 N 的完全二叉树，拥有子节点的节点的最大编号是 $N/2-1$，我们从该节点开始到编号为 0 的根节点为止，依次进行向下调整堆。

```
# 对元素数为 N 的数组 A 构建堆
buildHeap(A):
    for i ← N/2 - 1 downto 0:
        downHeap(A, i)

# 对元素数为 N 的数组 A 表示的堆的节点 i 进行向下调整堆
# 基于插入的实现
downHeap(A, i):
    largest ← i
    cur ← i
    val ← A[i]   # 临时保存起点的值

    while True:
        # 找到值最大的节点
        if left(cur) < N and right(cur) < N:
            # 如果有左右子节点
            if A[left(cur)] > A[right(cur)]:
                largest ← left(cur)
            else:
                largest ← right(cur)
        else if left(cur) < N:
            largest ← left(cur)    # 如果只有左子节点
        else if right(cur) < N:
            largest ← right(cur)   # 如果只有右子节点
        else:
            largest ← NIL

        if largest = NIL: break      # 如果 cur 为叶子节点，结束处理
        if A[largest] ≤ val: break  # 如果小于起点的值，结束处理

        A[cur] ← A[largest]
        cur ← largest          # 下降到原来的大值的位置

    A[cur] ← val # 将起点的值放入插入位置
```

本算法中的向下调整堆不是基于交换，而且基于插入实现的。

一次向下调整堆的时间复杂度是 O(树的高度)。构建堆算法按以下步骤进行向下调整堆。

对高度为 1 的 $N/2$ 个子树进行向下调整堆；

对高度为 2 的 $N/4$ 个子树进行向下调整堆；

……

对高度为 $\log N$ 的 1 个子树（整个树）进行向下调整堆。

假设树的高度为 h，将以上步骤数加在一起，有 $\{1(N/2)+2(N/4)+\cdots+h(N/2h)\}=N\{(1/2)+(2/4)+\cdots+(h/2h)\}$。{ } 中的值近似为 1，所以构建堆的时间复杂度是 $O(N)$。

特点

虽然也可以通过重复向上调整堆的方式来实现构建堆，但这种做法的时间复杂度是 $O(N \log N)$，所以通过向下调整堆的方式来实现更好。向下调整堆的做法被用于堆排序的预处理。

18.4 优先队列

★★★

高优先级的数据先出

可添加数据，但按照优先级从高到低的顺序取出数据的数据结构，被应用于许多算法中。

请实现按优先级从高到低的顺序取出数据（这里假定值越大，优先级越高）的数据结构。

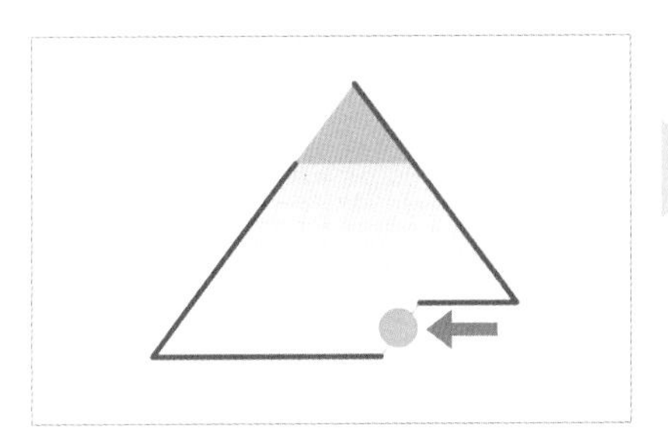

增加的数据

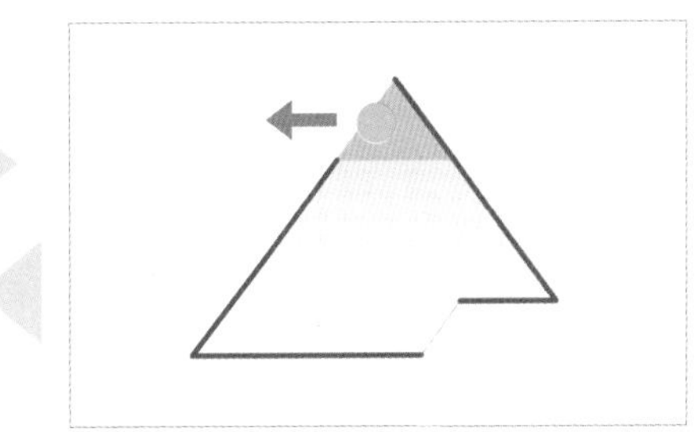

按优先级从高到低的顺序取出的数据

- 操作的数量 $Q \leqslant 100\,000$

优先队列 Priority Queue

优先队列是按照优先级从高到低的顺序取出数据的队列。它的数据存储结构是堆结构，这样就能高速响应请求。由于队列中的元素数量是动态变化的，因此除了完全二叉树结构的大小 N 之外，我们还要维护表示堆中元素数量的堆大小。

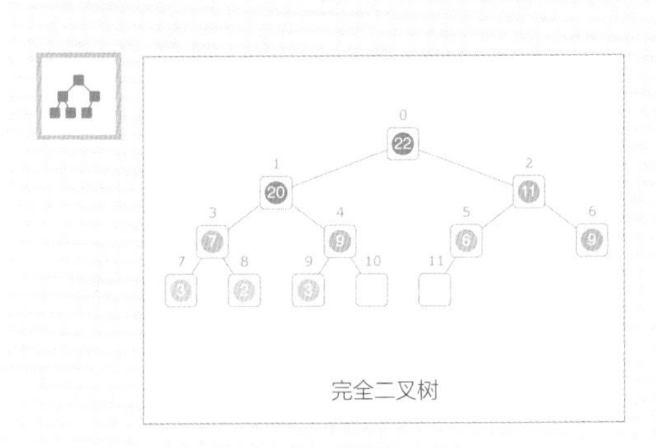

完全二叉树

	队列的元素	A

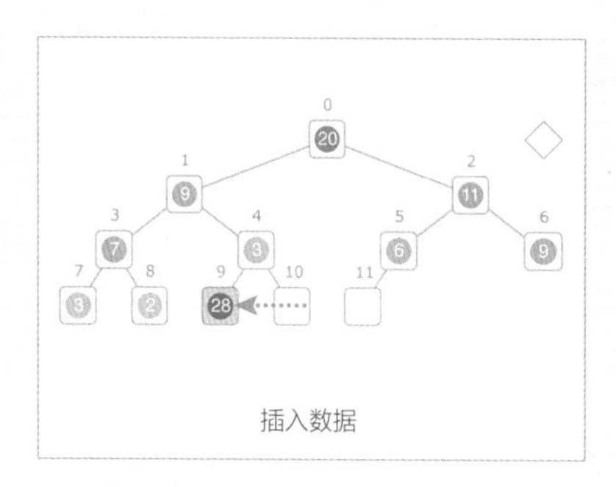
插入数据

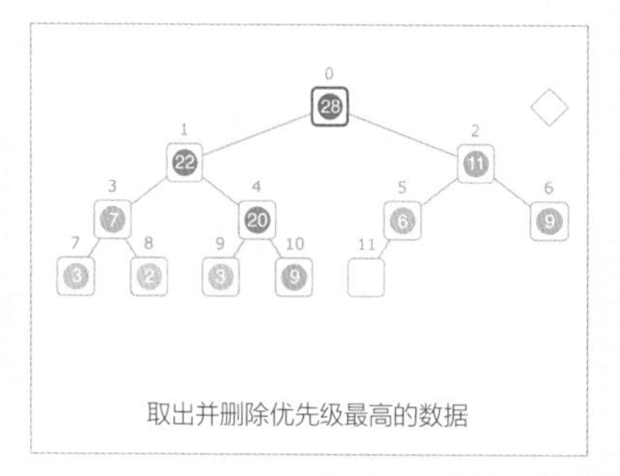
取出并删除优先级最高的数据

初始化		
	设置满足堆条件的整数列	
数据的插入和删除		
	插入元素	A[heapSize++] ← x
	进行向上调整堆	upHeap(heapSize-1)
	进行向下调整堆	downHeap(0)
	表示队列中的元素	区间 [0, heapSize)

初始化

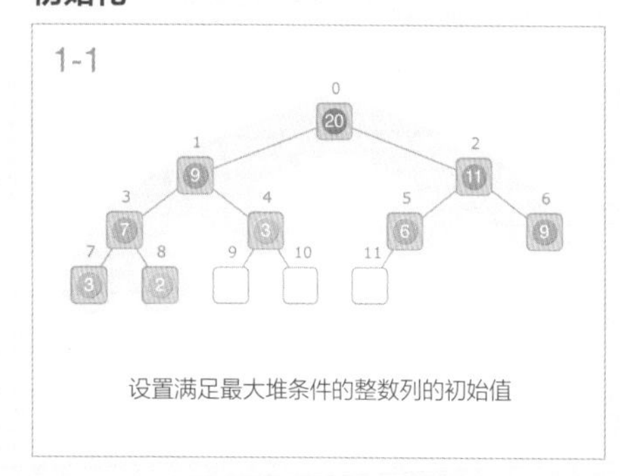

设置满足最大堆条件的整数列的初始值

数据的插入和删除

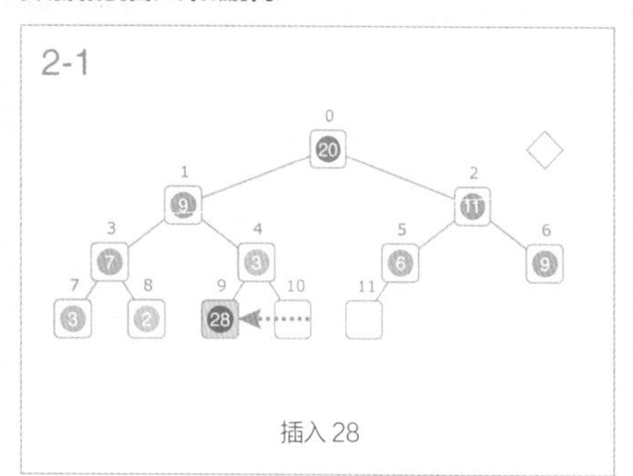

插入 28

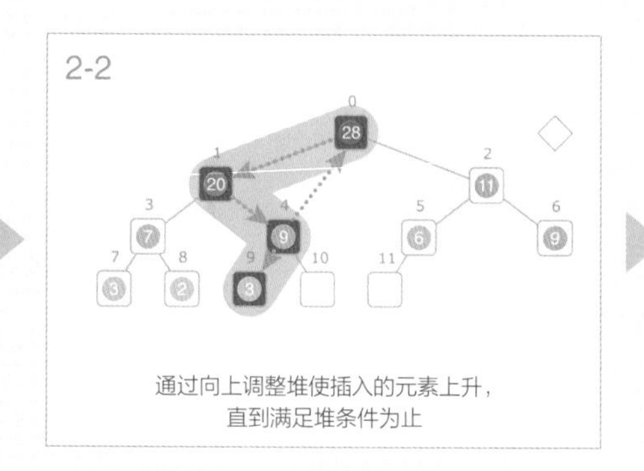

通过向上调整堆使插入的元素上升，
直到满足堆条件为止

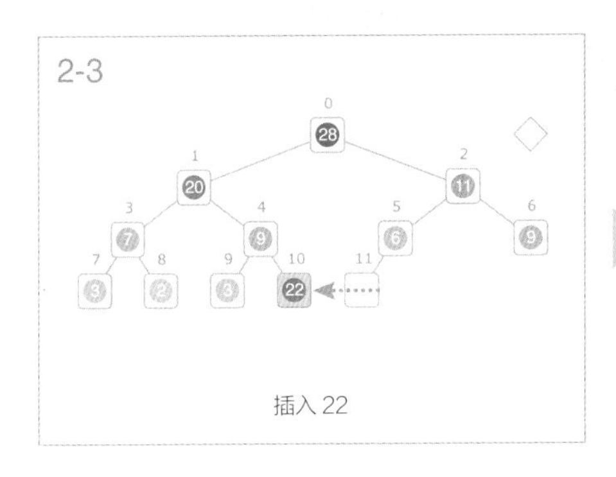

插入 22

通过向上调整堆使插入的元素上升，
直到满足堆条件为止

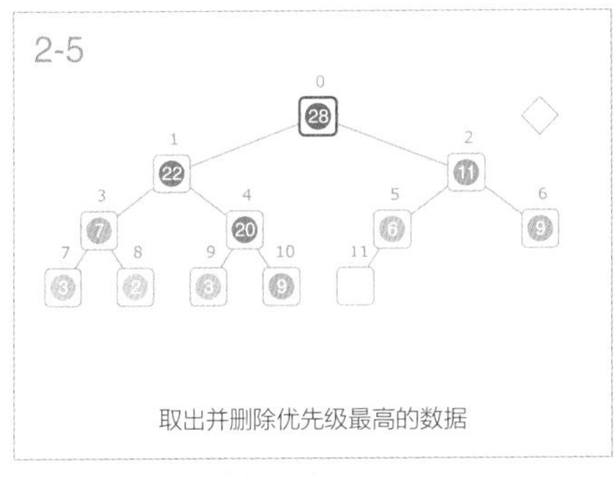

取出并删除优先级最高的数据

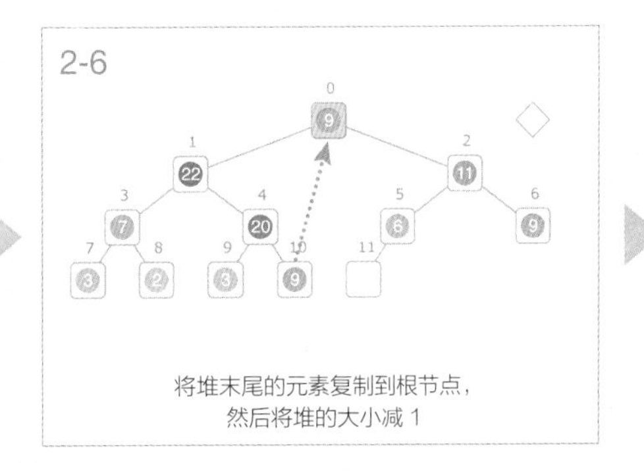

将堆末尾的元素复制到根节点，
然后将堆的大小减 1

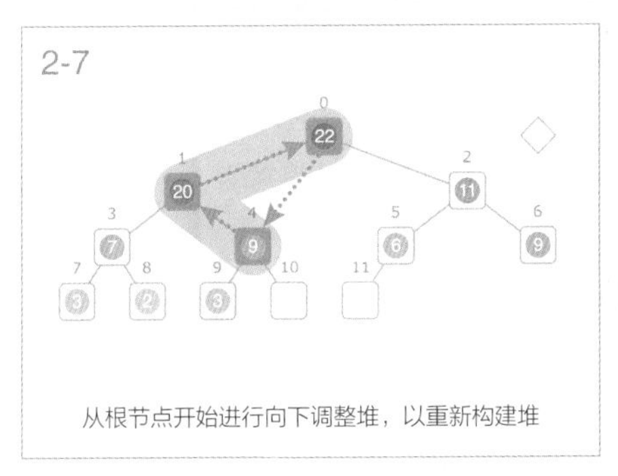

从根节点开始进行向下调整堆，以重新构建堆

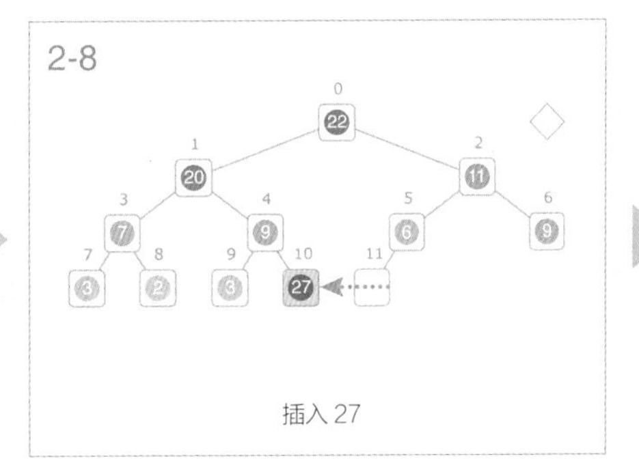

插入 27

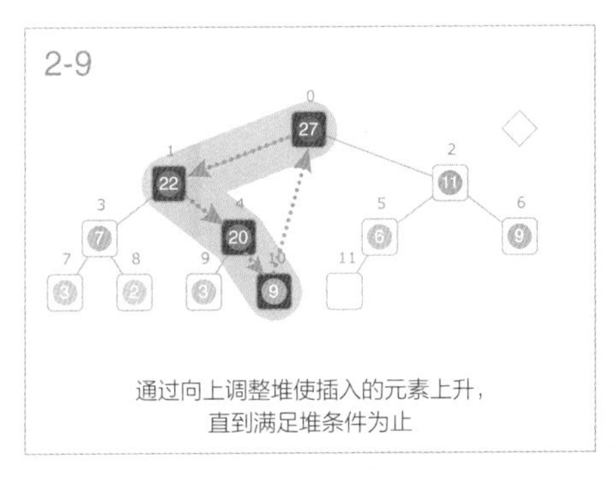

通过向上调整堆使插入的元素上升，
直到满足堆条件为止

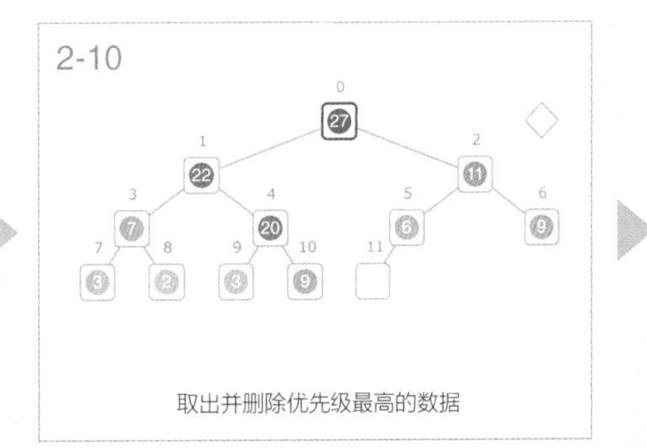

取出并删除优先级最高的数据

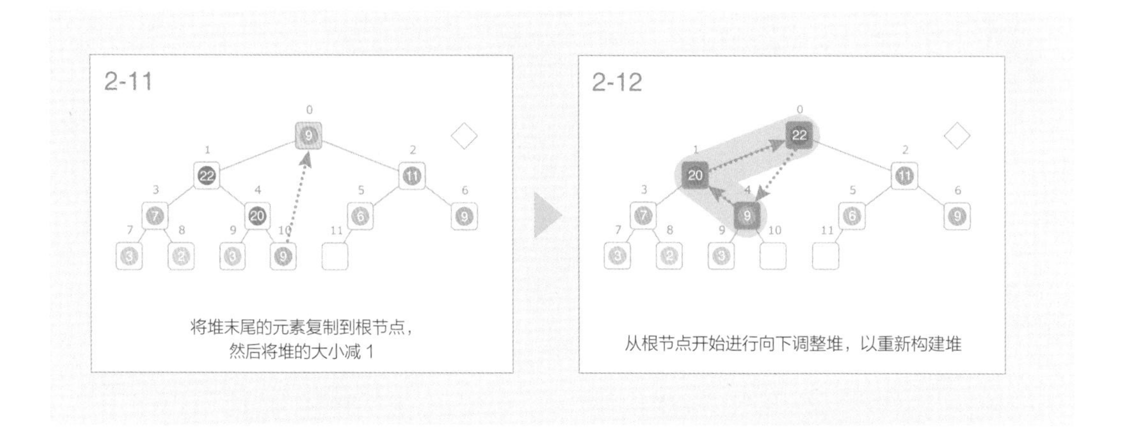

当一个元素被插入到优先队列中时，它被添加到堆的末尾，并根据需要，从该位置开始进行向上调整堆，而数据从堆的根节点取出（删除）。之后将堆末尾的元素复制到空的根节点中，将堆的大小减 1，从根节点开始进行向下调整堆，以重新构建最大堆。

```
class PriorityQueue:
    A           # 保存堆元素的数组
    heapSize    # 实际保存数据的堆的大小

    insert(x):
        A[heapSize++] ← x
        upHeap(heapSize-1)

    top():
        return A[0]

    extract():
        val ← A[0]
        A[0] ← A[heapSize-1]
        heapSize--
        downHeap(0)
        return val

    upHeap(i): # 基于插入的实现
        val ← A[i]

        while True:
```

```
        if  i ≤ 0: break
        if A[parent(i)] ≥ val: break
        A[i] ← A[parent(i)]
        i ← parent(i)

    A[i] ← val

downHeap(i): # 基于插入的实现
    largest ← i
    cur ← i
    val ← A[i]

    while True:
        if left(cur) < heapSize and right(cur) < heapSize:
            if A[left(cur)] > A[right(cur)]:
                largest ← left(cur)
            else:
                largest ← right(cur)
        else if left(cur) < heapSize:
            largest ← left(cur)
        else if right(cur) < heapSize:
            largest ← right(cur)
        else:
            largest ← NIL

        if largest = NIL: break
        if A[largest] ≤ val: break

        A[cur] ← A[largest]
        cur ← largest

    A[cur] ← val
```

因为数据的插入需要进行向上调整堆，所以优先队列的插入操作的时间复杂度是 $O(\log N)$，而数据的取出（删除）需要进行向下调整堆，所以数据取出的时间复杂度也是 $O(\log N)$。

特点

优先队列被广泛用于操作系统的进程管理等按一定顺序进行管理的应用中。另外，它也被用于求最短路径的迪杰斯特拉算法等高级算法的底层数据结构。

基本数据结构比较表

数据结构		时间复杂度	规　　则	用到的技术
	栈		后进先出（LIFO，Last-In-First-Out）	
	队列		先进先出（FIFO，First-In-First-Out）	
	优先队列		高优先级的数据先出	

第19章

二叉树

在作为算法管理对象的数据形式上下功夫，可以极大地提高算法的效率。二叉树结构具有的每个节点最多带有两个子节点的特性，可以提高许多算法的效率，如数据排序和搜索等。许多高效的算法使用二叉树作为其逻辑结构。

本章介绍系统地访问二叉树节点的算法的入门知识。二叉树的遍历方法有多种，灵活运用各种遍历算法的特性，可以帮助我们解决各种问题。

- 前序遍历
- 后序遍历
- 中序遍历
- 层序遍历

19.1 前序遍历

★★

二叉树的遍历：父节点优先

对于具有层级结构的文档等，本算法会层层深入这一系列文本中的关键字进行访问和分析。另外，将父节点的计算结果传给子节点的做法也有助于实现高效的算法。

请遵循此要求来访问二叉树的节点：优先访问父节点而不是子节点。

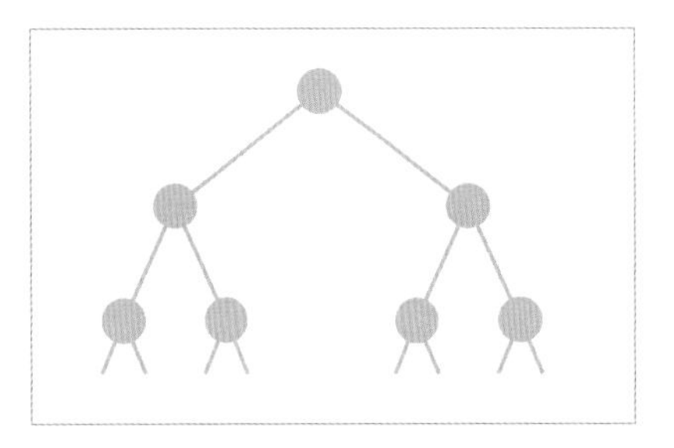

二叉树

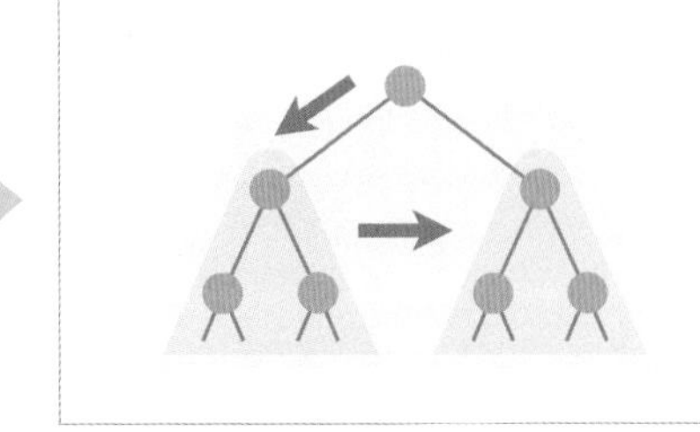

优先访问父节点而不是子节点时的访问顺序

- 节点数量 $N \leqslant 100\,000$

前序遍历 Pre-Order Traversal

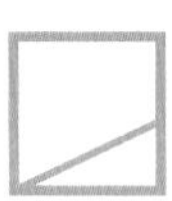

前序遍历算法按照子树的根节点、左子树和右子树的顺序访问二叉树的节点。二叉树的节点上显示的数字表示前序遍历的访问顺序。

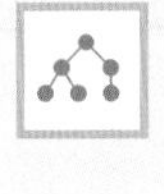

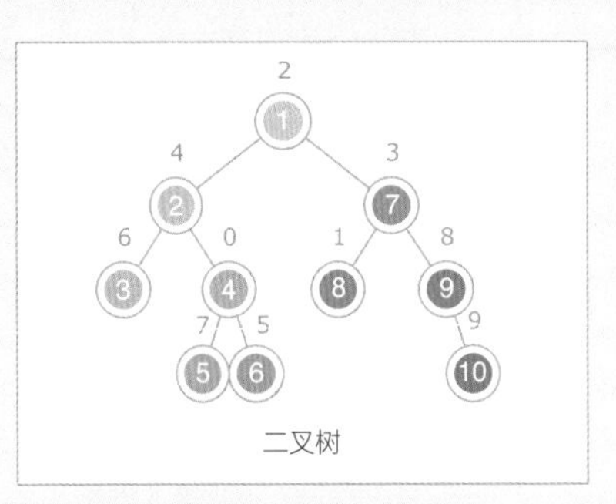

二叉树

访问顺序	L

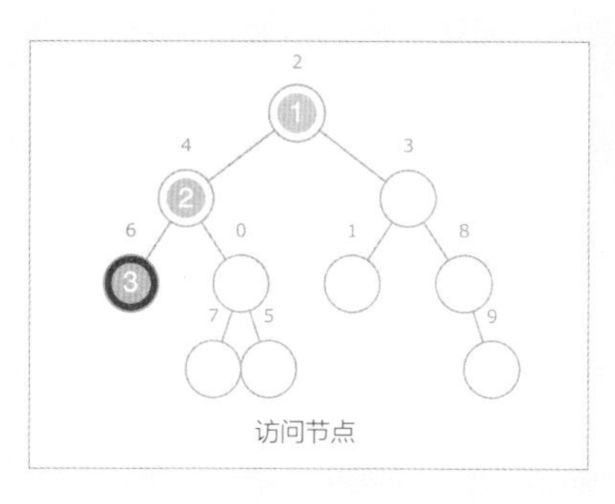
访问节点

二叉树的遍历		
●	节点上显示的是访问节点的顺序	L[u] ← time++
	扩展已访问节点的范围	相应的 L[u] 被设置了值的节点

二叉树的遍历

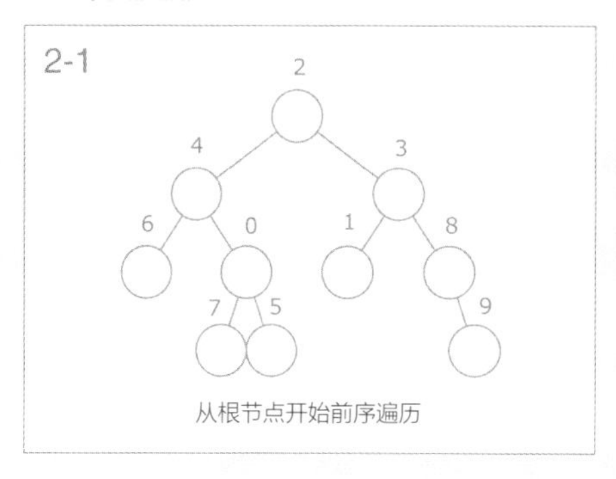

从根节点开始前序遍历

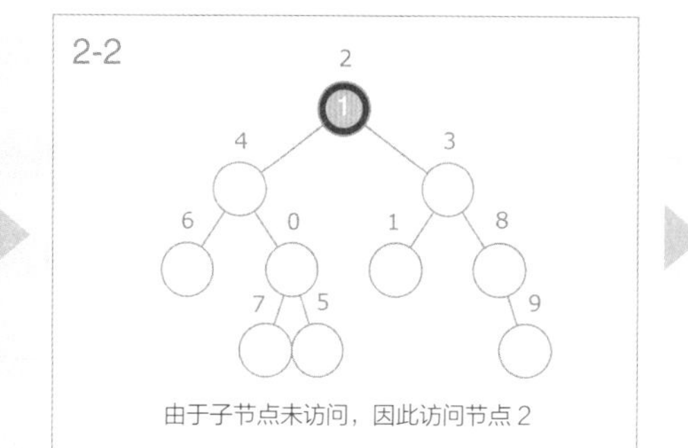

由于子节点未访问，因此访问节点 2

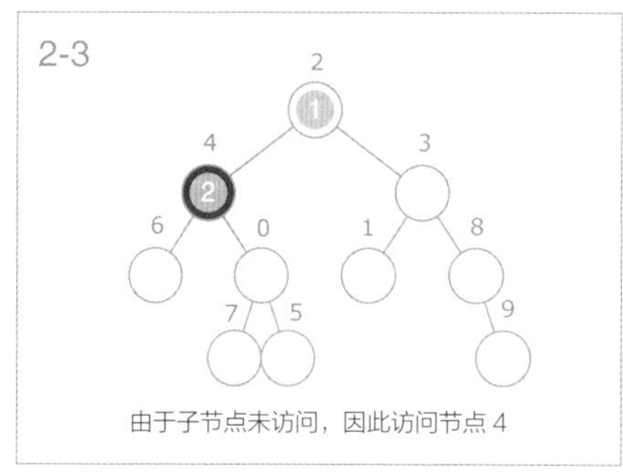

由于子节点未访问，因此访问节点 4

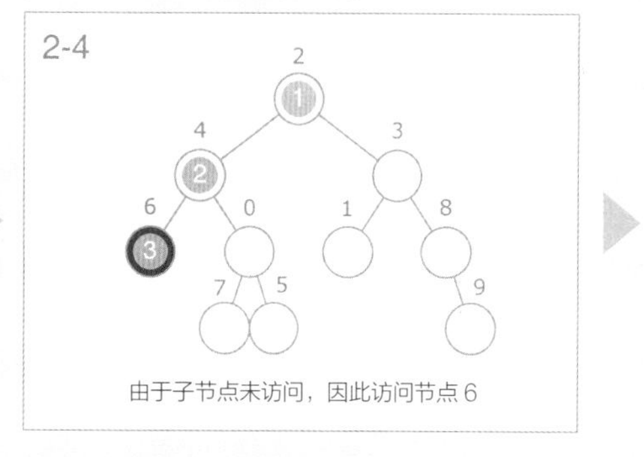

由于子节点未访问，因此访问节点 6

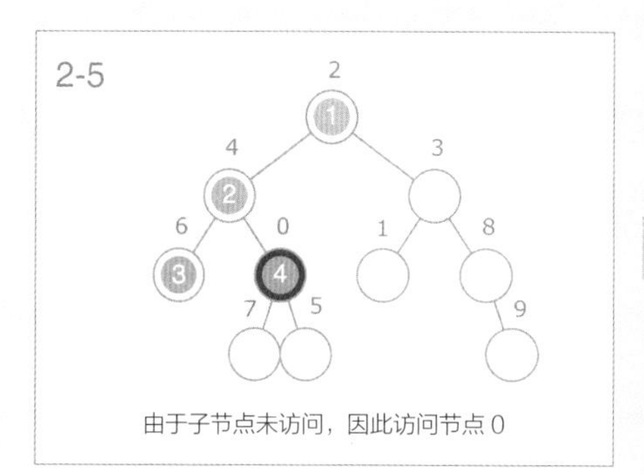

由于子节点未访问，因此访问节点 0

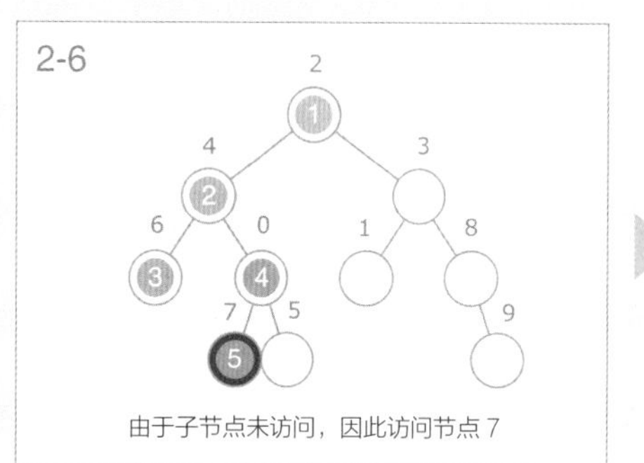

由于子节点未访问，因此访问节点 7

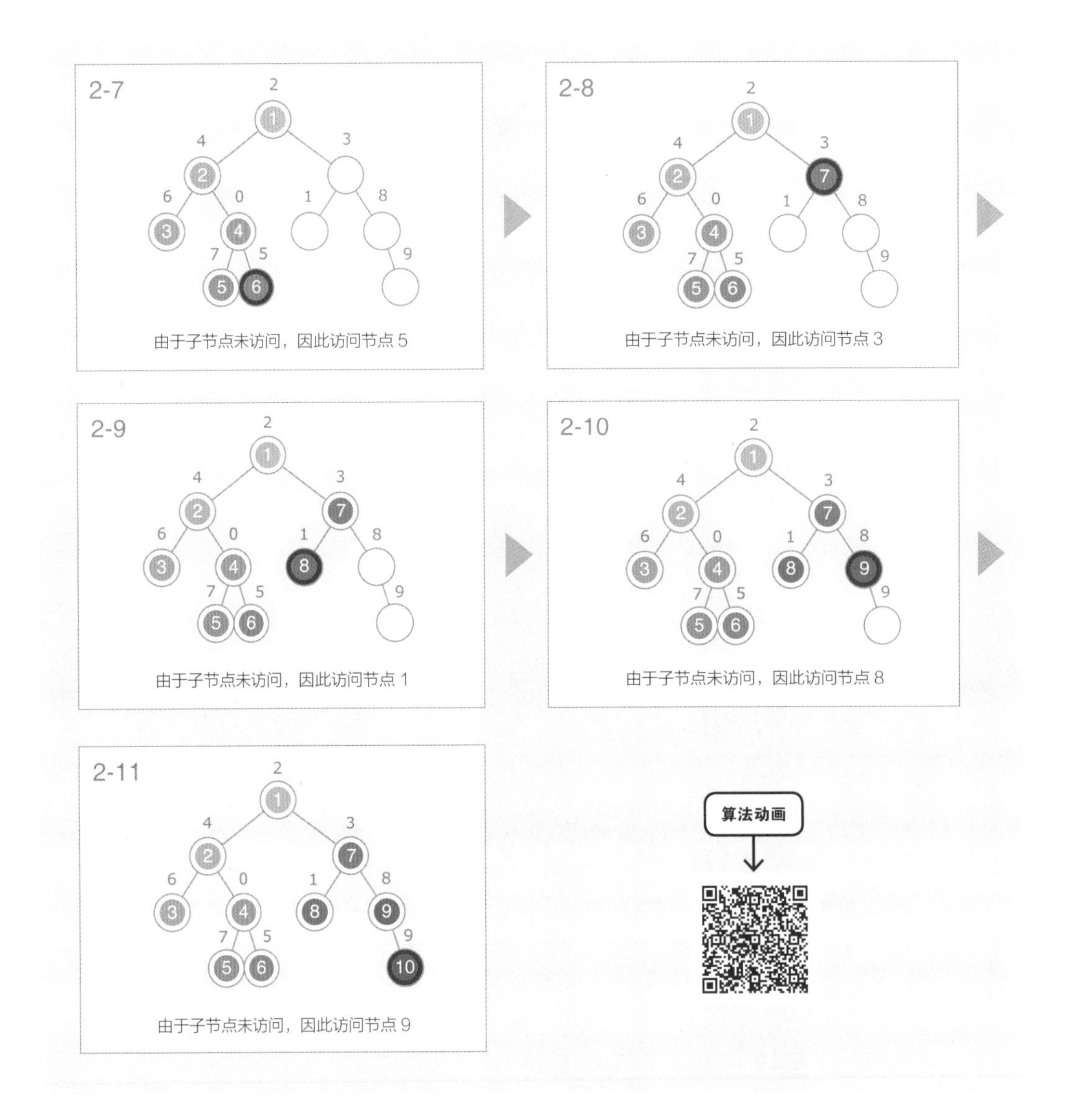

preorder(u) 是访问二叉树 t 的节点 u 的递归函数的实现，该函数将对二叉树进行前序遍历，在记录了 u 的访问顺序后，依次通过 preorder(u 的左子节点）访问左子树的节点，通过 preorder(u 的右子节点）访问右子树的节点。

```
BinaryTree t ← 生成二叉树
time ← 1
# 访问二叉树 t 的节点 u 的函数
preorder(u):
    if u = NIL: # u 不存在
        return
    L[u] ← time++
    preorder(t.nodes[u].left)  # u 的左子节点
    preorder(t.nodes[u].right) # u 的右子节点

# 从二叉树的根节点开始访问
preorder(t.root)
```

因为在二叉树遍历的过程中，每个节点被访问一次，所以其时间复杂度是 $O(N)$。

特点

前序遍历算法优先访问父节点，而不是子节点。这个特性使该算法可用于使用父节点的计算结果对子树进行计算的算法。例如，高级排序算法快速排序就基于前序遍历。前序遍历也可应用于解析文本的句法分析算法。

19.2 后序遍历

二叉树的遍历：子节点优先

将每个子节点的计算结果灵活用于父节点的计算的做法有助于实现高效的算法。

请遵循此要求来访问二叉树的节点：优先访问子节点而不是父节点。

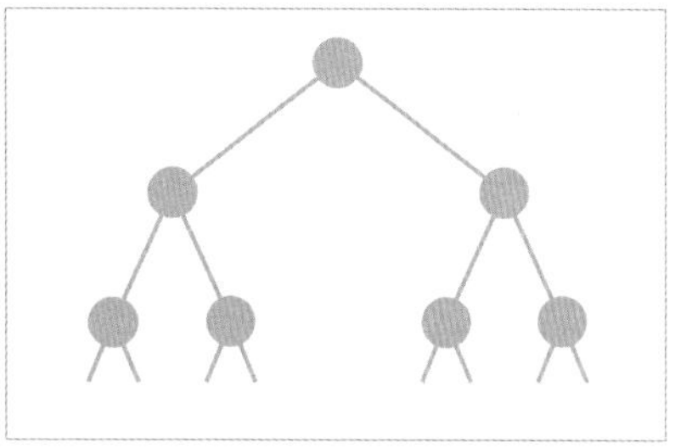

二叉树

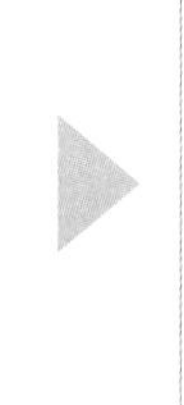

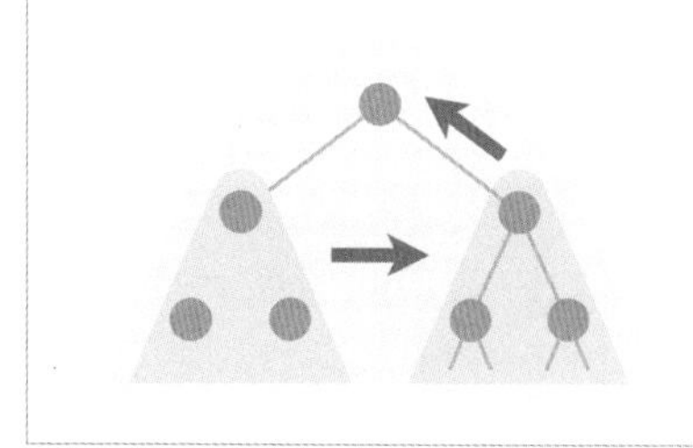

优先访问子节点而不是父节点时的访问顺序

- 节点数量 $N \leqslant 100\ 000$

后序遍历 Post-Order Traversal

后序遍历算法按照左子树、右子树和子树的根节点的顺序访问二叉树的节点。二叉树的节点上显示的数字表示后序遍历的访问顺序。

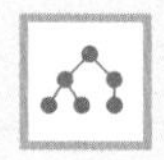

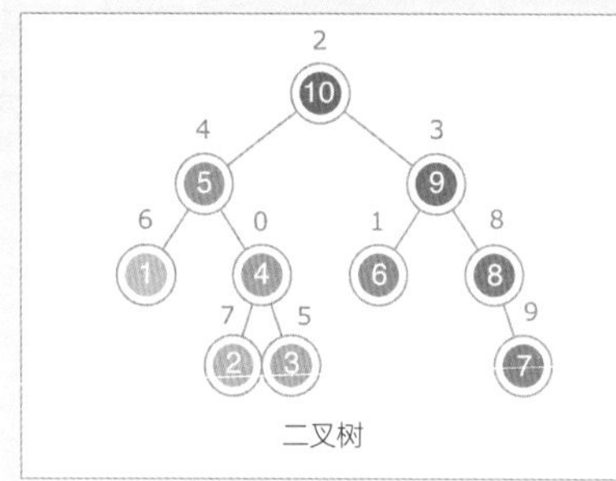

二叉树

访问顺序	L

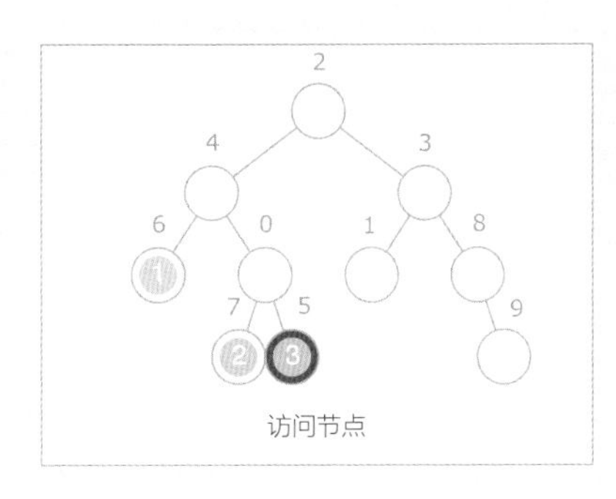

访问节点

二叉树的遍历		
●	节点上显示的是访问节点的顺序	L[u] ← time++
	扩展已访问节点的范围	相应的 L[u] 被设置了值的节点

二叉树的遍历

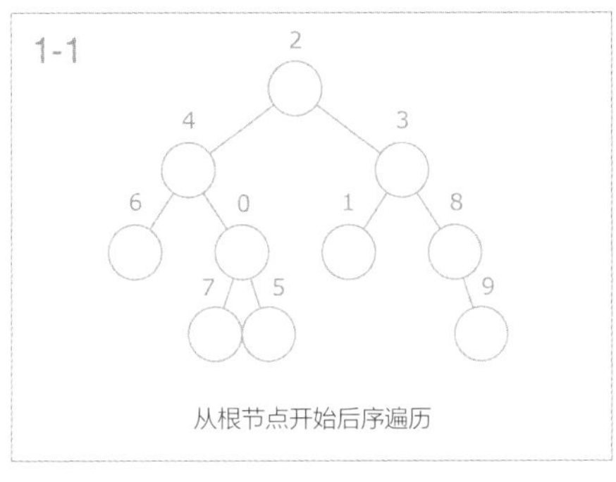

从根节点开始后序遍历

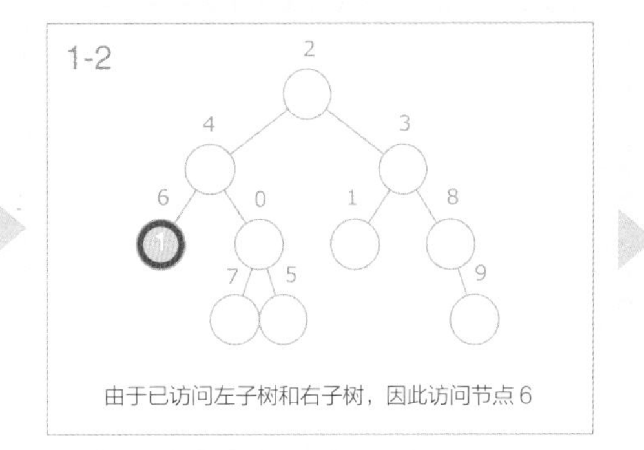

由于已访问左子树和右子树，因此访问节点 6

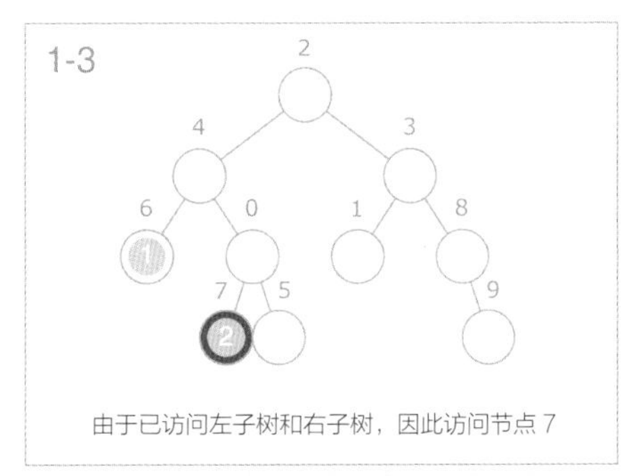

由于已访问左子树和右子树，因此访问节点 7

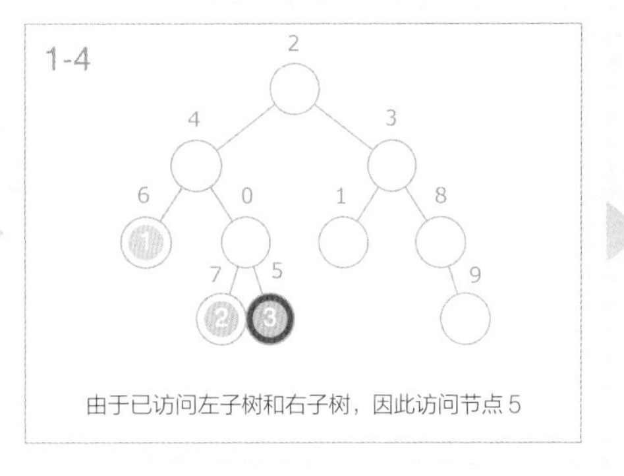

由于已访问左子树和右子树，因此访问节点 5

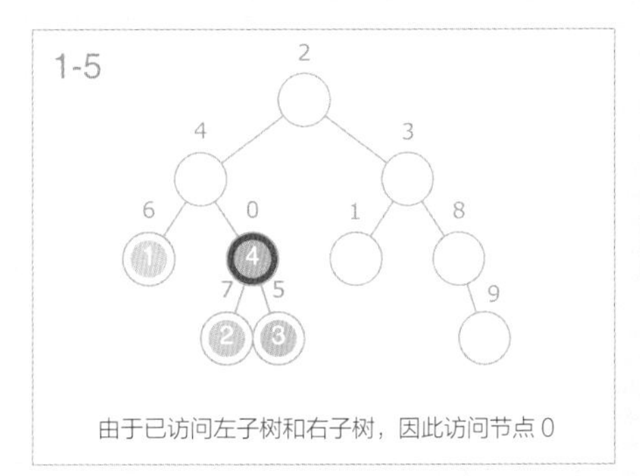

由于已访问左子树和右子树，因此访问节点 0

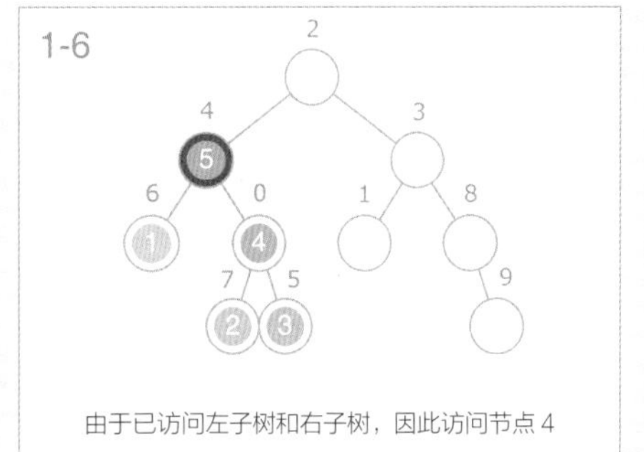

由于已访问左子树和右子树，因此访问节点 4

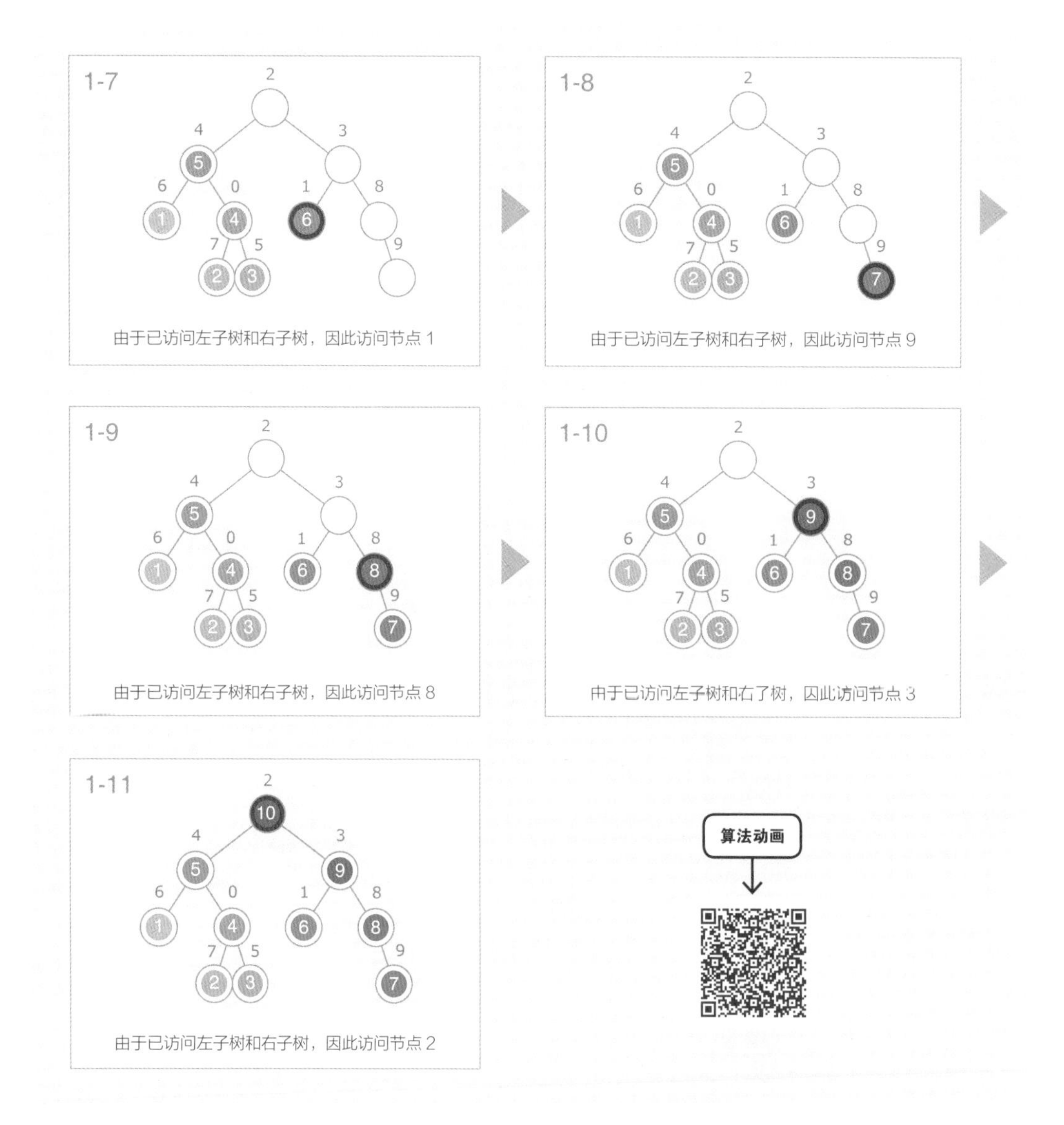

postorder(u) 是访问二叉树 t 的节点 u 的递归函数的实现，该函数将对二叉树进行后序遍历，在依次通过 postorder(u 的左子节点）访问左子树的节点，通过 postorder(u 的右子节点）访问右子树的节点后，记录下 u 的访问顺序。

```
BinaryTree t ← 生成二叉树
time ← 1

# 访问二叉树 t 的节点 u 的函数
postorder(u):
    if u = NIL:
        return
    postorder(t.nodes[u].left)
    postorder(t.nodes[u].right)
    L[u] ← time++

# 从二叉树的根节点开始访问
postorder(t.root)
```

因为在二叉树遍历的过程中，每个节点被访问一次，所以其时间复杂度是 $O(N)$。

特点

后序遍历算法在处理了子节点之后，处理父节点。这个特性使该算法可用于使用子节点的计算结果对父节点进行计算的算法，它被广泛应用于包括高级排序算法合并排序在内的利用了分治和动态规划思想的算法中。

19.3 中序遍历 ★★

二叉树的遍历：左子节点、父节点优先

不仅规定了父节点和子节点的访问顺序，还规定了同一个父节点的兄弟节点的访问顺序的遍历，在节点的值之间有大小关系限制的数据结构中起着重要作用。

请遵循此要求来访问二叉树的节点：按照左子节点的子孙、父节点、右子节点的子孙的顺序访问。

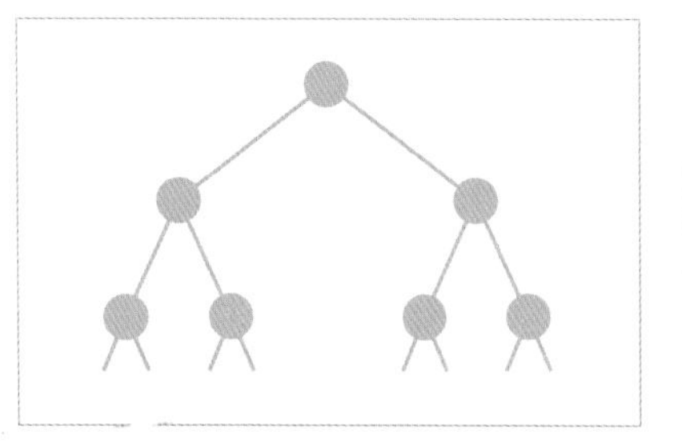

二叉树

- 节点数量 $N \leq 100\,000$

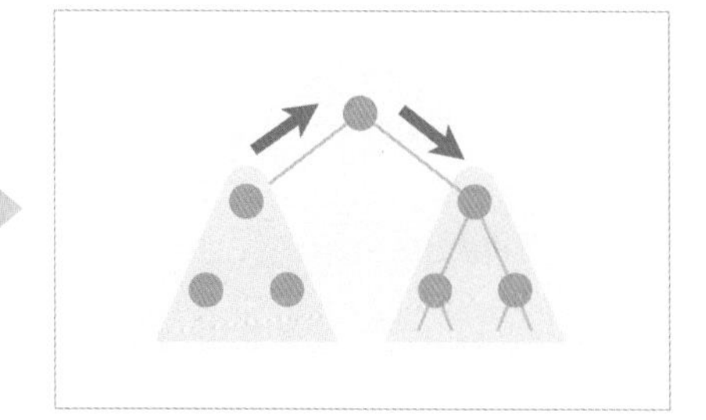

依次访问左子节点的子孙、父节点、右子节点的子孙时的访问顺序

中序遍历 In-Order Traversal

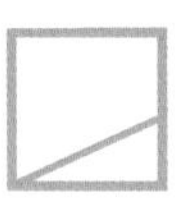

中序遍历算法按照左子树、子树的根节点、右子树的顺序访问二叉树的节点。二叉树的节点上显示的数字表示中序遍历的访问顺序。

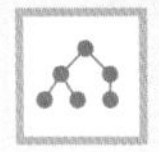

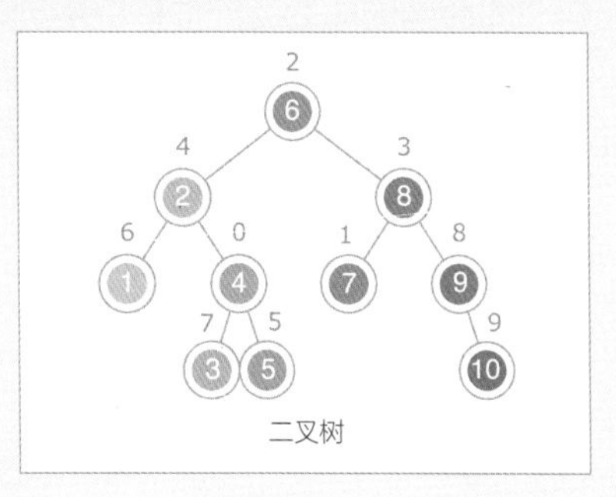

二叉树

访问顺序	L

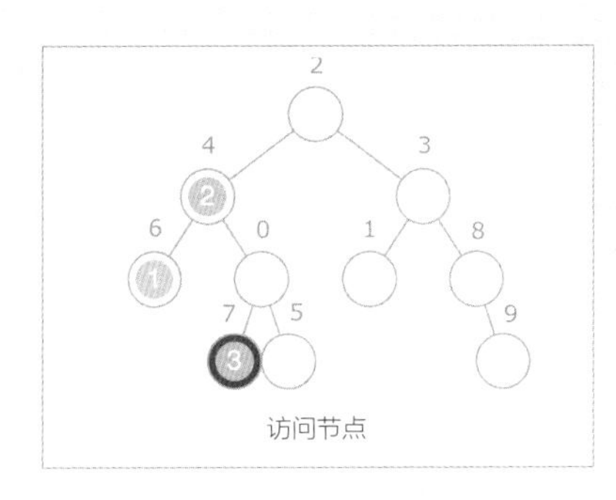

二叉树的遍历

●	节点上显示的是访问节点的顺序	L[u] ← time++
	扩展已访问节点的范围	相应的L[u]被设置了值的节点

二叉树的遍历

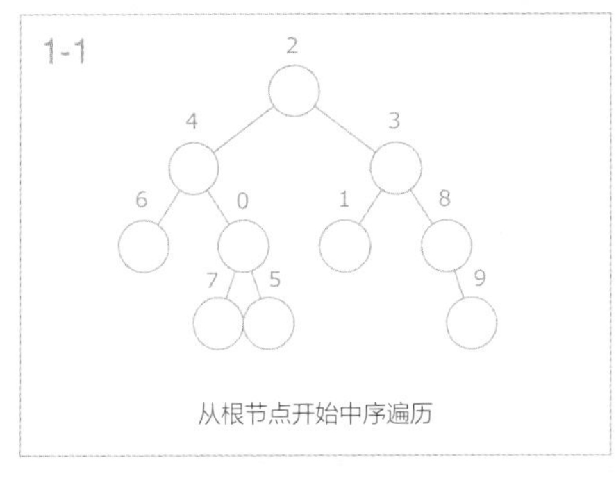

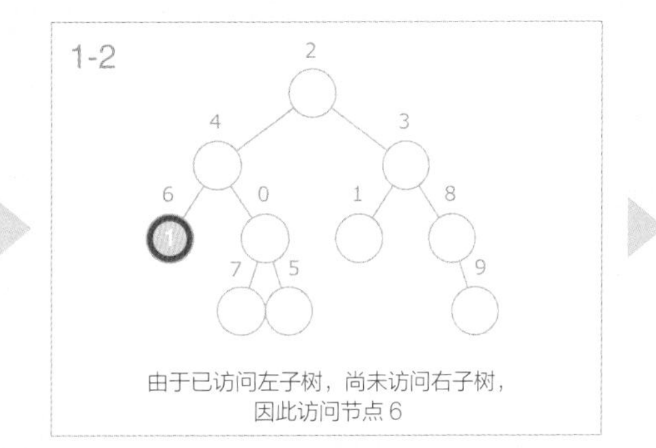

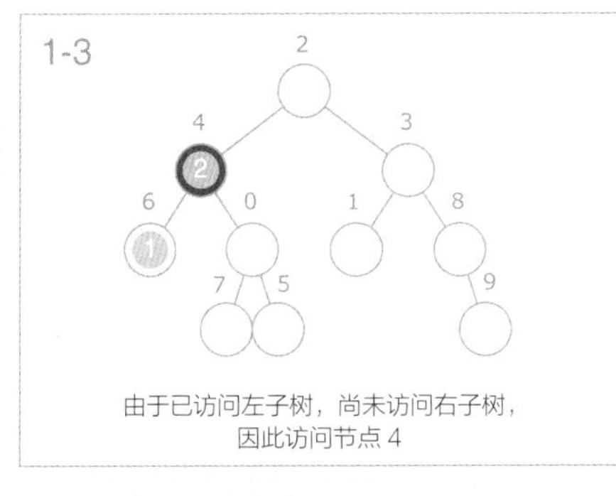

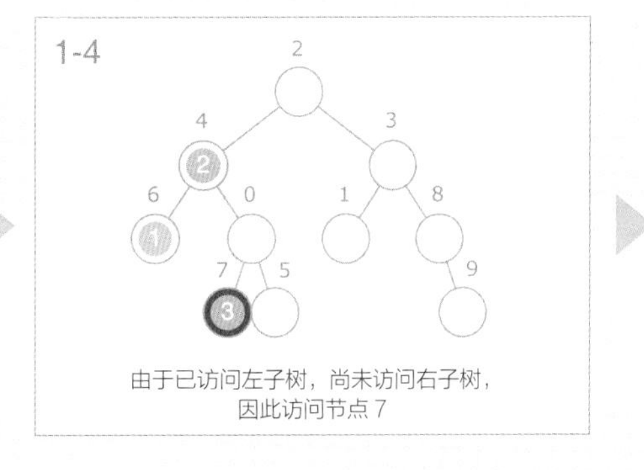

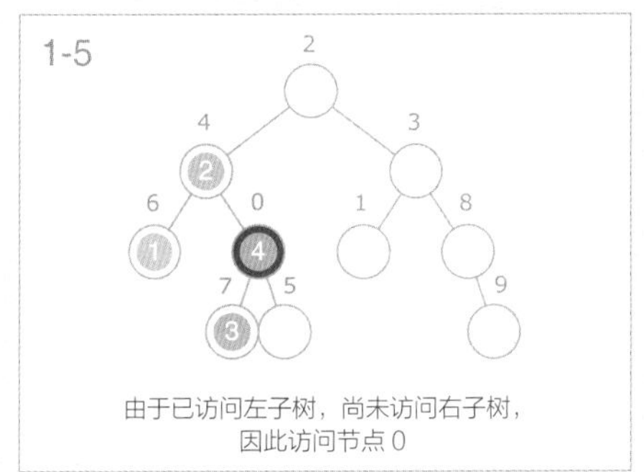

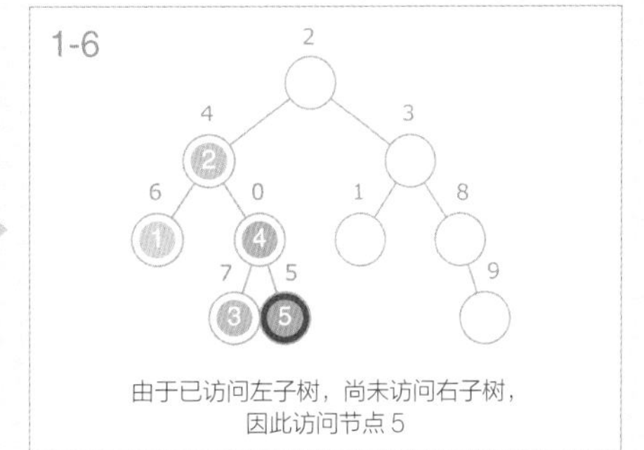

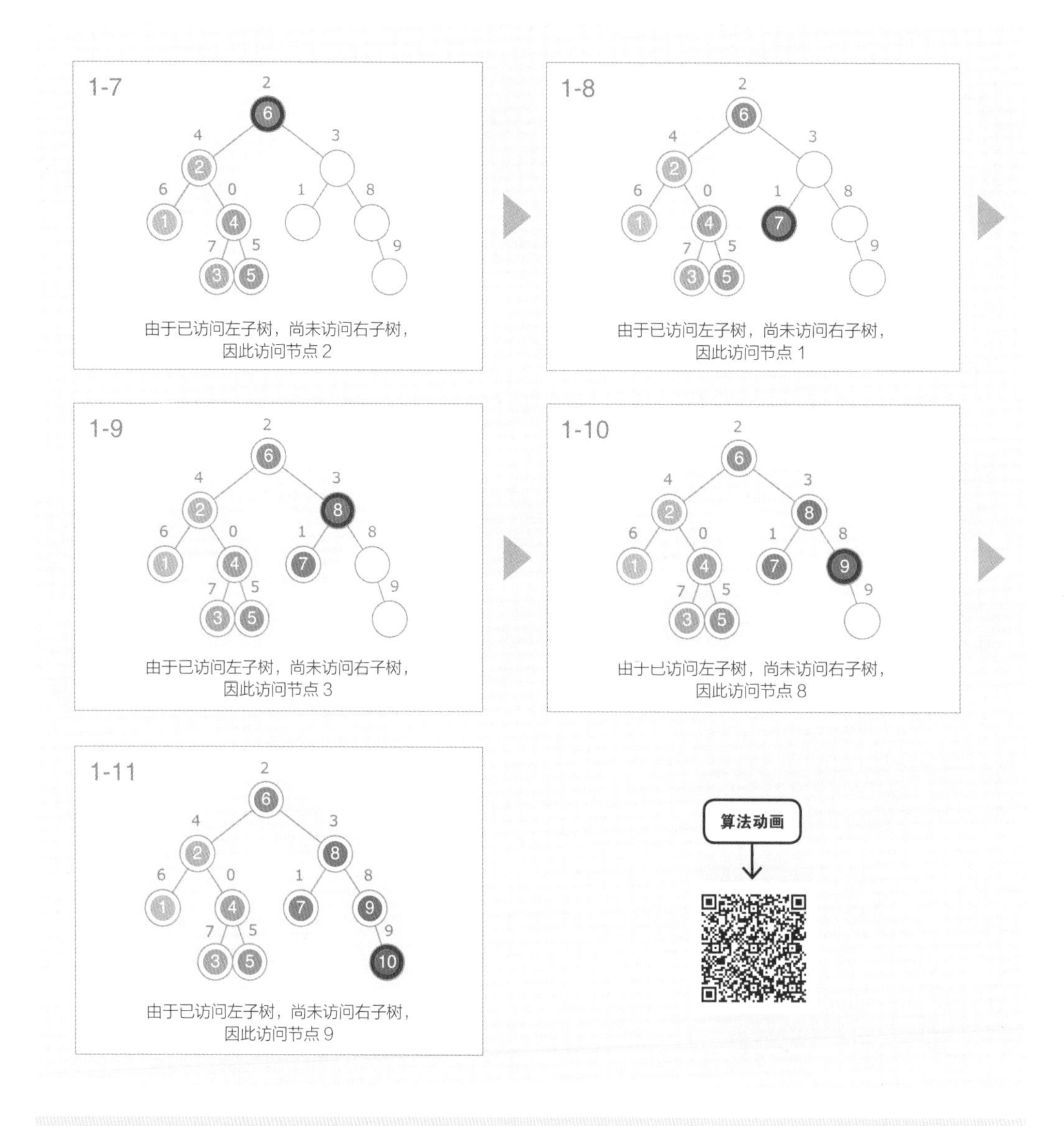

inorder(u) 是访问二叉树 t 的节点 u 的递归函数的实现，该函数将对二叉树进行中序遍历，在通过 inorder(u 的左子节点) 访问左子树的节点后，记录下 u 的访问顺序，然后通过 inorder(u 的右子节点) 访问右子树的节点。

```
BinaryTree t ← 生成二叉树
time ← 1

# 访问二叉树 t 的节点 u 的函数
inorder(u):
    if u = NIL:
        return
    inorder(t.nodes[u].left)
    L[u] ← time++
    inorder(t.nodes[u].right)

# 从二叉树的根节点开始访问
inorder(t.root)
```

因为在二叉树遍历的过程中，每个节点被访问一次，所以其时间复杂度是 $O(N)$。

特点 中序遍历算法在处理左子节点之后、右子节点之前处理父节点。这个特性使该算法可用于按照值的升序顺序访问保持了数据大小关系的二叉查找树的元素的算法。

19.4 层序遍历

★★★

二叉树的遍历：距离优先

前序遍历是优先访问父节点的遍历算法，但它并不是根据节点的深度来遍历的。如果能够按照距离根节点由近到远的顺序访问，不但可以实现父节点优先的遍历算法，而且能够获得到根节点的距离（深度）这个有用的属性。

请遵循此要求来访问二叉树的节点：在访问深度为 k 的节点之前，完成对所有深度为 $k-1$ 的节点的访问。

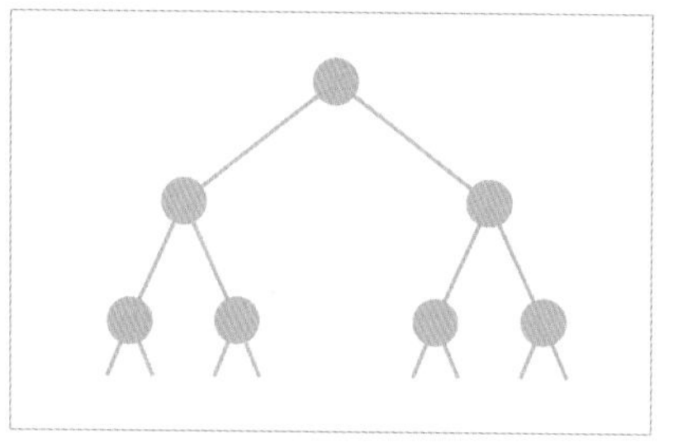

二叉树

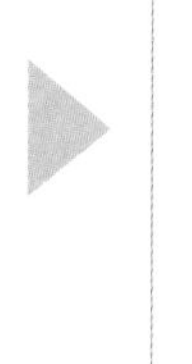

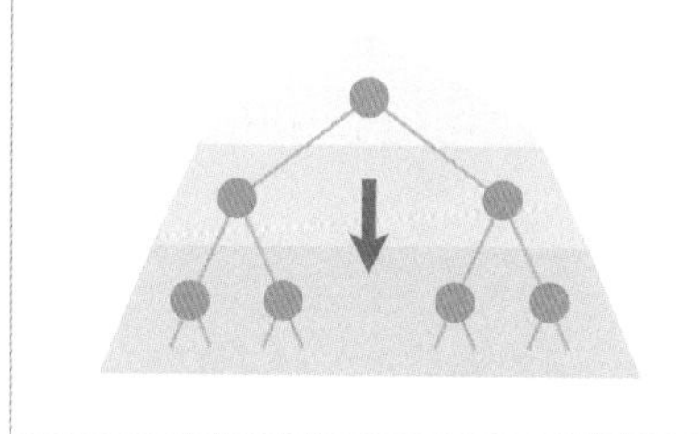

优先访问深度浅的节点时的访问顺序

- 节点数量 $N \leq 100\,000$

层序遍历 Level-Order Traversal

层序遍历算法按照距离根节点由近到远的顺序访问节点。二叉树的节点上显示的数字表示层序遍历的访问顺序。

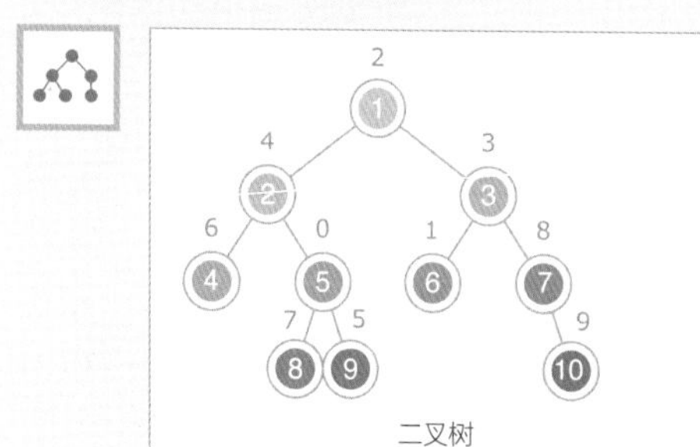

二叉树

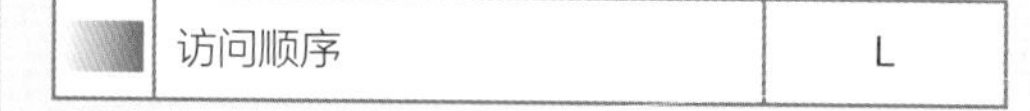

访问顺序	L

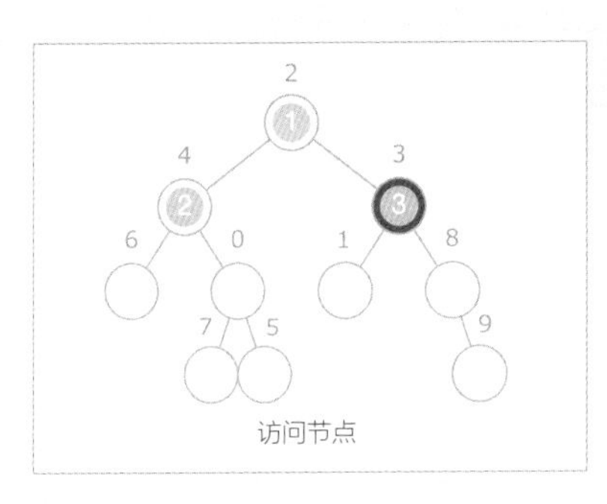

二叉树的遍历		
●	节点上显示的是访问节点的顺序	L[u] ← time++
	扩展已访问节点的范围	相应的 L[u] 被设置了值的节点

二叉树的遍历

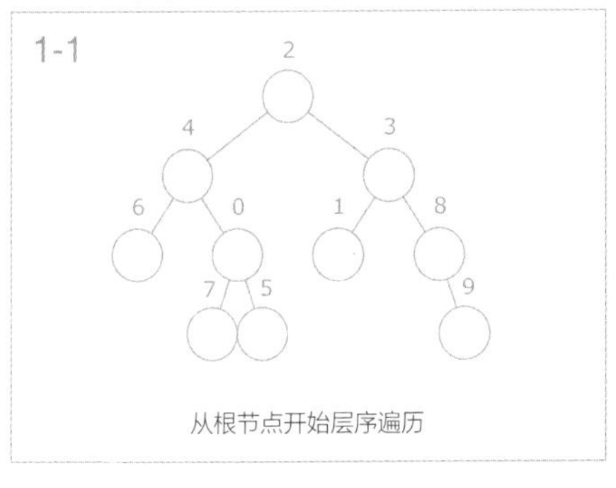

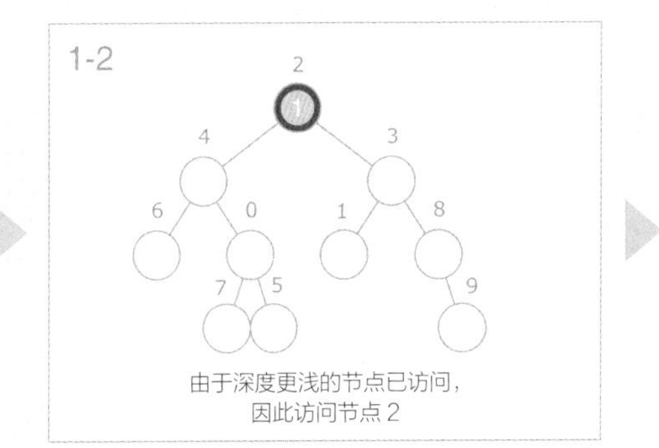

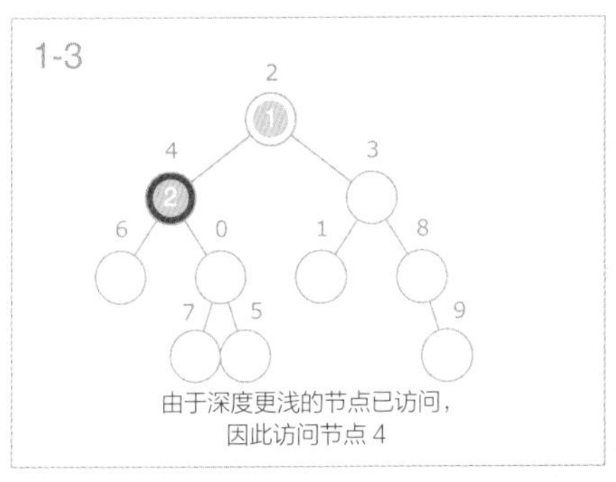

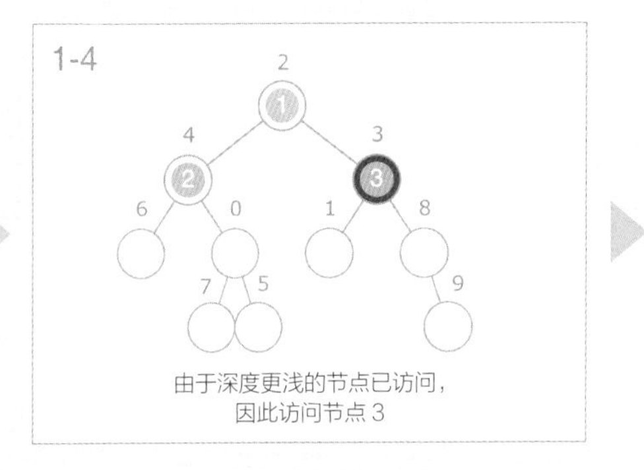

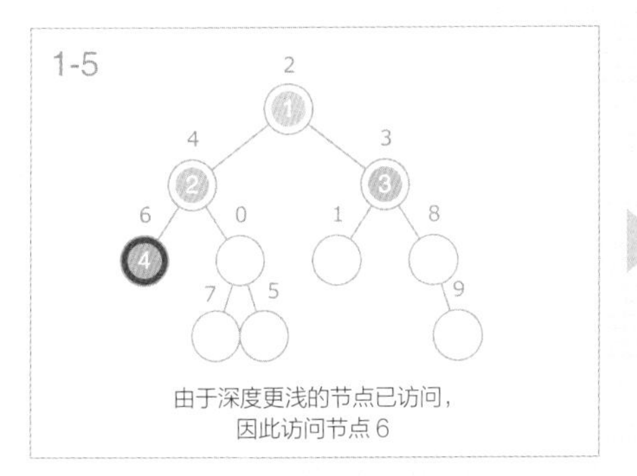

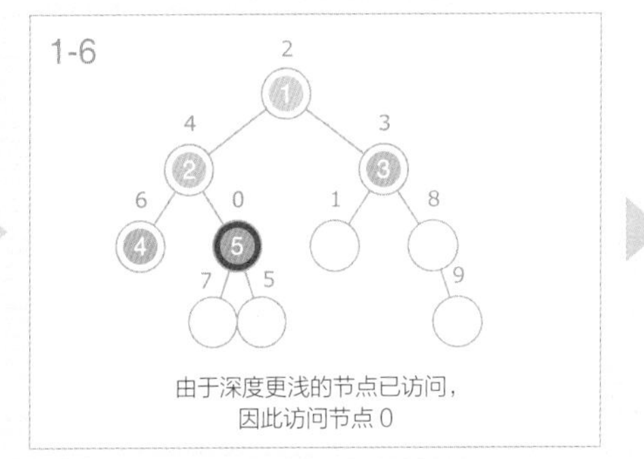

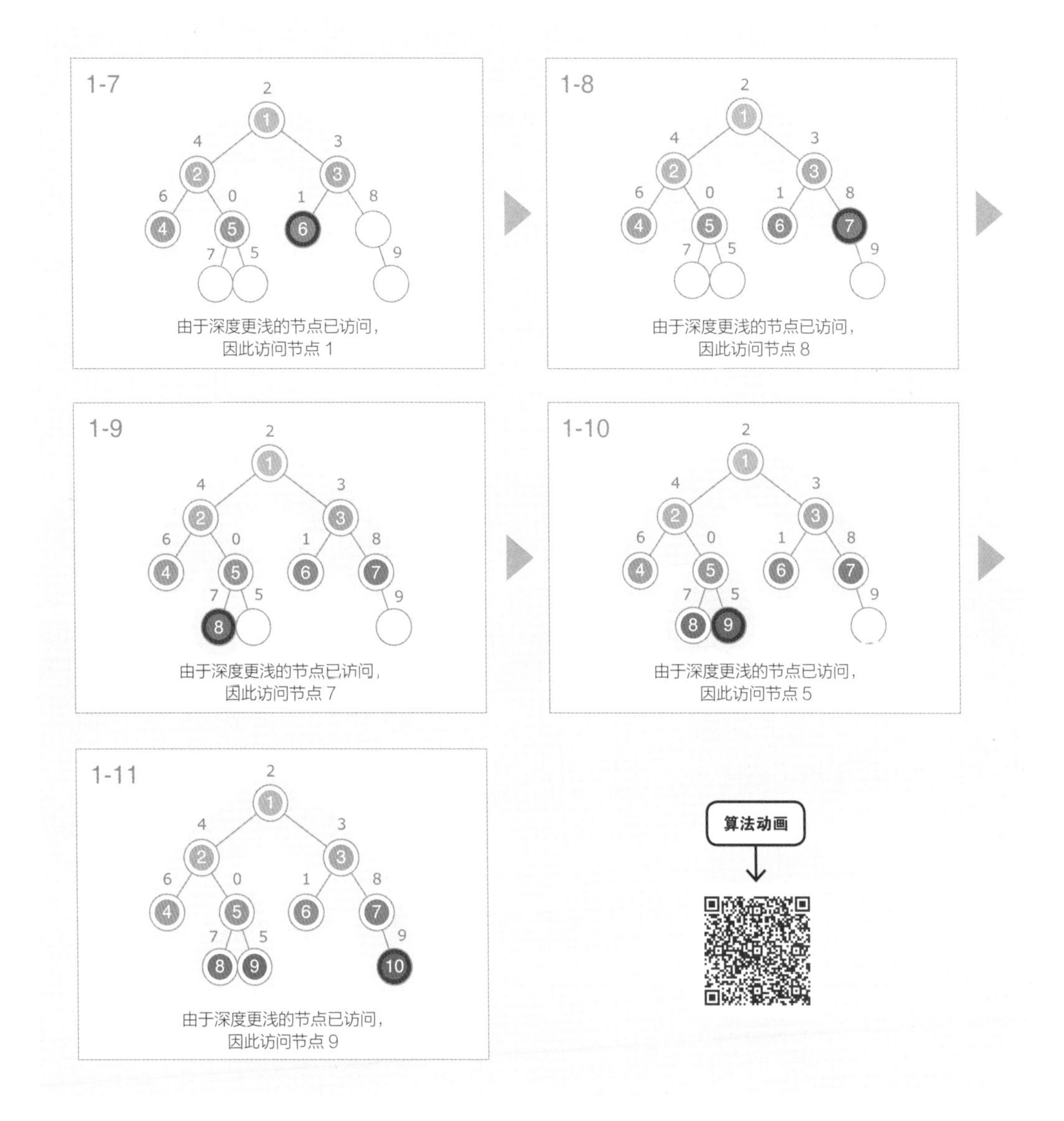

层序遍历按照从根节点开始、深度由浅到深的顺序访问节点。也就是说，在访问深度为 $k+1$ 的节点之前要完成对所有深度为 k 的节点的访问。这种遍历可以通过使用队列管理节点的做法来实现。首先将根节点的序号放入队列，然后重复进行从队列中取出节点，将其子节点放入队列的操作，直到队列为空为止。

```
# 从 s 开始层序遍历二叉树 t 的节点
levelorder(t, s):
    Queue que
    que.push(s)
    time ← 1
    while not que.empty():
        u ← que.dequeue()
        L[u] ← time++
        if t.nodes[u].left ≠ NIL:
            que.push(t.nodes[u].left)
        if t.nodes[u].right ≠ NIL:
            que.push(t.nodes[u].right)

# 从二叉树 t 的根节点开始访问
BinaryTree t ← 二叉树
levelorder(t, t.root)
```

因为在二叉树遍历的过程中，每个节点被访问一次，所以其时间复杂度是 $O(N)$。

特点

层序遍历不仅优先访问父节点，还能按照节点由浅到深，即与根节点的距离由近到远的顺序访问。这个特性使该算法可用于需重点考虑与根节点的距离的问题和应用。层序遍历也叫广度优先遍历，是可以推广到图的算法。

第20章

排序

一般来说，计算机要处理大规模的数据。在慢速排序一章介绍的时间复杂度为 $O(N^2)$ 的简单的排序算法无法解决实际工作中数据规模大的问题。通过应用对数组的操作和二叉树的特性，我们可以实现更高级、更实用的排序算法。

本章将介绍基于已学过的利用了插入、合并、分割、累积和、二叉树的特性的数据结构和算法而实现的高级排序算法。

- 合并排序
- 快速排序
- 堆排序
- 计数排序
- 谢尔排序

20.1 合并排序[1]

★★★

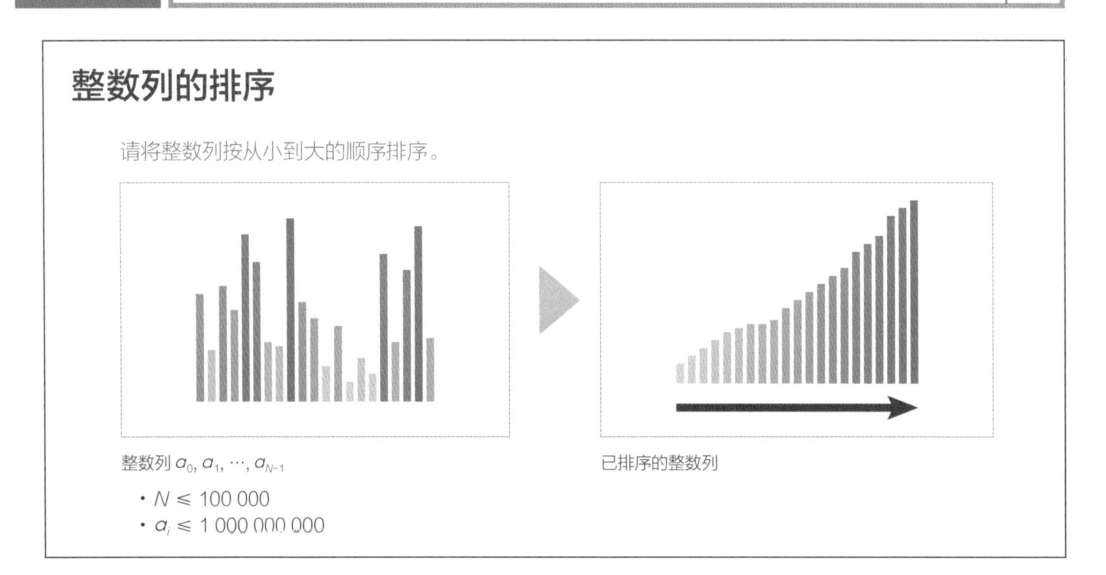

合并排序 Merge Sort

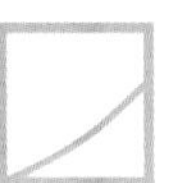

合并排序（mergeSort）是在对二叉树进行后序遍历的过程中，递归地进行将数组一分为二，对每一半进行排序，并将结果合并（merge）的算法。

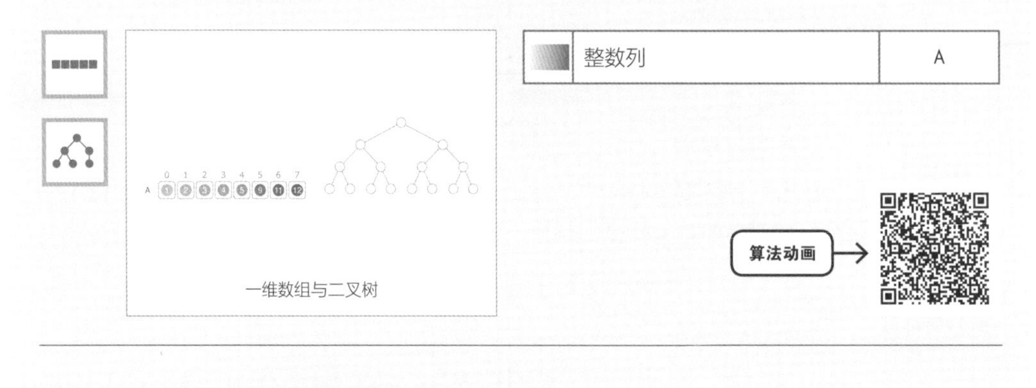

一维数组与二叉树

① 合并排序也叫归并排序。——译者注

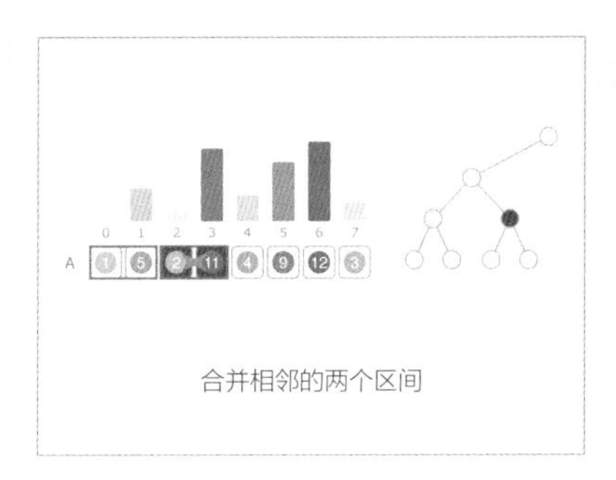

合并相邻的两个区间

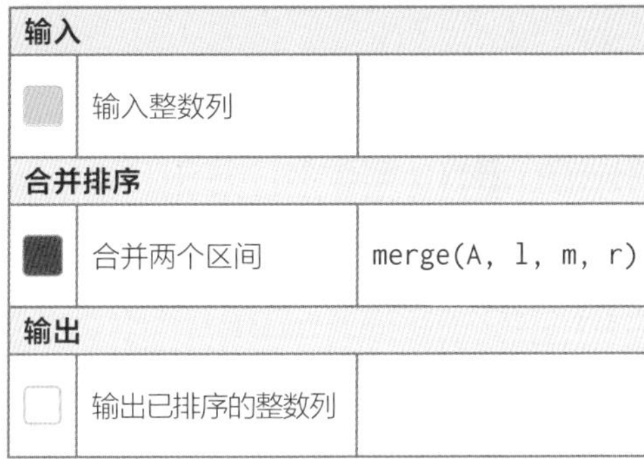

输入		
	输入整数列	
合并排序		
	合并两个区间	merge(A, l, m, r)
输出		
	输出已排序的整数列	

输入

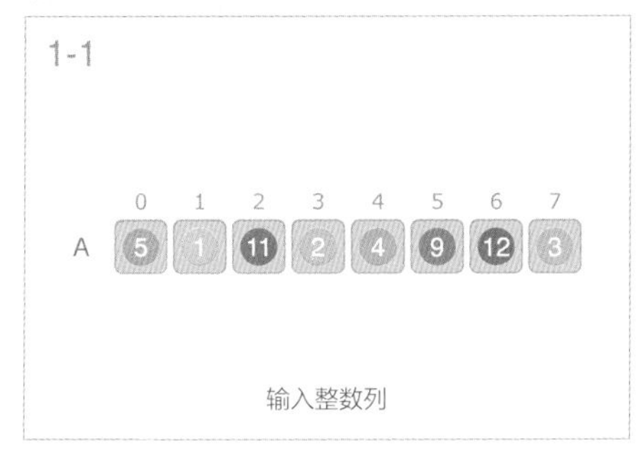

输入整数列

合并排序

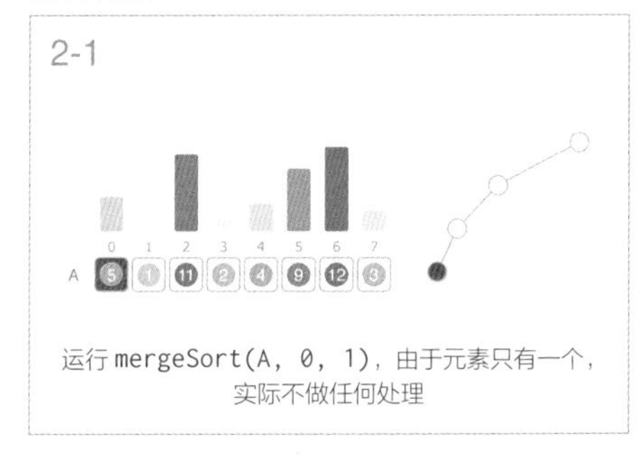

运行 mergeSort(A, 0, 1)，由于元素只有一个，实际不做任何处理

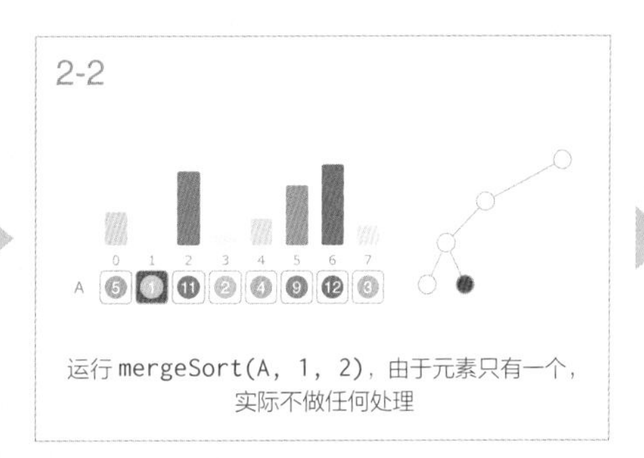

运行 mergeSort(A, 1, 2)，由于元素只有一个，实际不做任何处理

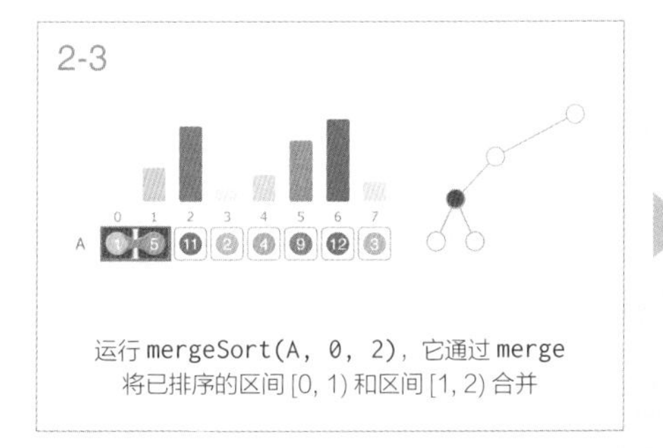

运行 mergeSort(A, 0, 2)，它通过 merge 将已排序的区间 [0, 1) 和区间 [1, 2) 合并

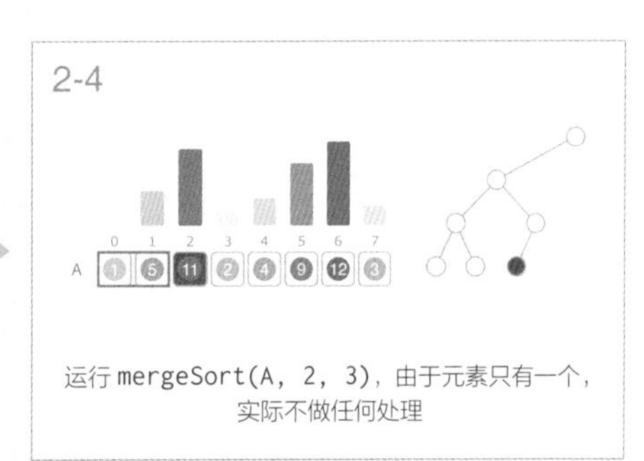

运行 mergeSort(A, 2, 3)，由于元素只有一个，实际不做任何处理

2-5
A
运行 mergeSort(A, 3, 4)，由于元素只有一个，
实际不做任何处理
2-6
A
运行 mergeSort(A, 2, 4)，它通过 merge
将已排序的区间 [2, 3) 和区间 [3, 4) 合并
2-7
A
运行 mergeSort(A, 0, 4)，它通过 merge
将已排序的区间 [0, 2) 和区间 [2, 4) 合并
2-8
A
运行 mergeSort(A, 4, 5)，由于元素只有一个，
实际不做任何处理
2-9
A
运行 mergeSort(A, 5, 6)，由于元素只有一个，
实际不做任何处理
2-10
A
运行 mergeSort(A, 4, 6)，它通过 merge
将已排序的区间 [4, 5) 和区间 [5, 6) 合并
2-11
A
运行 mergeSort(A, 6, 7)，由于元素只有一个，
实际不做任何处理
2-12
A
运行 mergeSort(A, 7, 8)，由于元素只有一个，
实际不做任何处理

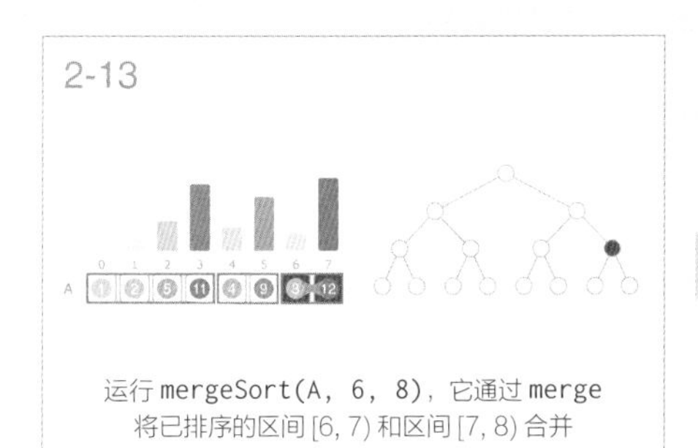

运行 mergeSort(A, 6, 8)，它通过 merge
将已排序的区间 [6, 7) 和区间 [7, 8) 合并

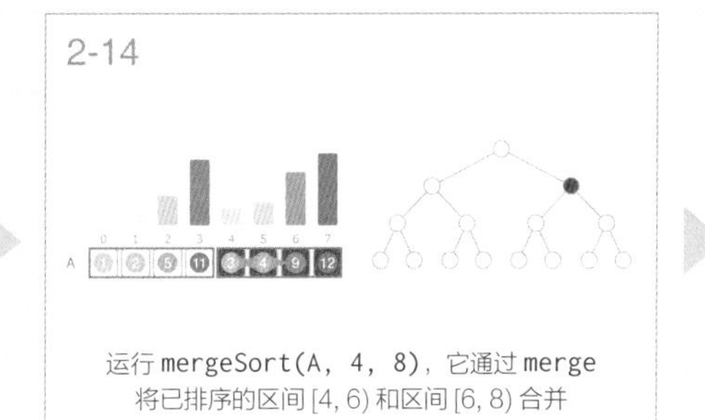

运行 mergeSort(A, 4, 8)，它通过 merge
将已排序的区间 [4, 6) 和区间 [6, 8) 合并

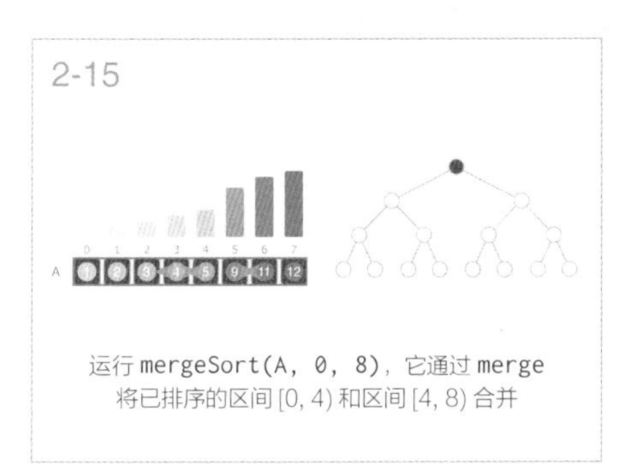

运行 mergeSort(A, 0, 8)，它通过 merge
将已排序的区间 [0, 4) 和区间 [4, 8) 合并

输出

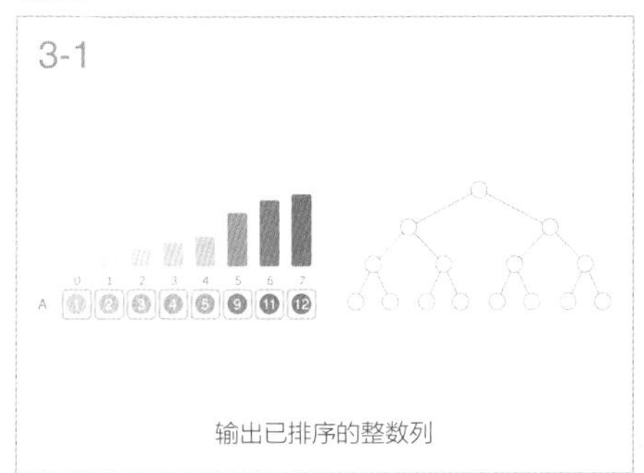

输出已排序的整数列

虽然合并排序的排序对象是数组结构的数据，但它的计算过程类似于在二叉树结构上进行后序遍历。该算法从对整个数组作为排序范围进行 mergeSort 开始。在二叉树的每个节点上，排序范围被分为前半部分和后半部分，算法对它们分别进行 mergeSort。在左、右子节点的计算中完成了两个 mergeSort 后，算法通过 merge 将这些已排序的子序列合并。

```
# 对数组 A 的区间 [l, r) 进行合并排序
mergeSort(A, l, r):
    if l + 1 < r:
        m ← (l + r) / 2
        mergeSort(A, l, m)
        mergeSort(A, m, r)
        merge(A, l, m, r)


# 对有 N 个元素的整个数组 A 进行合并排序
A ← 输入的整数列
mergeSort(A, 0, N)
```

在合并排序中，merge 是在二叉树的非叶子节点上进行的，在每一层数据被比较和移动 N 次，合并排序中二叉树的高度是 $\log_2 N$，所以时间复杂度是 $O(N \log N)$。合并排序有一个特点（缺点）：由于要进行 merge，因此需要用到输入之外的另一个数组（内存）。这样的排序算法叫作外部排序。

另外，合并排序还有一个特点，它是一种稳定的排序算法。稳定的排序是指如果输入数组中有两个以上的元素值相同，那么在排序后这些元素的顺序能够得以保留。例如，让我们思考一下对由数字和 S、D、C、H 构成的牌进行排序的情况。如果只根据数字对 5H、3D、2S、3C 这四张牌进行排序，那么有可能 3D 和 3C 的顺序就会被打乱，最后的排序结果是 2S、3C、3D、5H。这样的排序算法就是不稳定的排序算法。

特点

将问题分为较小的子问题，对子问题进行计算，然后将结果（递归地）进行整合的方法叫作分治法。合并排序就是一种基于分治法的算法。尽管需要额外的内存，但由于它不依赖于数据的排列顺序，效率高，而且还是稳定的排序，因此有些编程语言在标准库中内置了合并排序，使合并排序得到了广泛的应用。

20.2 快速排序 ★★★

整数列的排序

请将整数列按从小到大的顺序排序。

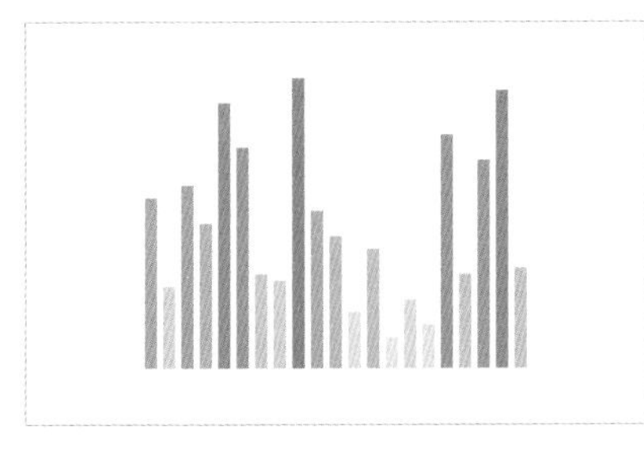

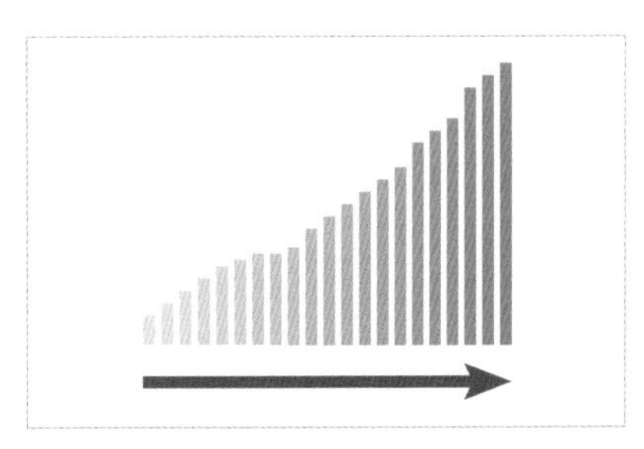

整数列 $a_0, a_1, \cdots, a_{N-1}$

已排序的整数列

- $N \leqslant 100\,000$
- $a_i \leqslant 1\,000\,000\,000$

快速排序 Quick Sort

快速排序（quickSort）是在对二叉树进行先序遍历的过程中，通过分割（partition）将区间分为小于基准值的区间和大于基准值的区间，对每个区间递归地进行 quickSort 的算法。

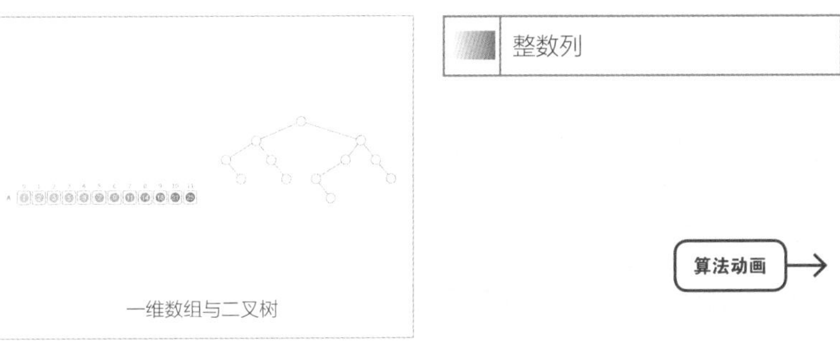

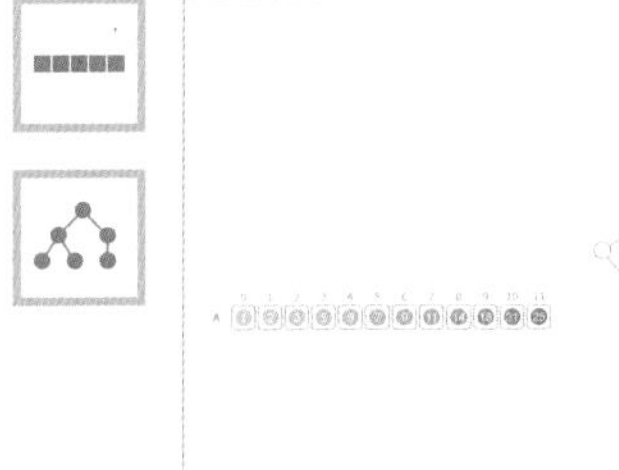

一维数组与二叉树

整数列	A

算法动画

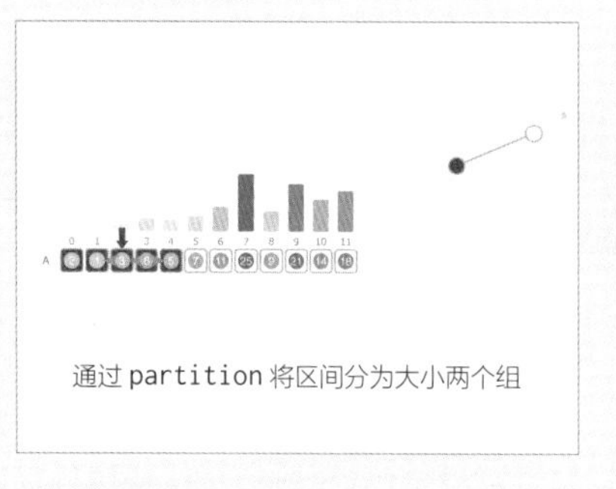

通过 partition 将区间分为大小两个组

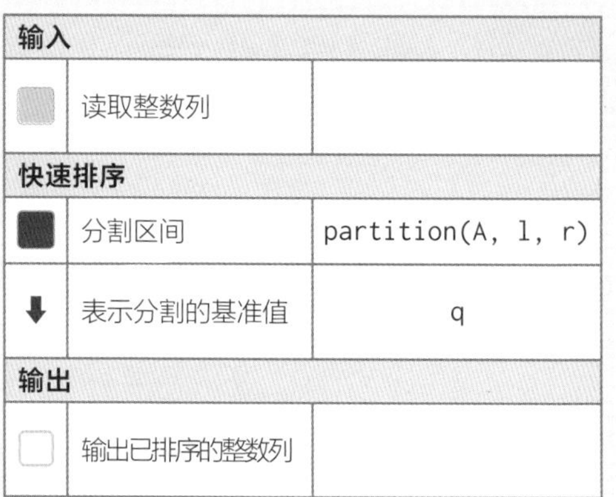

输入		
（浅灰色方块）	读取整数列	
快速排序		
（黑色方块）	分割区间	partition(A, l, r)
↓	表示分割的基准值	q
输出		
（白色方块）	输出已排序的整数列	

输入

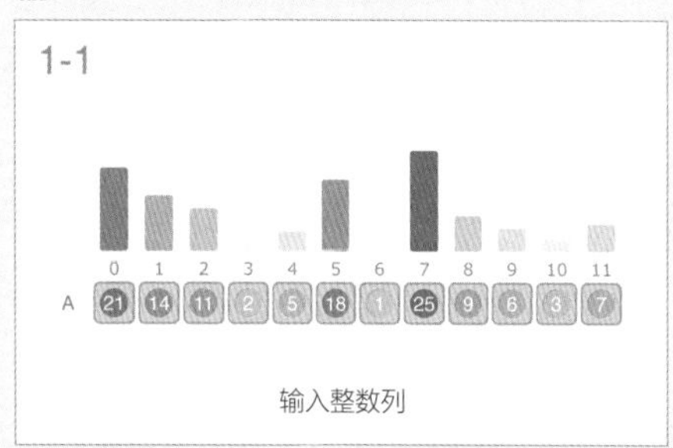

输入整数列

快速排序

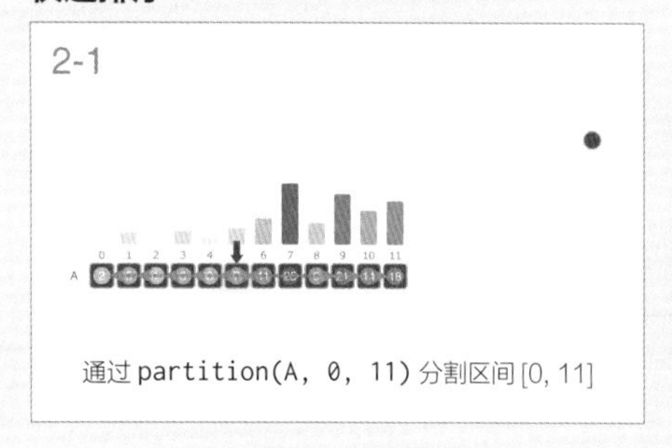

通过 partition(A, 0, 11) 分割区间 [0, 11]

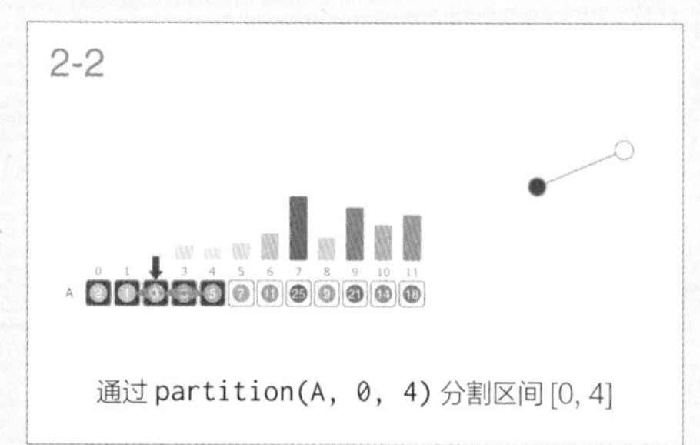

通过 partition(A, 0, 4) 分割区间 [0, 4]

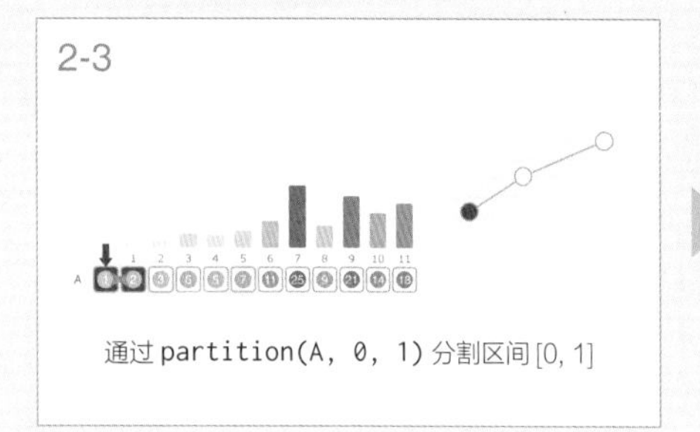

通过 partition(A, 0, 1) 分割区间 [0, 1]

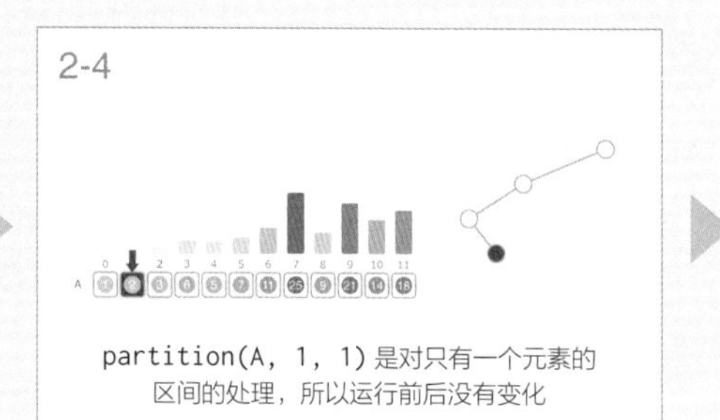

partition(A, 1, 1) 是对只有一个元素的区间的处理，所以运行前后没有变化

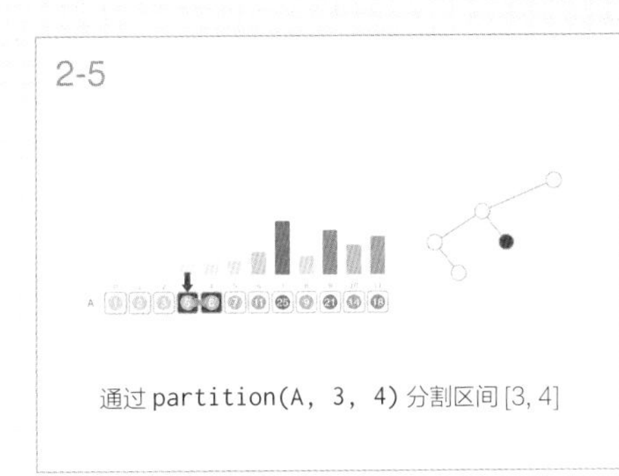

通过 partition(A, 3, 4) 分割区间 [3, 4]

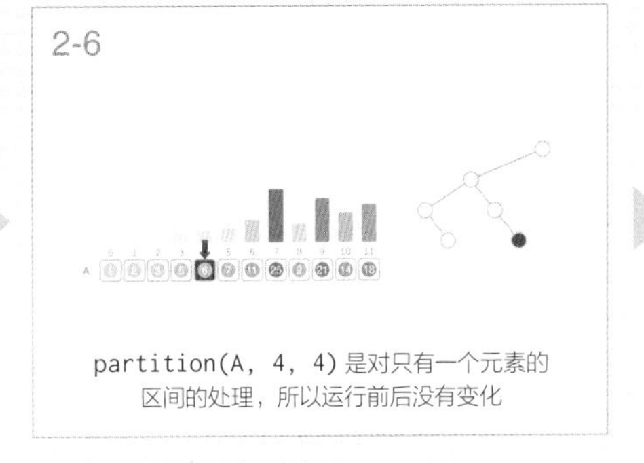

partition(A, 4, 4) 是对只有一个元素的区间的处理，所以运行前后没有变化

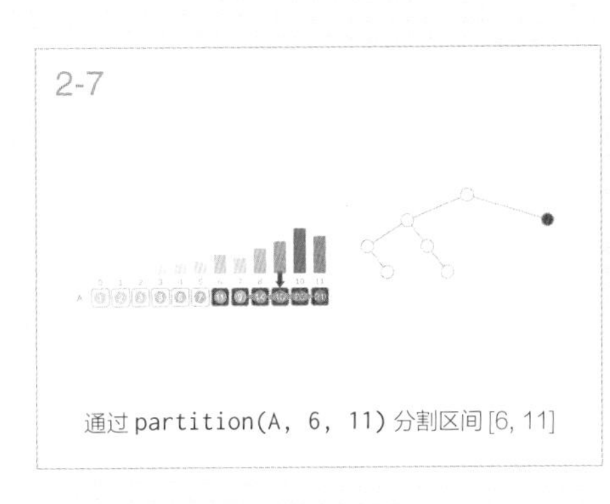

通过 partition(A, 6, 11) 分割区间 [6, 11]

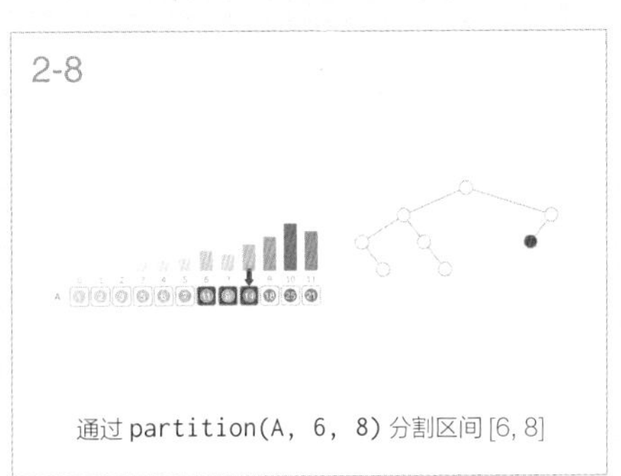

通过 partition(A, 6, 8) 分割区间 [6, 8]

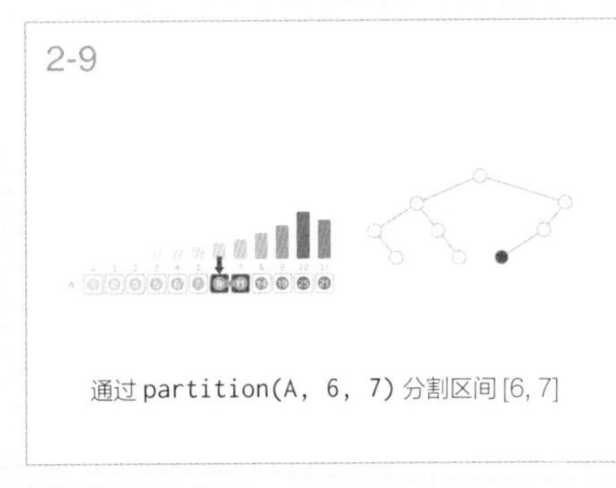

通过 partition(A, 6, 7) 分割区间 [6, 7]

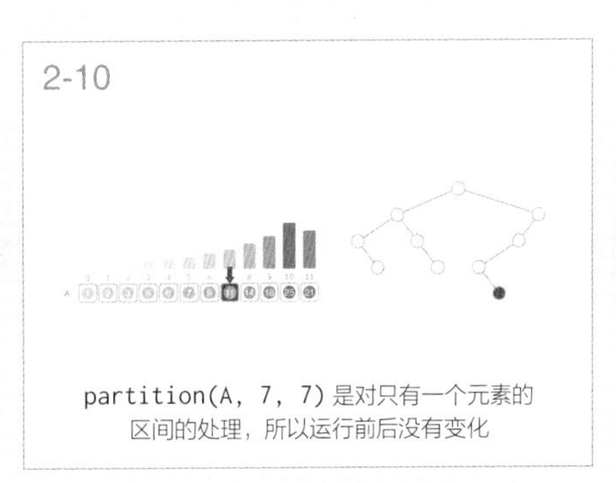

partition(A, 7, 7) 是对只有一个元素的区间的处理，所以运行前后没有变化

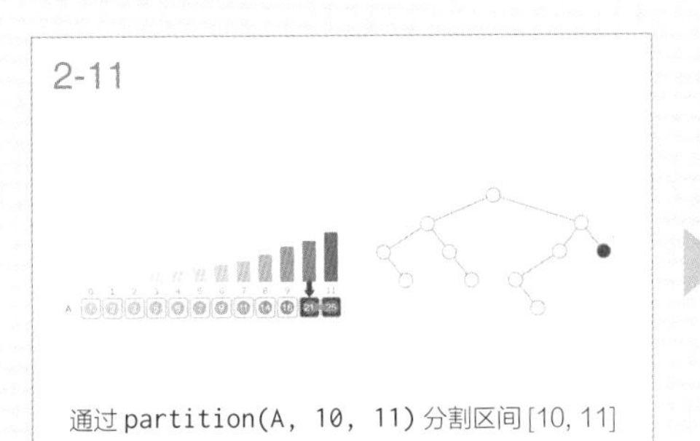

通过 partition(A, 10, 11) 分割区间 [10, 11]

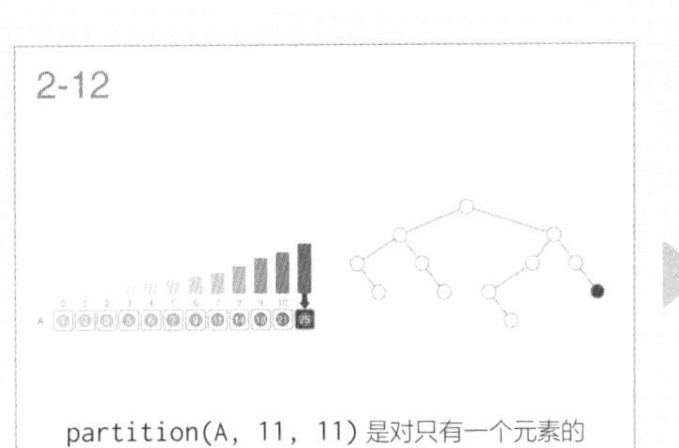

partition(A, 11, 11) 是对只有一个元素的区间的处理，所以运行前后没有变化

输出

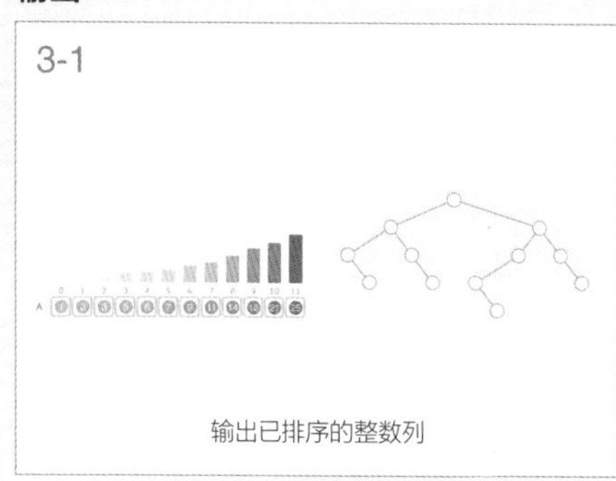

虽然快速排序的排序对象是数组结构的数据，但它的计算过程类似于在二叉树结构上进行前序遍历。该算法从以整个数组作为排序范围进行 `mergeSort` 开始。在二叉树的每个节点上，首先对当前区间 $[l, r]$ 进行 `partition`，将元素分成小于基准值的组和大于基准值的组。此时记住位于组边界的基准值的位置 q，基于这个位置将区间 $[l, r]$ 划分为前半区间 $[l, q-1]$ 和后半区间 $[q+1, r]$，然后对每个区间递归地运行 `quickSort`。

```
# 对数组 A 的区间 [l, r] 的元素排序
quickSort(A, l, r):
    if l < r:
        q ← partition(A, l, r)
        quickSort(A, l, q-1)
        quickSort(A, q+1, r)

# 对有 N 个元素的整个数组 A 进行快速排序
A ← 输入的整数列
quickSort(A, 0, N-1)
```

partition 的基准值的位置会影响快速排序的时间复杂度。如果基准值的位置在排序范围的中央附近，那么输入就相当于平衡的二叉树，其高度将接近于 $\log_2 N$。此时在每层进行的比较和交换操作的时间复杂度是 $O(N)$，所以总体的时间复杂度是 $O(N \log N)$。不过如果基准值位置是固定的，在碰到输入数据的排列不平衡的情况时（如已排序或接近已排序的状态），那么 partition 也就不能平衡地分割，时间复杂度将变为 $O(N^2)$。这个问题可以通过随机选择基准值的位置等措施来解决。另外，因为快速排序交换了距离远的元素，所以也不是稳定的排序。

与合并排序不同，快速排序能在一个数组内完成排序。这种排序算法叫作原地（in-place）排序。

特点　尽管存在着需要对数据不均衡和排序结果稳定性的问题进行特殊处理的缺点，但在现有的算法中，快速排序仍不失为高效的排序算法之一，得到了广泛的应用。

20.3 堆排序 ★★★

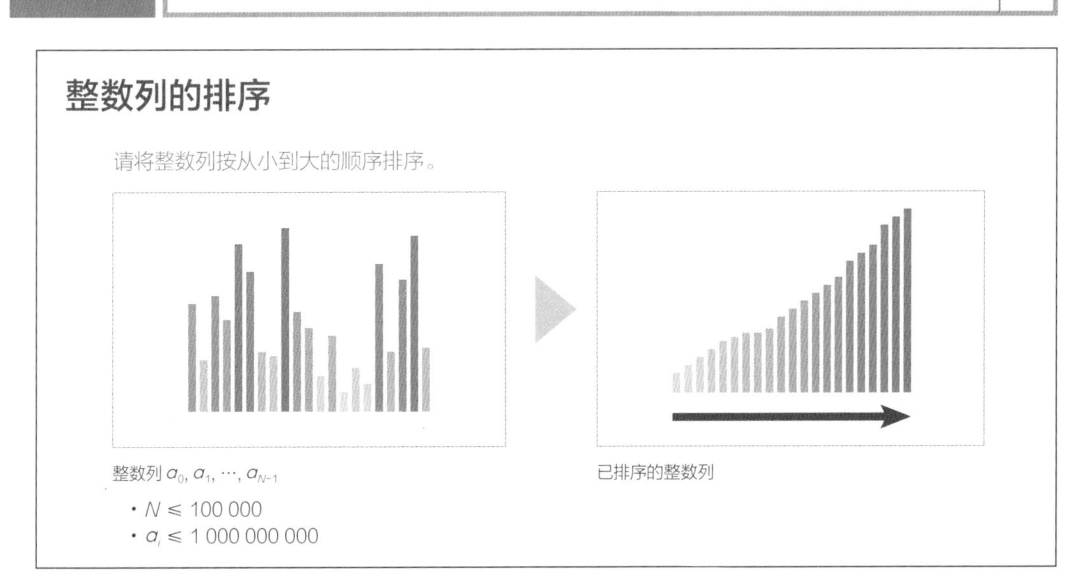

堆排序 Heap Sort

顾名思义，堆排序就是使用堆结构来进行高效排序的算法。

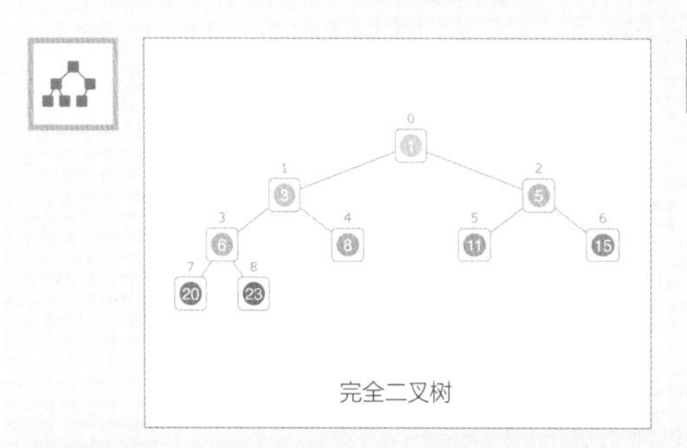
完全二叉树

	整数列	A

算法动画

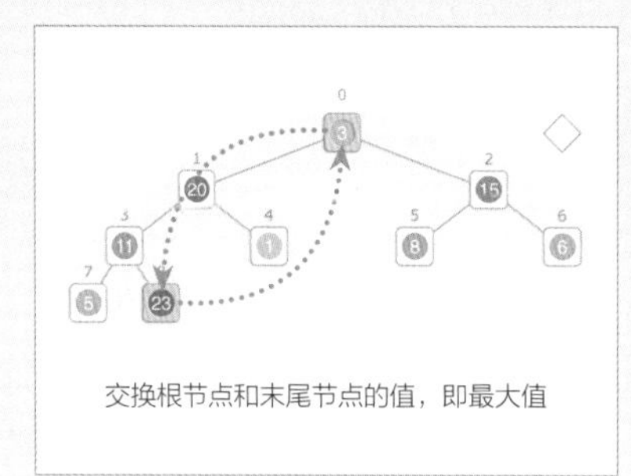
交换根节点和末尾节点的值，即最大值

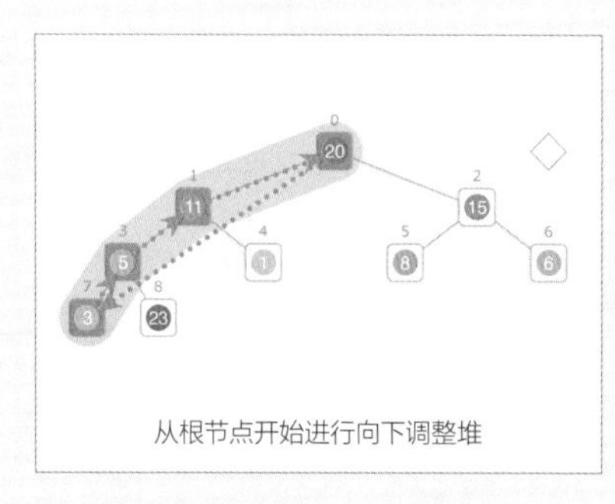
从根节点开始进行向下调整堆

输入		
	输入整数列	
构建堆		
	对子树进行向下调整堆	downHeap(A, i)
交换和向下调整堆		
	从根节点开始进行向下调整堆	downHeap(A, 0)
	交换根节点和末尾节点的值	
	swap(A[0], A[heapSize-1])	
	缩小满足堆条件的未排序部分的区间	区间 [0, heapSize)
输出		
	输出已排序的整数列	

输入

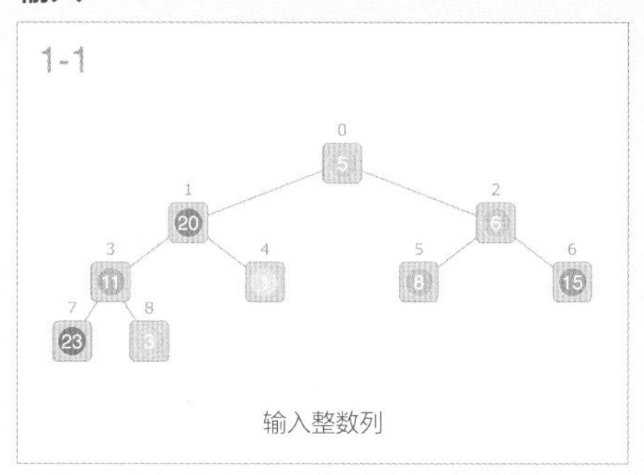

输入整数列

构建堆

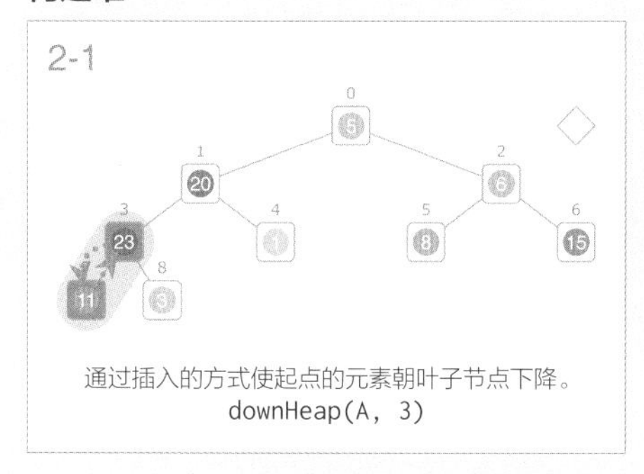

通过插入的方式使起点的元素朝叶子节点下降。
downHeap(A, 3)

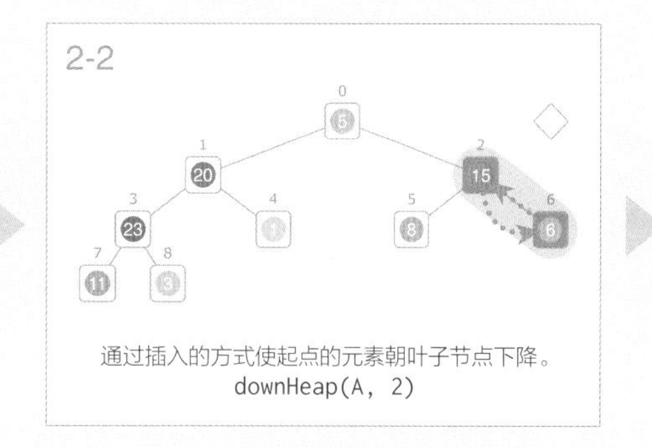

通过插入的方式使起点的元素朝叶子节点下降。
downHeap(A, 2)

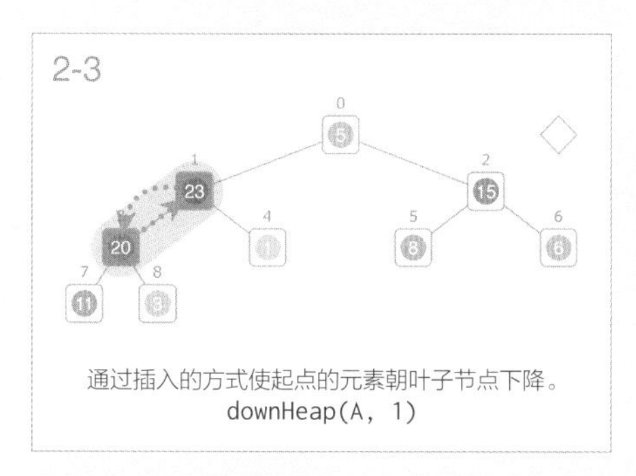

通过插入的方式使起点的元素朝叶子节点下降。
downHeap(A, 1)

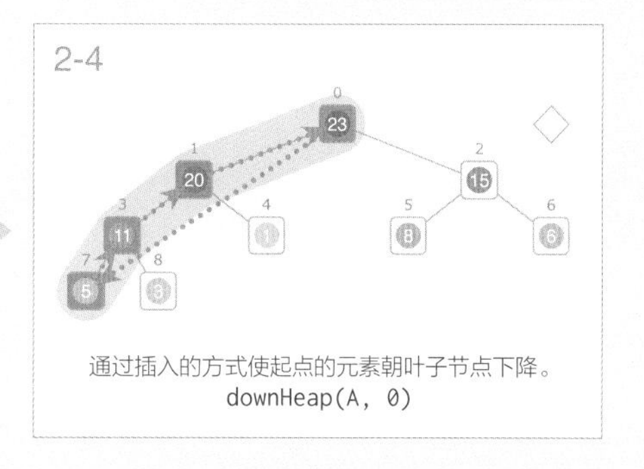

通过插入的方式使起点的元素朝叶子节点下降。
downHeap(A, 0)

交换和向下调整堆

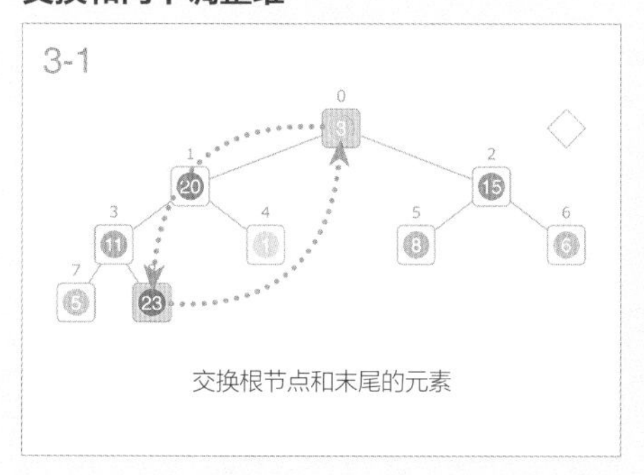

交换根节点和末尾的元素

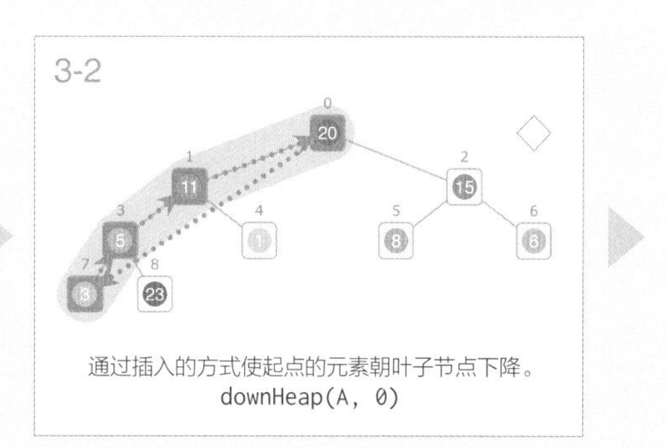

通过插入的方式使起点的元素朝叶子节点下降。
downHeap(A, 0)

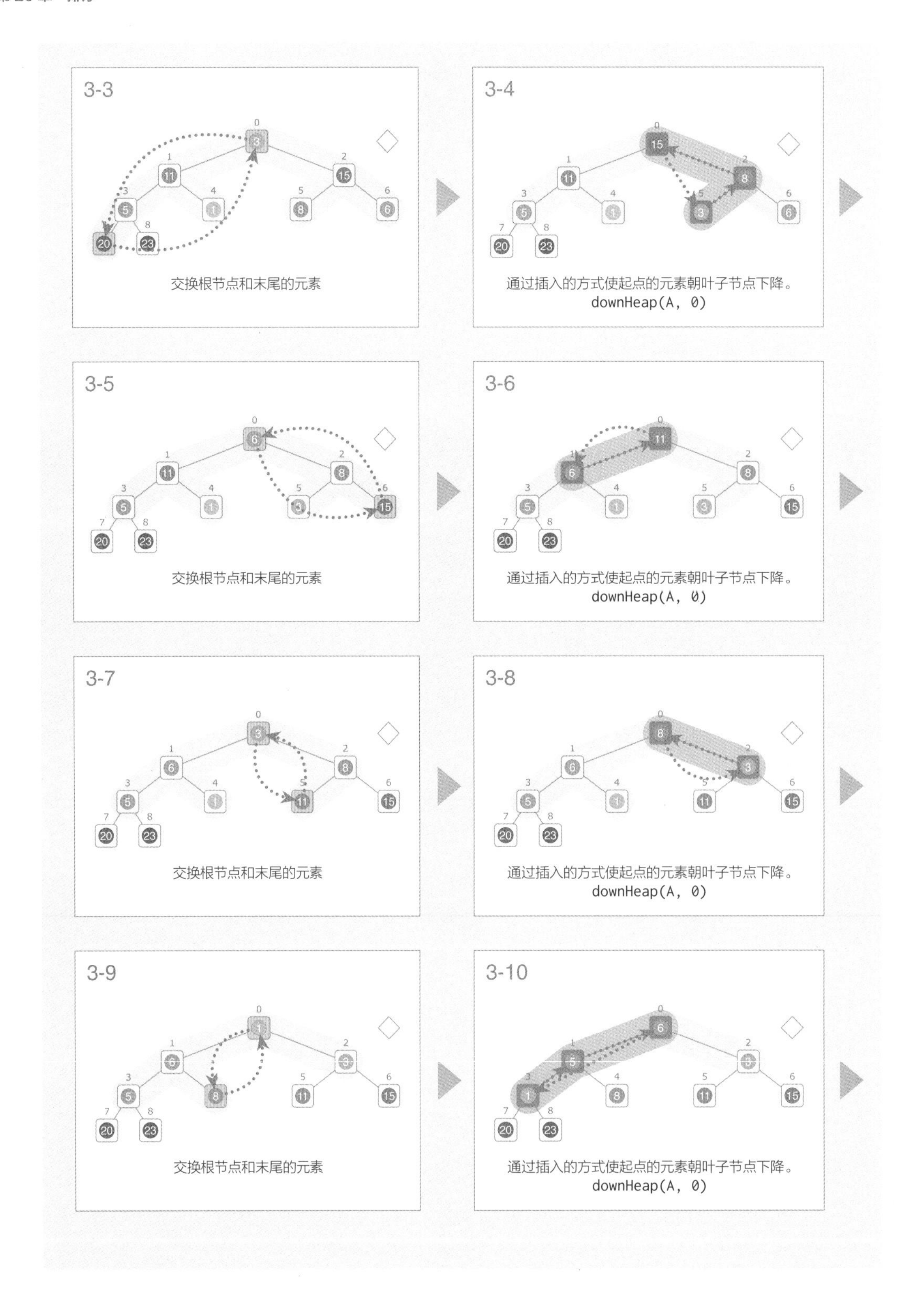
3-3
0
3
1
11
2
15
3
5
4
1
5
8
6
6
7
20
8
23
交换根节点和末尾的元素
3-4
15
11
8
5
1
3
6
20
23
通过插入的方式使起点的元素朝叶子节点下降。
downHeap(A, 0)
3-5
6
11
8
5
1
3
15
20
23
交换根节点和末尾的元素
3-6
11
6
8
5
1
3
15
20
23
通过插入的方式使起点的元素朝叶子节点下降。
downHeap(A, 0)
3-7
3
6
8
5
1
11
15
20
23
交换根节点和末尾的元素
3-8
8
6
3
5
1
11
15
20
23
通过插入的方式使起点的元素朝叶子节点下降。
downHeap(A, 0)
3-9
1
6
3
5
8
11
15
20
23
交换根节点和末尾的元素
3-10
6
5
3
1
8
11
15
20
23
通过插入的方式使起点的元素朝叶子节点下降。
downHeap(A, 0)

3-11

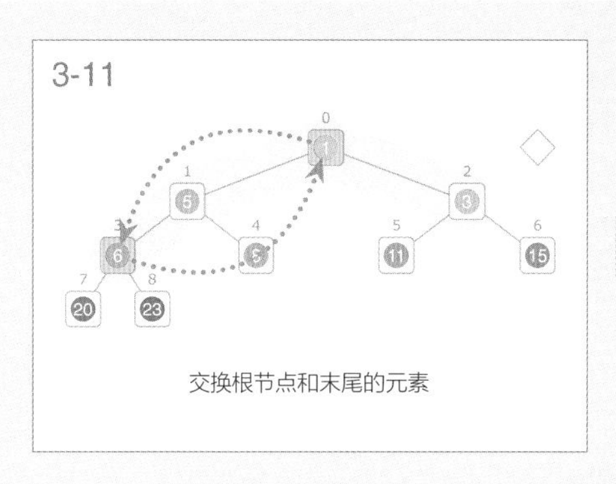

交换根节点和末尾的元素

3-12

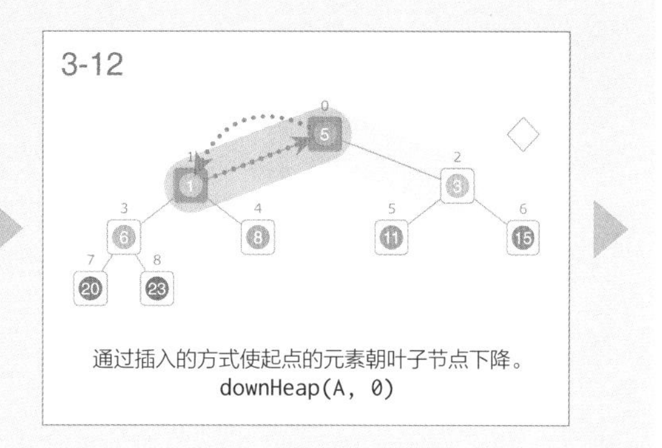

通过插入的方式使起点的元素朝叶子节点下降。
downHeap(A, 0)

3-13

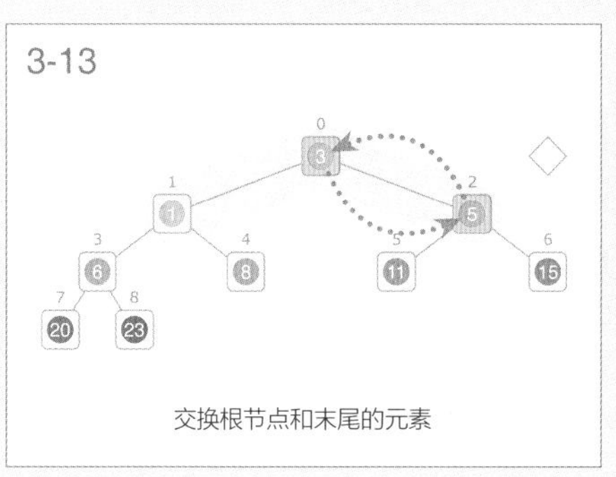

交换根节点和末尾的元素

3-14

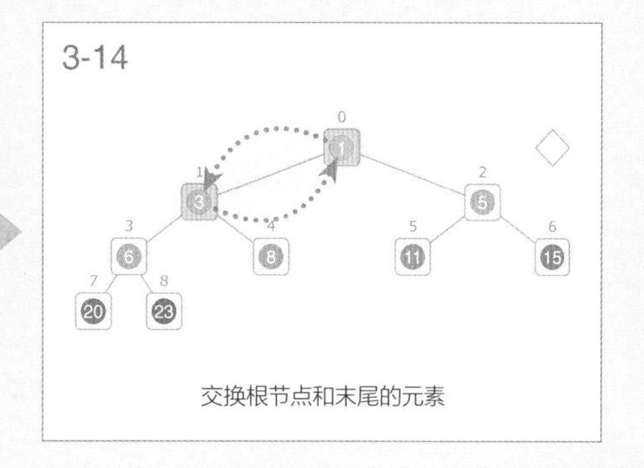

交换根节点和末尾的元素

输出

4-1

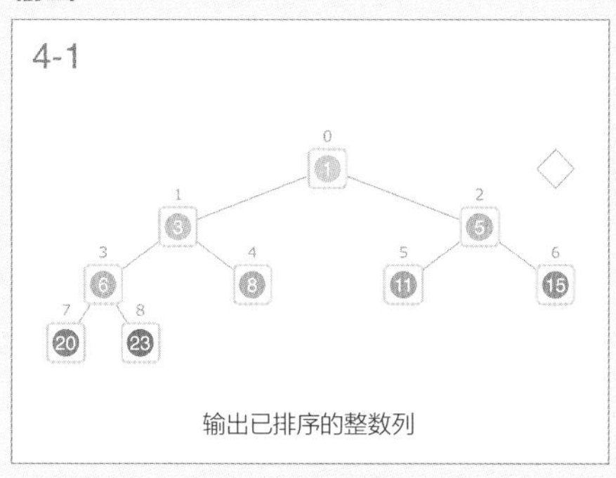

输出已排序的整数列

算法首先进行预处理操作：基于给定的数据构建一个堆。因为堆的根节点永远是当时优先级最高的（值最大的），所以我们可以从根节点开始依次取出元素，然后从后面按从大到小的顺序排序。堆排序通过将根节点的值与堆末尾的值交换，并减小堆的大小（heapSize）的做法来区分堆的区间和已排序的区间。heapSize 也就是未排序部分的元素数，算法用它来控制向下调整堆的范围。

```
heapSort(A, N):
    # 构建堆
    for i ← N/2-1 downto 0:
        downHeap(A, i)

    heapSize ← N
    while heapSize ≥ 2:
        swap(A[0], A[heapSize-1])
        heapSize--
        downHeap(A, 0) # 在 heapSize 的范围内进行向下调整堆
```

因为堆排序需进行 N 次向下调整堆，所以其时间复杂度是 $O(N \log N)$。虽然堆排序具有可在一个数组内完成原地排序的特点，但因为它交换了距离远的元素，所以不是稳定的排序。另外，由于堆排序经常交换数组中距离远的元素，这在某些系统上会影响运行时间。

20.4 计数排序 ★★

整数列的排序

在选择算法时，考虑问题的约束条件是很重要的。如果所处理的数据的值的范围相对较小，我们就可以利用这一特点。

请将整数列按从小到大的顺序排序。

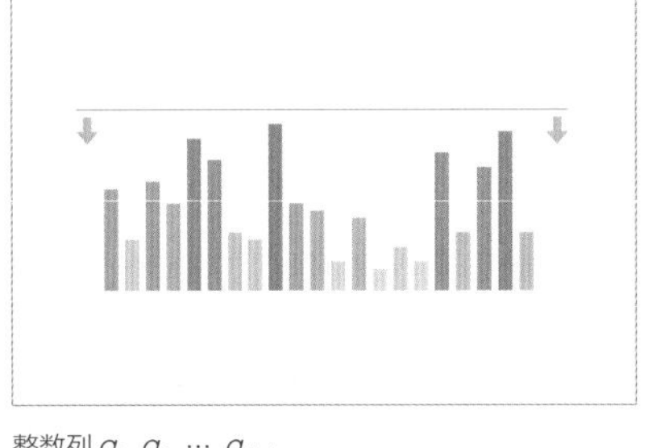

整数列 $a_0, a_1, \cdots, a_{N-1}$

- $N \leqslant 100\,000$
- $0 \leqslant a_i \leqslant 100\,000$

已排序的整数列

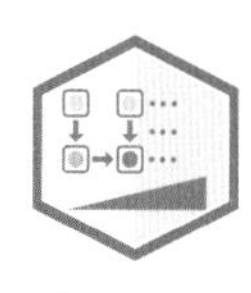

计数排序 Counting Sort

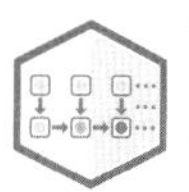

计数排序对输入数组中每个整数的个数进行计数，之后使用数量的累积和对数据进行高效的排序。

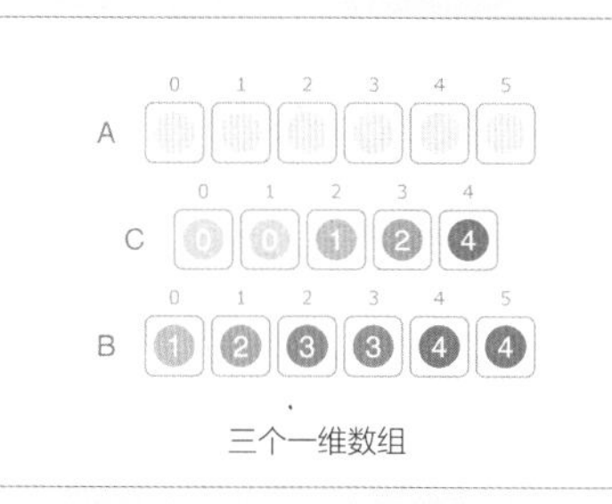

三个一维数组

	输入的整数列	A
	每个整数出现次数的累积和	C
	已排序的整数列	B

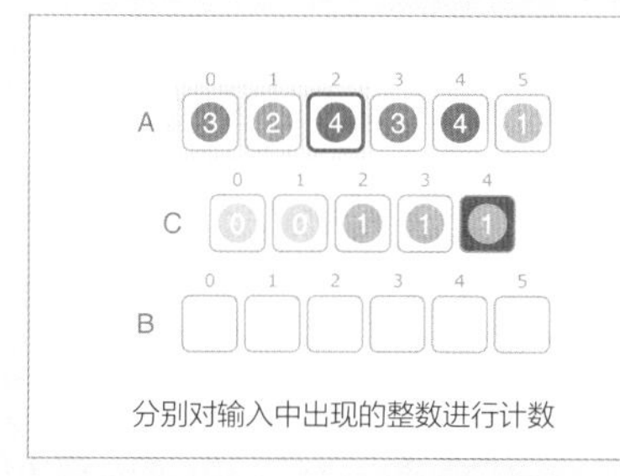

分别对输入中出现的整数进行计数

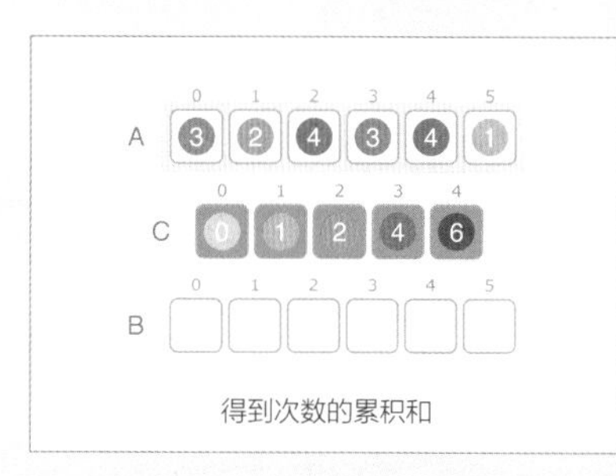

得到次数的累积和

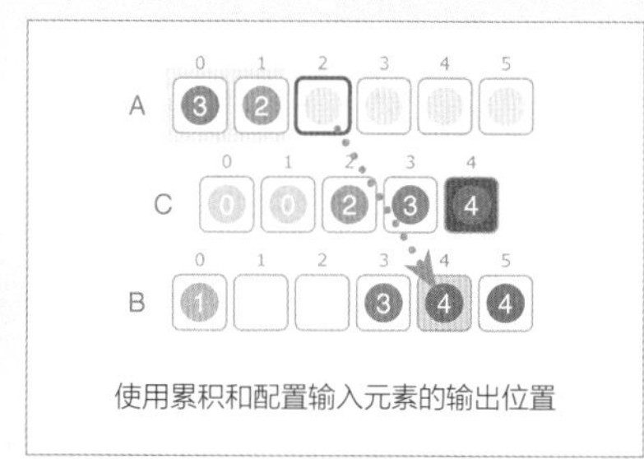

使用累积和配置输入元素的输出位置

输入		
	输入整数列	
计数		
	整数的计数加 1	C[A[i]]++
次数的累积和		
	计算累积和	
	C[i] ← C[i] + C[i-1]	
向输出数列移动		
	已使用的整数的次数减 1	C[A[i]]--
	在次数的位置复制输入元素	
	B[C[A[i]]] ← A[i]	
输出		
	输出已排序的整数列	

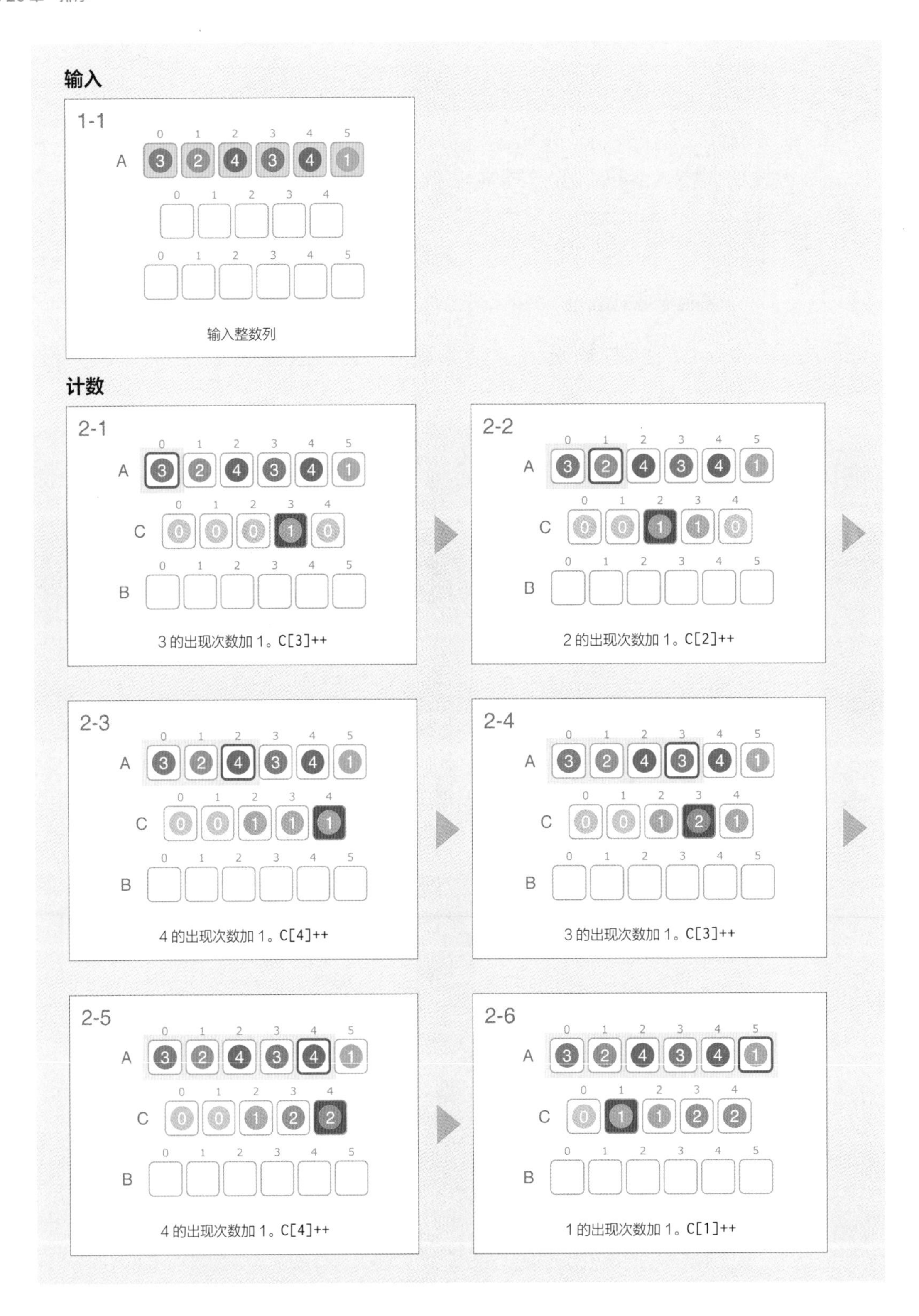

输入
1-1
A
3 2 4 3 4 1
输入整数列
计数
2-1
3 的出现次数加 1。C[3]++
2-2
2 的出现次数加 1。C[2]++
2-3
4 的出现次数加 1。C[4]++
2-4
3 的出现次数加 1。C[3]++
2-5
4 的出现次数加 1。C[4]++
2-6
1 的出现次数加 1。C[1]++

次数的累积和

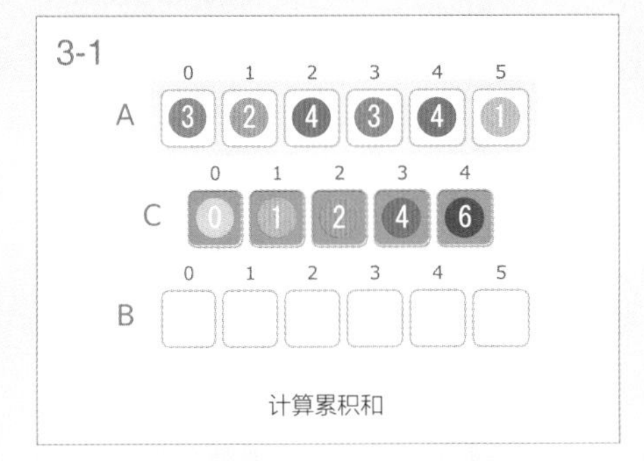

计算累积和

向输出数列移动

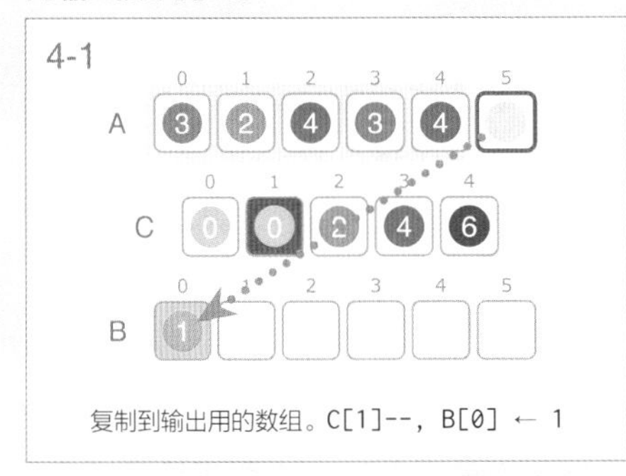

复制到输出用的数组。C[1]--, B[0] ← 1

复制到输出用的数组。C[4]--, B[5] ← 4

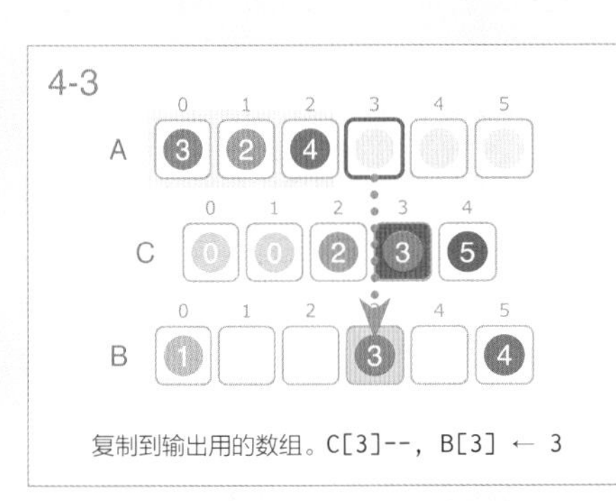

复制到输出用的数组。C[3]--, B[3] ← 3

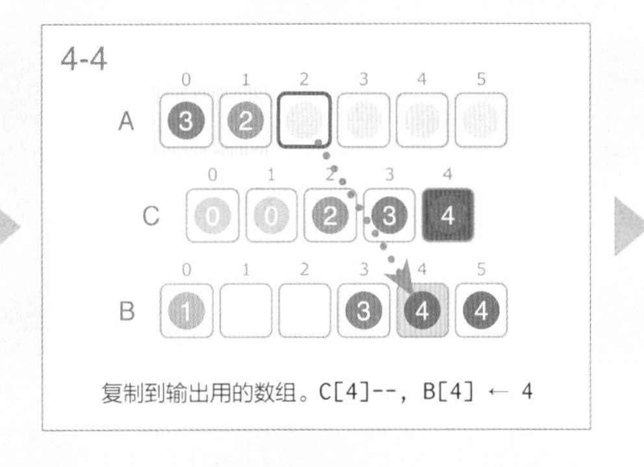

复制到输出用的数组。C[4]--, B[4] ← 4

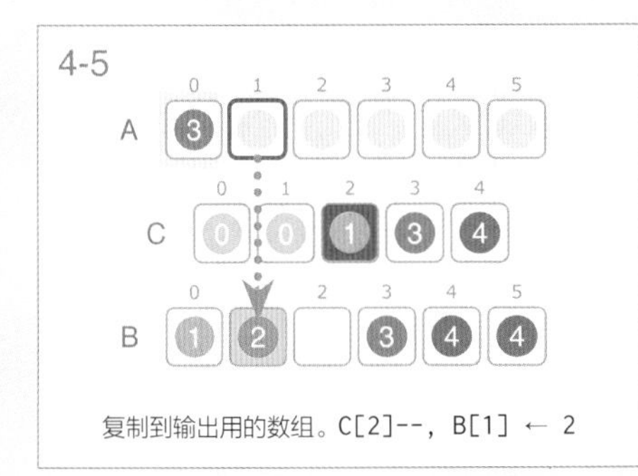

复制到输出用的数组。C[2]--, B[1] ← 2

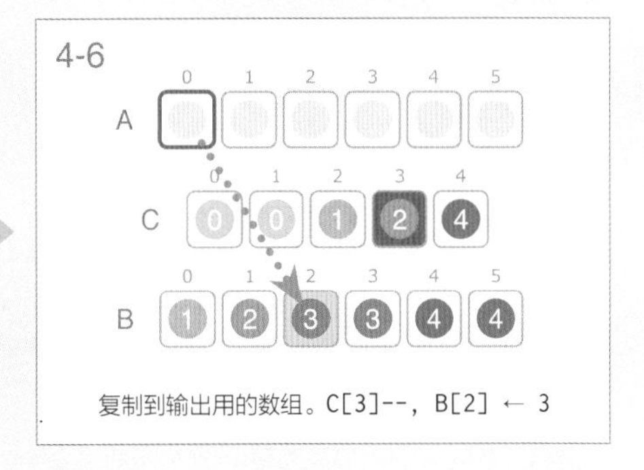

复制到输出用的数组。C[3]--, B[2] ← 3

输出

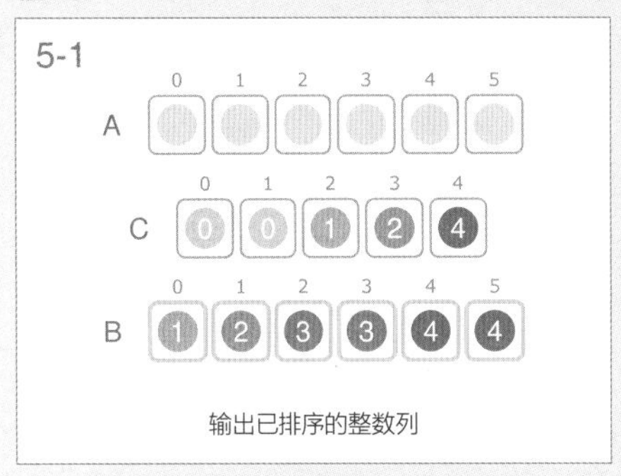

本算法由三个阶段组成。第一阶段，遍历输入数组 A，在计数用的数组 C 中记录 A 包含的每个整数的数量。这时，计数用的数组 C 的元素 i 中保存的是整数 *i* 的出现次数。

第二阶段，从计数用的数组 C 的开头（即从整数 0）开始计算累积和。这个累积和指的是“现阶段小于等于 *i* 的整数在输入数组中有多少个”，换言之，“应配置在输出数组的第几个位置”，它的时间复杂度是 $O(1)$。

第三阶段，使用累积和从输入数组 A 的后面开始依次将元素移动到输出数组 B。被移动元素相应的计数需减 1。

```
countingSort(A, B, N):
    C # 大小为 K+1 的数组

    for i ← 0 to N-1:
        C[A[i]]++

    for i ← 1 to K:
        C[i] ← C[i] + C[i-1]

    for i ← N-1 downto 0:
        C[A[i]]--
        B[C[A[i]]] ← A[i]
```

计数排序适用于数组元素的最大值相对较小，且所有元素都是非负值的情况。元素计数和向输出数组移动的处理的时间复杂度是 $O(N)$。另外，如果元素的最大值是 K，那么求累积和的时间复杂度是 $O(K)$。因此，计数排序的时间复杂度是 $O(N+K)$。计算排序是一种高效且稳定的排序算法。不过除了输入数组，计数排序还需要一个大小为 N 的输出数组和一个大小为 K 的用于保存计数值与累积和的数组。

特点

对于元素最大值相对较小的大规模数据集，使用计数排序能高效地完成排序。

20.5 谢尔排序 ★★★

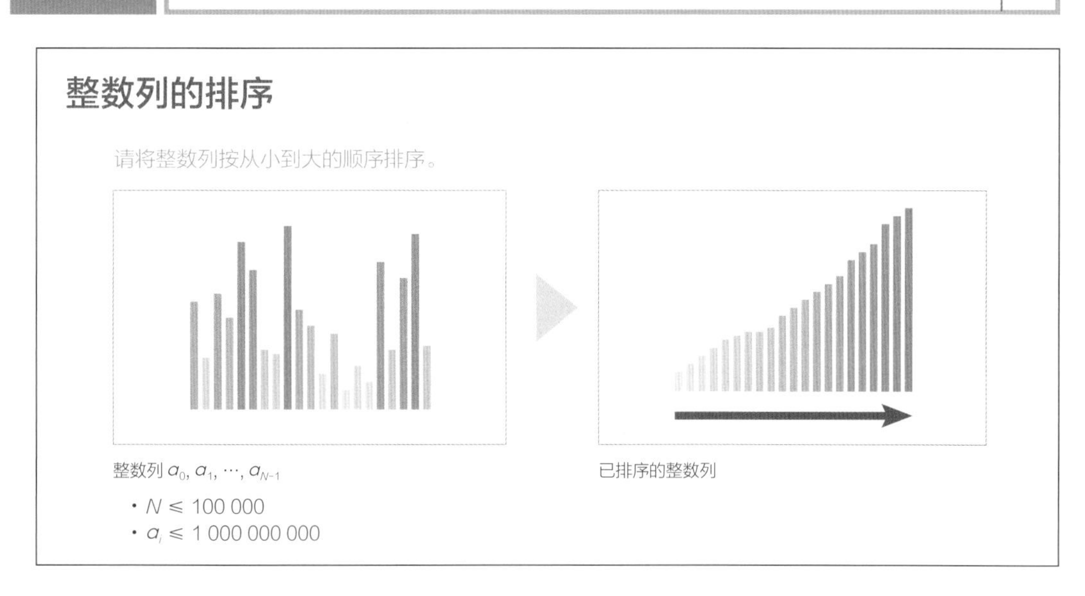

谢尔排序 Shell Sort

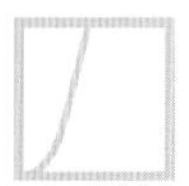

谢尔排序通过重复地对相距一定间隔的元素进行插入排序，来对数组中的元素排序。

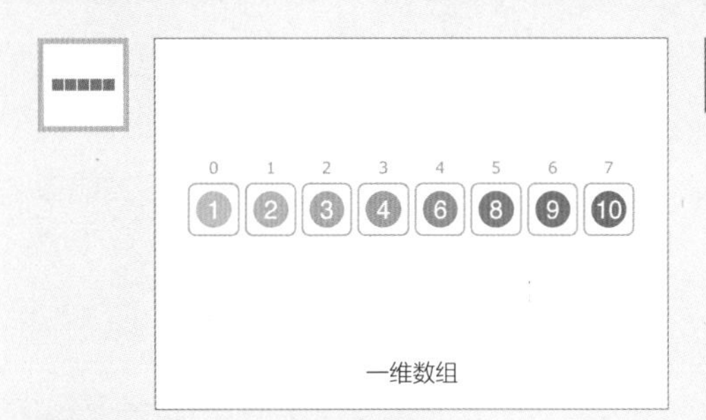

一维数组

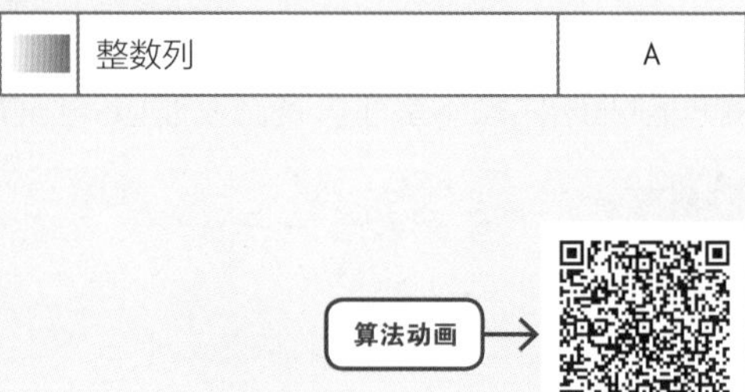

整数列	A

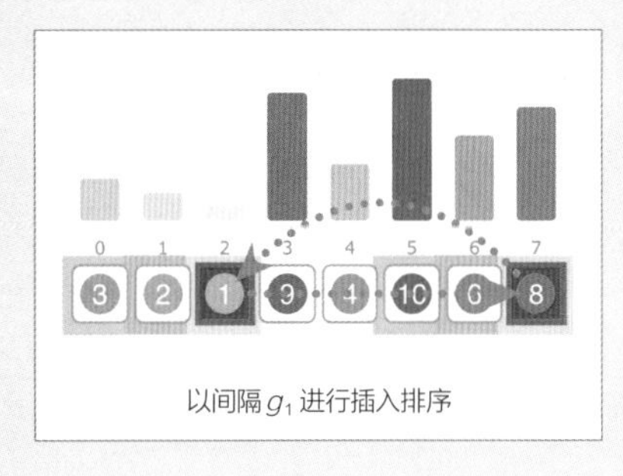

以间隔 g_1 进行插入排序

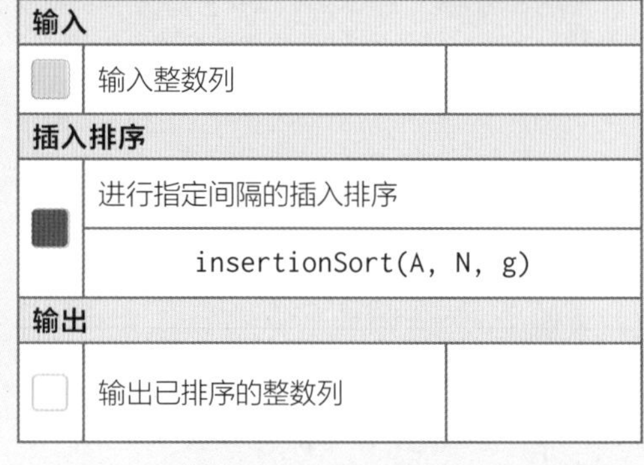

输入	
输入整数列	
插入排序	
进行指定间隔的插入排序	
`insertionSort(A, N, g)`	
输出	
输出已排序的整数列	

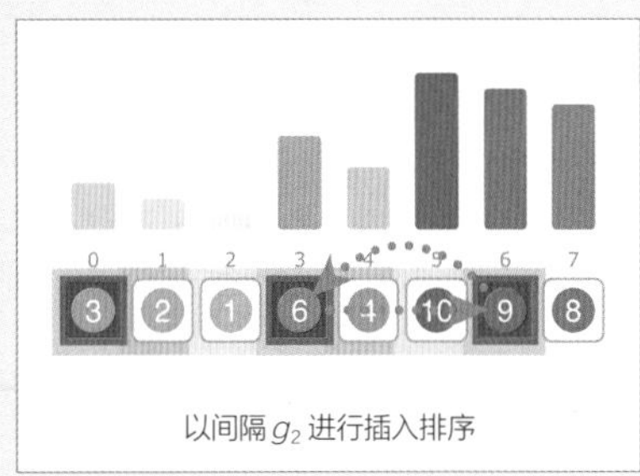

以间隔 g_2 进行插入排序

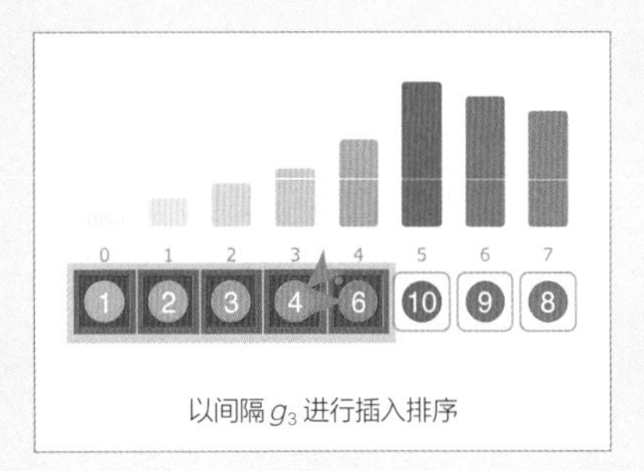

以间隔 g_3 进行插入排序

输入

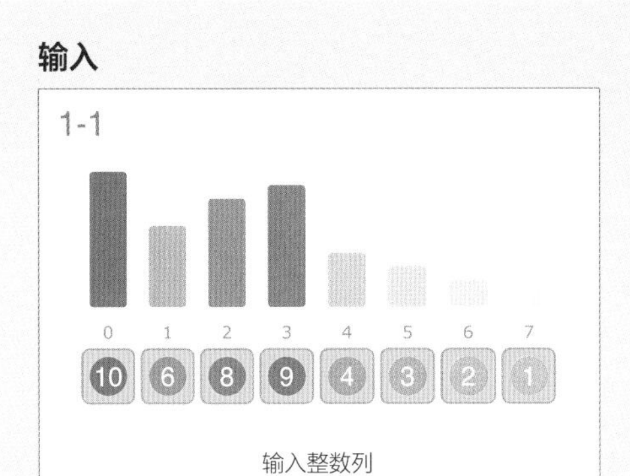

输入整数列

插入排序

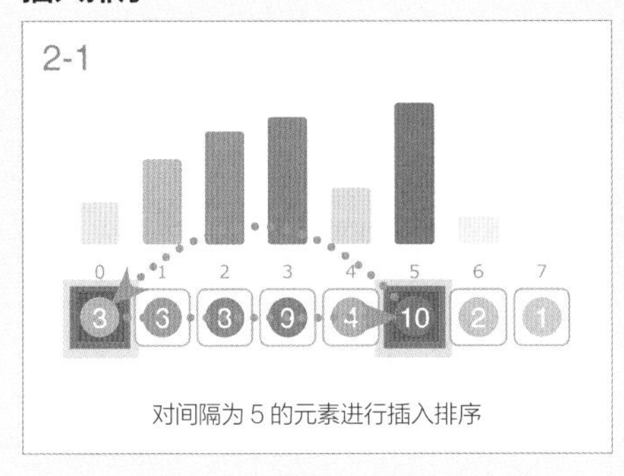

对间隔为 5 的元素进行插入排序

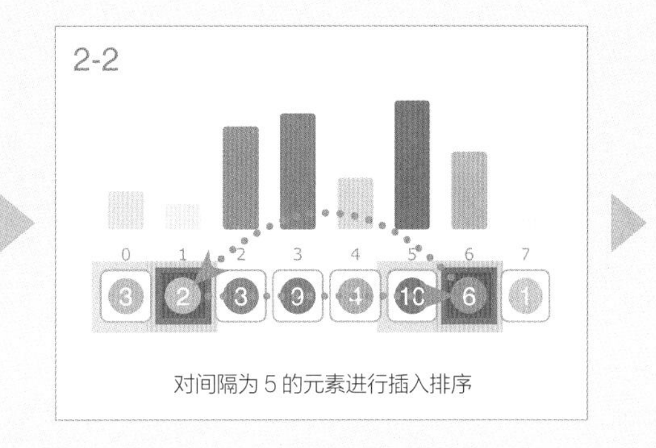

对间隔为 5 的元素进行插入排序

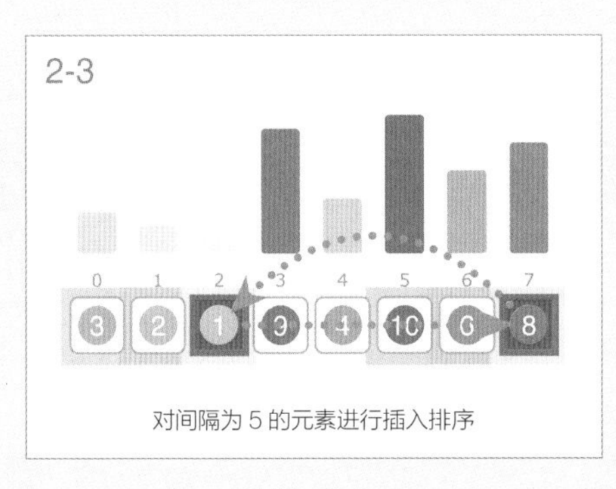

对间隔为 5 的元素进行插入排序

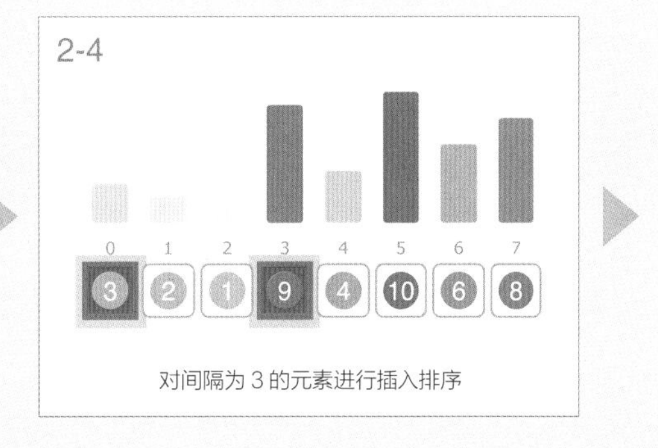

对间隔为 3 的元素进行插入排序

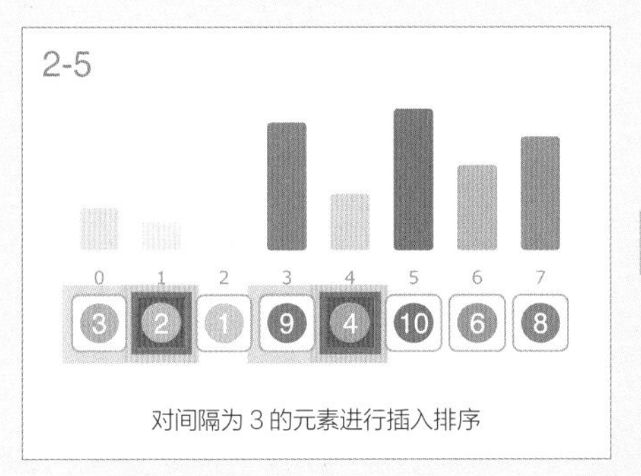

对间隔为 3 的元素进行插入排序

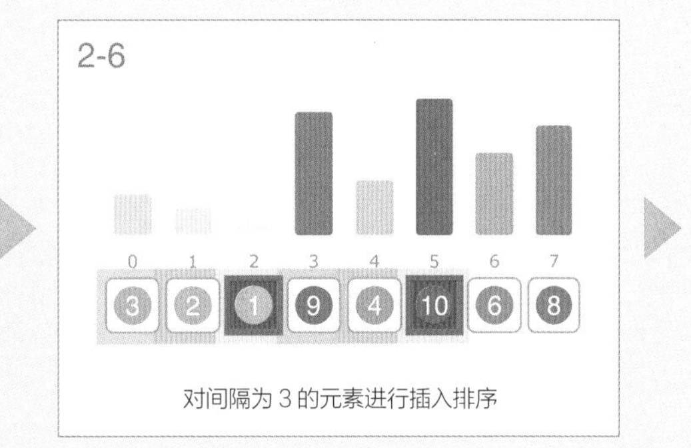

对间隔为 3 的元素进行插入排序

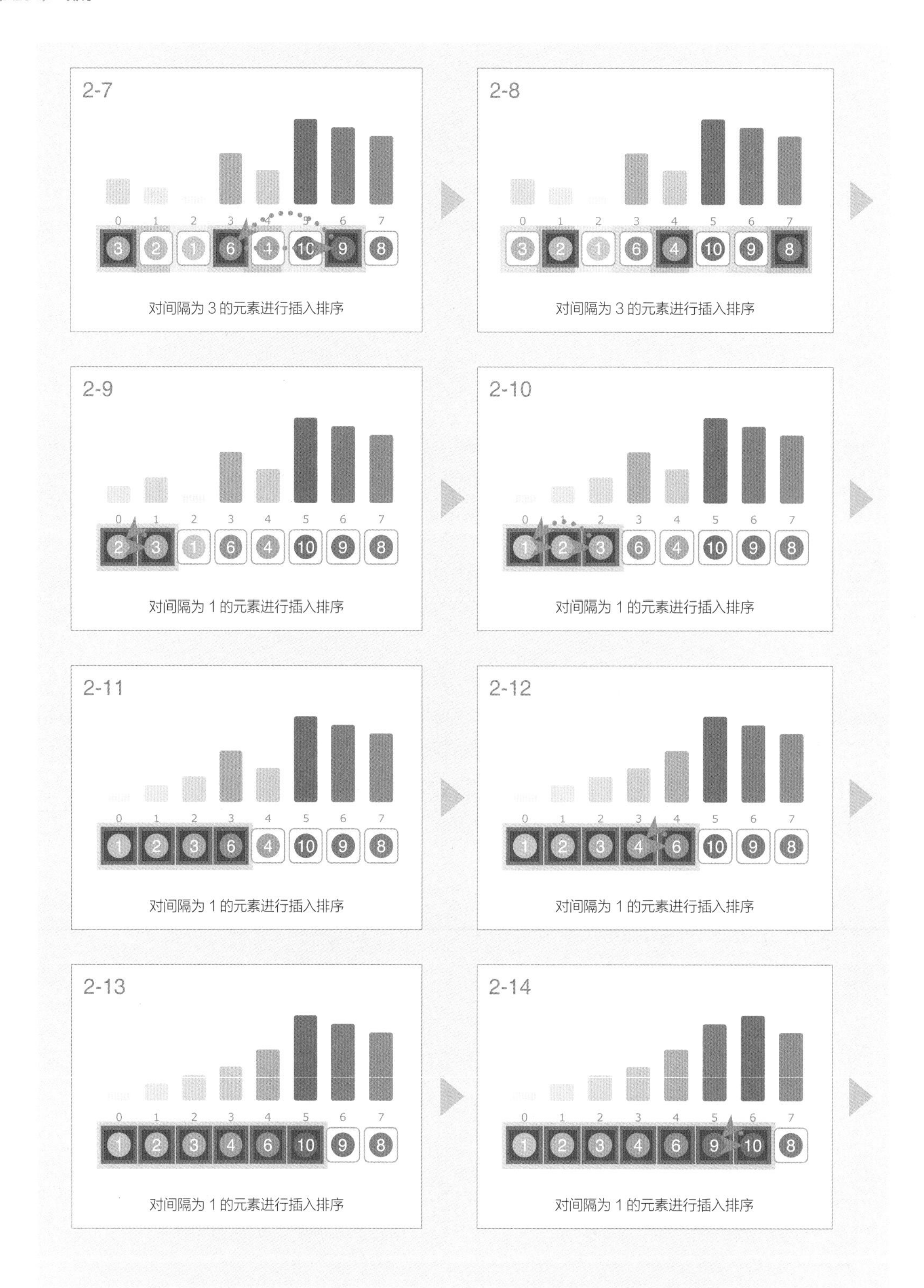
2-7
0 1 2 3 4 5 6 7
3 2 1 6 4 10 9 8
对间隔为 3 的元素进行插入排序
2-8
0 1 2 3 4 5 6 7
3 2 1 6 4 10 9 8
对间隔为 3 的元素进行插入排序
2-9
0 1 2 3 4 5 6 7
2 3 1 6 4 10 9 8
对间隔为 1 的元素进行插入排序
2-10
0 1 2 3 4 5 6 7
1 2 3 6 4 10 9 8
对间隔为 1 的元素进行插入排序
2-11
0 1 2 3 4 5 6 7
1 2 3 6 4 10 9 8
对间隔为 1 的元素进行插入排序
2-12
0 1 2 3 4 5 6 7
1 2 3 4 6 10 9 8
对间隔为 1 的元素进行插入排序
2-13
0 1 2 3 4 5 6 7
1 2 3 4 6 10 9 8
对间隔为 1 的元素进行插入排序
2-14
0 1 2 3 4 5 6 7
1 2 3 4 6 9 10 8
对间隔为 1 的元素进行插入排序

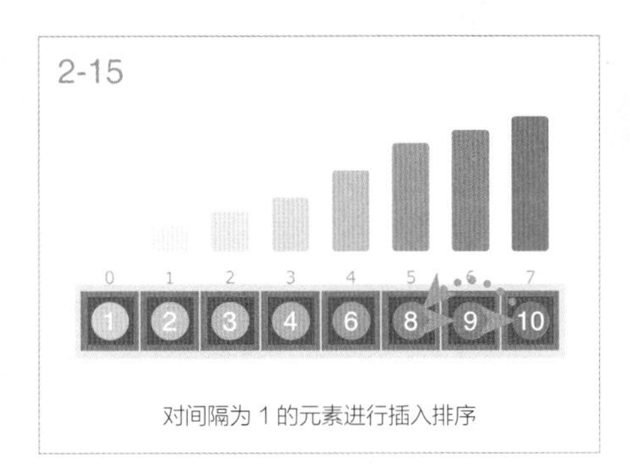

对间隔为 1 的元素进行插入排序

输出

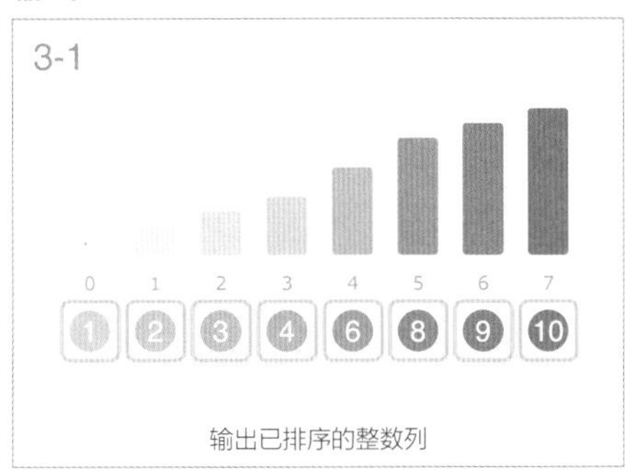

输出已排序的整数列

谢尔排序是重复进行只对间隔为 interval={g_1, g_2···} 的元素进行插入排序 insertionSort(A, g_i) 的过程，其中 g 从大的初始值开始不断缩小。一旦确定了 g 的值，数列就被分为多个间隔为 g 的元素的子数列，算法从每组的前方开始进行部分排序，不断扩展每个插入排序的已排序部分。

为了确保数据按升序排列，最后需要进行 g=1，即原始的插入排序，但由于此时数据已接近排序完毕的状态，应该基本不需要移动数据。

```
shellSort(A, N):
    interval ← {5, 3, 1}

    for g in interval:
        insertionSort(A, N, g)

# 指定间隔 g，进行插入排序
insertionSort(A, N, g):
    for i ← g to N-1:
        t ← A[i]
        j ← i - g

        while True:
            if j < 0: break
            if not (j ≥ 0 and A[j] > t): break
            A[j+g] ← A[j]
            j ← j - g

        A[j+g] ← t
```

谢尔排序利用了在基本已排序的数据上进行插入排序效率高的优点，是高效的排序算法。谢尔排序在最坏的情况下的时间复杂度是 $O(N^2)$，但如果选择了合适的区间，平均下来，它的时间复杂度将变为 $O(N^{1.25})$。

排序算法比较表

算　法	时间复杂度	是否稳定	是否原地排序	用到的技术	特　点
冒泡排序	×	○	○	交换	× 不实用
选择排序	×	×	○	交换　最小值的位置	× 不实用
插入排序	×	○	○	插入	○ 对接近升序的数据是高效的
合并排序	○	○	×	合并　后序遍历	○ 稳定且高效 × 需要额外的内存
快速排序	○	×	○	分割　前序遍历	× 基准选不好会导致低效 ○ 原地排序且高效
堆排序	○	×	○	向下调整堆	× 在某些系统下实际的速度会变慢
谢尔排序	△	○	○	插入排序	× 间距选不好会导致低效
计数排序	△	○	×	累积和	× 元素的值有上限限制

第21章

基本数据结构 2

前面介绍的栈、队列和优先队列都是能有效控制处理顺序的数据结构。除此之外，对数据集元素进行添加、搜索和删除的数据结构对于实现高级算法和应用来说也是必不可少的。

本章将介绍对动态数据集元素进行添加、搜索和删除的基本数据结构。

- 双向链表
- 哈希表

21.1 双向链表

动态数据集管理

对于能够有效利用计算机资源的程序来说，能够进行数据的插入和删除，同时能够分配需要的内存和释放不需要的内存的动态数据结构是必不可少的。

请实现能够插入、搜索和删除元素的数据结构。

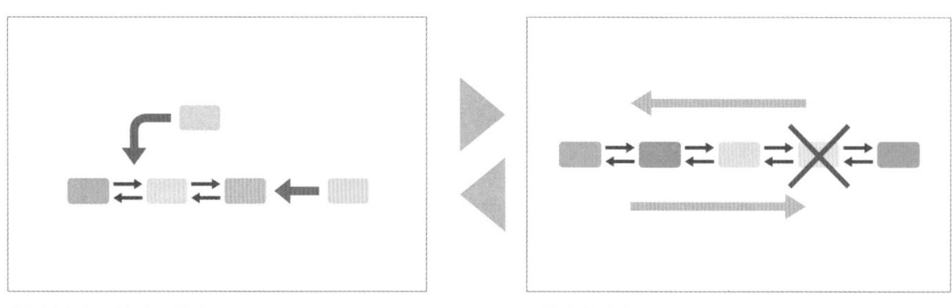

数据的插入、搜索、删除　　　　对搜索的响应

• 操作、搜索的数量 $Q \leqslant 100\,000$

双向链表 Doubly Linked List

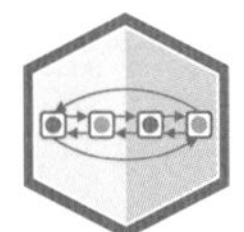

本节实现了通过链表进行数据的插入、搜索和删除的管理动态数据集的基本数据结构。

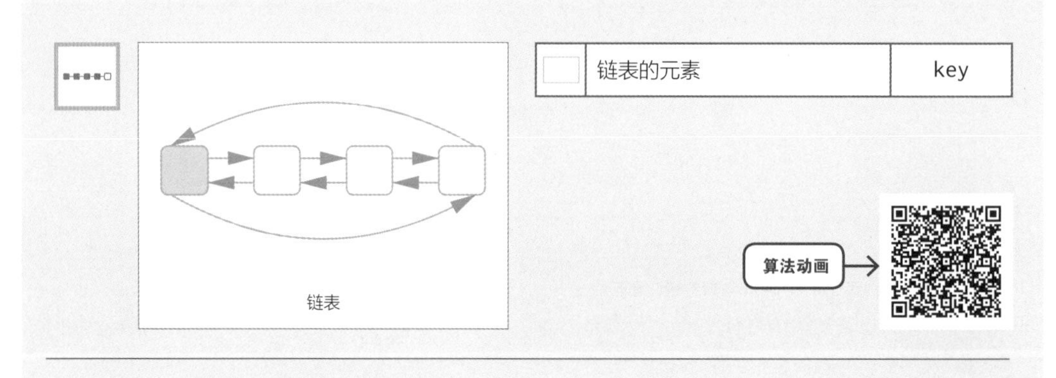

链表

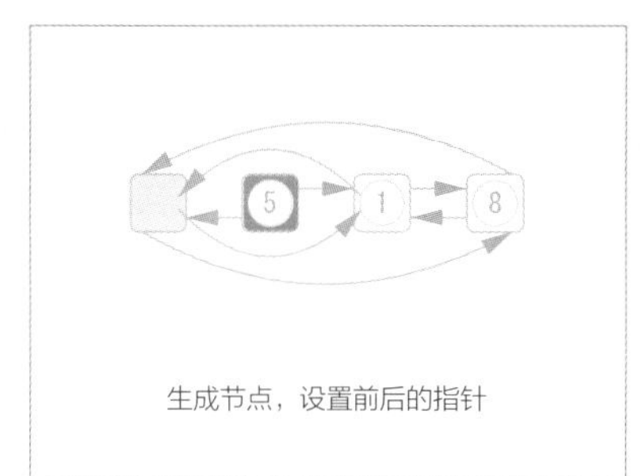

生成节点，设置前后的指针

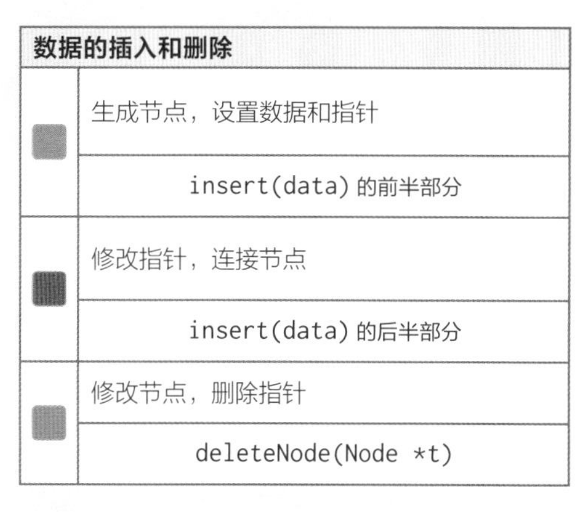

数据的插入和删除	
	生成节点，设置数据和指针
	insert(data) 的前半部分
	修改指针，连接节点
	insert(data) 的后半部分
	修改节点，删除指针
	deleteNode(Node *t)

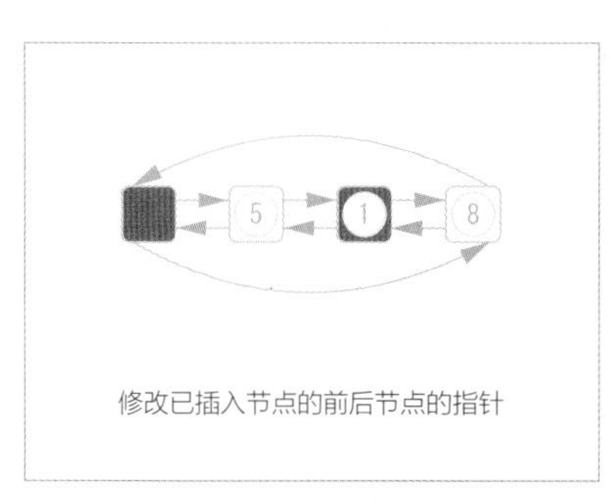

修改已插入节点的前后节点的指针

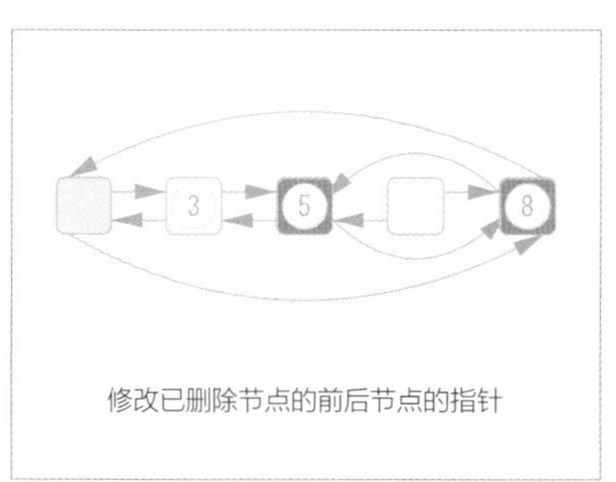

修改已删除节点的前后节点的指针

数据的插入和删除

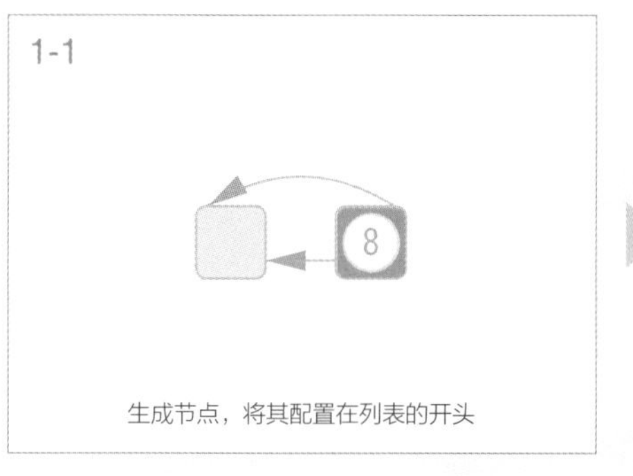

生成节点，将其配置在列表的开头

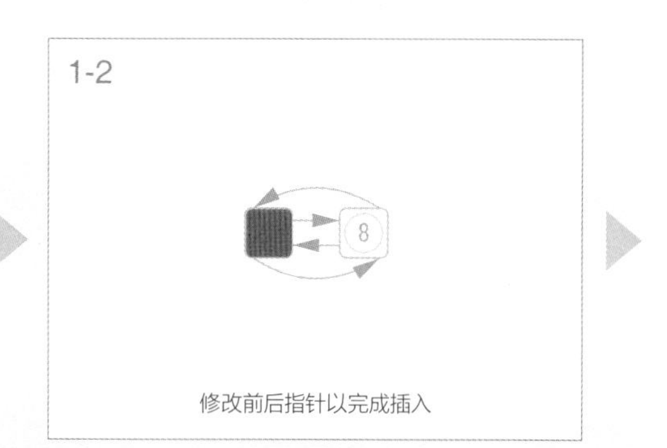

修改前后指针以完成插入

1-3
1
8
生成节点，将其配置在列表的开头
1-4
1
8
修改前后指针以完成插入
1-5
5
1
8
生成节点，将其配置在列表的开头
1-6
5
1
8
修改前后指针以完成插入
1-7
3
5
1
8
生成节点，将其配置在列表的开头
1-8
3
5
1
8
修改前后指针以完成插入
1-9
3
5
1
8
搜索数据值为 1 的节点并删除
1-10
3
5
1
8

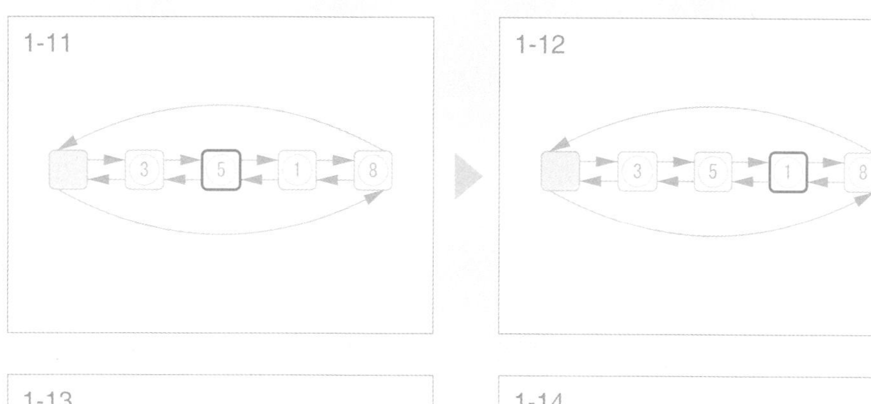

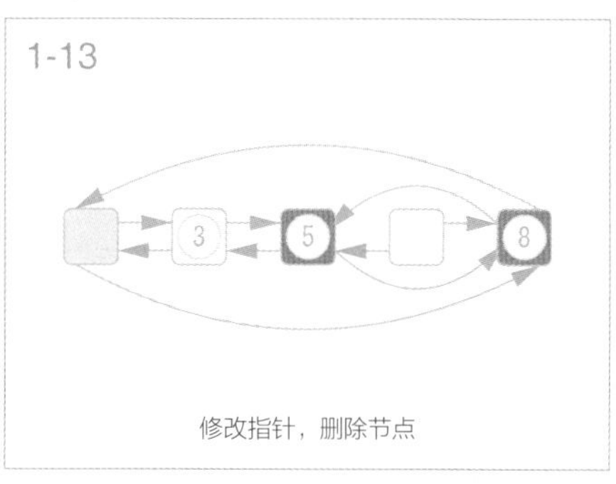

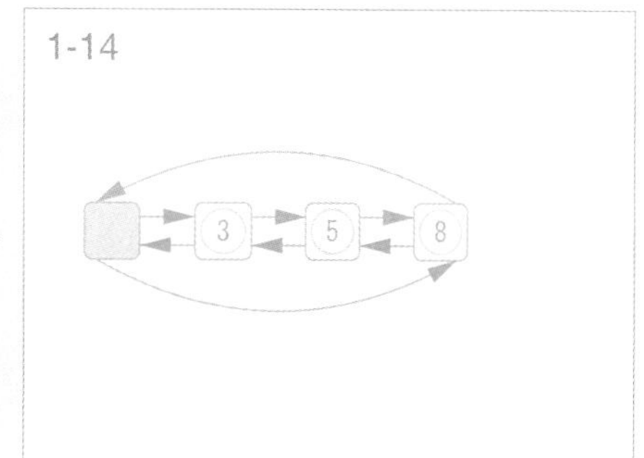

双向链表有一个特殊的节点，叫作“哨兵”，这里将哨兵称为 sentinel 节点。sentinel 不属于实际的数据，但它是连接各节点的起点。每个节点（包括 sentinel）都有一个指向下一个节点的指针 next 和一个指向上一个节点的指针 prev。这里设数据的主体为变量 key。如果链表是空的，那么 sentinel 的 next 和 prev 都指向自己（初始状态）。

数据的插入是在链表的开头，也就是紧随 sentinel 之后添加元素。如果在插入处理之前，链表的开头已经有元素 y 了，那么元素会被插入到 sentinel 和 y 之间。首先我们创建一个新的节点（设它是 x），并为它设置指定的数据。接下来设置 x 的指针，使 x 的 prev 指向 sentinel，x 的 next 指向 sentinel 的 next（即 y）。之后修改 sentinel 和 y 的指针。首先将 sentinel 的 next 的 prev（即 y 的 prev）修改为 x，然后将 sentinel 的 next 修改为 x。要特别注意修改指针的顺序。

数据的删除处理首先要做的是搜索拥有指定值的节点，这里设它为 t。在修改 t 前后节点的指针后，将 t 从链表中删除（使其无法追溯）。将 t 的 prev 的 next 替换为 t 的 next，t 的 next 的 prev 替换为 t 的 prev。

```
class Node:
    Node *prev
    Node *next
    key

class LinkedList:
    Node *sentinel  # 哨兵

    # 初始化为空链表
    init():
        sentinel ← 生成节点
        sentinel.next ← sentinel  # 指向自身
        sentinel.prev ← sentinel  # 指向自身

    # 插入数据 data
    insert(data):
        # 生成节点，设置数据和指针
        Node *x ← 生成节点
        x.key ← data # 设置数据
        x.next ← sentinel.next
        x.prev ← sentinel
        # 设置哨兵和原来的开头节点的指针
        sentinel.next.prev ← x
        sentinel.next ← x

    # 搜索持有 k 的节点
    listSearch(k):
        Node *cur ← sentinel.next # 从哨兵的下一个元素开始追溯
        while cur ≠ sentinel and cur.key ≠ k:
            cur ← cur.next
        return cur

    deleteNode(Node *t):
        if t = sentinel: return # 如果 t 是哨兵，则不处理
        t.prev.next ← t.next
        t.next.prev ← t.prev
        释放 t 的内存

    # 删除持有 k 的节点
    deleteKey(k):
        deleteNode(listSearch(k)) # 删除得到的节点
```

向双向链表的开头插入元素操作的时间复杂度是 $O(1)$。要搜索给定的元素，需从开头开始追溯节点，该操作的时间复杂度是 $O(N)$。

删除元素的时间复杂度是 $O(1)$，但是还要搜索删除元素，包含搜索在内的时间复杂度是 $O(N)$。

虽然本节介绍的主要是将数据添加到链表开头的算法，但我们也可以实现其他操作，例如在链表的末尾或指定位置插入数据。

特点

链表是处理动态集合的最基本的数据结构。它适用于不需要随机访问数据元素、不受遍历链表的开销影响的应用。例如，它可以用来保存图中每个节点的相邻节点列表。链表的实现是在保持顺序的前提下进行数据添加的数据结构的基础。

21.2 哈希表

字典

通过指定的“键值对”进行添加、查询和删除数据的数据结构叫作字典，或者关联数组。键是用于搜索和排序的基准，在字典中，它就像值所对应的标识符。

请实现提供字典功能的数据结构，包括数据搜索、添加和删除操作的实现。
在本节中，键和值被合在一起，只有键中包含实际的数据。

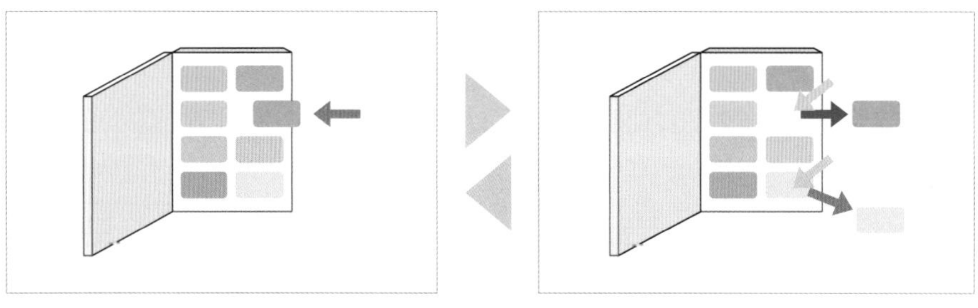

对字典的搜索、添加、删除操作　　　　对搜索的响应

- 操作、搜索的数量 $Q \leqslant 100\,000$
- $0 \leqslant$ 键 $\leqslant 1\,000\,000\,000$

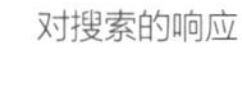

哈希表 Hash Table

与输入数据（键）相对应的，存储位置由以键为输入的哈希函数确定的数据结构，叫作哈希表。我们可以使用一维数组结构来实现哈希表。这里将实现键的添加功能。

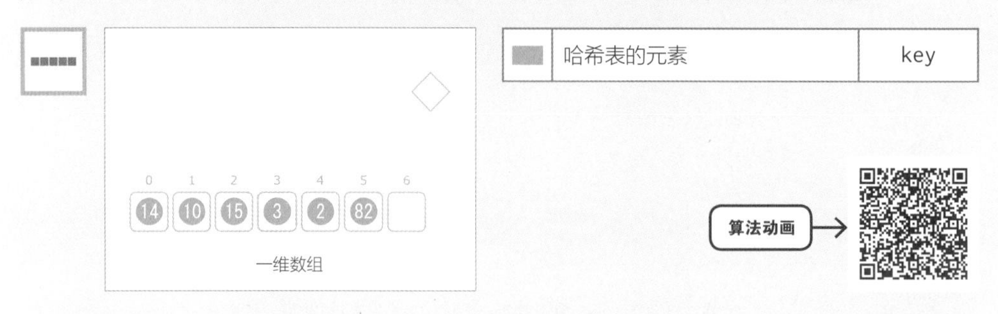

寻找键的插入位置

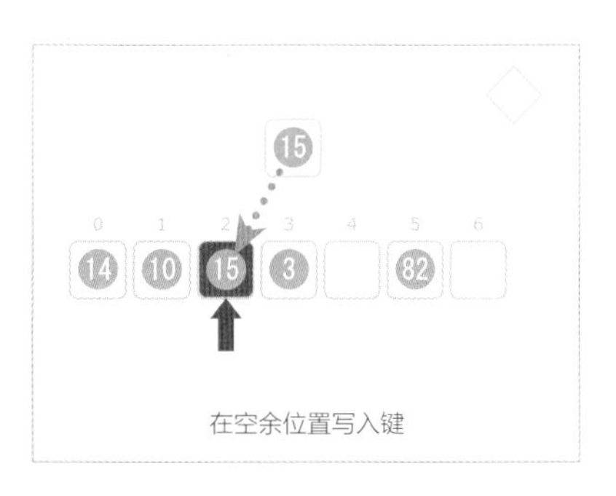

由于发生冲突，再次寻找键的插入位置

数据的添加		
	添加数据	insert(k)
	使用哈希函数寻找空余位置	pos ← hash(k, i)
	指向哈希函数求出的位置	pos
	写入元素	key[pos] ← k
	表示冲突发生的位置	pos 值的轨迹

在空余位置写入键

数据的添加

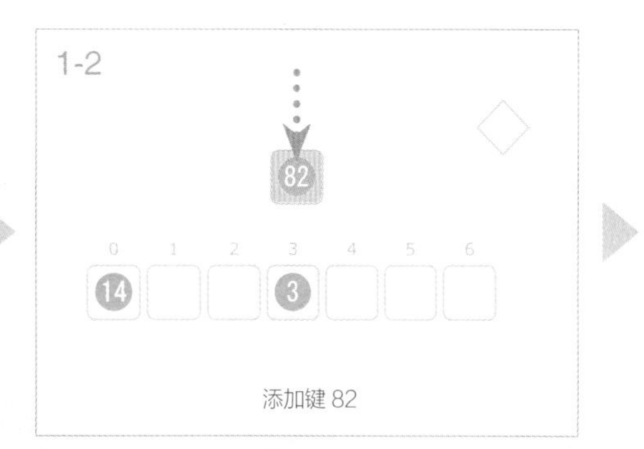

向已有几个键的表中添加键

添加键 82

21.2 哈希表

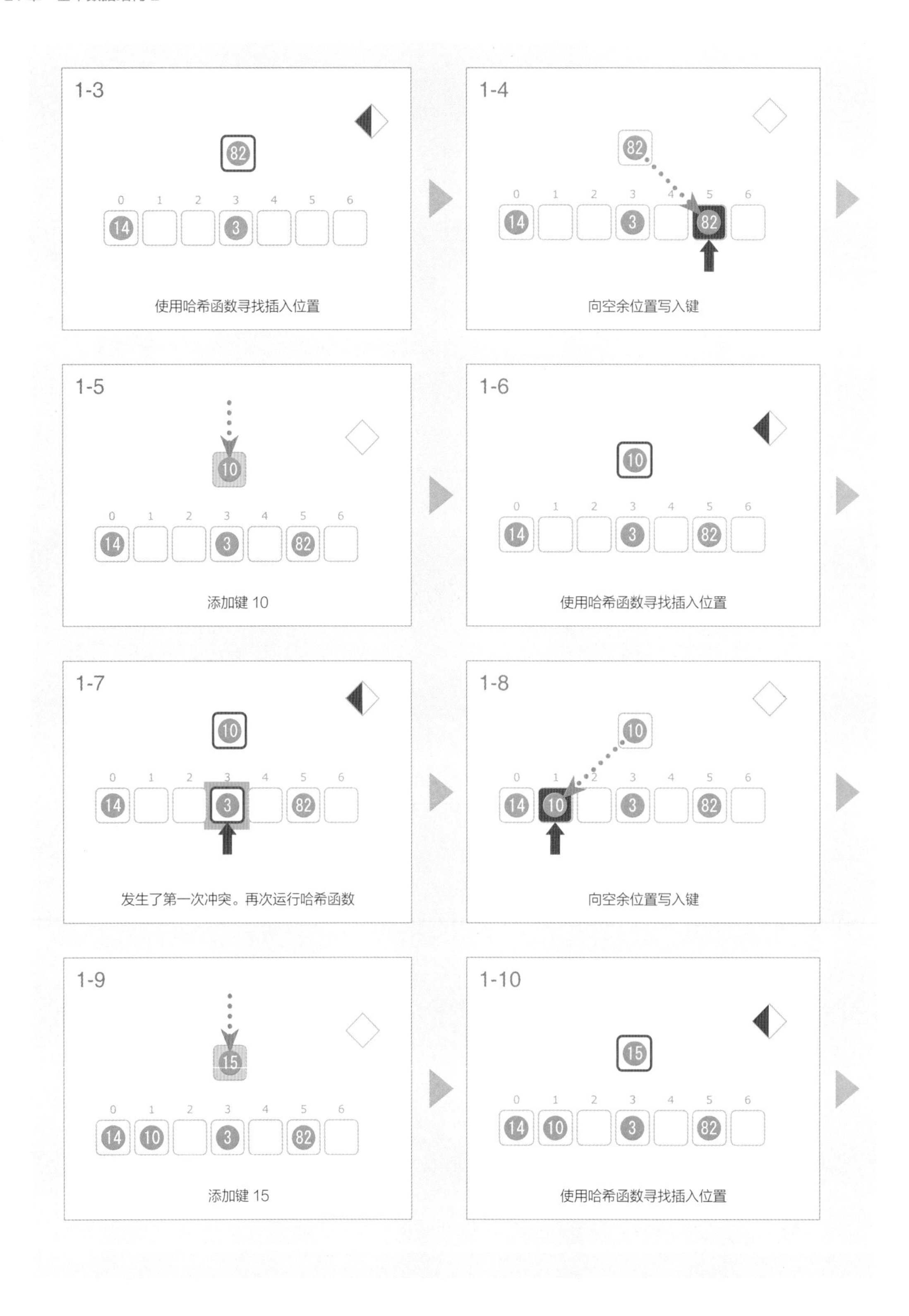
1-3
82
0 1 2 3 4 5 6
14 3
使用哈希函数寻找插入位置
1-4
82
0 1 2 3 4 5 6
14 3 82
向空余位置写入键
1-5
10
0 1 2 3 4 5 6
14 3 82
添加键 10
1-6
10
0 1 2 3 4 5 6
14 3 82
使用哈希函数寻找插入位置
1-7
10
0 1 2 3 4 5 6
14 3 82
发生了第一次冲突。再次运行哈希函数
1-8
10
0 1 2 3 4 5 6
14 10 3 82
向空余位置写入键
1-9
15
0 1 2 3 4 5 6
14 10 3 82
添加键 15
1-10
15
0 1 2 3 4 5 6
14 10 3 82
使用哈希函数寻找插入位置

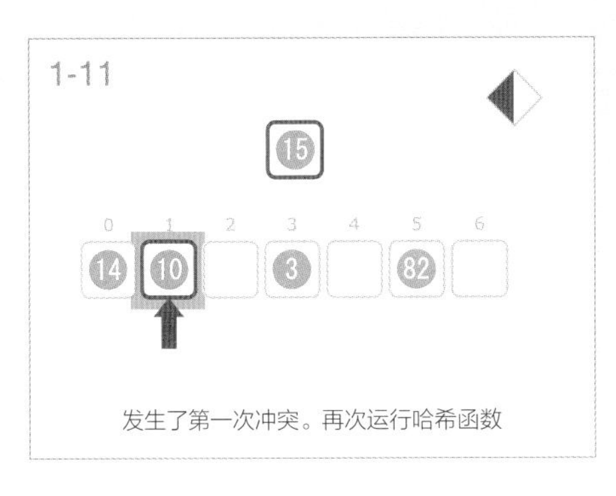

发生了第一次冲突。再次运行哈希函数

发生了第二次冲突。再次运行哈希函数

向空余位置写入键

添加键 2

使用哈希函数寻找插入位置

发生了第一次冲突。再次运行哈希函数

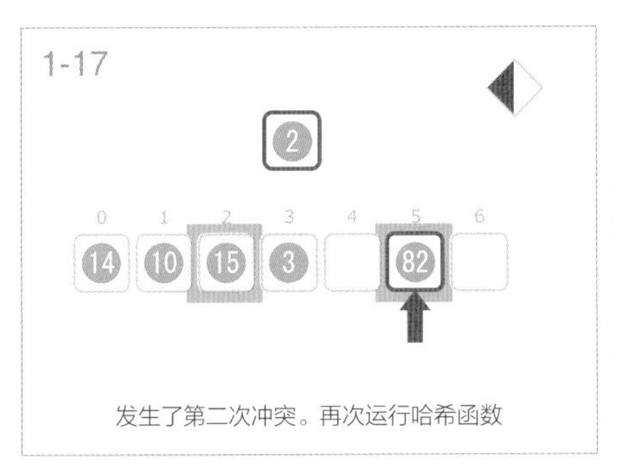

发生了第二次冲突。再次运行哈希函数

发生了第三次冲突。再次运行哈希函数

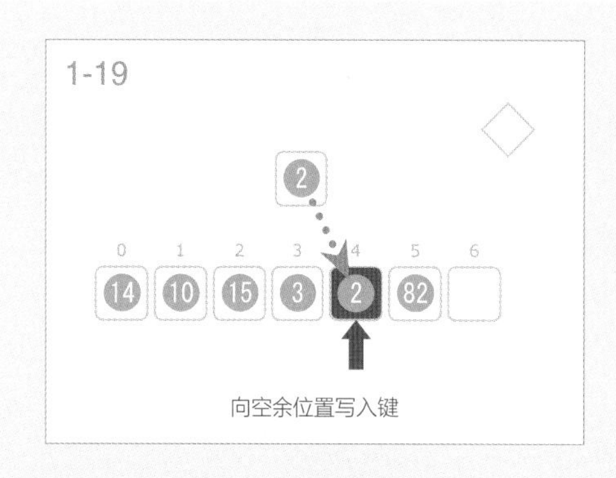

哈希表的数据结构由大小为 N 的哈希表本身和决定作为元素的键的保存位置的哈希函数构成。哈希函数一般基于接收到的键的表达式来确定位置，但它有时候会对不同的键计算出相同的位置。因为在试图写入的位置已经有数据存在了，所以这种情况叫作冲突。即使发生冲突，也能将键插入空余位置的方法有开放寻址法（open addressing）。本节采用的是基于开放寻址法的做法，实现了两个子函数。

开放寻址法的哈希函数根据接收的键和冲突次数决定存储位置。换言之，每次发生冲突时，哈希函数都会搜索空余位置。用于哈希函数的数学式多种多样，本节采用的数学式如下所示。

$$hash(k, i) = (h_1(k) + i \times h_2(k)) \bmod N$$

之所以除以 N 来取余数，是为了确保计算结果总是在表的范围之内。$h_1(k)$ 和 $h_2(k)$ 是哈希函数的子函数。i 表示冲突次数，首先由 $hash(k, 0)$，也就是 $h_1(k)$ 确定起点，每当发生冲突时，通过 $hash(k, 1)$、$hash(k, 2)$……依次搜索空余区域。这也就是说，$h_2(k)$ 表示到下一个搜索位置的移动距离。由于最后还要除以 N 来取余数，因此搜索的位置永远不会超过数组的大小，搜索是循环进行的。这里需要注意，$h_2(k)$ 和表的大小 N 必须互素，这样搜索才不会错过任何位置（即不会返回到同一位置）。这里使 N 为素数，将 $h_2(k)$ 设置为比 N 更小的数。

```
class HashTable:
    N     # 哈希表的大小
    key   # 大小为N的表

    h1(k):
        return k mod N     # key除以N的余数

    h2(k):
        return 1 + (k mod (N - 1))

    # 哈希函数
    hash(k, i):
        return (h1(k) + i * h2(k)) mod N

    # 插入键k
    insert(k):
        i ← 0 # 冲突次数
        while True:
            pos ← hash(k, i)
            if key[pos]是空余位置:
                key[pos] ← k
                return pos # 返回位置，结束
            else:
                i++          # 如果不是空余位置，则增加冲突次数，再次尝试
```

如果不考虑冲突，哈希表数据的添加、搜索和删除能够以时间复杂度 $O(1)$ 完成，但实际的计算成本取决于哈希函数中使用的表达式和参数。虽然本节使用的是最基本的表达式，但通过优化哈希函数，我们就能实现高效的数据结构或搜索算法。

本节只介绍了数据的添加，至于进行数据的搜索和删除的函数，我们也可以基于通用的哈希函数，采用近乎相同的方式实现。

特点

由于字典能够直观高效地管理元素，因此它已经成为编程中必不可少的数据结构。而哈希表则是用于实现字典的强大的数据结构或者说算法。不过基于哈希表实现的字典不能保留字典中键的顺序，这就限制了字典能够进行的操作种类。此外，即使数据是稀疏的，哈希表也会创建很大的表，所以需要注意内存的管理。

第22章

广度优先搜索

通过系统地访问图的节点，我们可以了解到图的各种性质和特点。

本章将介绍基于广度优先搜索（BFS，breadth first search）的算法，它是优先按广度访问图的节点的方法。

- 广度优先搜索
- 使用 BFS 计算最短距离
- Kahn 算法

22.1 广度优先搜索 ★★

图的连通性

对图的最基本的操作是从某个起点出发，沿着可能的边前进，检查节点的连通性。

请从任意起点出发，系统地访问图的所有节点。

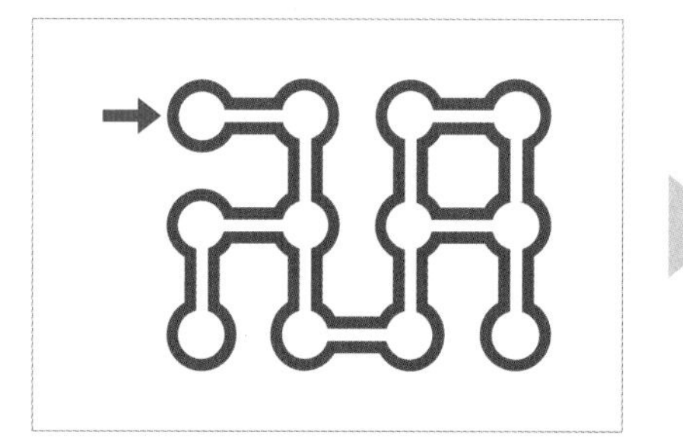

无向图

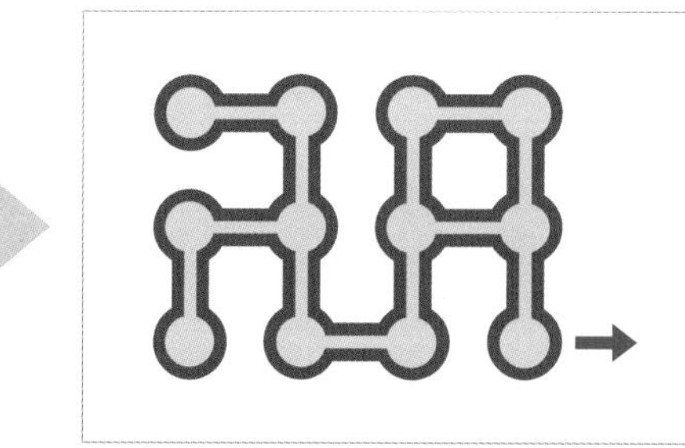

各节点的访问状态

- 节点数量 $N \leqslant 1000$
- 边的数量 $M \leqslant 1000$

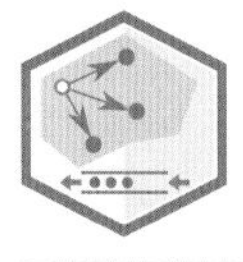

广度优先搜索 Breadth First Search

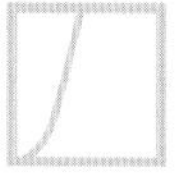

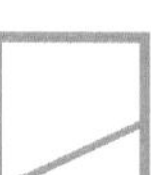

广度优先搜索是系统地访问图的节点的算法，该算法使用队列管理搜索过程中的节点。

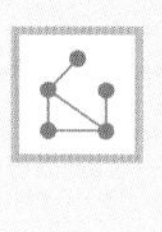

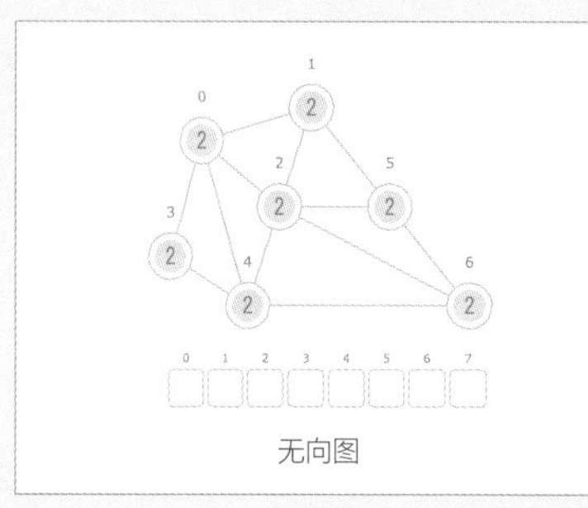

无向图

节点的访问状态	color

算法动画 →

完成从队列取出的节点的访问

访问相邻的节点，并插入队列

起点的确定		
■	将起点插入队列	que.enqueue(s)
搜索		
●	访问相邻的节点	color[v] ← GRAY
■	将已访问的节点放入队列	que.enqueue(v)
●	完成从队列取出的节点的访问	color[u] ← BLACK
	扩展已访问节点的组的范围	color 为 GRAY 的节点
	扩展已完成的节点的组的范围	color 为 BLACK 的节点

起点的确定

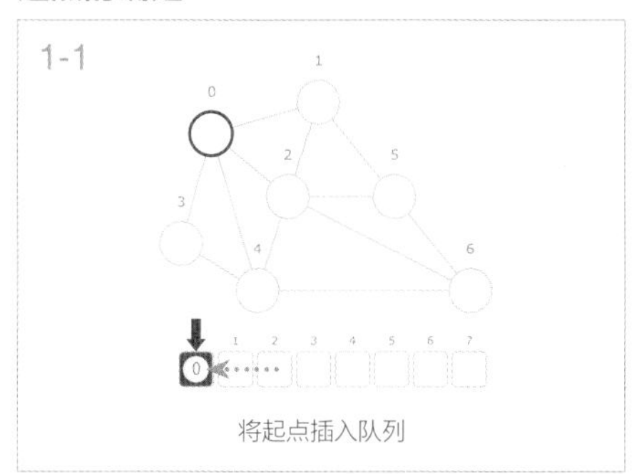

将起点插入队列

搜索

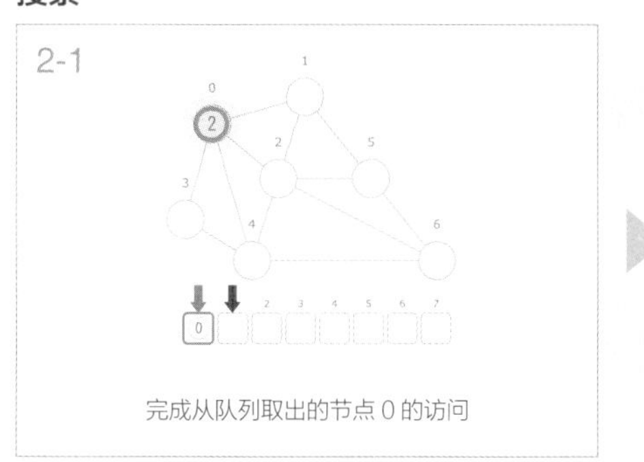

完成从队列取出的节点 0 的访问

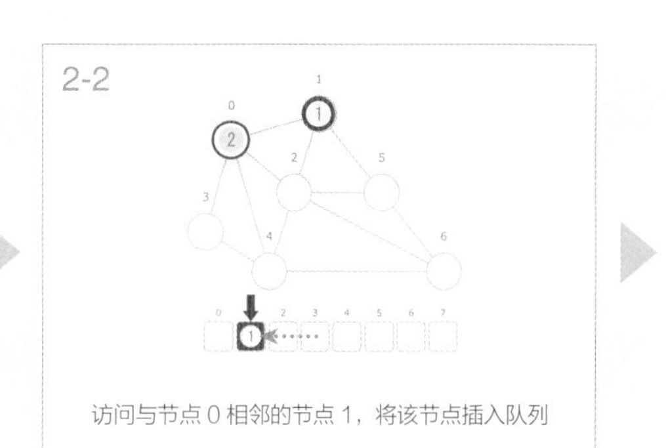

访问与节点 0 相邻的节点 1，将该节点插入队列

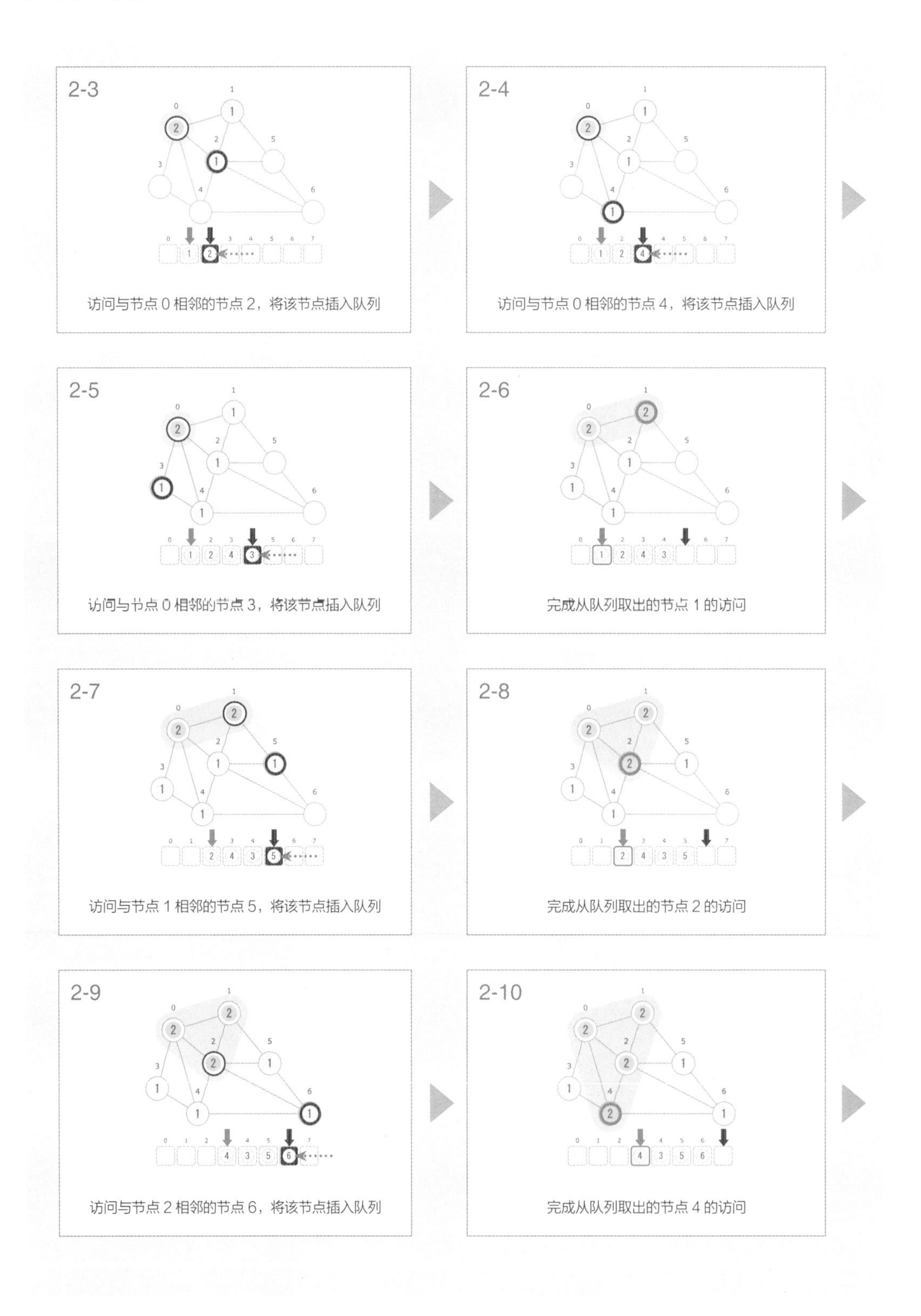
2-3
访问与节点 0 相邻的节点 2，将该节点插入队列
2-4
访问与节点 0 相邻的节点 4，将该节点插入队列
2-5
访问与节点 0 相邻的节点 3，将该节点插入队列
2-6
完成从队列取出的节点 1 的访问
2-7
访问与节点 1 相邻的节点 5，将该节点插入队列
2-8
完成从队列取出的节点 2 的访问
2-9
访问与节点 2 相邻的节点 6，将该节点插入队列
2-10
完成从队列取出的节点 4 的访问

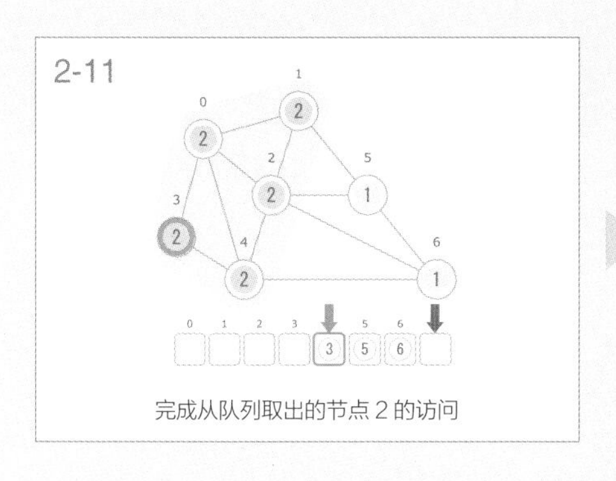

完成从队列取出的节点 2 的访问

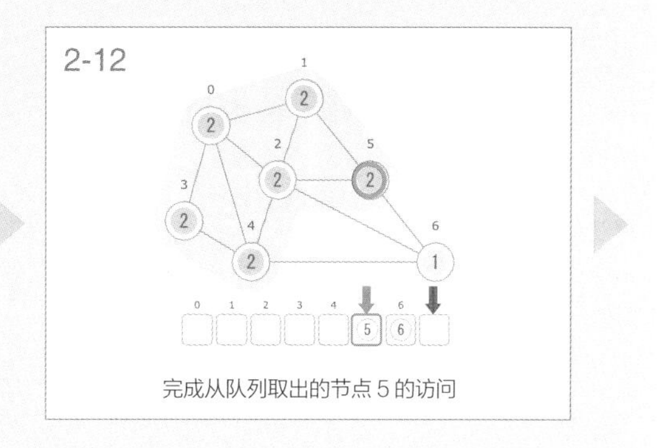

完成从队列取出的节点 5 的访问

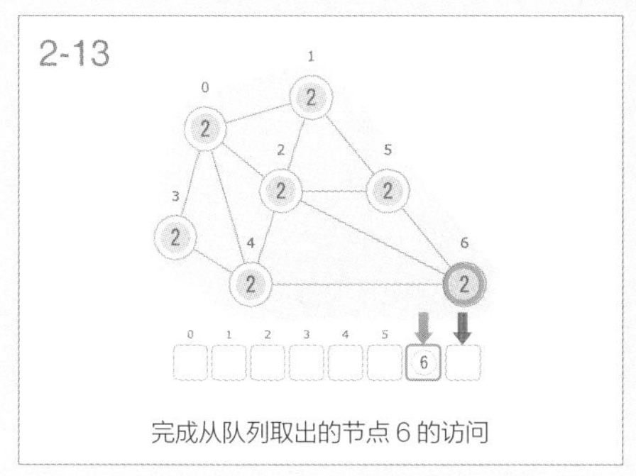

完成从队列取出的节点 6 的访问

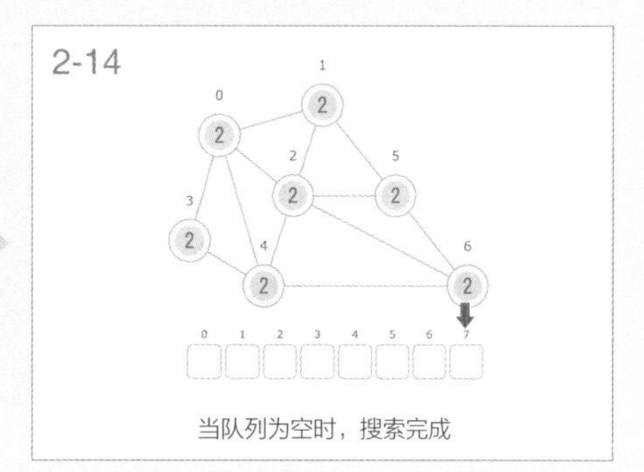

当队列为空时，搜索完成

广度优先搜索借助队列，从起点开始按照由近到远的顺序访问节点。我们使用颜色表示节点的访问状态。白色（WHITE）表示该节点未被访问，灰色（GRAY）表示该节点已被访问，黑色（BLACK）表示该节点的访问已完成。

首先，起点节点被放入队列中，然后完成从队列中取出的节点的访问，直到队列为空。访问与已访问节点相邻且尚未被访问的节点，将该节点放入队列中。

```
# 对图 g 以节点 s 为起点进行广度优化搜索
breadthFirstSearch(g, s):
    Queue que

    for i ← 0 to g.N-1:
        color[i] ← WHITE

    color[s] ← GRAY
    que.enqueue(s)

    while not que.empty():
        u ← que.dequeue()
        color[u] ← BLACK
        for v in g.adjLists[u]:
            if color[v] = WHITE:
                color[v] ← GRAY
                que.enqueue(v)
```

向队列中插入数据的 enqueue 操作的时间复杂度是 $O(1)$，取出数据的 dequeue 操作的时间复杂度也是 $O(1)$。当通过队列进行广度优先搜索时，在从每个节点遍历到其相邻节点的过程中，所有的边都会被遍历。另外，对每个节点进行的操作是访问和完成访问。基于邻接表（通过链表进行相邻节点进行遍历）的广度优先搜索的时间复杂度是 $O(N+M)$。如果采用基于邻接矩阵的方式，因为对每个节点的相邻节点进行遍历的时间复杂度为 $O(N)$，所以广度优先搜索的时间复杂度为 $O(N^2)$。

特点

在广度优先搜索中，包含与起点距离相同的节点的层依次变为已访问、已完成访问的状态。因为算法是按照从起点开始由近到远的顺序访问节点的，所以该算法可被应用于与距离有关的问题。

22.2 使用 BFS 计算最短距离

最短距离

图的最有趣的特性之一是节点之间的距离。对于非加权图，从一个节点到达另一个节点所需的最小边数是图的一个重要特征。

请求出每个节点与起点间的最短距离。这里的距离指的是经过的边的个数。

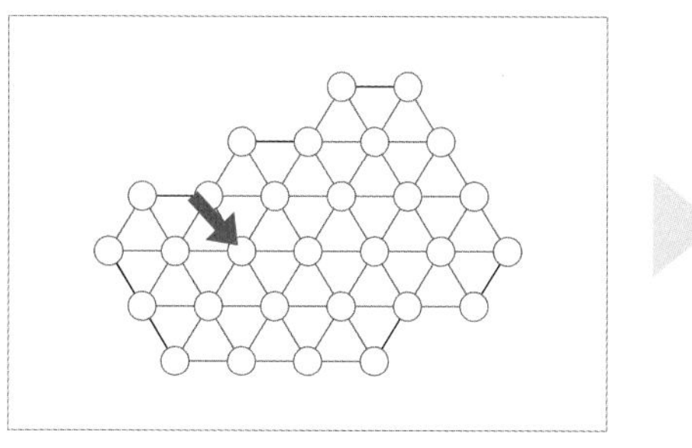

图与起点

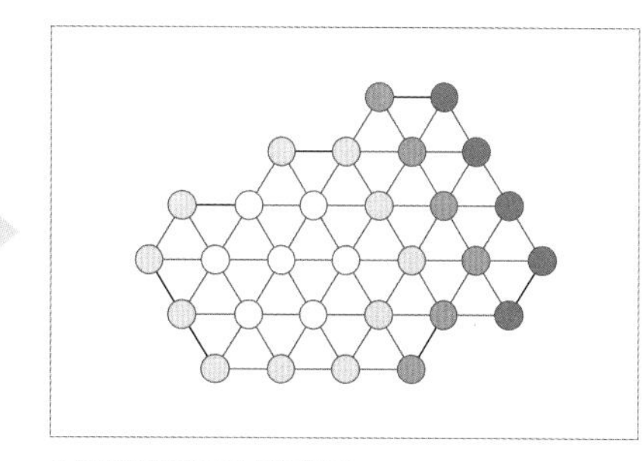

从起点到各节点的最短距离

- 节点数量 $N \leqslant 100\ 000$
- 边的数量 $M \leqslant 100\ 000$

使用 BFS 计算最短距离 Breadth First Search: Distance

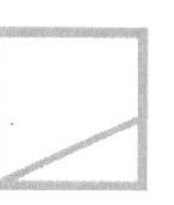

广度优先搜索能够利用已经确定距离的节点信息，高效地求出起点和节点之间的距离。

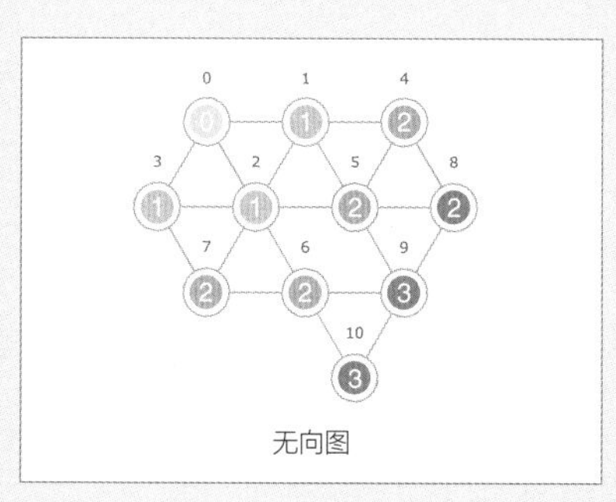

无向图

与起点的最短距离	dist

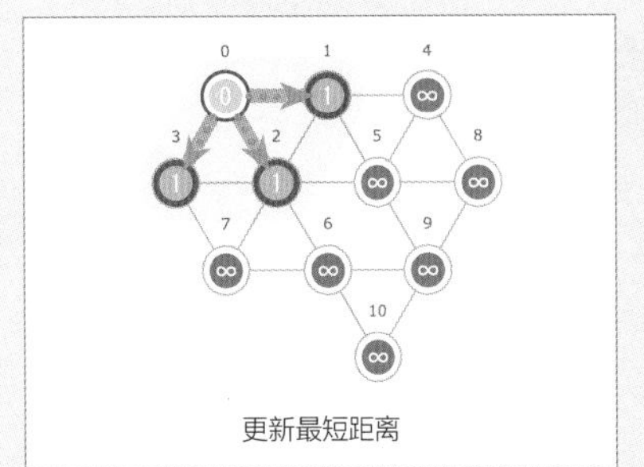

更新最短距离

起点的初始化		
●	将起点的最短距离初始化为 0	dist[s] ← 0
广度优先搜索		
●	更新最短距离	
	dist[v] ← dist[u] + 1	

起点的初始化

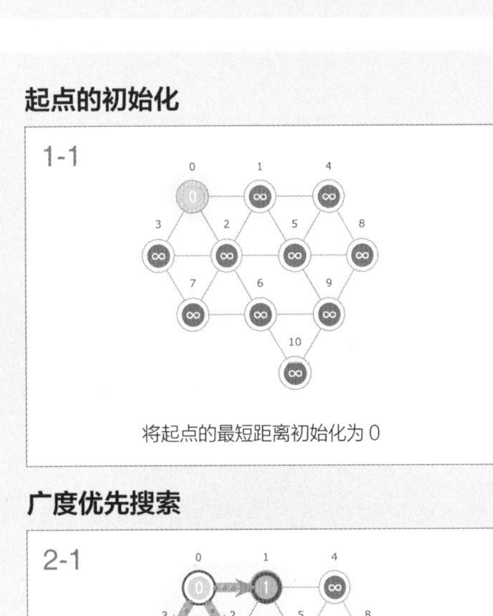

将起点的最短距离初始化为 0

广度优先搜索

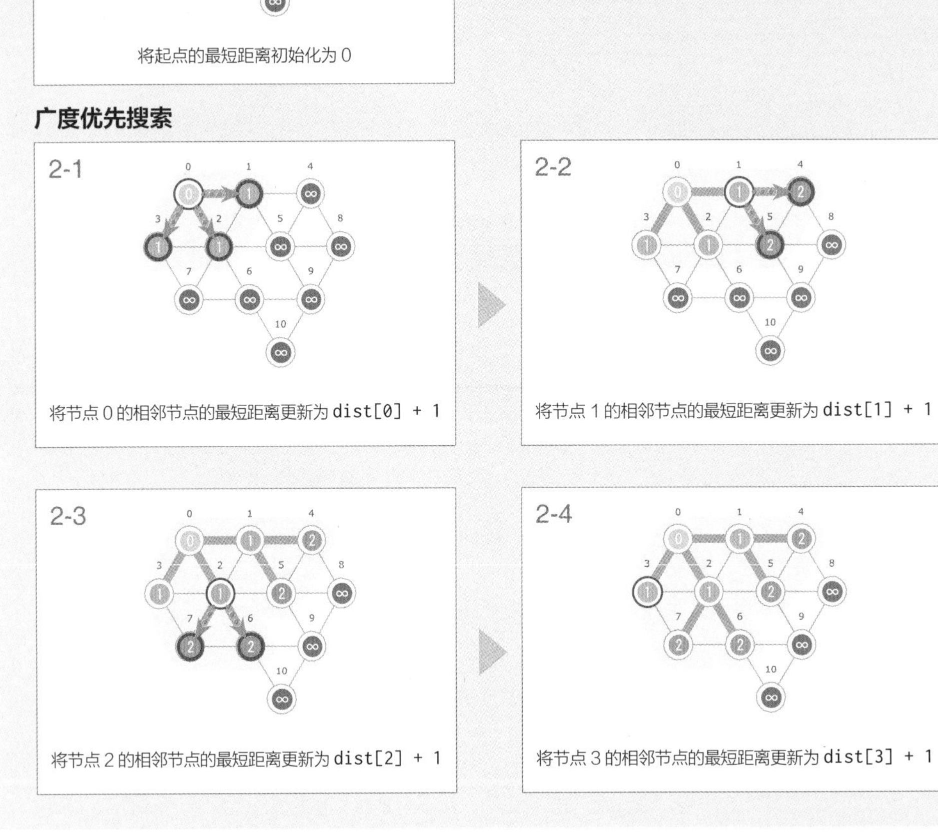

2-1 将节点 0 的相邻节点的最短距离更新为 dist[0] + 1

2-2 将节点 1 的相邻节点的最短距离更新为 dist[1] + 1

2-3 将节点 2 的相邻节点的最短距离更新为 dist[2] + 1

2-4 将节点 3 的相邻节点的最短距离更新为 dist[3] + 1

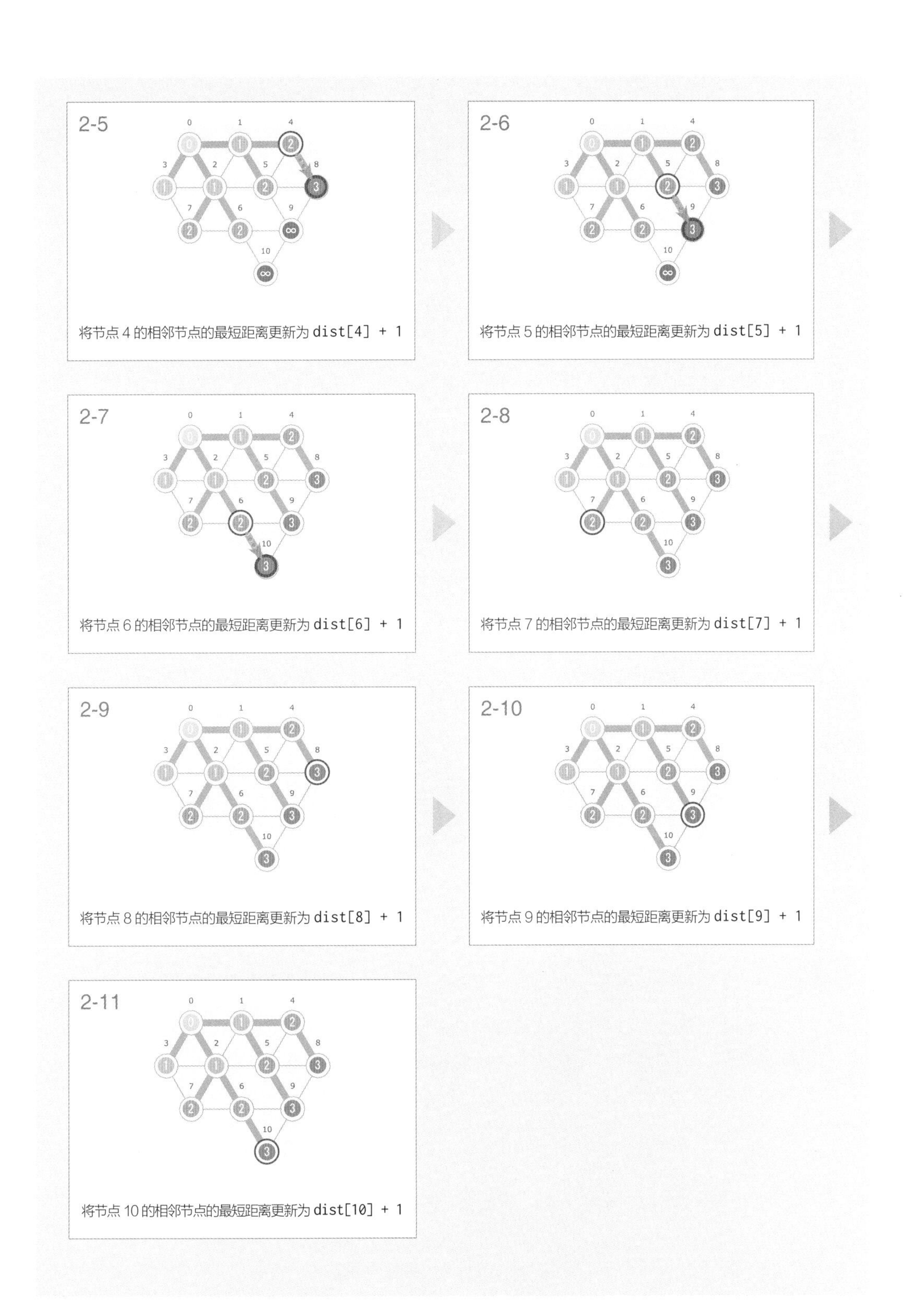
2-5
将节点 4 的相邻节点的最短距离更新为 dist[4] + 1
2-6
将节点 5 的相邻节点的最短距离更新为 dist[5] + 1
2-7
将节点 6 的相邻节点的最短距离更新为 dist[6] + 1
2-8
将节点 7 的相邻节点的最短距离更新为 dist[7] + 1
2-9
将节点 8 的相邻节点的最短距离更新为 dist[8] + 1
2-10
将节点 9 的相邻节点的最短距离更新为 dist[9] + 1
2-11
将节点 10 的相邻节点的最短距离更新为 dist[10] + 1

广度优先搜索将包含起点节点的层作为第 0 层，包含与起点距离为 1 的节点的层作为第 1 层，并以此类推，在访问第 k+1 层之前，第 k 层的所有节点都已被访问。广度优先搜索算法按照从起点开始由近到远的顺序从节点取出节点，从队列中取出的与节点 u 相邻，但未访问的节点 v 的距离，通过从起点到 u 的距离上加上直接连接 u 和 v 的边的距离 1 来求出。

```
# 图 g 和起点节点 s
breadthFirstSearch(g, s):
    Queue que

    for i ← 0 to g.N-1:
        dist[i] ← INF

    que.enqueue(s)
    dist[s] ← 0

    while not que.empty():
        u ← que.dequeue()
        for v in g.adjLists[u]:
            if dist[v] = INF:
                dist[v] ← dist[u] + 1
                que.enqueue(v)
```

对基于邻接表的图求距离的广度优先搜索的时间复杂度是 $O(N+M)$。

特点

图的最短距离问题是应用得最多的一个问题。广度优先搜索是一种与节点数量和边的数量呈线性关系的高效算法，因此得到了广泛的应用。广度优先搜索不能直接应用于边有权重的图，不过我们可以将它扩展为能够解决边有权重的图的最短距离问题的算法，本书将在第 26 章中详细介绍这样的算法。

22.3 Kahn 算法

★★★

拓扑排序

在处理有依赖关系的多个任务时，为了能够在完成所有前置任务之后再运行当前任务，我们必须确定任务的处理顺序。

请从表示任务和依赖关系的有向图中，求出任务的处理顺序。在处理某项任务时，该任务所依赖的所有任务必须已经完成。有向图的边 (u, v) 表示 v 依赖 u。

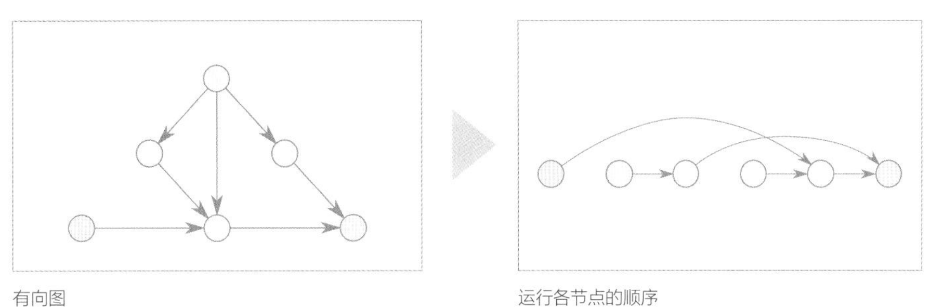

有向图　　　　运行各节点的顺序

- 节点数量 $N \leqslant 100\ 000$
- 边的数量 $M \leqslant 100\ 000$

Kahn 算法 Kahn's Algorithm

拓扑排序是对有向图的节点进行排序的操作，排序规则是使每个节点都位于从该节点出发的边指向的节点前面。Kahn 算法基于广度优先搜索，借助队列管理入度为 0 的节点，来对有向图进行拓扑排序。

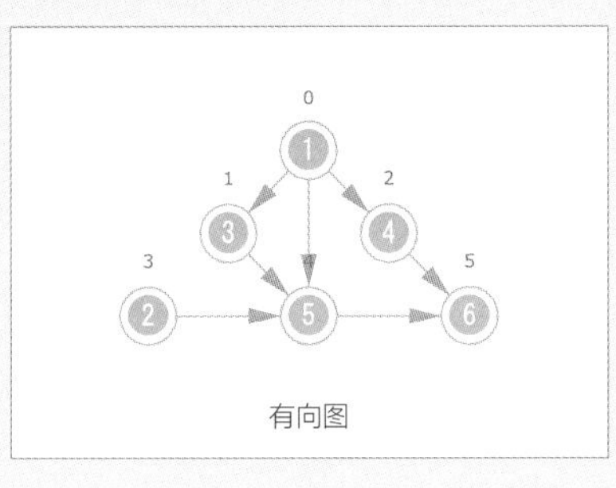

有向图

	节点的入度	deg
	已排序完毕的顺序	order

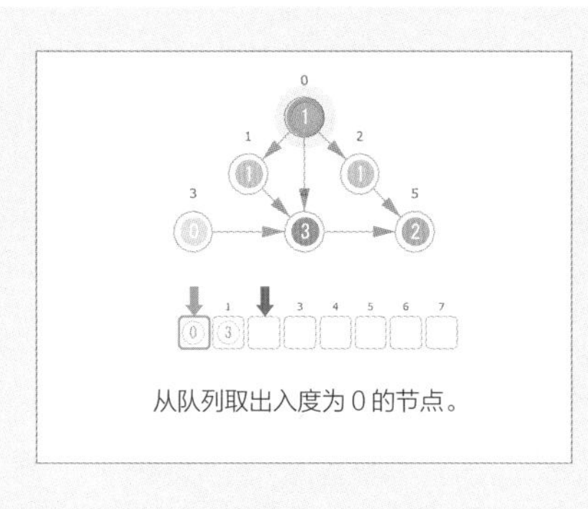

从队列取出入度为 0 的节点。

减小相邻节点的入度，如果入度变为 0，
则将该节点插入到队列

入度的初始化		
(浅灰色圆)	计算入度	
排序		
(灰色圆)	从队列取出入度为 0 的节点，确定顺序	
	u ← que.dequeue()	
(深灰色圆)	将相邻节点的入度减 1	deg[v]--
(深色方块)	将入度为 0 的节点插入队列	que.enqueue(v)
(浅色方块)	扩展已确定顺序的节点组的范围	order 已确定的节点
顺序的输出		
(白色圆)	输出顺序	

入度的初始化

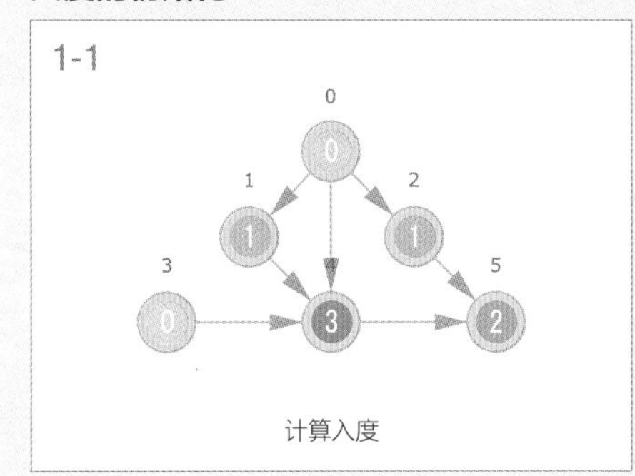

计算入度

排序

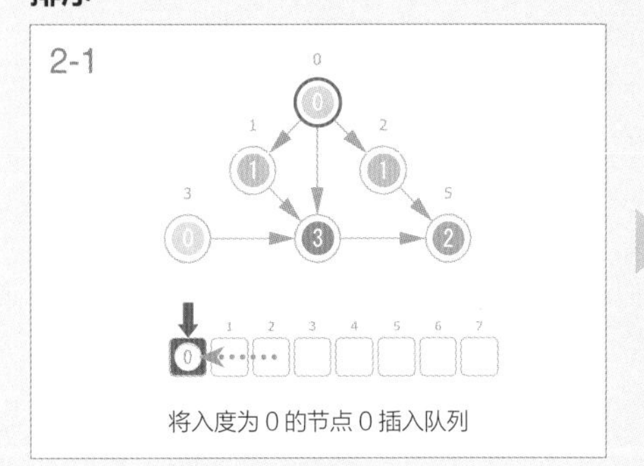

将入度为 0 的节点 0 插入队列

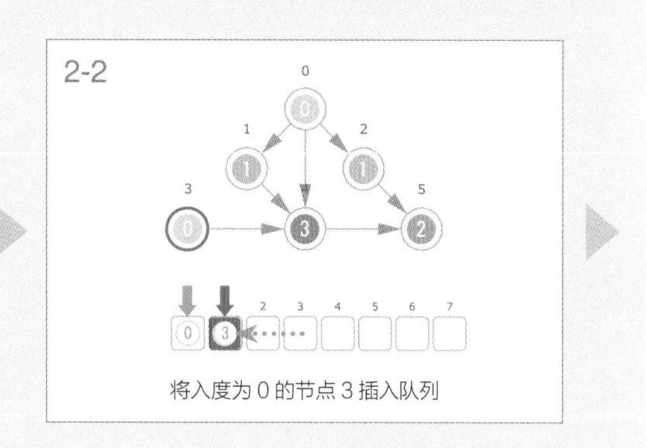

将入度为 0 的节点 3 插入队列

2-3
从队列中取出节点 0，并访问
2-4
与节点 0 相邻的节点 1 的入度减 1。因为入度变为 0，所以将其插入队列
2-5
与节点 0 相邻的节点 4 的入度减 1
2-6
与节点 0 相邻的节点 2 的入度减 1。因为入度变为 0，所以将其插入队列
2-7
从队列中取出节点 3，并访问
2-8
与节点 3 相邻的节点 4 的入度减 1
2-9
从队列中取出节点 1，并访问
2-10
与节点 1 相邻的节点 4 的入度减 1。因为入度变为 0，所以将其插入队列

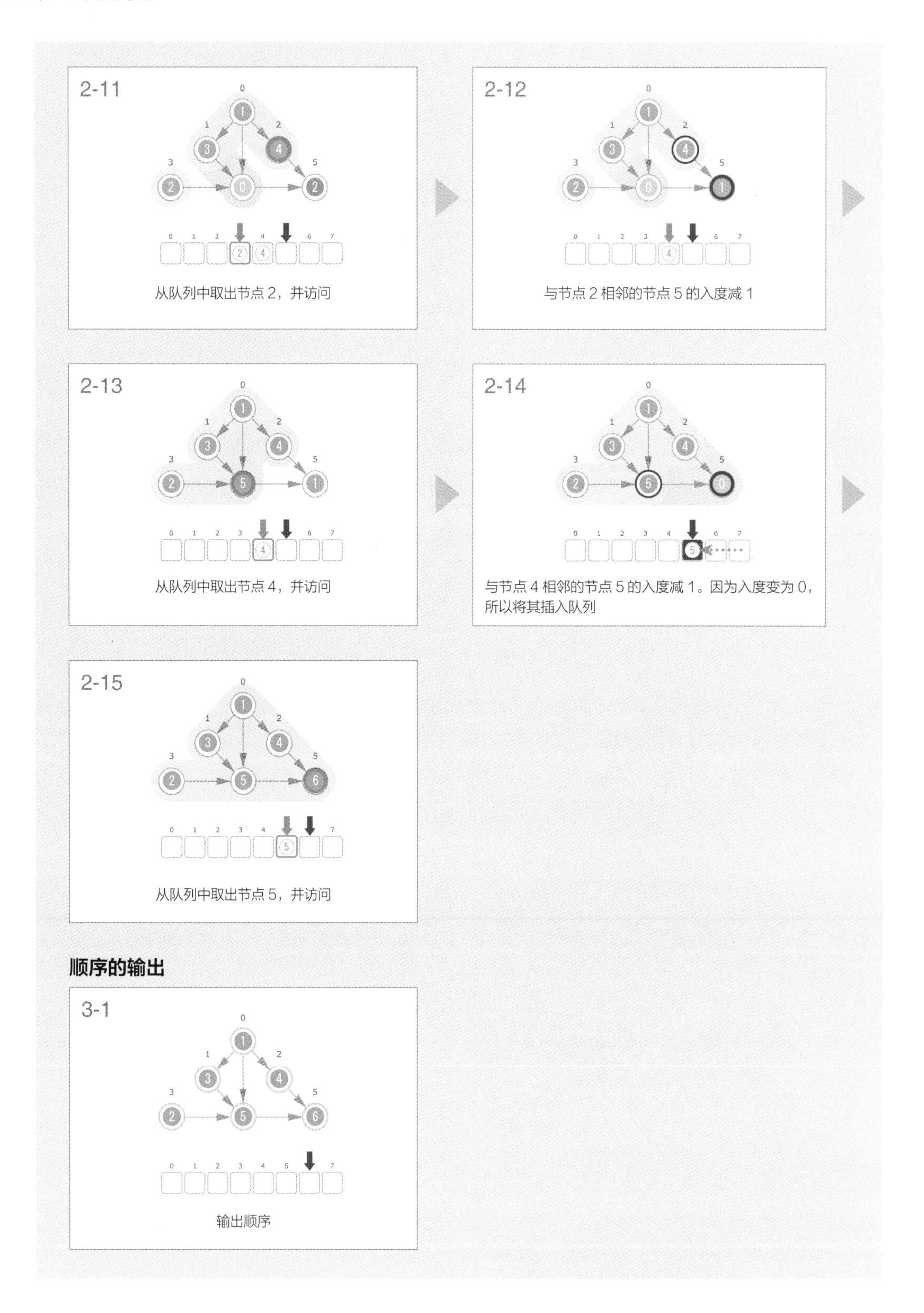
2-11
从队列中取出节点 2，并访问
2-12
与节点 2 相邻的节点 5 的入度减 1
2-13
从队列中取出节点 4，并访问
2-14
与节点 4 相邻的节点 5 的入度减 1。因为入度变为 0，所以将其插入队列
2-15
从队列中取出节点 5，并访问
顺序的输出
3-1
输出顺序

在给定的图中，如果某个节点的入度为 0，说明没有启动该任务的前提任务。因此，在这个时间点上，我们可以运行入度为 0 的节点（任务）。当节点 u 运行完毕，直接依赖于它的节点 v 就少了一个依赖任务，所以 v 的入度可以减 1。

这里通过广度优先搜索模拟任务的运行，运行后计算每个节点的入度。入度为 0 的节点，即没有任何依赖任务的节点被添加到队列中。算法从队列中取出并运行可运行任务，直接依赖于这些任务的节点的入度将减小。在这个过程中，入度为 0 的节点被添加到队列中，我们继续模拟任务的运行直到队列为空。

```
# 对图 g 拓扑排序
topologicalSort(g):
    Queue que

    # 计算入度
    for u ← 0 to g.N-1:
        for v in g.adjLists[u]:
            deg[v]++

    for v ← 0 to g.N-1:
        if deg[v] = 0:
            que.enqueue(v)

    t ← 1
    while not que.empty():
        u ← que.dequeue()
        order[u] ← t++
        for v in g.adjLists[u]:
            deg[v]--
            if deg[v] = 0:
                q.enqueue(v)
```

对基于邻接表的图进行广度优先搜索的拓扑排序，其时间复杂度是 $O(N+M)$。

由于拓扑排序能够将具有依赖关系的处理按运行先后顺序进行排序，因此被广泛用于任务调度等场景。例如，它可以被用于确定有依赖关系的多个程序的编译顺序。

第23章

深度优先搜索

广度优先搜索通过应用队列对图进行广泛的搜索，可获得关于距离的特征。如果使用栈替换队列，再通过递归，就能获得关于图的更多有趣的特征。

本章将介绍基于深度优先搜索（DFS，depth first search）的算法，它是优先按深度访问图的节点的方法。

- 深度优先搜索
- 使用 DFS 进行连通分量分解
- 使用 DFS 进行环检测
- Tarjan 算法

23.1 深度优先搜索 ★★

图的连通性

对图的最基本的操作是从某个起点出发，沿着可能的边前进，检查节点的连通性。

请从任意起点出发，系统地访问图的所有节点。

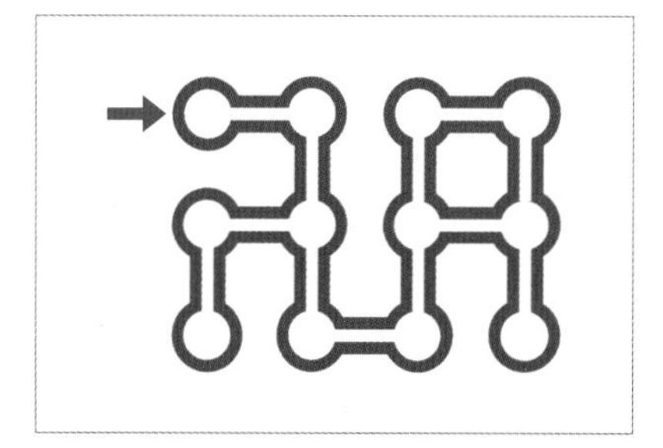

无向图

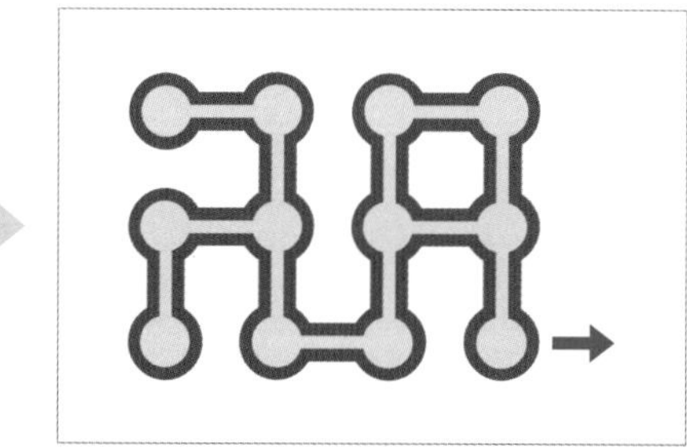

各节点的访问状态

- 节点数量 $N \leq 1000$
- 边的数量 $M \leq 1000$

深度优先搜索 Depth First Search

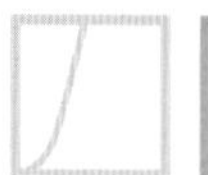

深度优先搜索是系统地访问图的节点的算法，该算法使用栈管理搜索过程中的节点。

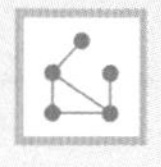

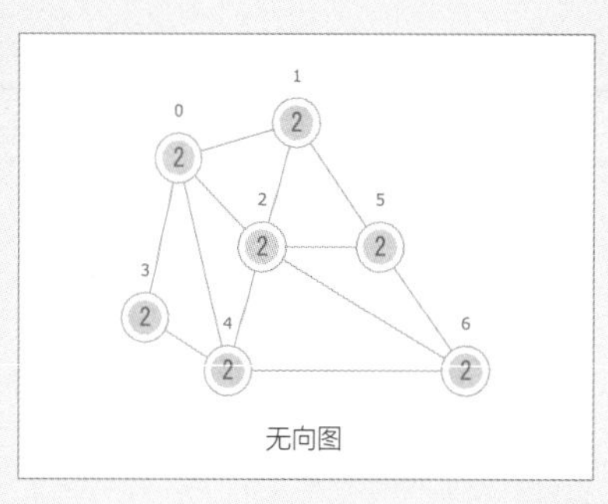

无向图

	节点的访问状态	color

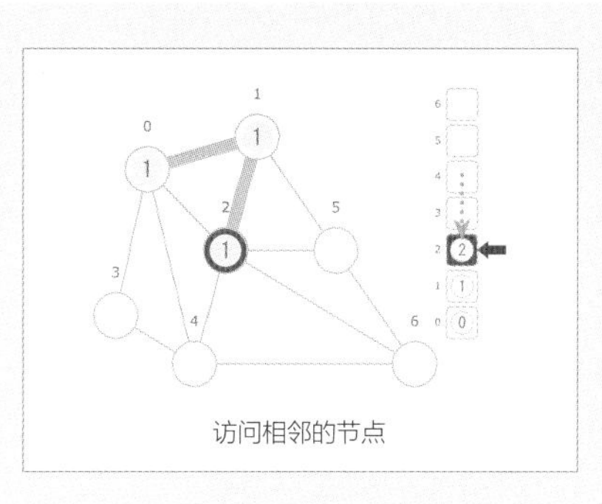

访问相邻的节点

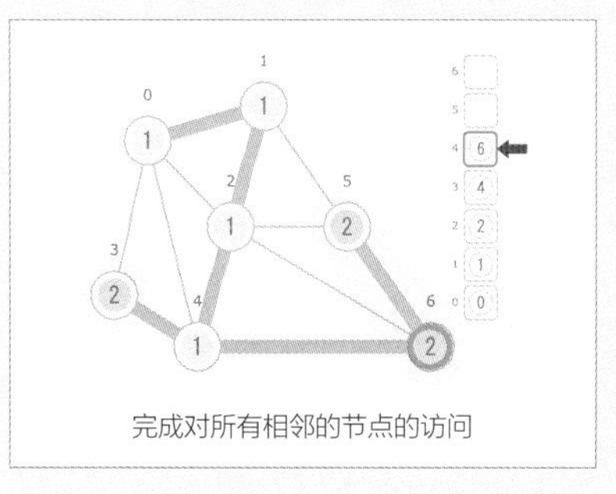

完成对所有相邻的节点的访问

起点的确定		
■	将起点压入栈	st.push(s)
搜索		
●	访问节点	color[v] ← GRAY
■	将节点压入栈	st.push(v)
●	完成对节点的访问	color[u] ← BLACK
	扩展已访问节点的组的范围	color 为 GRAY 的节点
	扩展已完成访问的节点的组的范围	color 为 BLACK 的节点

起点的确定

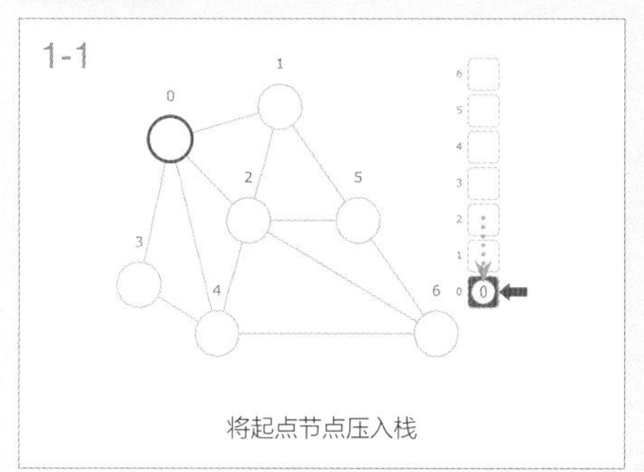

将起点节点压入栈

搜索

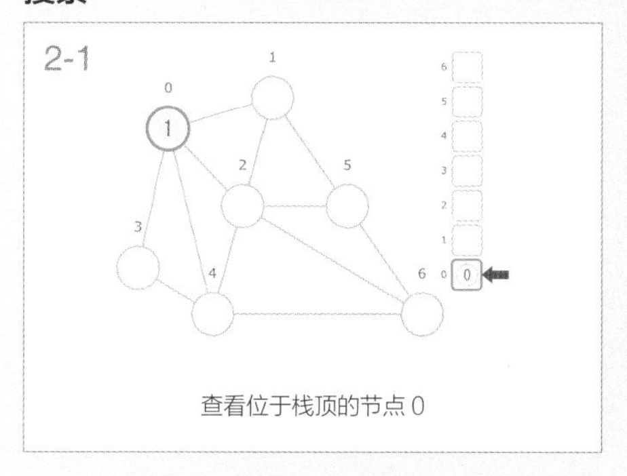

查看位于栈顶的节点 0

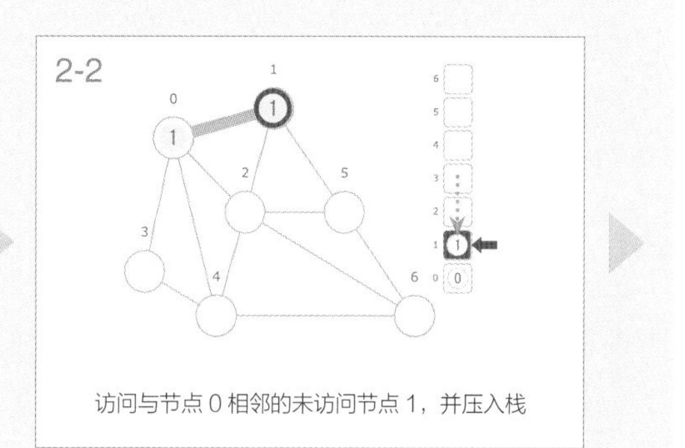

访问与节点 0 相邻的未访问节点 1，并压入栈

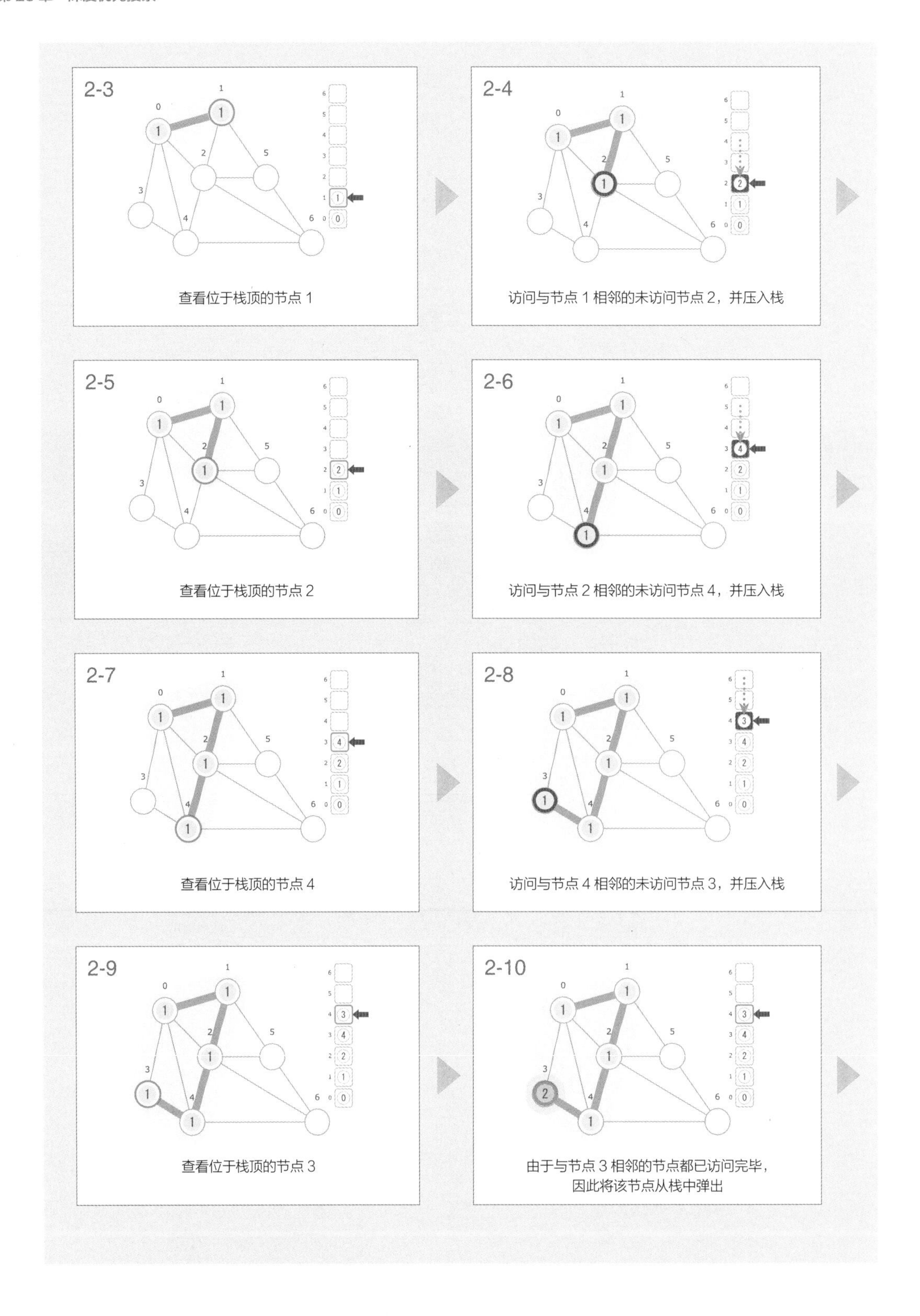
2-3
0
1
2
3
4
5
6
查看位于栈顶的节点 1
2-4
访问与节点 1 相邻的未访问节点 2，并压入栈
2-5
查看位于栈顶的节点 2
2-6
访问与节点 2 相邻的未访问节点 4，并压入栈
2-7
查看位于栈顶的节点 4
2-8
访问与节点 4 相邻的未访问节点 3，并压入栈
2-9
查看位于栈顶的节点 3
2-10
由于与节点 3 相邻的节点都已访问完毕，
因此将该节点从栈中弹出

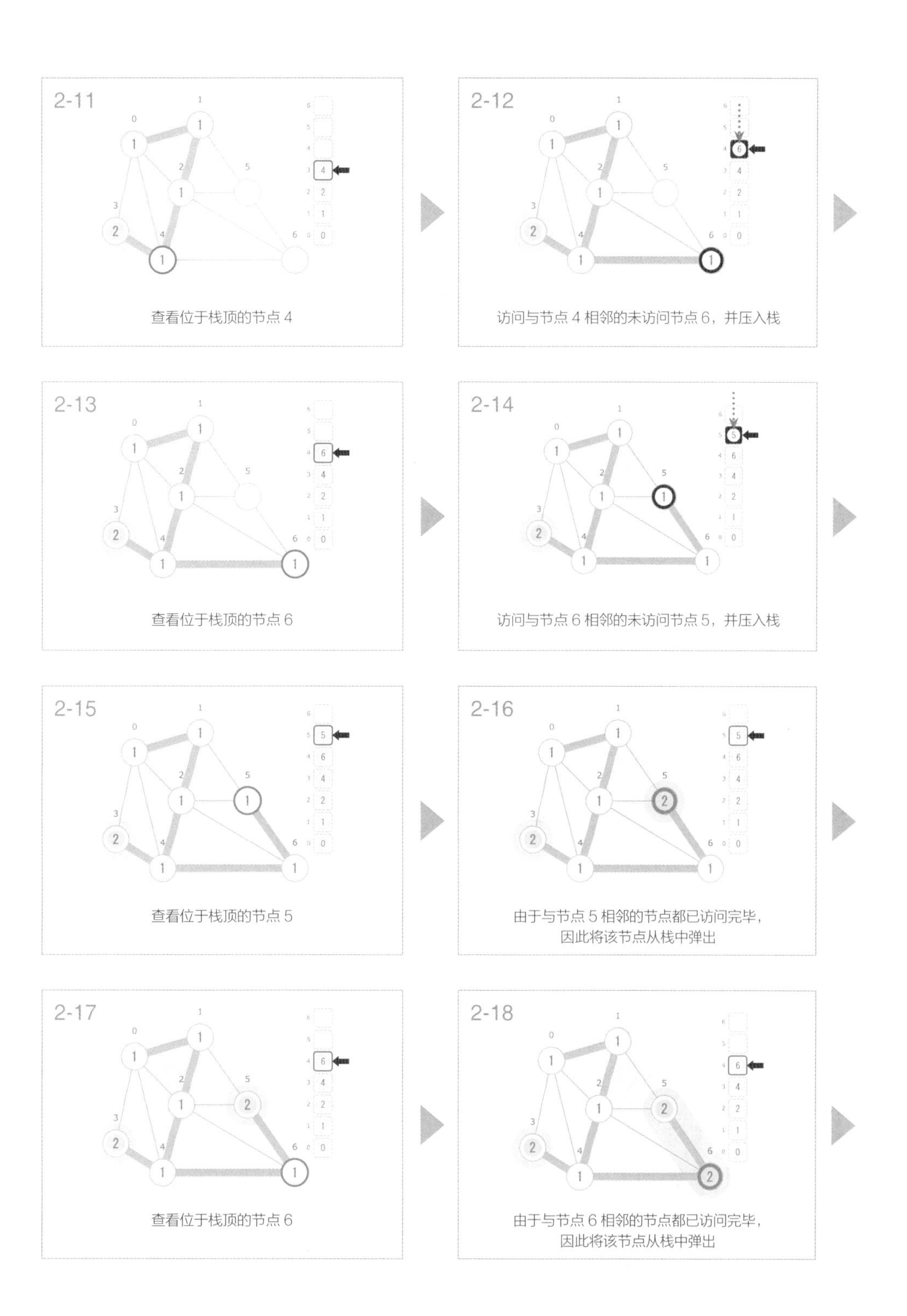

2-11
查看位于栈顶的节点 4
2-12
访问与节点 4 相邻的未访问节点 6，并压入栈
2-13
查看位于栈顶的节点 6
2-14
访问与节点 6 相邻的未访问节点 5，并压入栈
2-15
查看位于栈顶的节点 5
2-16
由于与节点 5 相邻的节点都已访问完毕，
因此将该节点从栈中弹出
2-17
查看位于栈顶的节点 6
2-18
由于与节点 6 相邻的节点都已访问完毕，
因此将该节点从栈中弹出

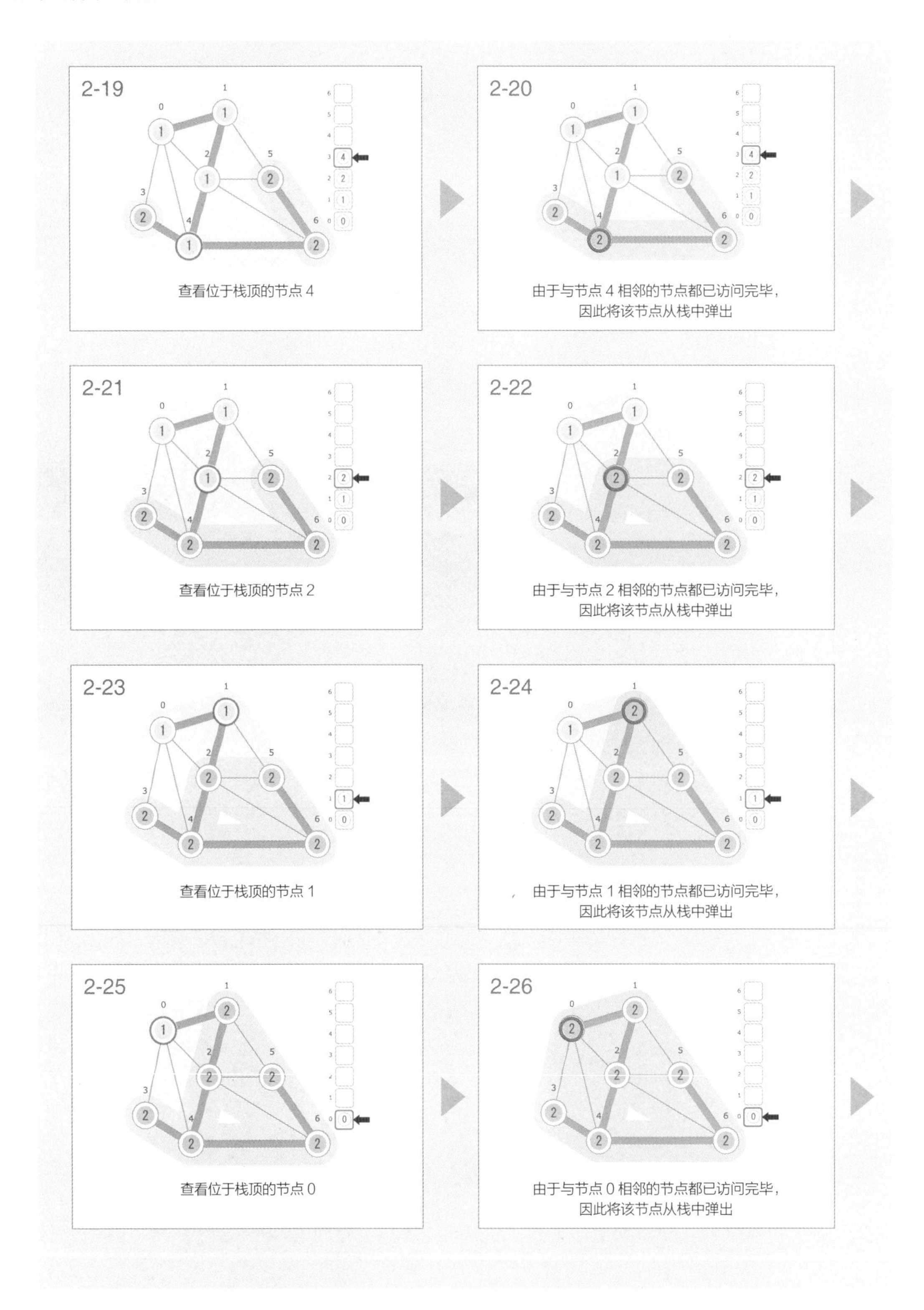
2-19
查看位于栈顶的节点 4
2-20
由于与节点 4 相邻的节点都已访问完毕，
因此将该节点从栈中弹出
2-21
查看位于栈顶的节点 2
2-22
由于与节点 2 相邻的节点都已访问完毕，
因此将该节点从栈中弹出
2-23
查看位于栈顶的节点 1
2-24
由于与节点 1 相邻的节点都已访问完毕，
因此将该节点从栈中弹出
2-25
查看位于栈顶的节点 0
2-26
由于与节点 0 相邻的节点都已访问完毕，
因此将该节点从栈中弹出

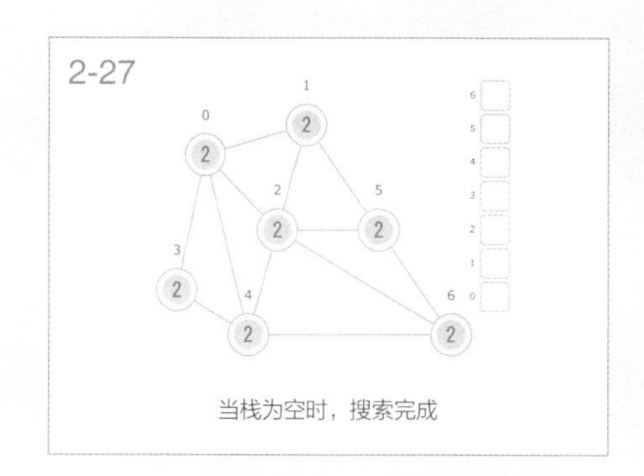

当栈为空时，搜索完成

深度优先搜索从起点节点开始访问，如果有一条通往未访问的节点的边，则访问该节点，之后以同样的方式重复搜索。这样一来，最终在某个节点上，算法将没有可以再去访问的节点。这时算法将回到前一个节点，恢复遍历相邻的节点的处理（这种做法叫作回溯）。为了能做到这一点，算法需要记住已访问但未完成边的遍历的节点列表。该处理是通过在访问相邻节点前，将当前节点的编号保存在栈中的做法来实现的。通过对栈中节点编号的查询，算法就能返回到该节点。

```
# 对图 g 以节点 s 为起点进行深度优先
depthFristSearch(g, s):
    Stack st
    st.push(s)

    for i ← 0 to g.N-1:
        color[i] ← WHITE

    color[s] ← GRAY

    while not st.empty():
        u ← st.peak()        # 查看栈顶
        v ← g.next(u)        # 依次取出与节点 u 相邻的节点 v
        if v ≠ NIL:          # 有相邻的节点
            if color[v] = WHITE:
                color[v] ← GRAY
                st.push(v)
        else:                # 已访问所有相邻的节点
            color[u] ← BLACK
            st.pop()
```

向栈中压入数据的 push 操作的时间复杂度是 $O(1)$，弹出数据的 pop 操作的时间复杂度也是 $O(1)$。通过栈进行深度优先搜索时，在从每个节点遍历到其相邻节点的过程中，所有的边都会被遍历。另外，对每个节点进行的操作是访问和完成访问。基于邻接表的深度优先搜索的时间复杂度是 $O(N+M)$。如果采用基于邻接矩阵的方式，因为对每个节点的相邻节点进行遍历的时间复杂度为 $O(N)$，所以深度优先搜索的时间复杂度为 $O(N^2)$。这些都与广度优先搜索相同。

我们可以用递归函数实现深度优先搜索中访问节点的处理。实际上这种实现方法与将正在访问的节点压入栈中的做法相同。下一节将会实现这个方法。

深度优先搜索能够从图的节点的连通性中检测出图的各种特性。例如，它可以高效地检测出连通分量和环等。

23.2 使用 DFS 进行连通分量分解

连通分量分解

连通性表示无向图中任何两个节点之间是否存在路径，是图应用中有趣的特性之一。

请将图分解成连通分量，并将同一个连通分量内的节点涂上同一种颜色。注意为不同连通分量的节点涂上不同的颜色。

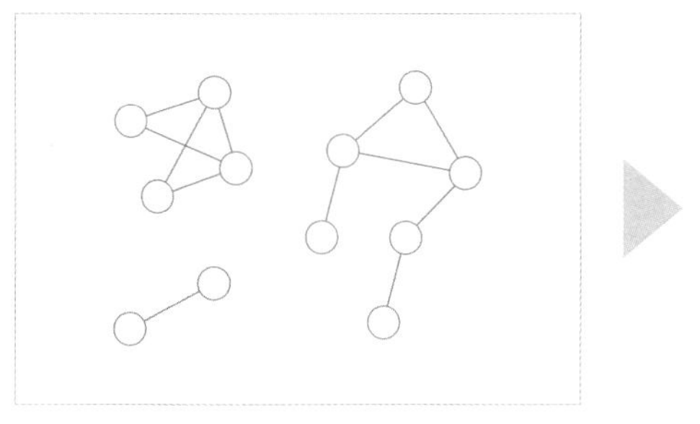

未完全相连的图

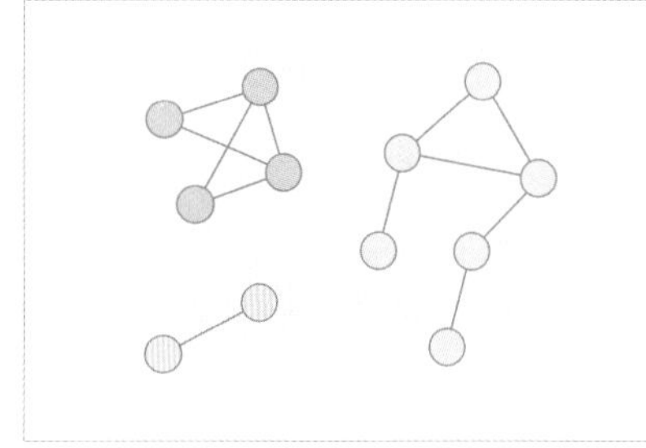

节点已涂色的连通分量

- 节点数量 $N \leqslant 100\ 000$
- 边的数量 $M \leqslant 100\ 000$

使用 DFS 进行连通分量分解 Depth First Search: Repeat

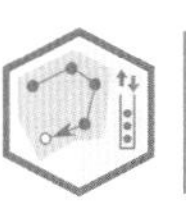

对每个连通分量进行深度优先搜索。

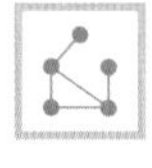

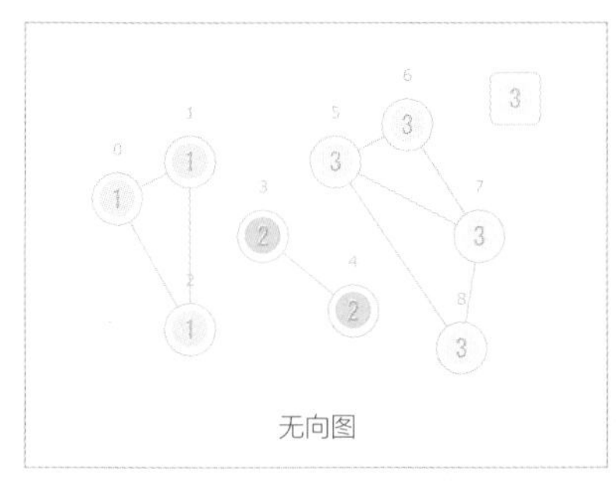

无向图

	连通分量的颜色	color
	调色板的颜色	palette

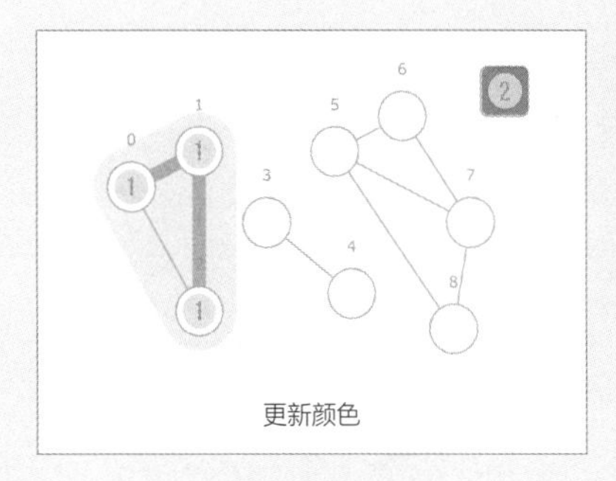

更新颜色

深度优先搜索		
（深灰方块）	更新颜色	palette ← 新的颜色
（黑色圆点）	访问节点并涂色	color[u] ← palette
（浅灰方块）	扩展已访问节点的组的范围	color 不是 WHITE 的节点

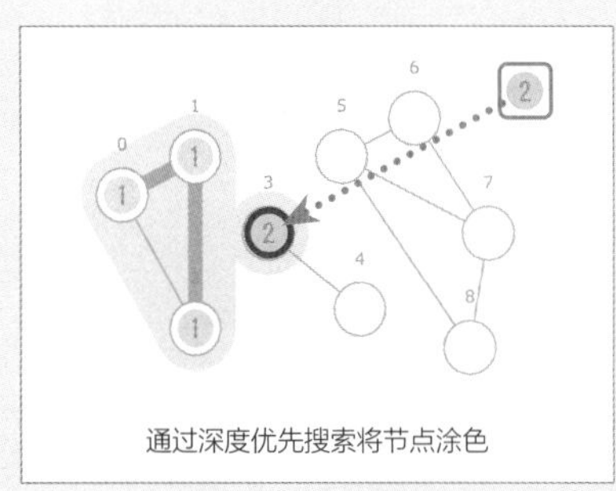

通过深度优先搜索将节点涂色

深度优先搜索

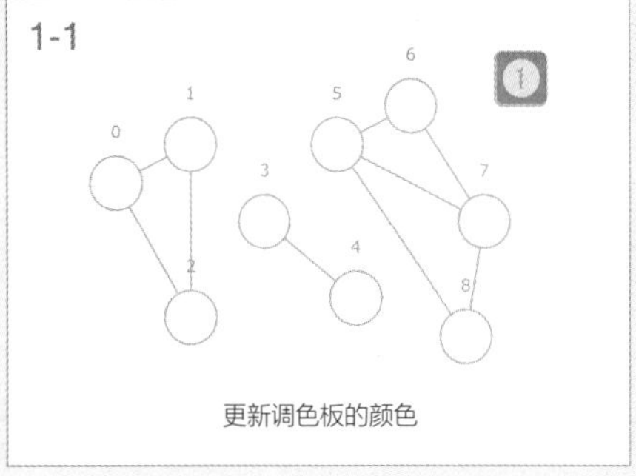

更新调色板的颜色

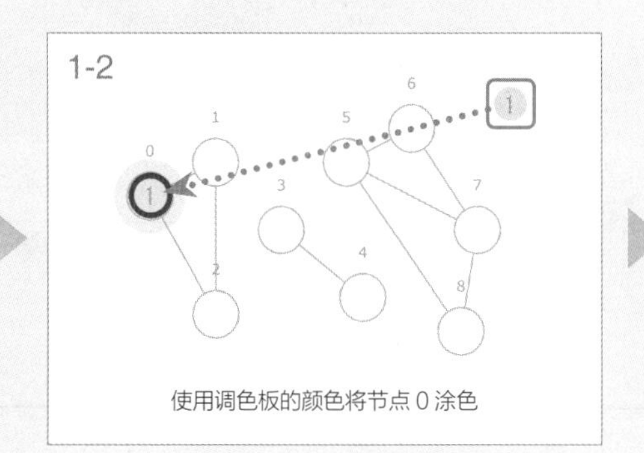

使用调色板的颜色将节点 0 涂色

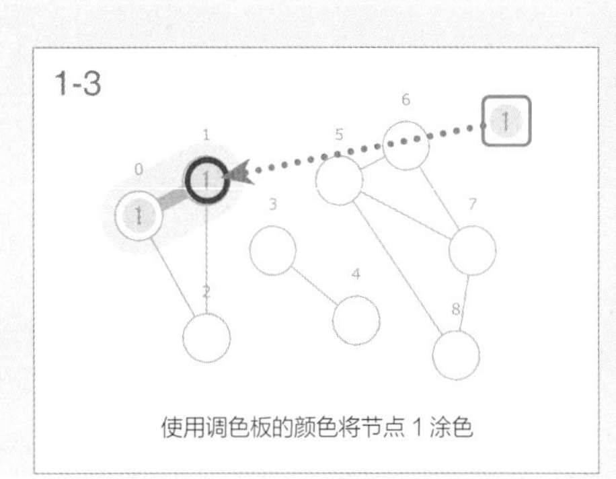

使用调色板的颜色将节点 1 涂色

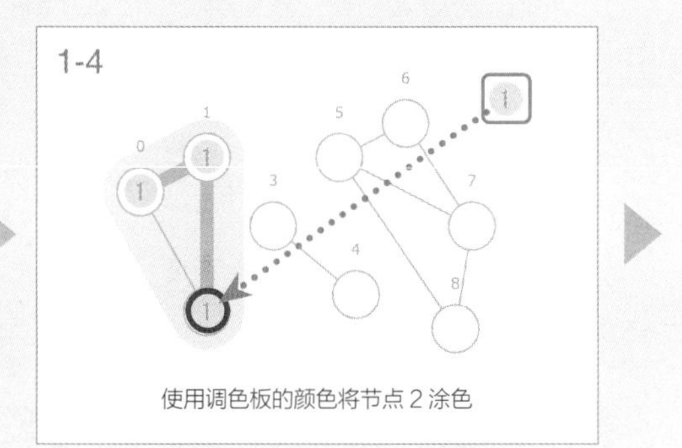

使用调色板的颜色将节点 2 涂色

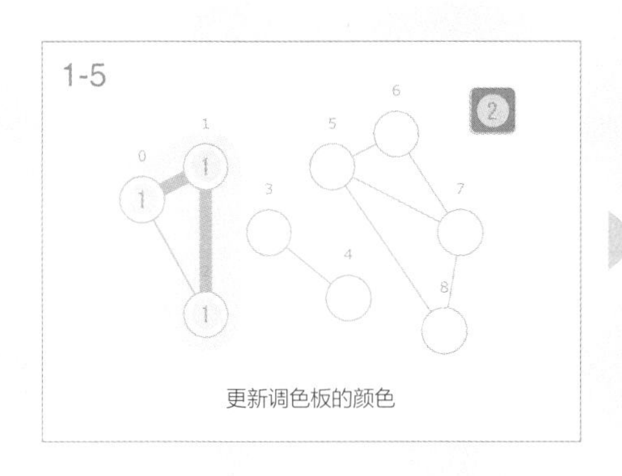

1-5

更新调色板的颜色

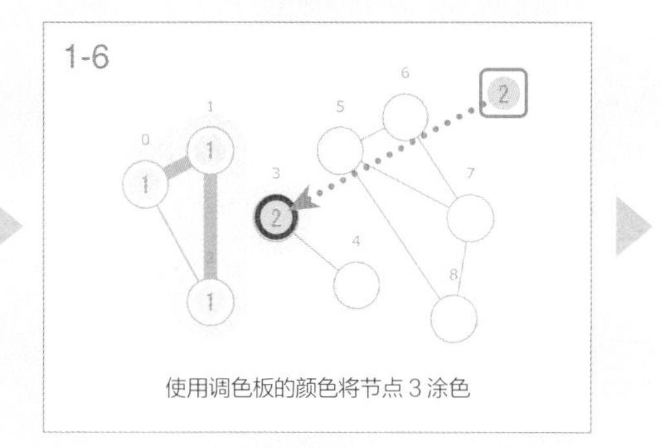

1-6

使用调色板的颜色将节点 3 涂色

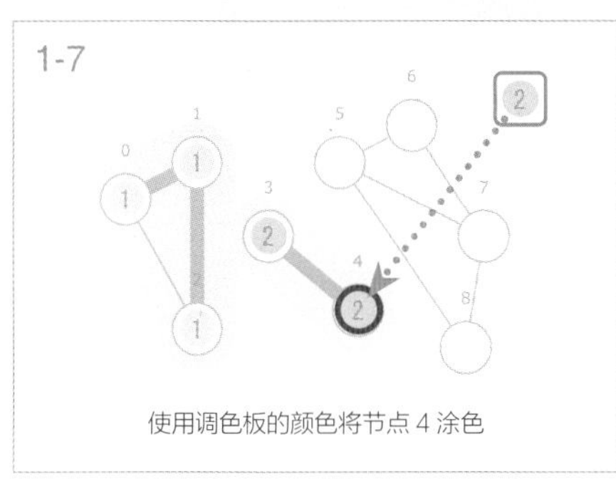

1-7

使用调色板的颜色将节点 4 涂色

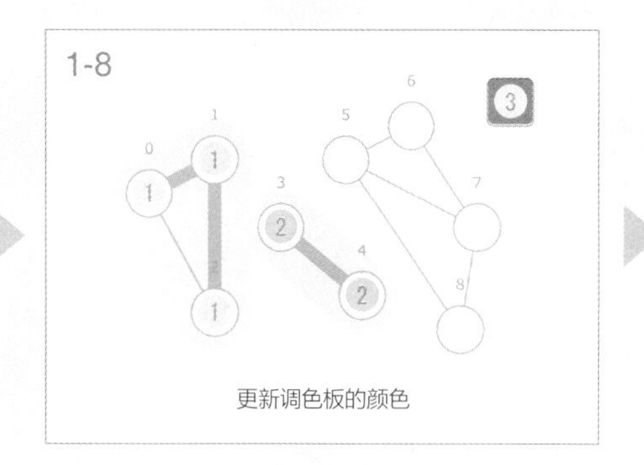

1-8

更新调色板的颜色

1-9

使用调色板的颜色将节点 5 涂色

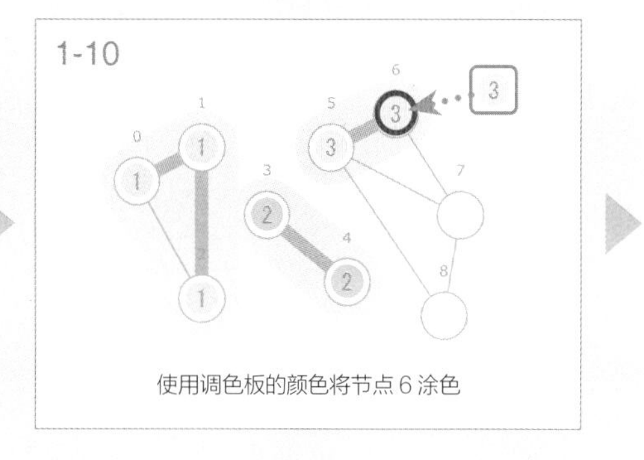

1-10

使用调色板的颜色将节点 6 涂色

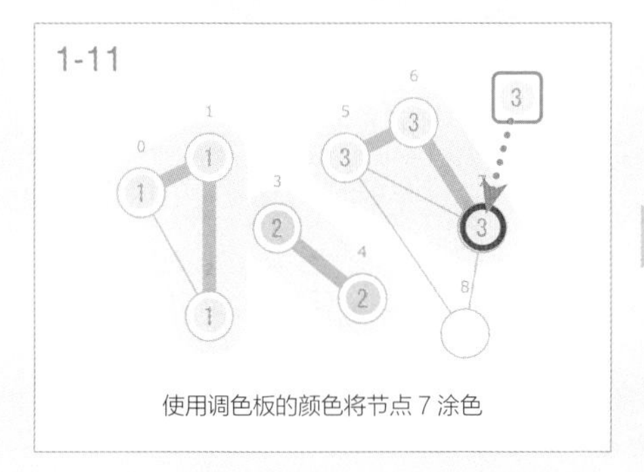

1-11

使用调色板的颜色将节点 7 涂色

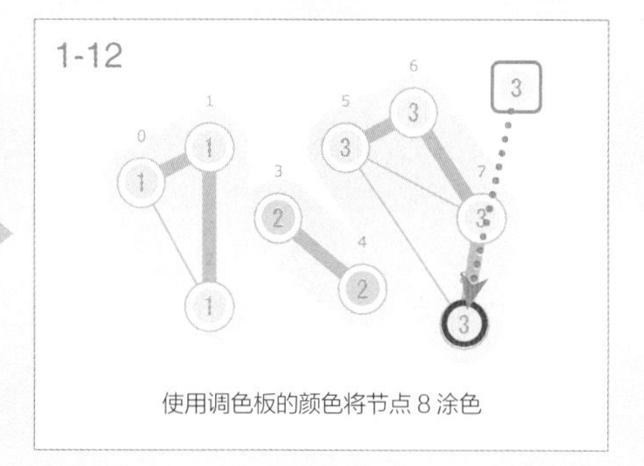

1-12

使用调色板的颜色将节点 8 涂色

该算法在检查各节点颜色的循环中包含深度优先搜索的起点。算法检查每个节点是否已涂色（已访问），如果未涂色，则从该节点开始进行深度优先搜索。也就是说，当发现新的连通分量时，算法将更新调色板的颜色，之后将该连通分量涂为调色板的颜色（访问）。

```
Graph g ← 生成图
palette ← WHITE

# 对非完全连通图进行深度优先搜索
depthFirstSearch():
    for v ← 0 to g.N-1:
        color[v] ← WHITE

    for v ← 0 to g.N-1:
        if color[v] = WHITE:
            palette ← 新的颜色   # 更新色源
             dfs(v)

# 递归进行深度优先搜索
dfs(u):
    color[u] ← palette
    for v in g.adjLists[u]:
        if color[v] = WHITE:
            dfs(v)
```

伪代码通过递归方式实现了深度优先搜索。递归函数 `dfs(u)` 是访问 u 的操作，该函数内部以与 u 相邻的节点 v 为起点再次调用 `dfs`。这时要检查 v 的颜色，判断是否要运行递归函数。

当这个重复进行深度优先搜索的算法运行结束时，同一连通分量内的节点会被涂上相同的颜色，因此可以通过观察它们的颜色来判断两个节点是否在同一连通分量中，其时间复杂度为 $O(1)$。

使用广度优先搜索可以同样高效地进行连通分量分解。由于图较大，这里需要使用邻接表来实现。在使用邻接表实现时，深度优先搜索（或广度优先搜索）的时间复杂度是 $O(N+M)$。

特点

许多应用需要考虑任意两个节点间的连通性。如果把图看作人与人之间的关系图，可以判断一个人与另一个人能否取得联系；如果把图看作计算机网络，可以判断两台计算机之间能否通信。另外从涂色可以想到，该算法也可以用作访问（涂色）二维数组结构和像素区域的算法。本节问题中的图一旦完成了构建，形状就不会改变，所以通过一次深度优先搜索就能回答连通性的问题，但如果连通性动态变化，我们就需要别的数据结构了（这个问题可以用第 24 章中的合并查找树来解决）。

23.3 使用 DFS 进行环检测

★★★

环检测

在有向图中，当沿着边访问节点时，可能存在环将你带回到曾访问过的节点的情况。是否存在环是有向图的重要特征之一。

请检查有向图中是否存在环。

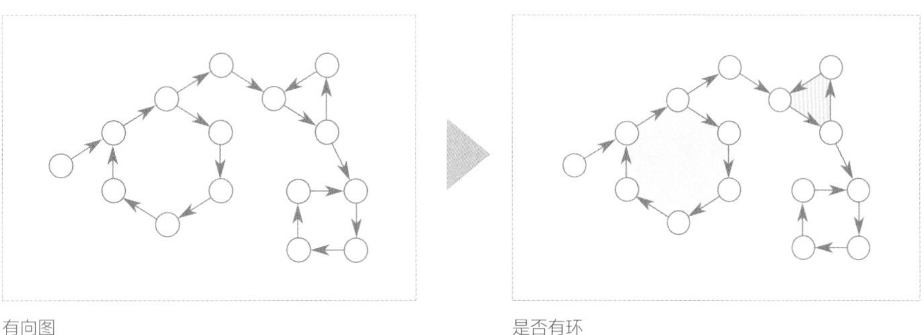

有向图　　是否有环

- 节点数量 $N \leq 100\,000$
- 边的数量 $M \leq 100\,000$

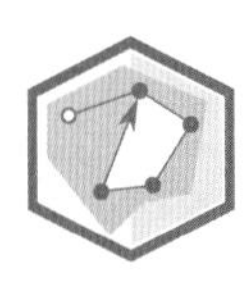

使用 DFS 进行环检测 DFS for Cycle Detection

通过检查深度优先搜索的节点的访问状态，可检测到形成环的回溯边。

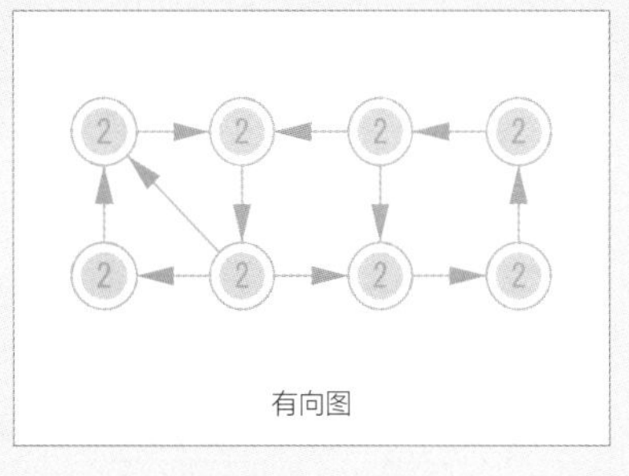

有向图

	节点的访问状态	color

算法动画

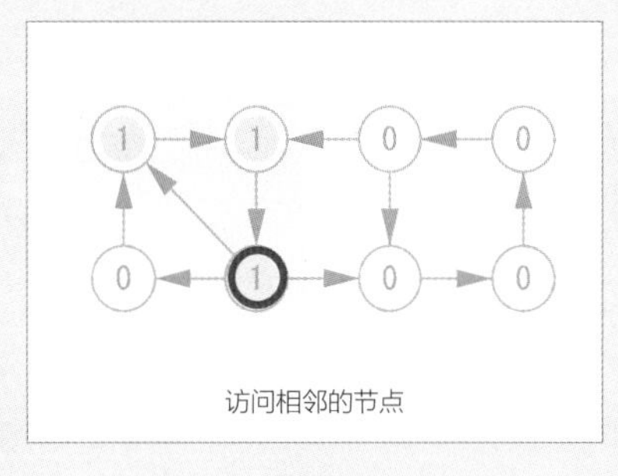

访问相邻的节点

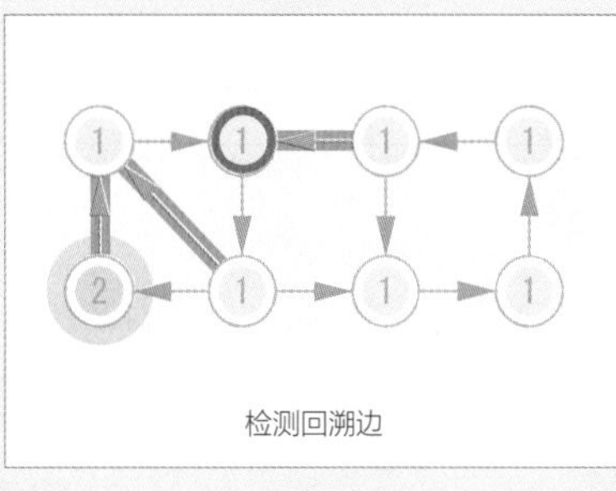

检测回溯边

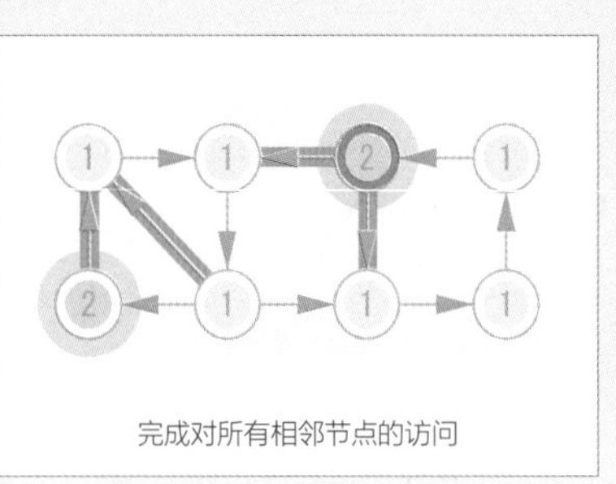

完成对所有相邻节点的访问

深度优先搜索		
	访问节点	color[u] ← GRAY
	完成节点的访问	color[u] ← BLACK
	检测到回溯边	
	表示回溯边	
	扩展已访问节点的组的范围	color 为 GRAY 的节点
	扩展已访问完成的节点的组的范围	color 为 BLACK 的节点

深度优先搜索

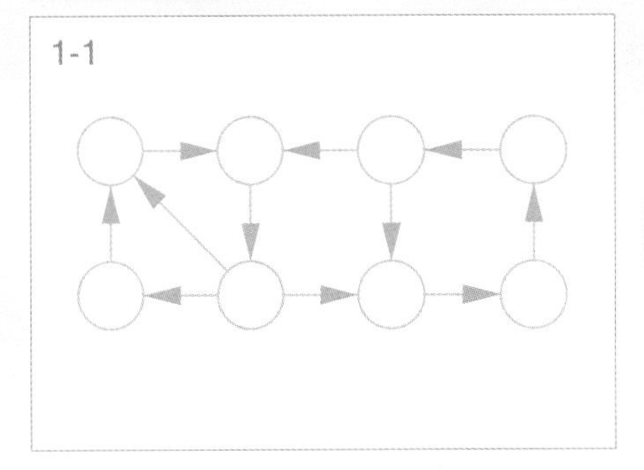
1-1

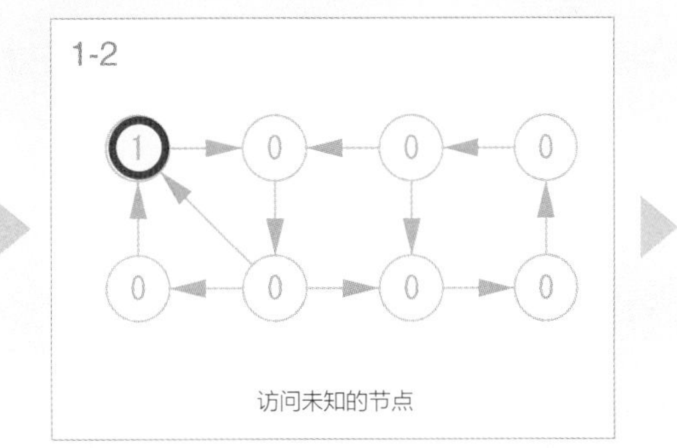
1-2
访问未知的节点

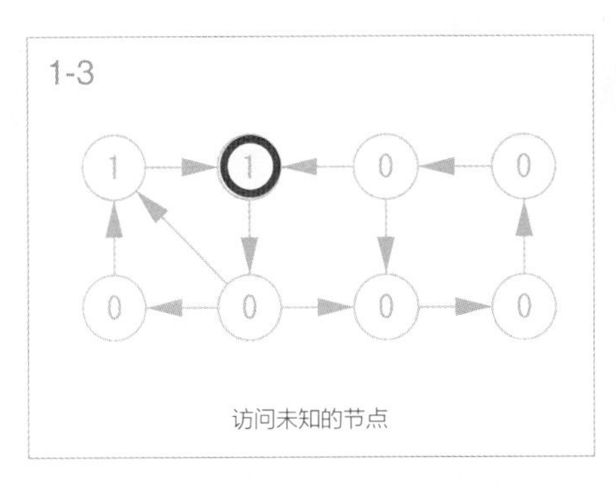
1-3
访问未知的节点

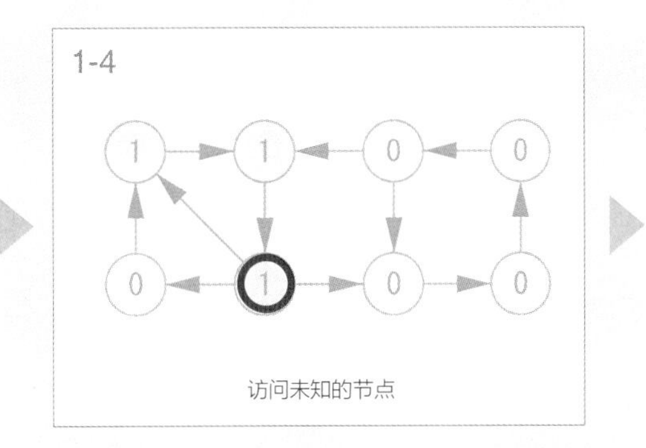
1-4
访问未知的节点

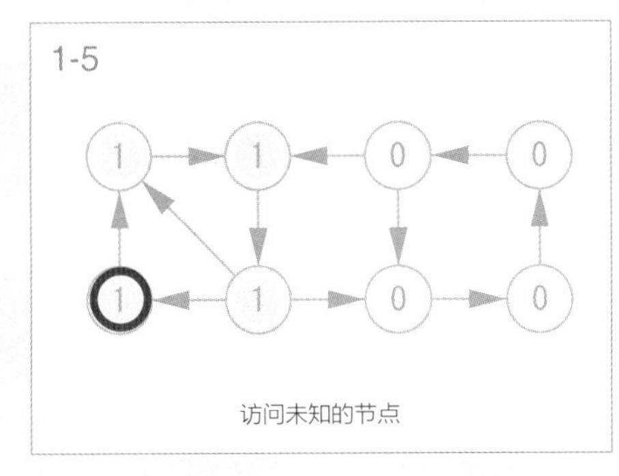
1-5
访问未知的节点

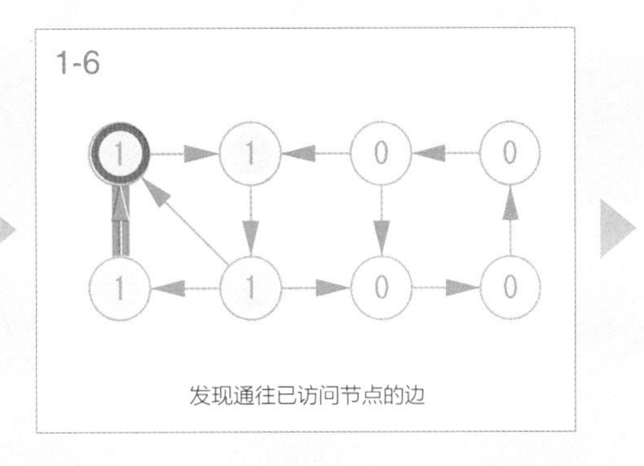
1-6
发现通往已访问节点的边

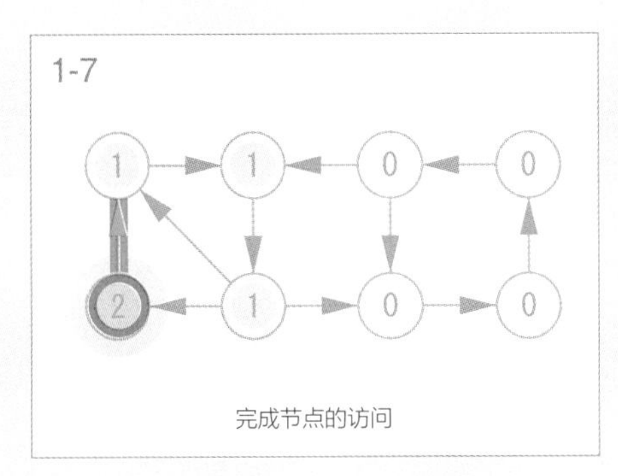
1-7
完成节点的访问

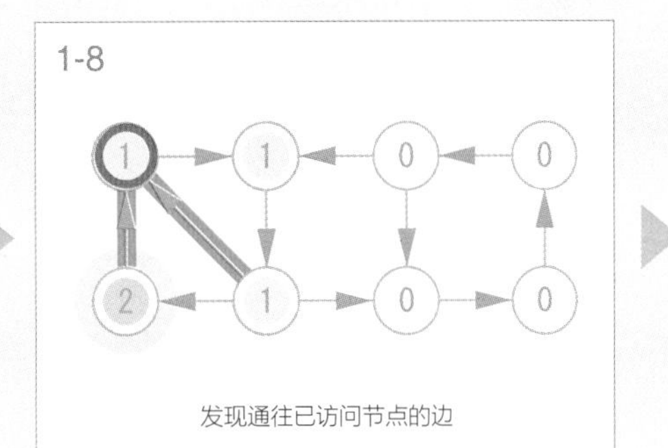
1-8
发现通往已访问节点的边

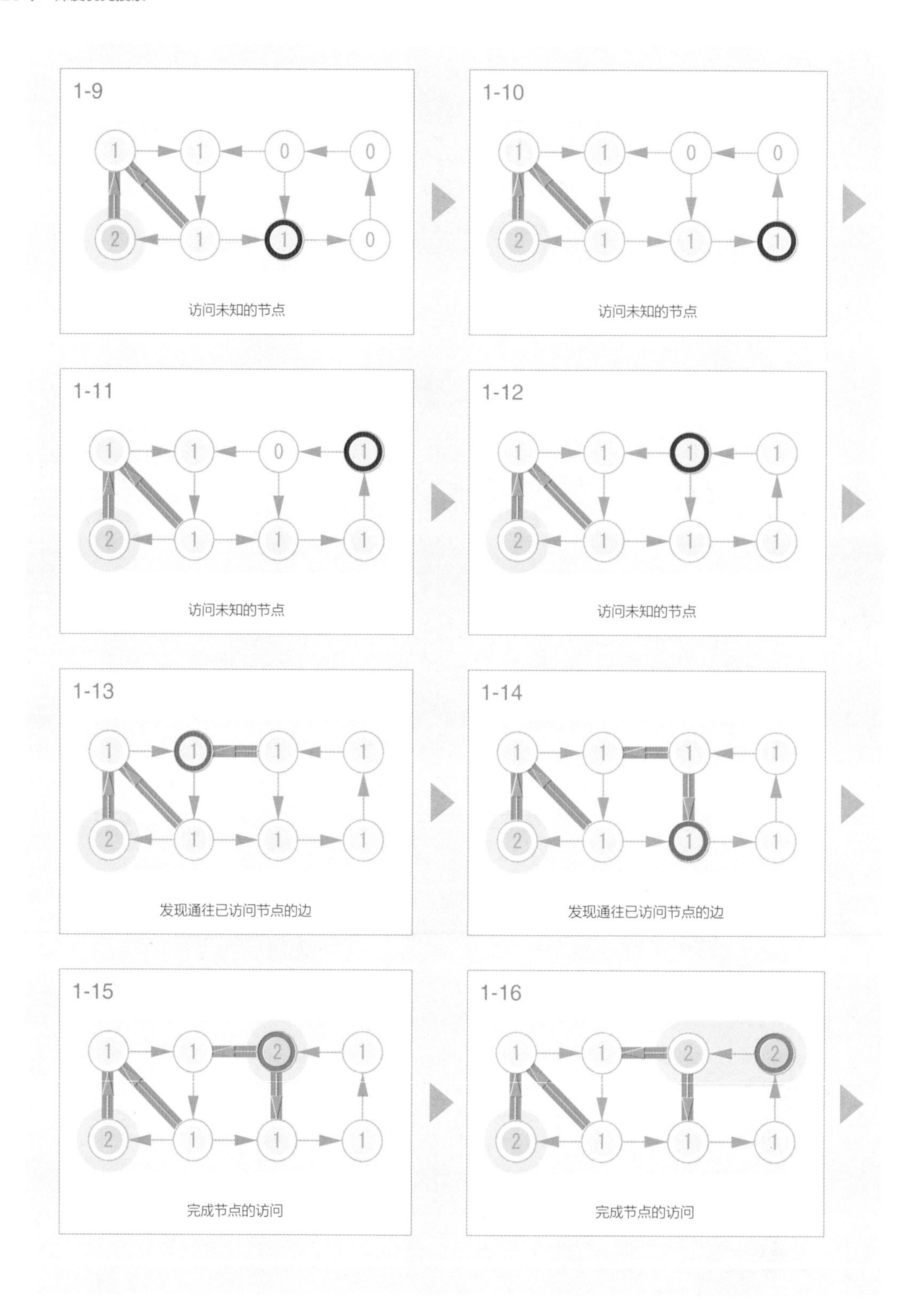
1-9
访问未知的节点
1-10
访问未知的节点
1-11
访问未知的节点
1-12
访问未知的节点
1-13
发现通往已访问节点的边
1-14
发现通往已访问节点的边
1-15
完成节点的访问
1-16
完成节点的访问

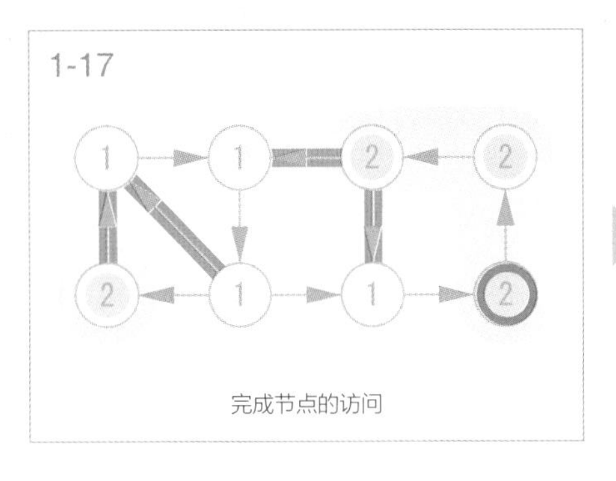

完成节点的访问

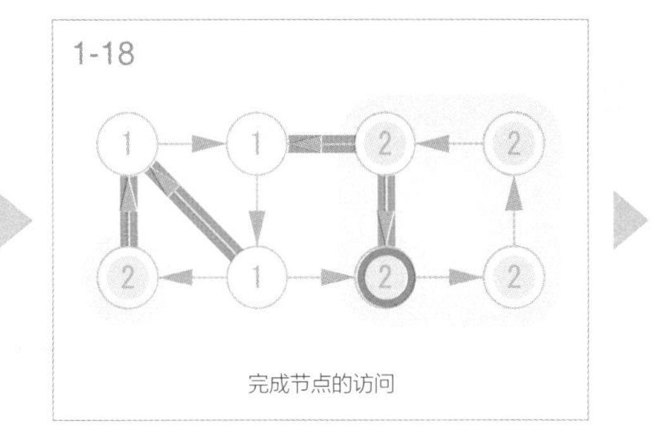

完成节点的访问

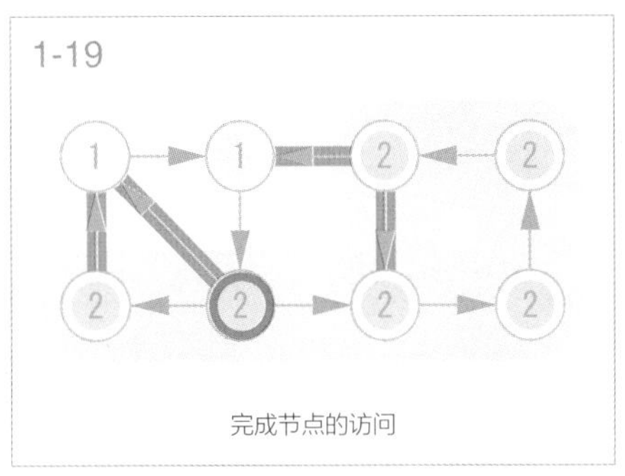

完成节点的访问

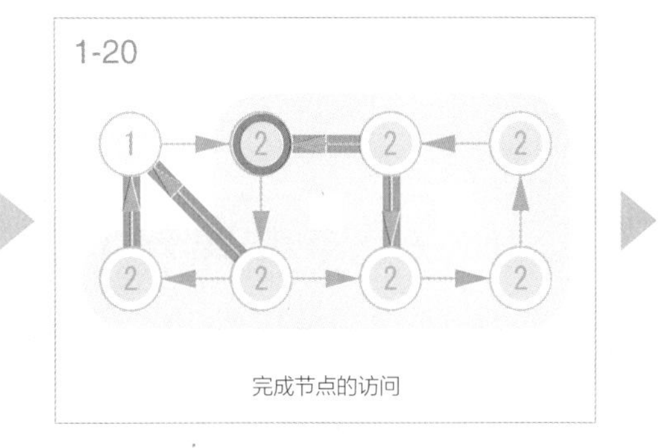

完成节点的访问

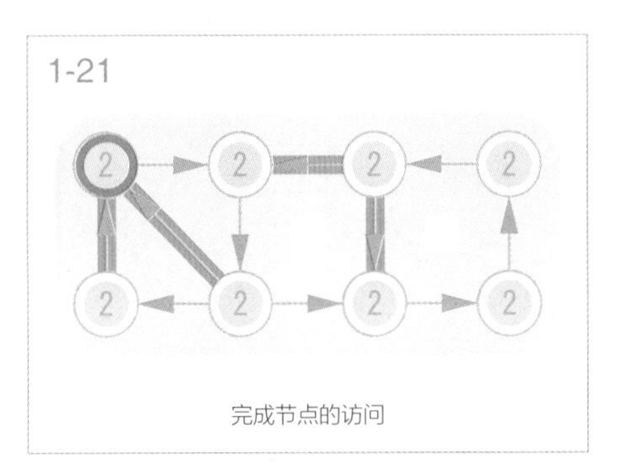

完成节点的访问

在深度优先搜索中，节点的访问状态是未访问、已访问或已完成三者之一。在搜索过程中指向已访问节点的边叫作回溯边，回溯边是环的一部分。算法在从已访问节点到其相邻的未访问节点的搜索过程中，通过检查目标节点的访问状态来检测回溯边。

```
Graph g ← 生成图

depthFirstSearch():
    for v ← 0 to g.N-1:
        color[v] ← WHITE

    for v ← 0 to g.N-1:
        if color[v] = WHITE:
            dfs(v)

dfs(u):
    color[u] ← GRAY

    for v in g.adjLists[u]:
        if color[v] = WHITE:
            dfs(v)
        else:
           边 (u, v) 是回溯边    # 检测出回溯边

    color[u] ← BLACK
```

虽然增加了查找回溯边的处理，但因为在基于邻接表的实现中，深度优先搜索对每个节点也只访问一次，所以时间复杂度还是 $O(N+M)$。

特点

我们熟悉的环检测的应用是网络系统中的环检测。回溯边等搜索中的边的状态，是发现图的更多有趣特征的重要信息。尤其是基于深度优先搜索的考虑边的状态的算法很多，它们可用于解决各种问题，如图的桥（被删除后使图不再连通的边）和强连通分量（存在于有向图中的，任意两点间都存在有向路径的连通分量）。

23.4 Tarjan 算法

★★★

拓扑排序

在处理有依赖关系的多个任务时，为了能够在完成所有前置任务之后再运行当前任务，我们必须确定任务的处理顺序。

请从表示任务和依赖关系的有向图中，求出任务的处理顺序。在处理某项任务时，该任务所依赖的所有任务必须已经完成。有向图的边 (u, v) 表示 v 依赖 u。

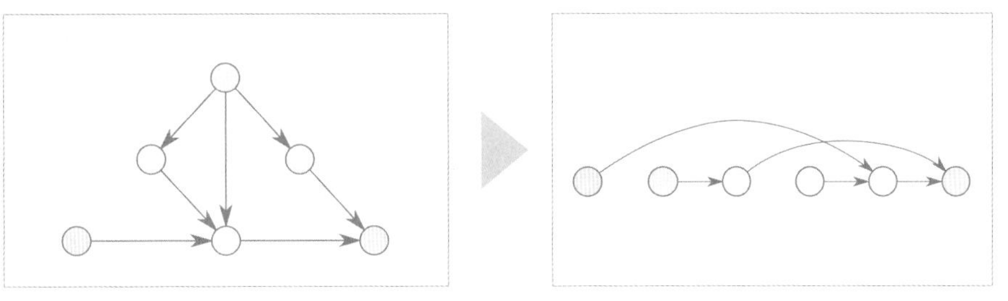

有向图

运行各节点的顺序

- 节点数量 $N \leq 100\ 000$
- 边的数量 $M \leq 100\ 000$

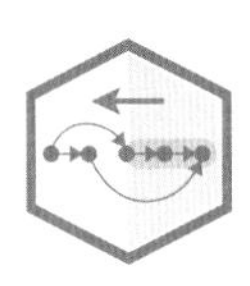

Tarjan 算法 Tarjan's Algorithm

按照深度优先搜索的访问完成顺序进行拓扑排序，将已明确了顺序的节点添加到链表中，这种算法叫作 Tarjan 算法。

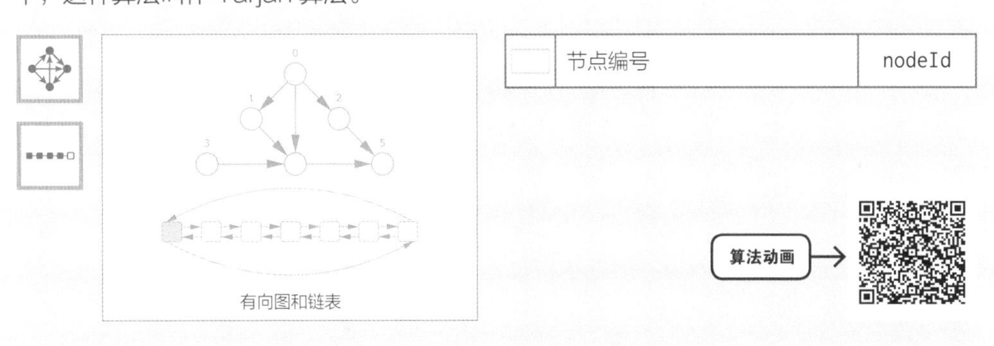

有向图和链表

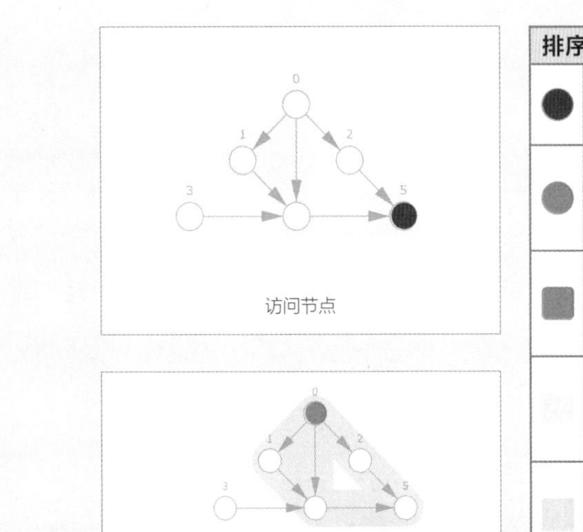

访问节点

完成节点的访问，确定顺序

排序		
	访问节点	color[u] ← GRAY
	完成了节点的访问，确定了顺序	color[v] ← BLACK
	将已确定顺序的节点添加到链表的开头	list.insert(u)
	扩展已访问节点的组的范围	color 为 GRAY 的节点
	扩展已完成访问节点的组的范围	color 为 BLACK 的节点

排序

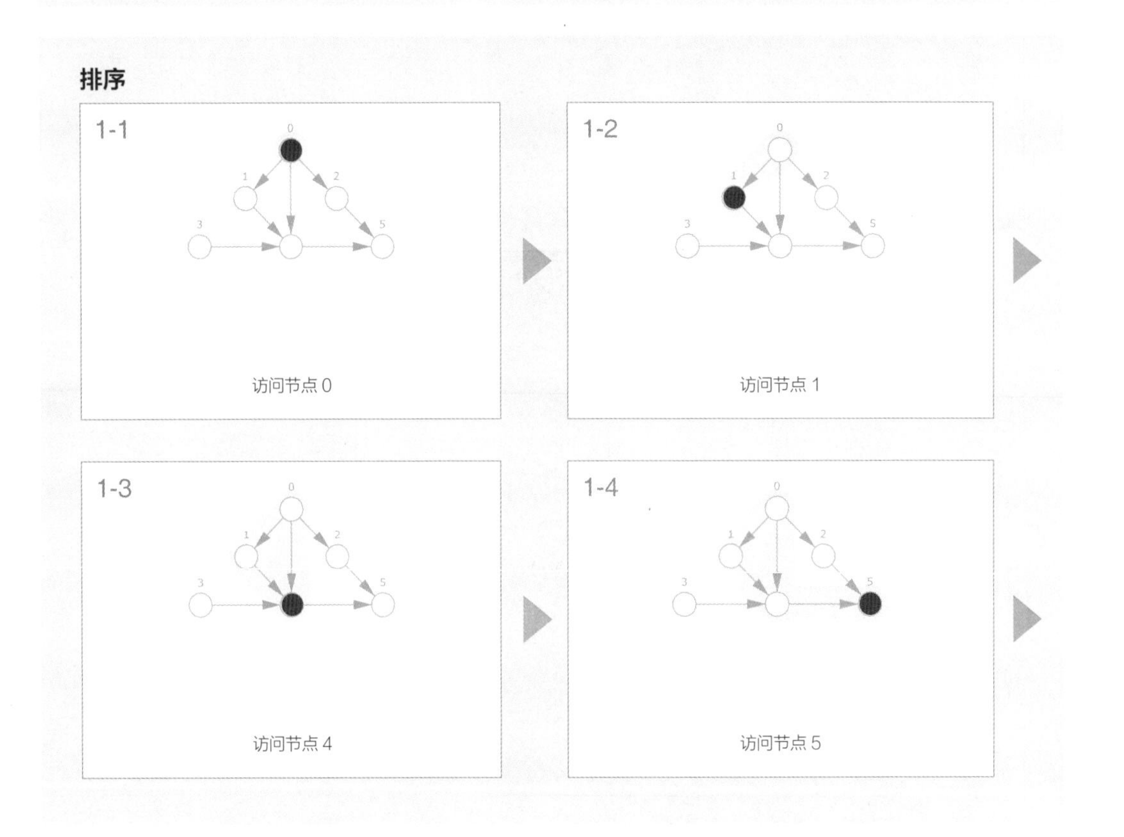

访问节点 0

访问节点 1

访问节点 4

访问节点 5

1-5
将已访问的节点 5 添加到链表的开头
1-6
将已访问的节点 4 添加到链表的开头
1-7
将已访问的节点 1 添加到链表的开头
1-8
访问节点 2
1-9
将已访问的节点 2 添加到链表的开头
1-10
将已访问的节点 0 添加到链表的开头
1-11
访问节点 3
1-12
将已访问的节点 3 添加到链表的开头

在深度优先搜索的过程中，算法按照节点完成访问的顺序将节点添加到链表中。通过向链表的开头添加节点，我们最终可以按拓扑排序的顺序遍历节点。根据深度优先搜索的特点可知，当已完成访问的节点 u 被添加到链表中的时候，说明所有依赖于 u 的节点都已经在链表中了。

```
Graph g ← 生成图
List list ← 空的链表

# 对图 g 进行拓扑排序
# 在链表 list 中记录节点的顺序
topologicalSort():
    for v ← 0 to g.N-1:
        color[v] ← WHITE

    for v ← 0 to g.N-1:
        if color[v] = WHITE:
            dfs(v)

dfs(u):
    color[u] ← GRAY
    for v in g.adjLists[u]:
        if color[v] = WHITE:
            dfs(v)

    color[u] ← BLACK
    list.insert(u) # 在链表的开头添加 u
```

深度优先搜索的时间复杂度为 $O(N+M)$。

特点

前面也提到过，拓扑排序的应用领域很多。基于深度优先搜索和基于广度优先搜索的拓扑排序的功能相同。在实现层面，基于深度优先搜索的实现更加简洁，但对于大型图的情况，这种实现会导致递归深度增加，继而出现问题，此时采用广度优先搜索可能更合适。

第24章

合并查找树

数据结构的作用是有效处理动态数据集。本书目前介绍的基于数组和树的数据结构基本上只适用于处理一个集合，并不适合用于管理多个元素组（即集合）。

本章介绍基于森林结构的管理不相交集合的数据结构。

- 按秩合并
- 路径压缩
- 合并查找树

24.1 按秩合并 ★

树的合并

组成森林的树可以被当作集合。我们通过树的合并来进行集合的合并。由于合并后新生成的树的高度将影响后续计算的复杂度，因此我们需要做一些特殊的处理。

给定森林和森林中多个树的根，请使用这些根来合并树，并重新构建森林。

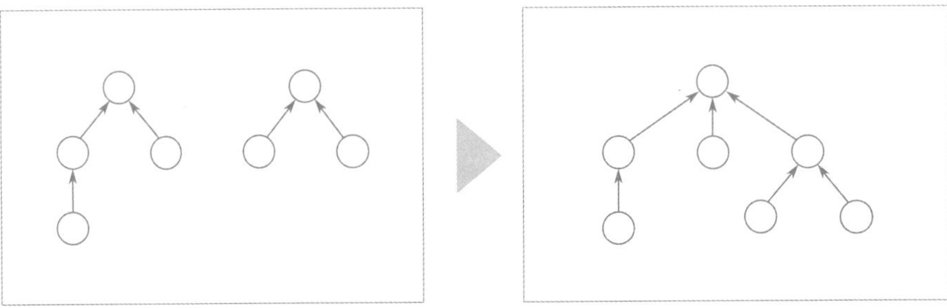
森林和根的组合　　利用给定的根合并树后的森林

- 森林的节点数量 $N \leqslant 100\ 000$

按秩合并 Union By Rank

合并两棵树，需要考虑树的高度（秩）。

秩（节点的高度）	rank

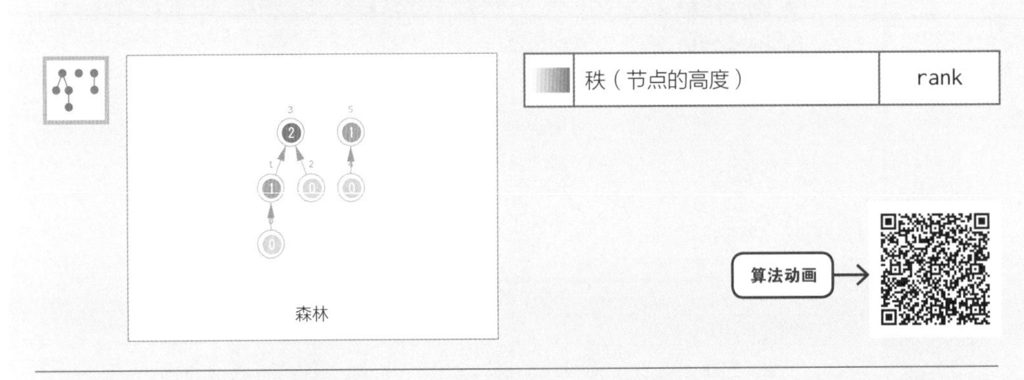

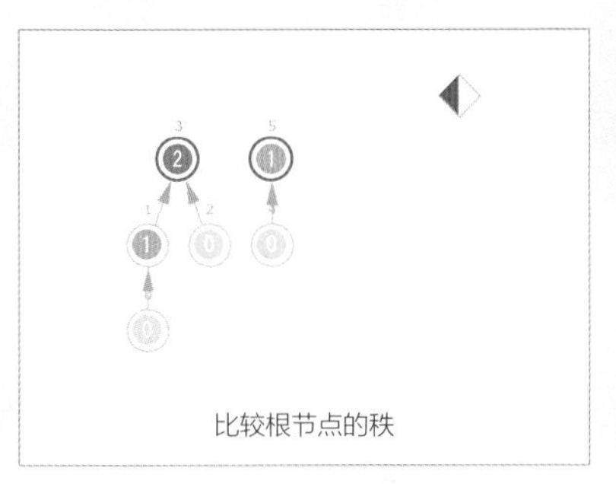

比较根节点的秩

合并		
	比较秩	`if rank[x] > rank[y]:`
	将秩加 1	`rank[y]++`
	更新父节点	`parent[y] ← ?`

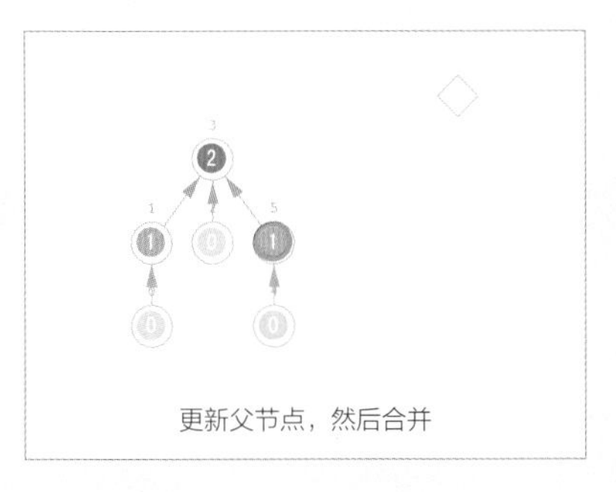

更新父节点，然后合并

合并

合并 0 和 1。比较秩

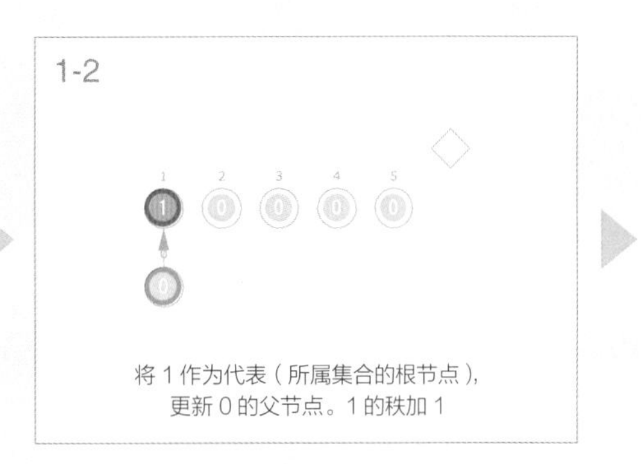

将 1 作为代表（所属集合的根节点），更新 0 的父节点。1 的秩加 1

合并 2 和 3。比较秩

将 3 作为代表，更新 2 的父节点。3 的秩加 1

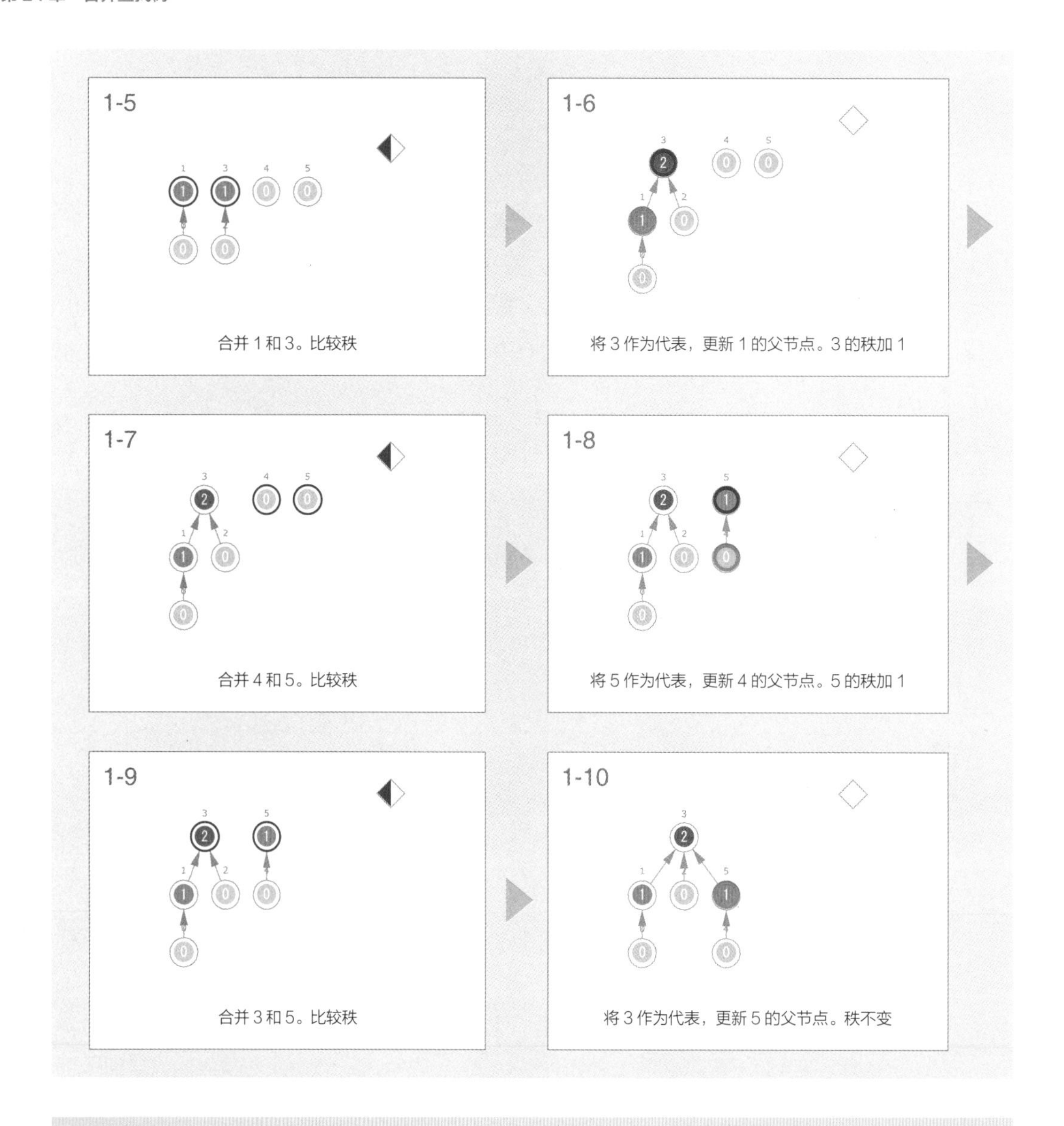

通过根节点合并两棵树时，需要考虑两种情况。如果两棵树的高度不同，我们把高度较低的树的根节点的父节点变更为高度较高的树的根节点，来合并两棵树。因为是将低的树合并到高的树，所以合并后的树的高度不变。如果两棵树的高度相同，同样可以采用变更根节点的父节点的做法，将任意一棵树合并到另一棵树即可。这样合并后的树的高度将加 1。

```
unite(x, y): # 合并两个根节点
    if rank[x] > rank[y]:
        parent[y] ← x
    else:
        parent[x] ← y
        if rank[x] = rank[y]:
            rank[y]++

# 合并的模拟
unite(0, 1)
unite(2, 3)
unite(1, 3)
unite(4, 5)
unite(3, 5)
```

因为合并处理只对树的根节点进行读写操作，所以时间复杂度是 $O(1)$。

按秩合并是被应用于不相交集合的基本操作。

24.2 路径压缩

降低树的高度

如果我们将森林中的树看作集合，因为树的高度会影响时间复杂度，所以我们需要尽量使树的高度保持在低水平。

请将森林中的树变形，降低树的高度。

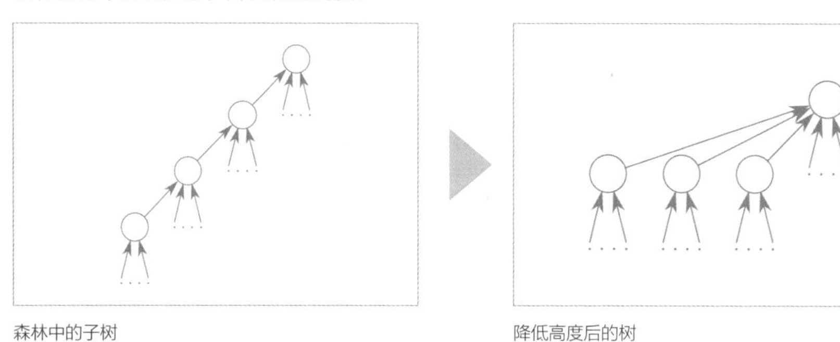

森林中的子树　　降低高度后的树

- 节点数量 $N \leqslant 100\,000$

路径压缩 Path Compression

利用深度优先搜索的回溯原理，将从起点节点到根节点的路径上的所有节点的父节点更新为根节点。

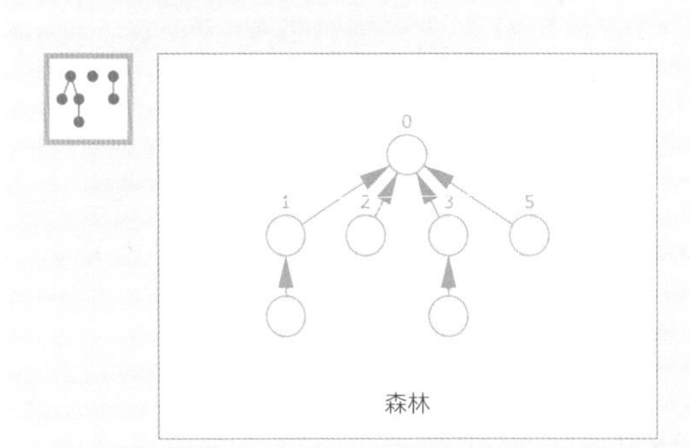

森林

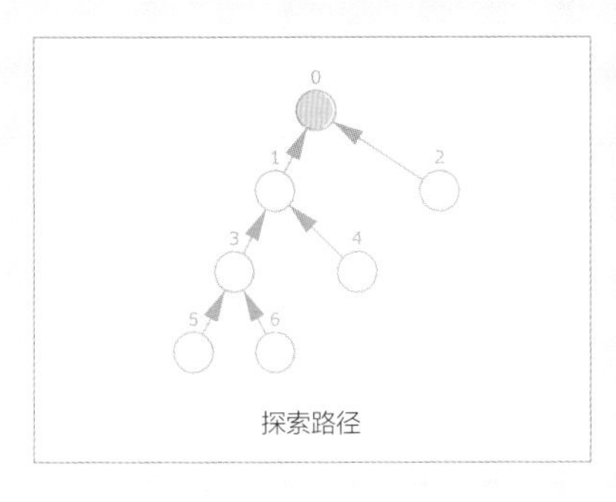

探索路径

路径压缩		
(浅色圆点)	探索到根节点的路径	compress(x)
(深色圆点)	更新父节点	
	parent[x] ← compress(parent[x])	
	压缩的路径	x 的轨迹

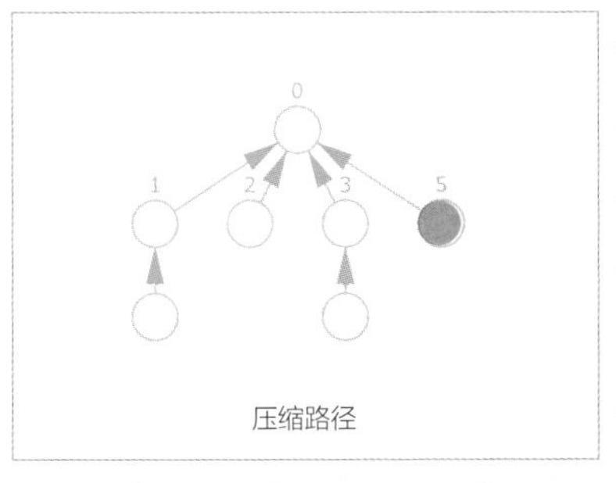

压缩路径

路径压缩

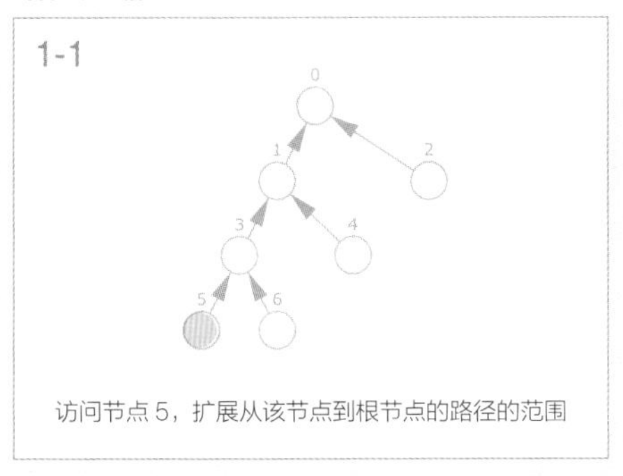

访问节点 5，扩展从该节点到根节点的路径的范围

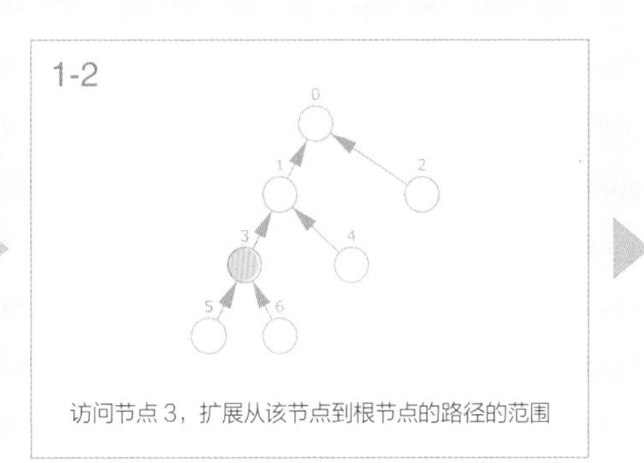

访问节点 3，扩展从该节点到根节点的路径的范围

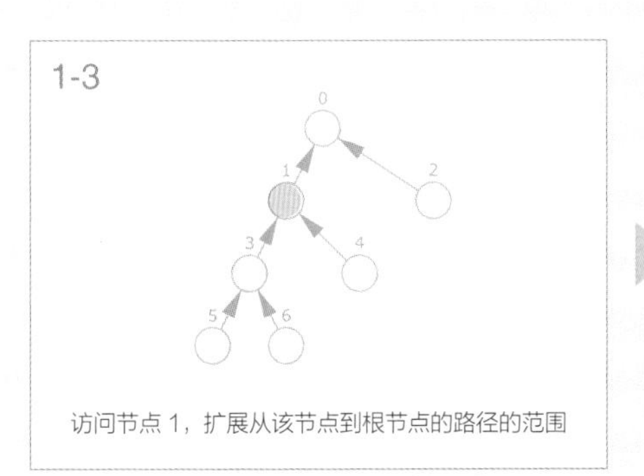

访问节点 1，扩展从该节点到根节点的路径的范围

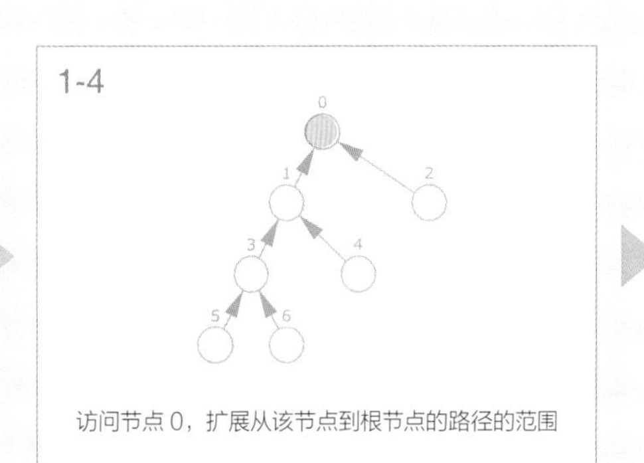

访问节点 0，扩展从该节点到根节点的路径的范围

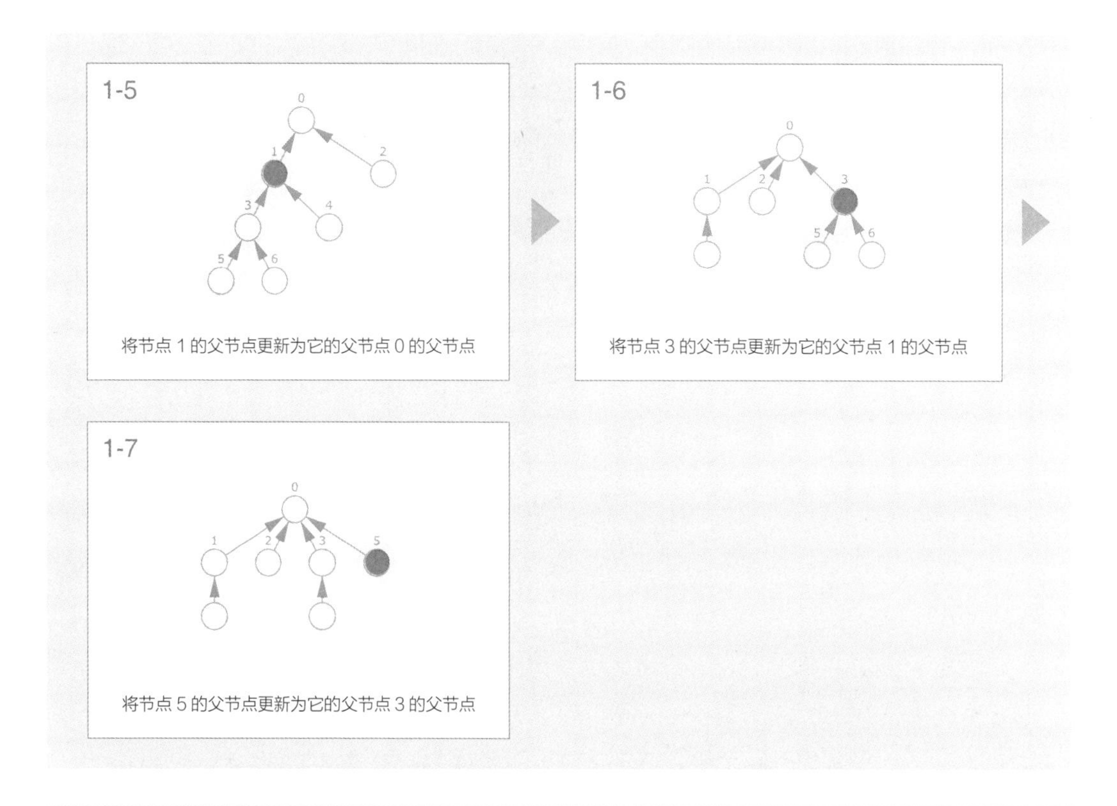

路径压缩是通过将起点到根节点的路径上所有节点的父节点变为根节点来进行的。算法从起点开始进行深度优先搜索，将到根节点的路径上的节点的父节点更新为根节点。这是通过深度优先搜索实现的，访问节点 x 的函数返回的是 x 的父节点，然后继续追溯 x 的父节点。

```
# 从节点 x 开始路径压缩
compress(x):
    if parent[x] ≠ x: # x 不是根节点
        parent[x] ← compress(parent[x])

    return parent[x]

# 路径压缩的模拟
compress(5)
```

路径压缩的时间复杂度是 $O(N)$，但借助该操作能够生成高度低的树，对这样的树的操作就能以很低的时间复杂度进行。

路径压缩是被应用于不相交集合的基本操作。

24.3 合并查找树 ★★★

不相交集合的管理

任何一个元素都不属于多个集合的集合叫作不相交集合。基于不相交集合，能够进行集合合并，找到包含指定元素的集合的数据结构，被应用于多个算法中。

请实现管理不相交集合的数据结构。

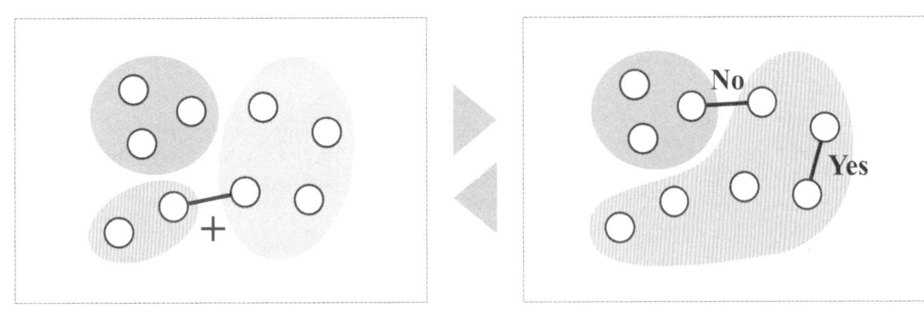

对不相交集合进行合并　　对不相交集合进行查询

• 节点数量 $N \leqslant 100\,000$

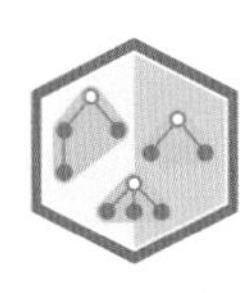

合并查找树 Union-Find Tree

保存了各节点父节点编号的森林可以表示不相交集合。合并查找树是通过按秩合并和路径压缩来高效地回答问题的数据结构。本节主要介绍集合的合并处理。

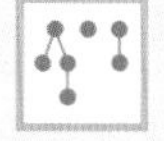

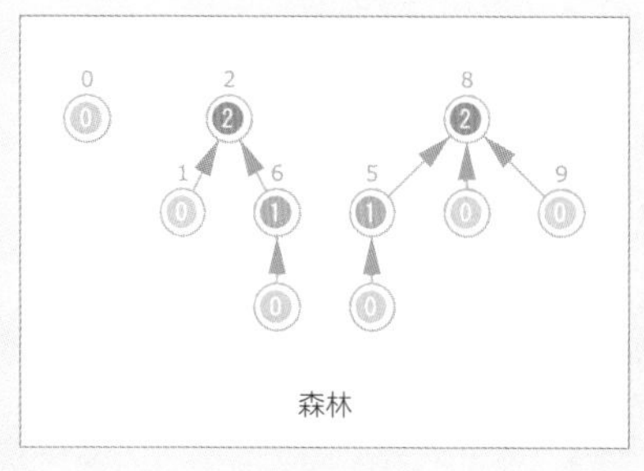

森林

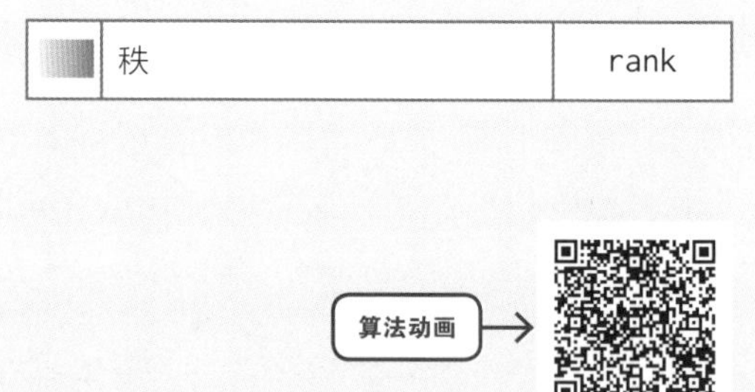

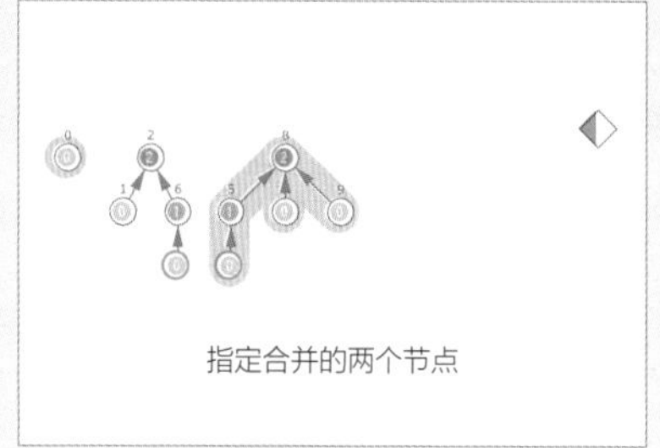

指定合并的两个节点

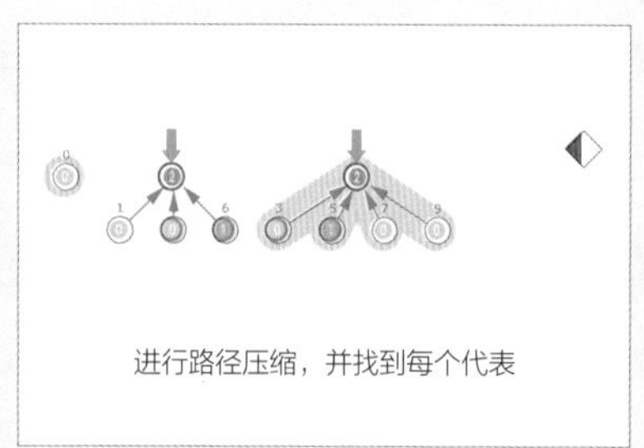

进行路径压缩，并找到每个代表

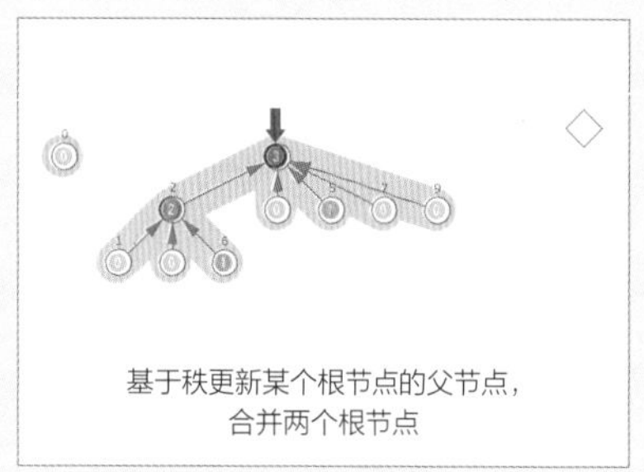

基于秩更新某个根节点的父节点，
合并两个根节点

集合的合并		
	求给定的两个节点的代表	
	root1 ← findSet(x) root2 ← findSet(y)	
	指向合并的代表	root1, root2
	比较根的秩	
	if rank[x] > rank[y]:	
	指向被选中的新的代表	x 或 y
	秩加 1	rank[y]++
	修改父节点	parent[?] ← ?
	进行路径压缩	
	parent[x] ← findSet(parent[x])	

集合的合并

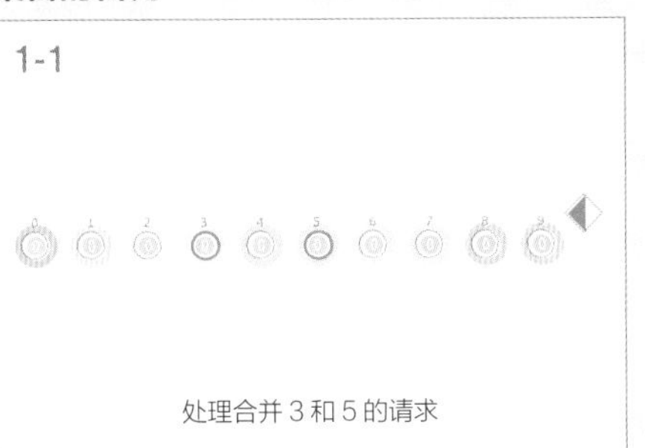
1-1

处理合并 3 和 5 的请求

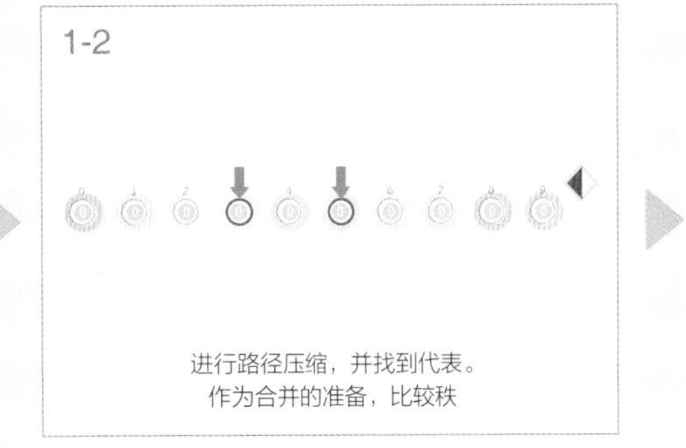
1-2

进行路径压缩，并找到代表。
作为合并的准备，比较秩

1-3

以秩为基准进行合并，将 5 作为新的代表

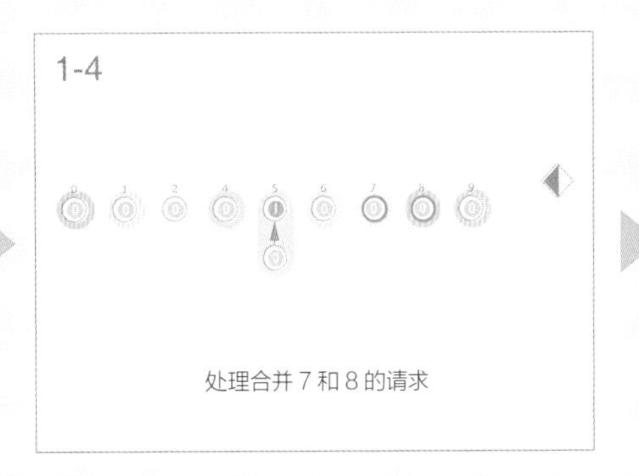
1-4

处理合并 7 和 8 的请求

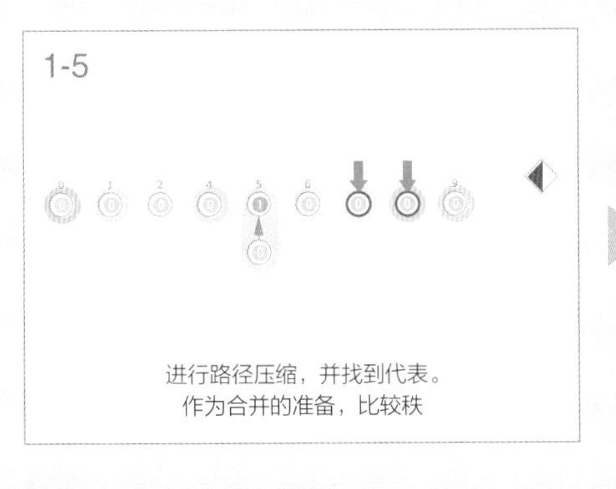
1-5

进行路径压缩，并找到代表。
作为合并的准备，比较秩

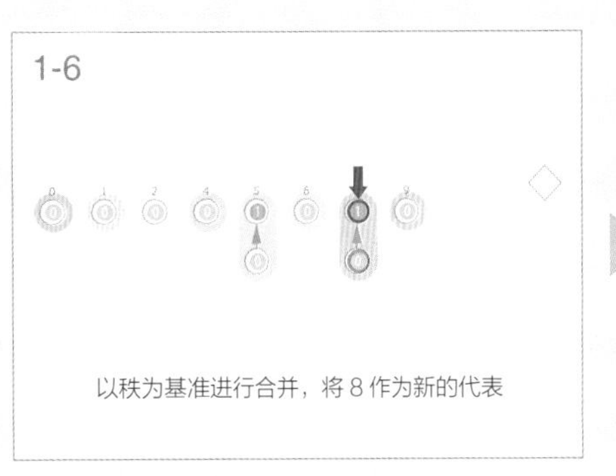
1-6

以秩为基准进行合并，将 8 作为新的代表

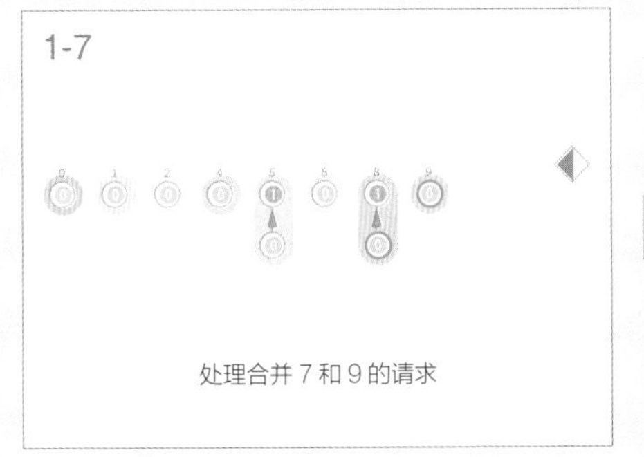
1-7

处理合并 7 和 9 的请求

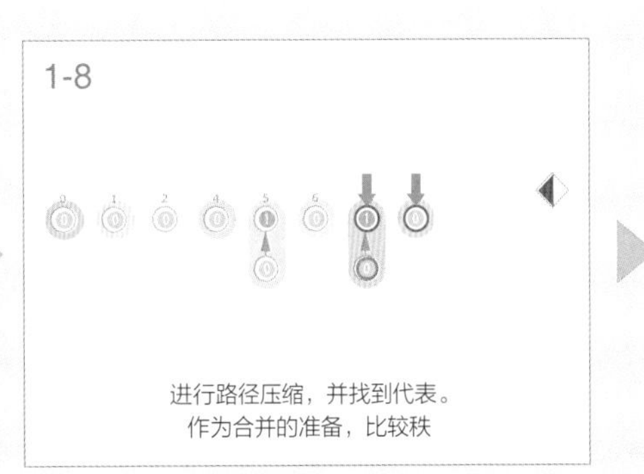
1-8

进行路径压缩，并找到代表。
作为合并的准备，比较秩

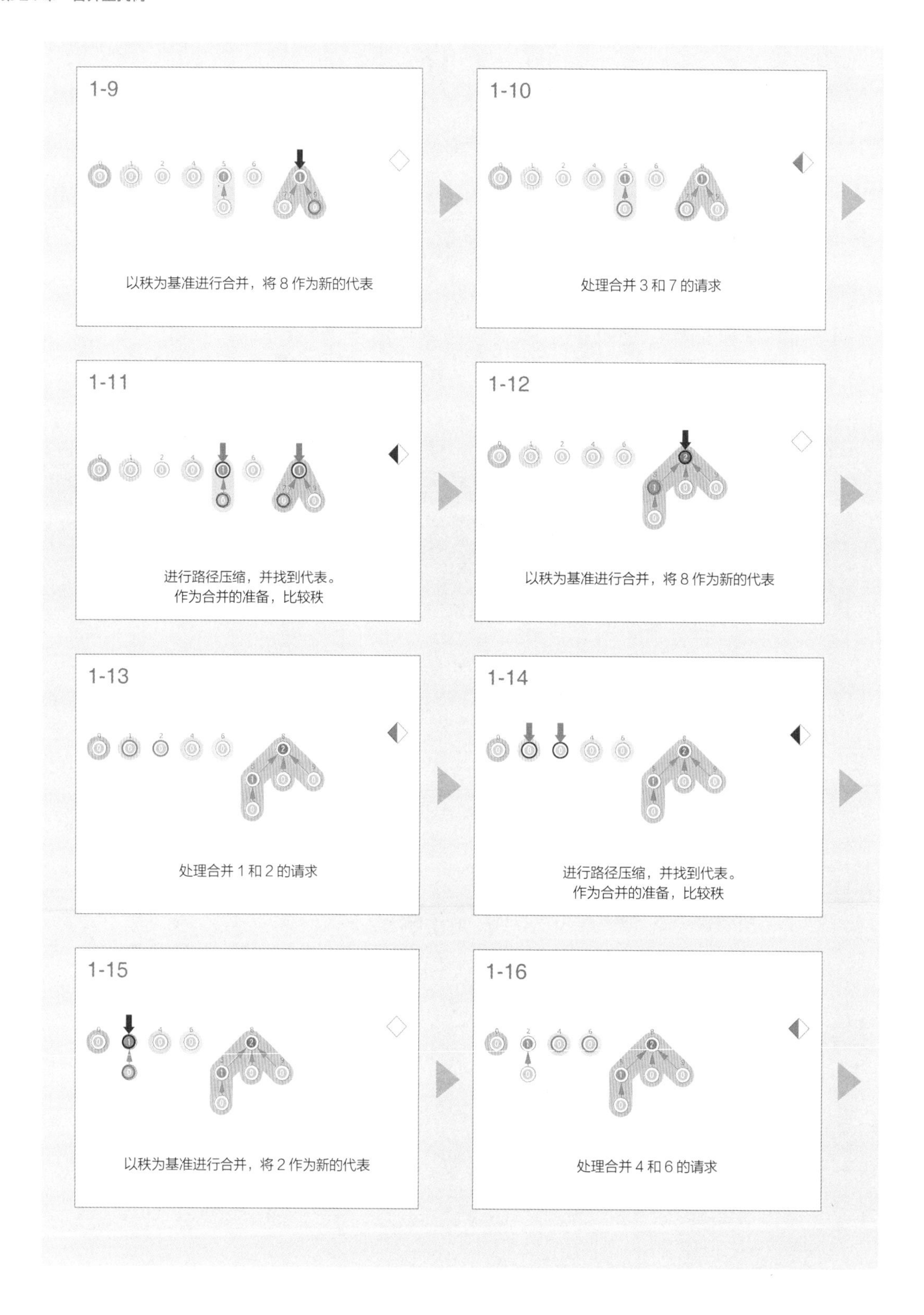
1-9
以秩为基准进行合并，将 8 作为新的代表
1-10
处理合并 3 和 7 的请求
1-11
进行路径压缩，并找到代表。
作为合并的准备，比较秩
1-12
以秩为基准进行合并，将 8 作为新的代表
1-13
处理合并 1 和 2 的请求
1-14
进行路径压缩，并找到代表。
作为合并的准备，比较秩
1-15
以秩为基准进行合并，将 2 作为新的代表
1-16
处理合并 4 和 6 的请求

1-17
进行路径压缩，并找到代表。
作为合并的准备，比较秩
1-18
以秩为基准进行合并，将 6 作为新的代表
1-19
处理合并 6 和 1 的请求
1-20
进行路径压缩，并找到代表。
作为合并的准备，比较秩
1-21
以秩为基准进行合并，将 6 作为新的代表
1-22
处理合并 4 和 3 的请求
1-23
进行路径压缩，并找到代表。
作为合并的准备，比较秩
1-24
以秩为基准进行合并，将 8 作为新的代表

合并查找树的森林中，每棵树都代表一个集合。每个集合的代表是树的根节点。各节点所属的集合的编号是集合的代表的编号。findSet(x) 是求节点 x 的代表的操作，它同时也对从 x 到 x 所属的树的根节点的路径进行了压缩。如果想合并两个节点 x 和 y 所属的集合（树），我们分别通过 findSet(x) 和 findSet(y) 找到它们的代表，然后根据秩来合并它们。合并是通过改变某个父节点来进行的。

本节主要讲的是合并的处理。对于查询两个给定元素 x 和 y 是否属于同一个集合的问题，解决的办法是检查它们的 findSet 的值（根节点）是否相同。

```
class DisjointSet:
    N
    parent # 保存构成了森林的各节点的父节点的数组
    rank   # 管理 rank 的数组

    init(s):  # 初始化
        N ← s
        for i ← 0 to N-1:
            parent[i] ← i
            rank[i] ← 0

    unite(x, y):
        root1 ← findSet(x)
        root2 ← findSet(y)
        link(root1, root2)

    findSet(x):
        if paret[x] ≠ x:
            parent[x] ← findSet(parent[x])
        return parent[x]

    link(x, y):
        if rank[x] > rank[y]:
            parent[y] ← x
        else:
            parent[x] ← y
            if rank[x] = rank[y]:
                rank[y]++
```

基于合并查找树的合并处理和查询处理都进行了路径压缩，所以这些操作都是在高度很低的树上进行的。该算法的时间复杂度的分析很难，超出了本书的范围，我们只需要知道它比 $O(\log N)$ 快即可。

特点

对不相交集合进行的合并处理和查询处理，虽然也能通过图的搜索等算法来解决，但因为对于图结构是在边的连通性发生变化后进行搜索的，所以这些算法不适用于大型数据集。本节实现的合并查找树虽然只适用于节点数固定、只允许添加连接的场景，但它是能够解决很多问题的一种强大的数据结构。例如，合并查找树可被应用于求图的最小生成树的克鲁斯卡尔算法。

第25章

求最小生成树的算法

通过对图的边进行赋值，并根据应用的实际情况赋予这些值不同的含义，就能进一步扩展图的应用领域。

本章将介绍加权图的算法中具有广泛应用领域的求最小生成树（minimum spanning tree）的算法。

- 普里姆算法
- 克鲁斯卡尔算法

25.1 普里姆算法

最小生成树

从连通图中选择（删除）边得到的连通树叫作生成树（spanning tree）。生成树能够通过深度优先搜索或广度优先搜索等基本的遍历算法获得，但根据边的选择，可以呈现出不同特性。

请求出加权无向图的最小生成树。最小生成树是指从图中可以生成的所有生成树中，边的权重之和最小的生成树。

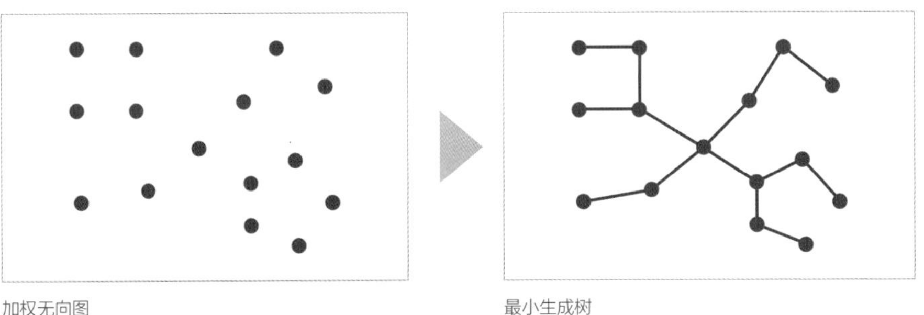

加权无向图　　　　最小生成树

- 节点数量 $N \leqslant 1000$
- 边的数量 $M \leqslant 1000$

普里姆算法 Prim's Algorithm

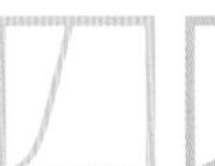
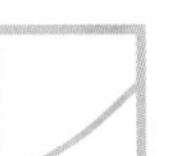

普里姆算法从空的生成树 T 开始，逐条选择最合适的边，并添加到生成树 T 中，最后构建出最小生成树。

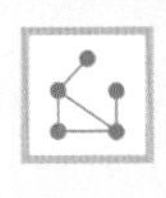

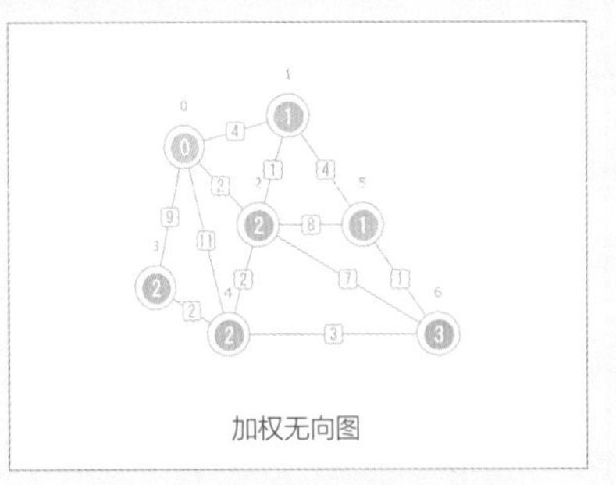

加权无向图

	连接 T 中节点的边的权重最小值	dist
	在最小生成树中的父节点	parent
	节点之间的距离	weight

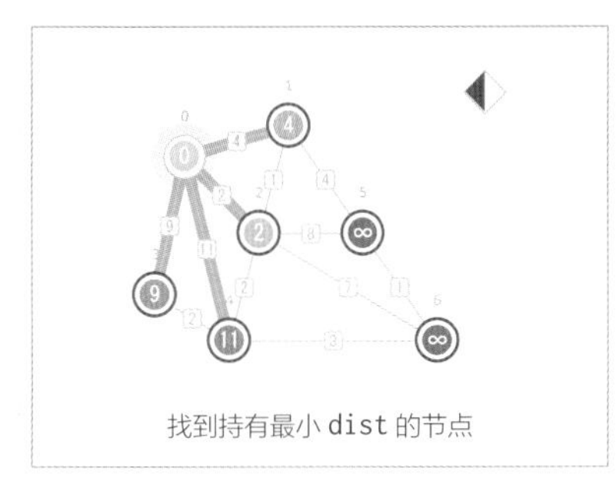

找到持有最小 dist 的节点

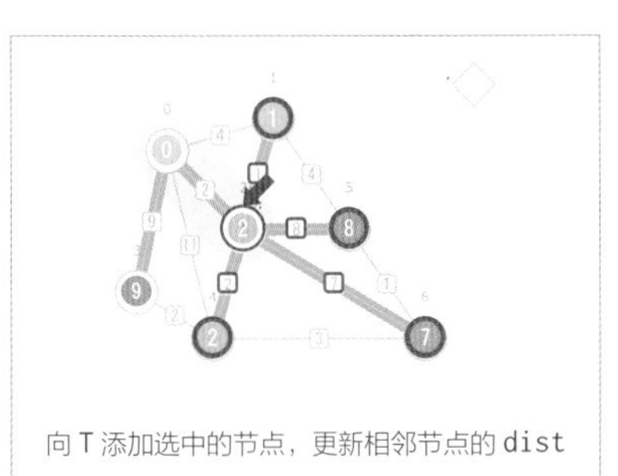

向 T 添加选中的节点，更新相邻节点的 dist

起点的确定和初始化		
	选择任意节点作为起点，将其初始化为 0	
	将其他节点的 dist 初始化为大值	
最小生成树的构建		
	寻找 dist 最小的节点	
	指向权重最小的节点	u
	更新节点的 dist 和 parent dist[v] ← weight[u][v] parent[v] ← u	
	表示最小生成树的临时边	边 (v, parent[v])
	扩展最小生成树的范围	将 u 加入 T
最小生成树的输出		
	从父节点信息开始构建最小生成树	

起点的确定和初始化

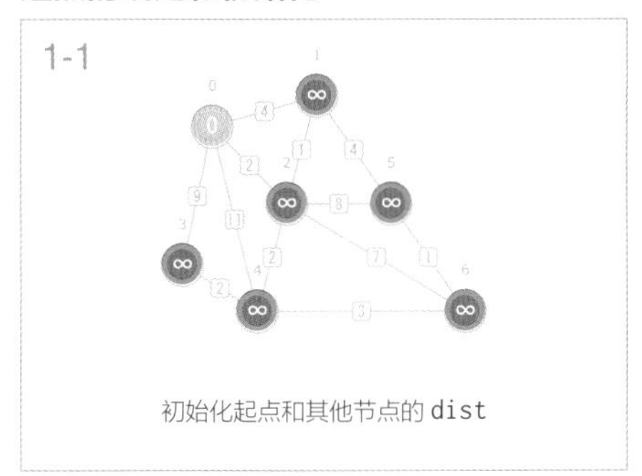

初始化起点和其他节点的 dist

最小生成树的构建

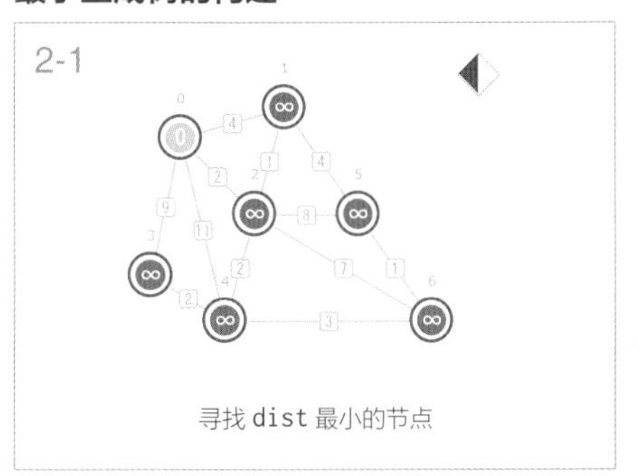

寻找 dist 最小的节点

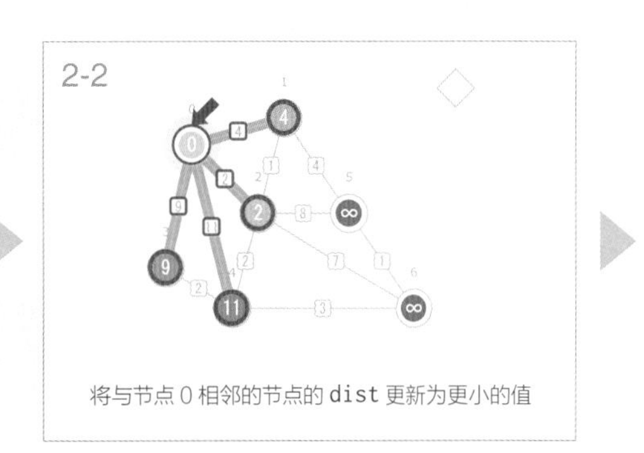

将与节点 0 相邻的节点的 dist 更新为更小的值

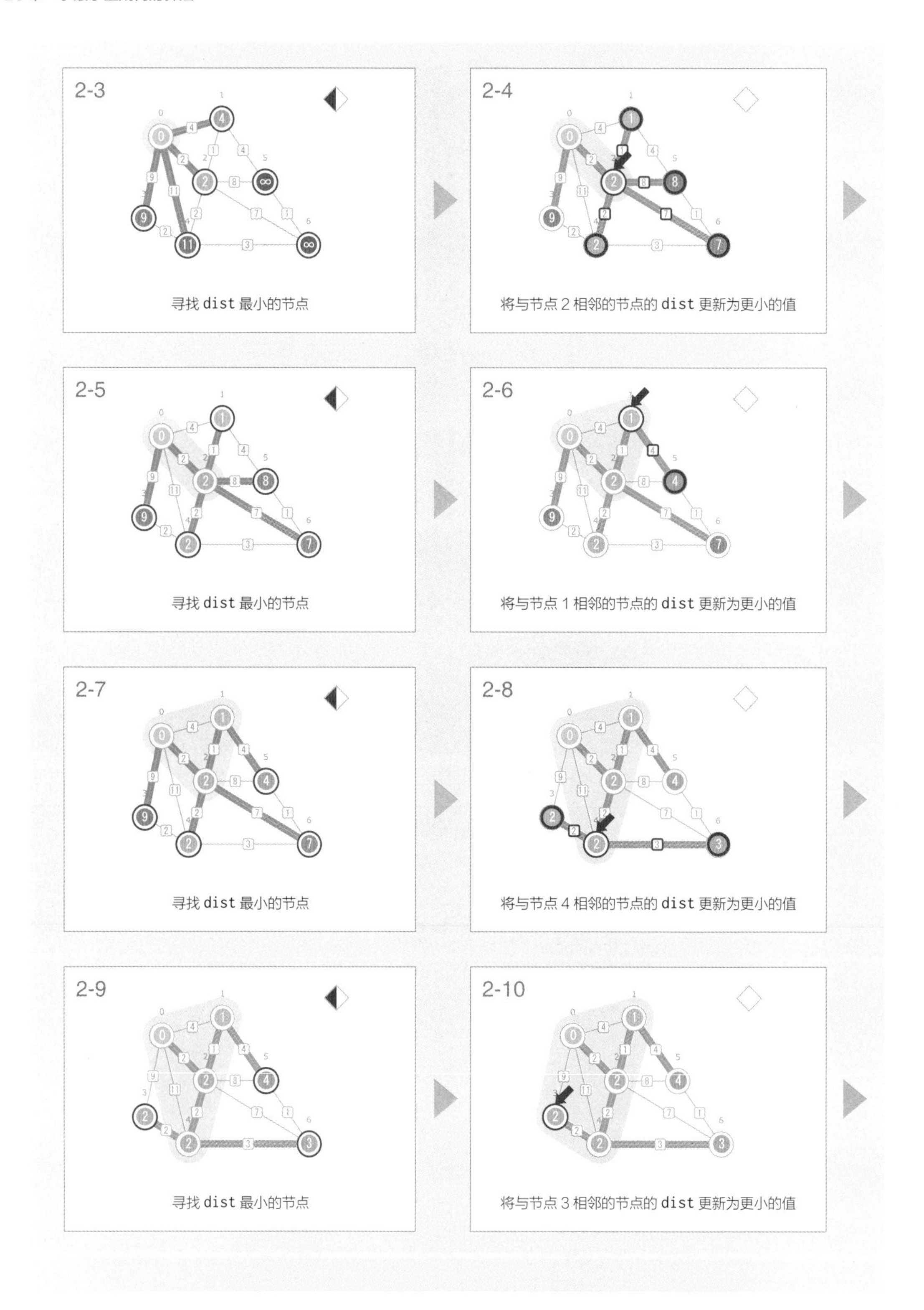
2-3
寻找 dist 最小的节点
2-4
将与节点 2 相邻的节点的 dist 更新为更小的值
2-5
寻找 dist 最小的节点
2-6
将与节点 1 相邻的节点的 dist 更新为更小的值
2-7
寻找 dist 最小的节点
2-8
将与节点 4 相邻的节点的 dist 更新为更小的值
2-9
寻找 dist 最小的节点
2-10
将与节点 3 相邻的节点的 dist 更新为更小的值

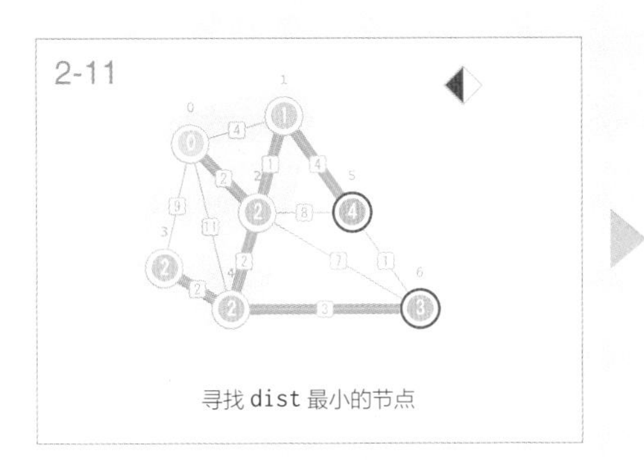

寻找 dist 最小的节点

将与节点 6 相邻的节点的 dist 更新为更小的值

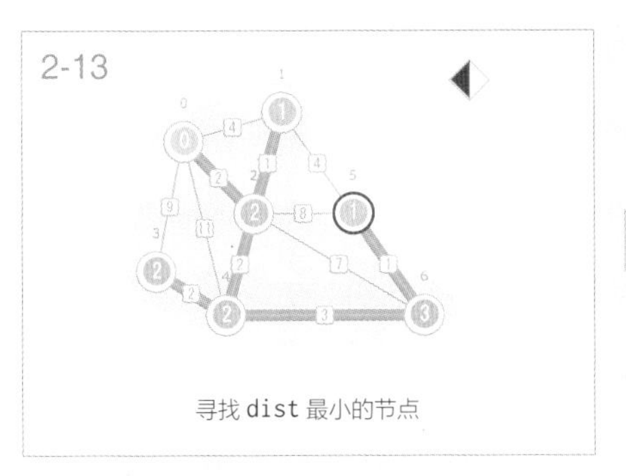

寻找 dist 最小的节点

将与节点 5 相邻的节点的 dist 更新为更小的值

最小生成树的输出

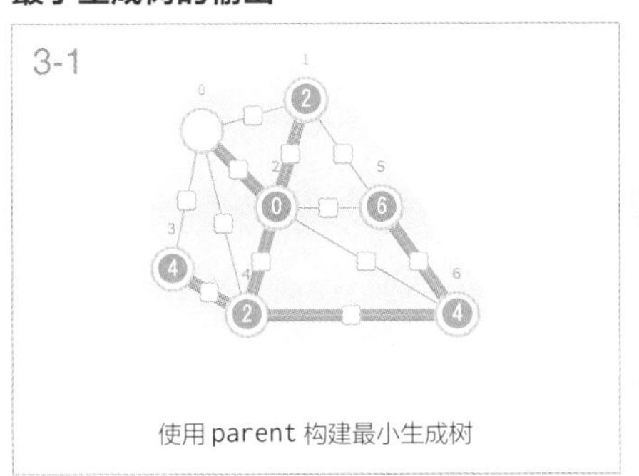

使用 parent 构建最小生成树

普里姆算法从任意节点开始扩展生成树 T。算法在每一步运行过程中，从连接 T 中的节点和 T 外的节点的边中选择权重最小的边。为了使这一过程更加高效，我们使用变量 dist。dist[i] 记录的是连接节点 *i* 与 T 中节点的边中，最小的权重。也就是说，每一步都在寻找 dist 最小的节点，并将找到的节点 *u* 添加到 T 中。如果 weight[u][v] 小于与 *u* 相邻的节点 *v* 的 dist[v]，算法就更新 dist[v]。当所有节点都被包含在生成树中时，普里姆算法也就结束了。

如果记录了每个节点 v 在最小生成树中的父节点 parent[v]，那么我们就可以从 parent 构建最小生成树。父节点的信息 u 是在更新 dist[v] 时被记录到 parent[v] 中的。对于根节点之外的 v，边 (v, parent[v]) 是包含在最小生成树中的边。

```
# 求图 g 的最小生成树
# T: 包含在最小生成树中的节点的集合
prim(g):
    s ← 0                # 选择任意节点作为起点

    for v ← 0 to g.N-1:
        dist[v] ← INF
        parent[v] ← NIL  # 没有父节点的状态

    dist[s] ← 0

    while True:
        u ← NIL
        minv ← INF
        # 寻找 dist 最小的节点
        for v ← 0 to g.N-1:
            if v在T中: continue
            if dist[v] < minv:
                u ← v
                minv ← dist[v]

        if u = NIL: break
        将u加入T

        for v ← 0 to g.N-1:
            if g.weight[u][v] = INF: continue
            if v在T中: continue
            if dist[v] > weight[u][v]:
                dist[v] ← weight[u][v]
                parent[v] ← u
```

普里姆算法通过逐步添加节点的方式来扩展最小生成树 T。如果通过线性搜索进行寻找权重最小的节点的处理，那么时间复杂度是 $O(N^2)$，不管是用邻接矩阵还是用邻接表来实现，时间复杂度都是一样的。而如果用堆（或优先队列）来管理最小权重，并从堆中选择最合适的节点，同时图是基于邻接表来实现的，那么普里姆算法的时间复杂度是 $O((N + M) \log N)$。后面的求最短路径的迪杰斯特拉算法一节将会介绍基于堆（或优先队列）的实现。

特点

最小生成树问题出现在计算机科学的许多领域，如网络的设计和电路的布线。除了求最小生成树问题本身，最小生成树还可用于解决各种与图有关的问题。这些问题涉及没有高效解决方案的图的遍历、图像处理、生物工程等多个方面。

25.2 克鲁斯卡尔算法 ★★★

最小生成树

对更大的图求最小生成树。

请求出加权无向图的最小生成树。

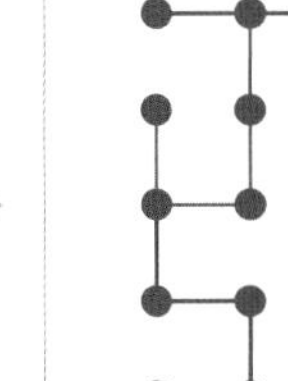

加权无向图　　最小生成树

- 节点数量 $N \leqslant 100\ 000$
- 边的数量 $M \leqslant 100\ 000$

克鲁斯卡尔算法 Kruskal's Algorithm

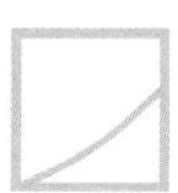

克鲁斯卡尔算法通过对互不相交集合的管理，向生成树逐条添加边。

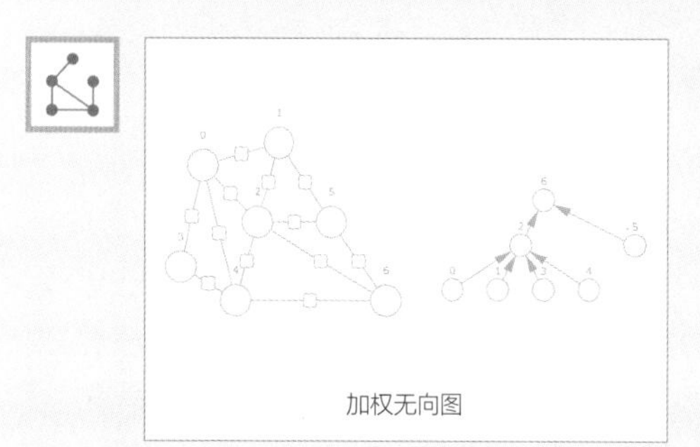

加权无向图

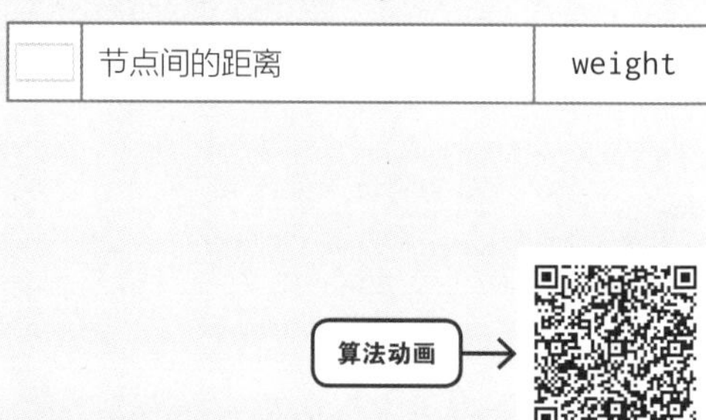

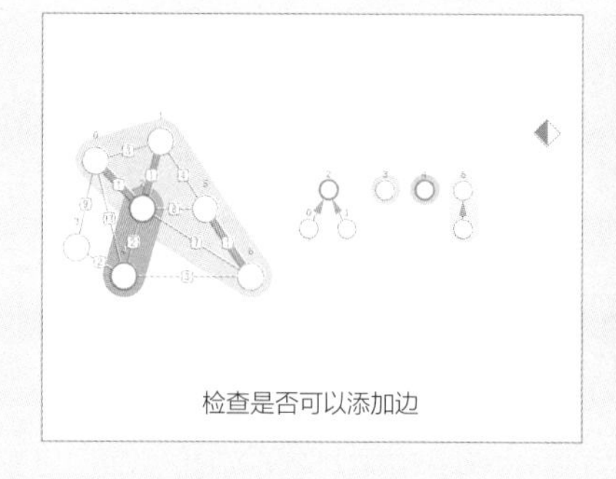

检查是否可以添加边

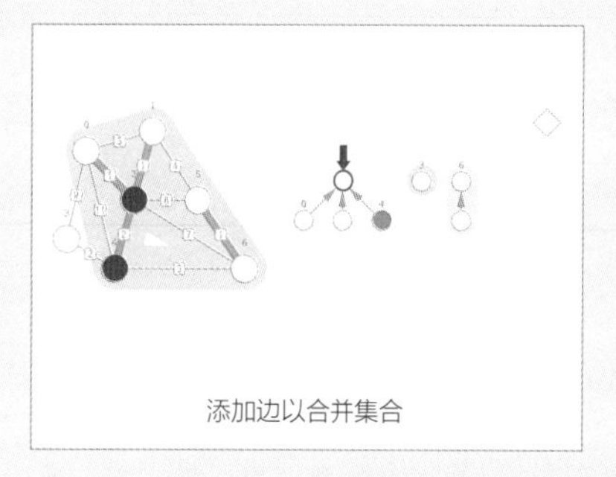

添加边以合并集合

排序		
	按权重升序对边排序	
边的添加		
	向最小生成树添加边	向 MST 添加 e
	表示要连接的边	(u, v)
	表示包含在最小生成树中的边	包含在 MST 中的边
	扩展包含在最小生成树中的节点的范围	包含在 MST 中的节点

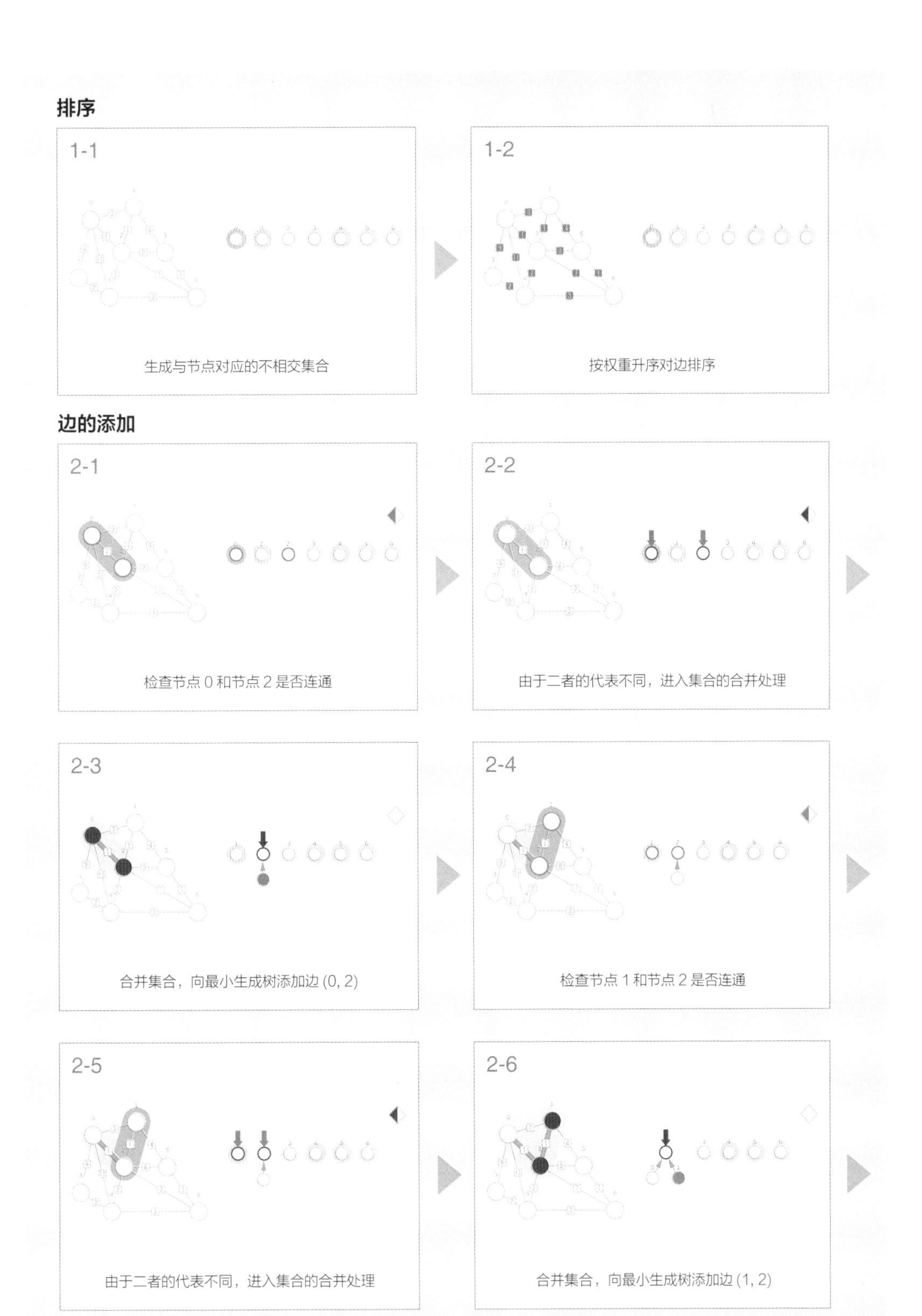
排序
1-1
生成与节点对应的不相交集合
1-2
按权重升序对边排序
边的添加
2-1
检查节点 0 和节点 2 是否连通
2-2
由于二者的代表不同，进入集合的合并处理
2-3
合并集合，向最小生成树添加边 (0, 2)
2-4
检查节点 1 和节点 2 是否连通
2-5
由于二者的代表不同，进入集合的合并处理
2-6
合并集合，向最小生成树添加边 (1, 2)

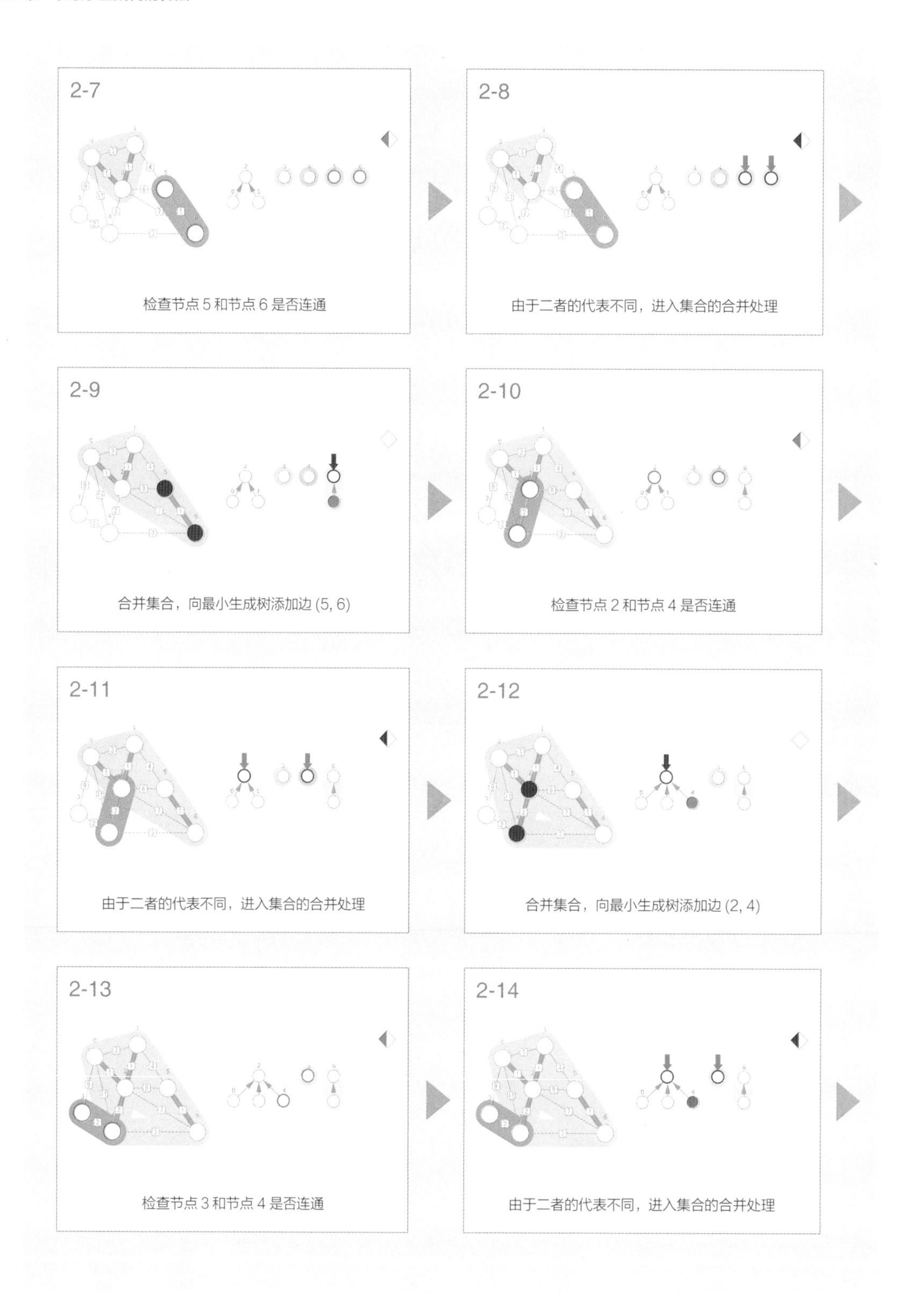
2-7
检查节点 5 和节点 6 是否连通
2-8
由于二者的代表不同，进入集合的合并处理
2-9
合并集合，向最小生成树添加边 (5, 6)
2-10
检查节点 2 和节点 4 是否连通
2-11
由于二者的代表不同，进入集合的合并处理
2-12
合并集合，向最小生成树添加边 (2, 4)
2-13
检查节点 3 和节点 4 是否连通
2-14
由于二者的代表不同，进入集合的合并处理

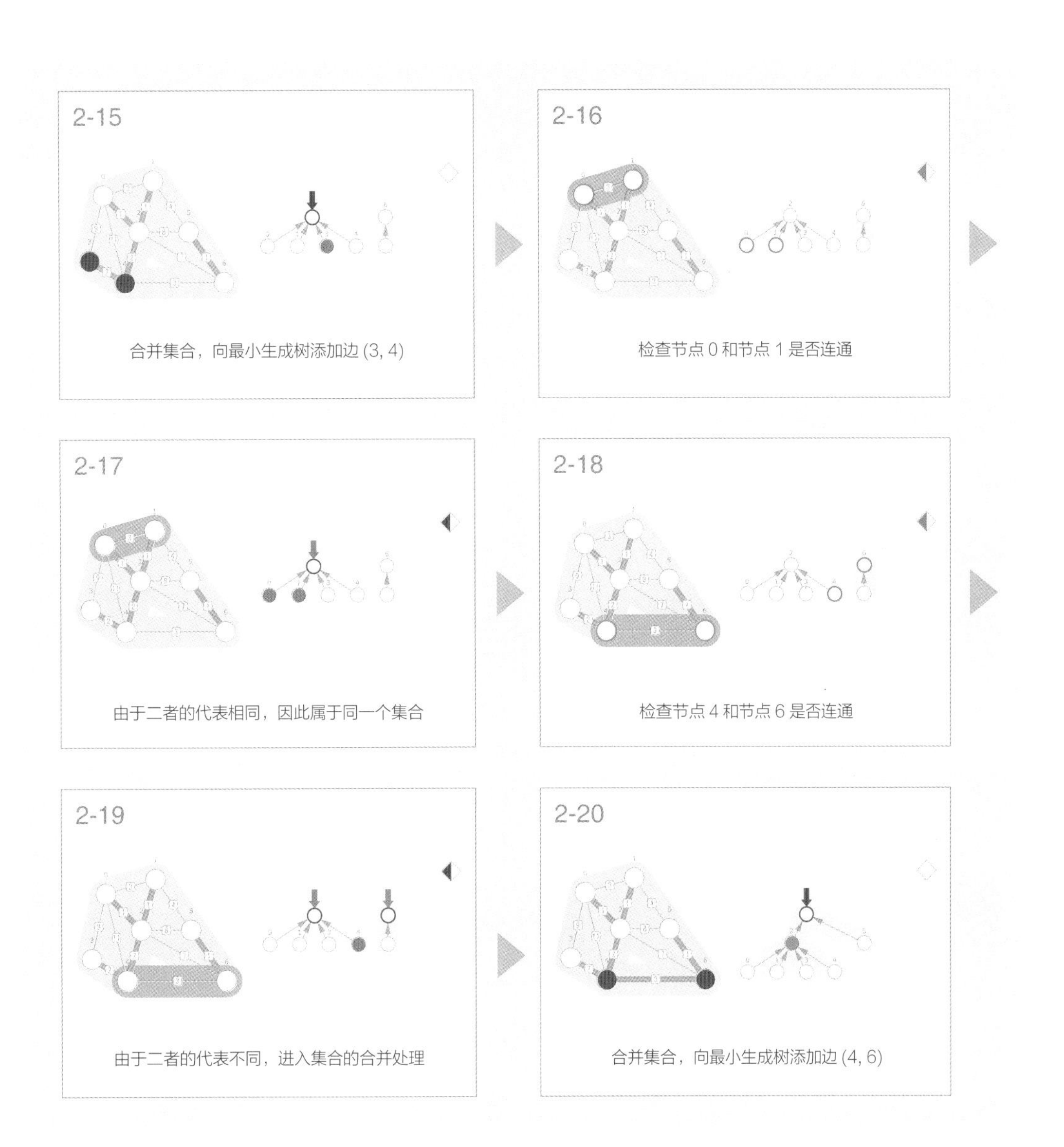

克鲁斯卡尔算法首先将图中的边按权重升序排序。选择权重最小的边 (u, v)，如果 u 和 v 属于不同的集合，那么合并这两个集合，将 (u, v) 添加到最小生成树中。如果 u 和 v 属于同一个集合，那么添加这条边会导致图中出现环，所以舍弃这条边，继续选择下一条。当添加的边的数量达到 $N-1$ 时，克鲁斯卡尔算法结束处理。

```
# 基于图 g 构建最小生成树 MST
kruskal(g):
    MST ← 空的列表
    edges ← g 的边的列表

    将 edges 按权重升序排序

    DisjointSet ds(g.N) # 生成元素数为 N 的不相交集合

    for e in edges:
        u ← e 的第 1 个端点
        v ← e 的第 2 个端点

        if ds.findSet(u) ≠ ds.findSet(v):
            ds.unite(u, v)
            向 MST 添加 e
```

克鲁斯卡尔算法的时间复杂度取决于边的排序算法。如果使用快速排序或合并排序等高效的排序算法来对边进行排序，那么时间复杂度为 $O(M \log M)$。

特点

与时间复杂度为 $O(N^2)$ 的普里姆算法的使用场景不同，克鲁斯卡尔算法能够求出大规模图的最小生成树。

第26章

求最短路径的算法

图的最短路径是指两点之间的所有路径之中，经过的边的权重之和最小的那条。最短路径是图论中重要的问题之一，已经出现了许多解决这个问题的算法。

本章将介绍适用于具有不同大小和权重等特征的图的最短路径的算法。

- 迪杰斯特拉算法
- 迪杰斯特拉算法（优先队列）
- 贝尔曼－福特算法
- Floyd-Warshall 算法

26.1 迪杰斯特拉算法 ★★★

最短路径

给定的两点间的最短距离或路径是我们日常生活中有趣的问题之一。因此，出现了许多为加权图中的最短路径设计的算法。

基于给定的加权图、起点、终点信息，求从起点到终点的最短路径。

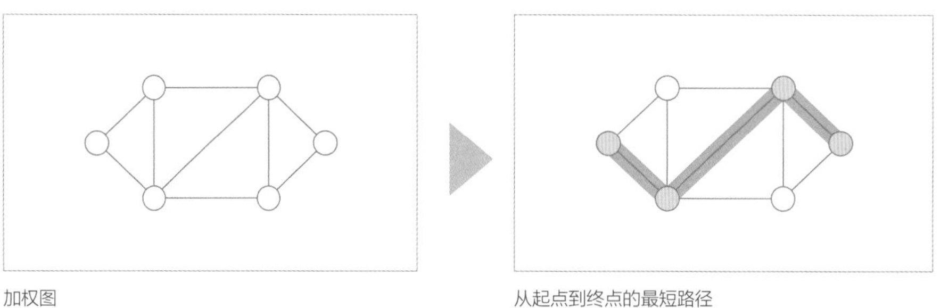

加权图　　从起点到终点的最短路径

- 节点数量 $N \leq 1000$
- 边的数量 $M \leq 1000$
- $0 \leq$ 边的权重 ≤ 1000

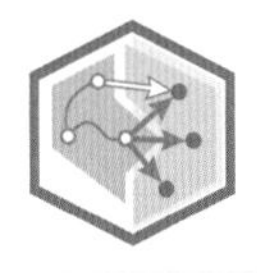

迪杰斯特拉算法 Dijkstra's Algorithm

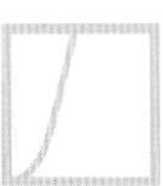

迪杰斯特拉算法生成以起点为根节点的生成树，即最短路径树。算法通过最短路径树求从起点到其他各节点的最短路径和最短距离。迪杰斯特拉算法从空的最短路径树 T 开始，向 T 中逐个添加节点。

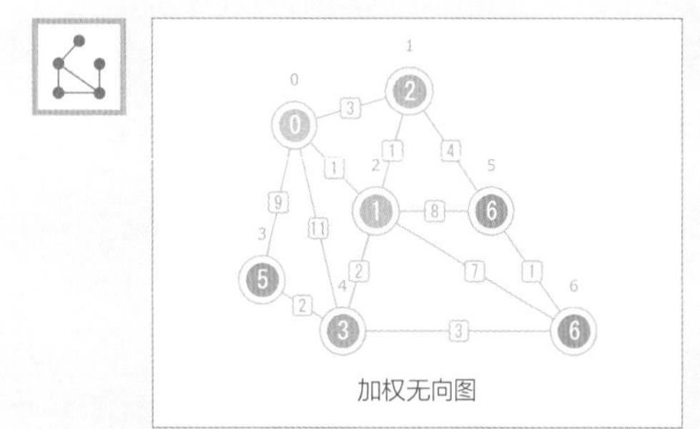

加权无向图

	从起点到各节点的暂定最短距离	dist
	在最短路径树中的父节点	parent
	节点间的距离	weight

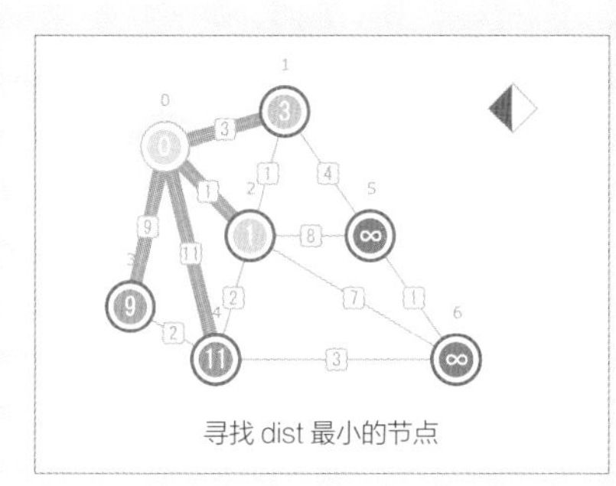

寻找 dist 最小的节点

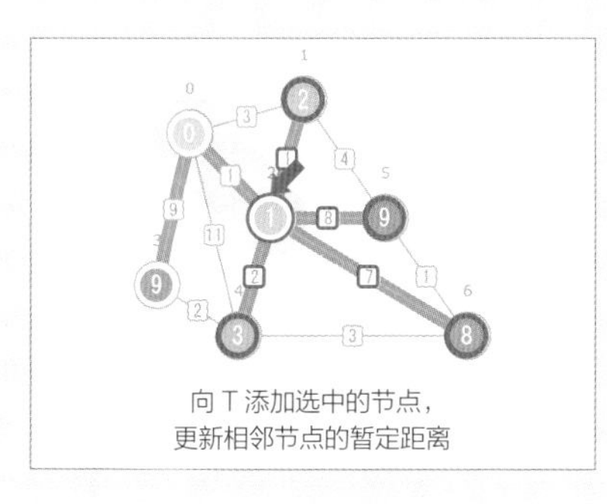

向 T 添加选中的节点，
更新相邻节点的暂定距离

起点的确定和初始化		
	将起点的距离初始化为 0	dist[s] ← 0
	将其他节点的暂定距离初始化为大值	dist[v] ← INF
最短路径树的构建		
	寻找暂定距离最小的节点	# find minimum
	指向暂定距离最小的节点	u
	更新节点的暂定距离和父节点	
	if dist[v] > dist[u] + weight[u][v]: dist[v] ← dist[u] + weight[u][v] parent[v] ← u	
	表示最短路径树的暂定边	(v, parent[v])
	扩展最短路径树	将 u 加入 T
最短路径树的输出		
	基于父节点的信息构建最短路径树	

起点的确定和初始化

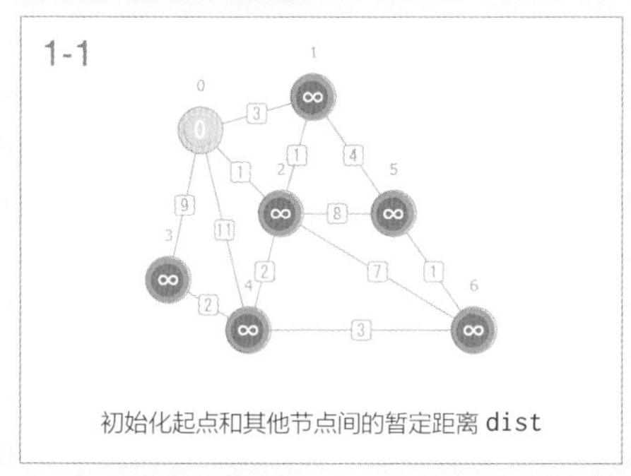

初始化起点和其他节点间的暂定距离 dist

最短路径树的构建

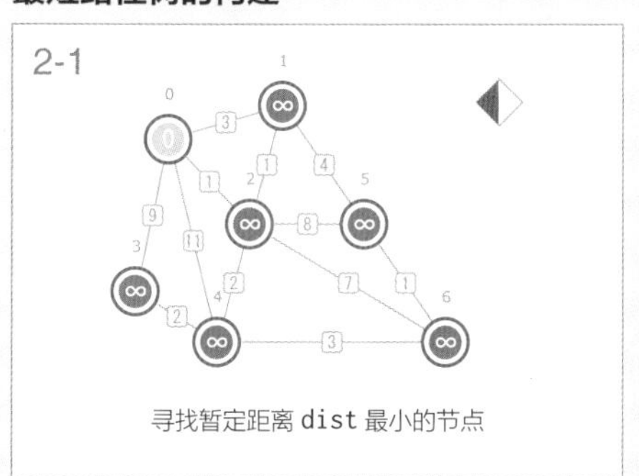

寻找暂定距离 dist 最小的节点

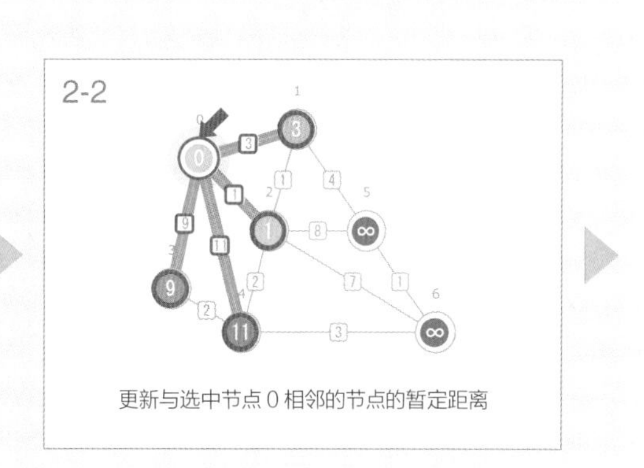

更新与选中节点 0 相邻的节点的暂定距离

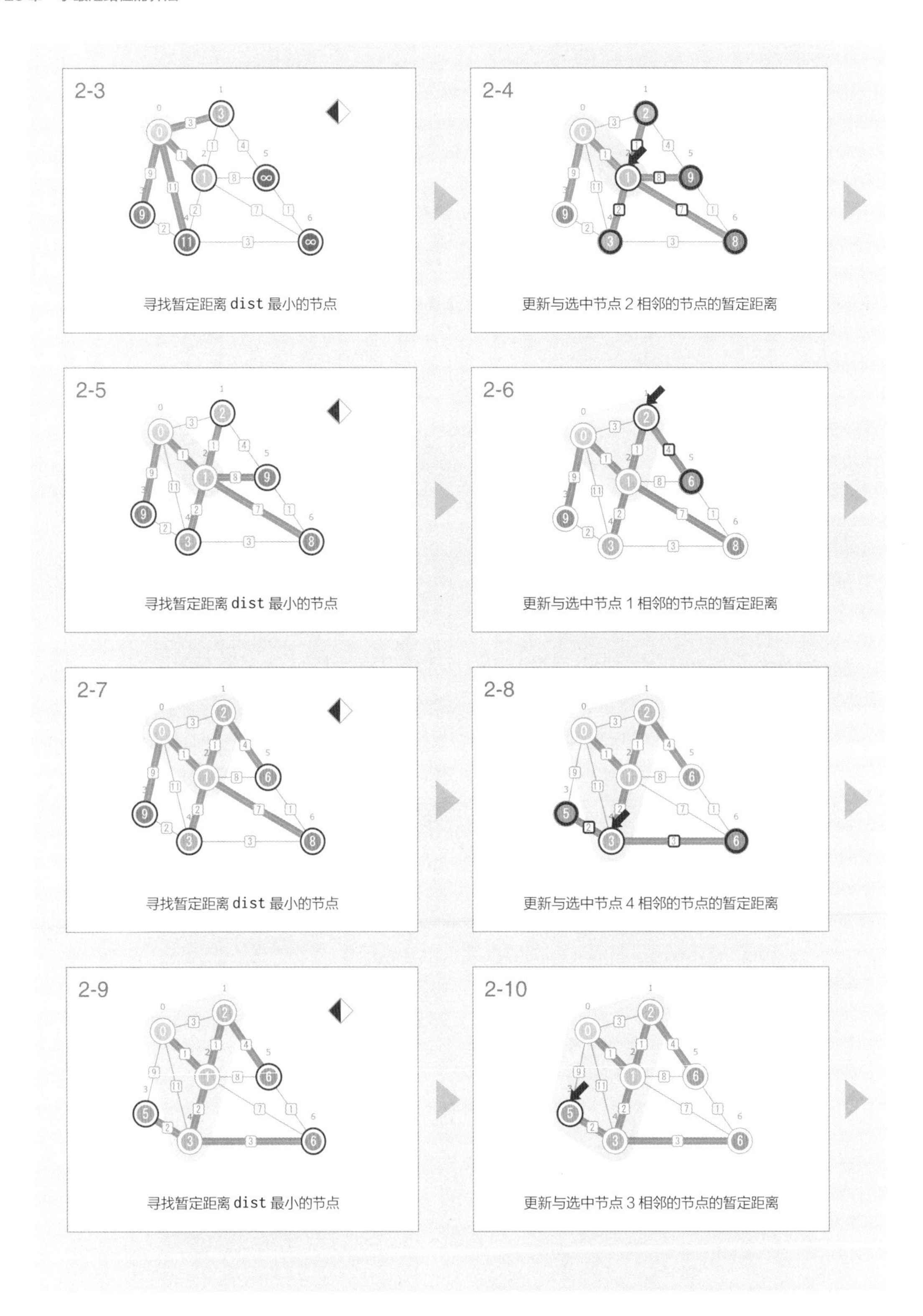
2-3
寻找暂定距离 dist 最小的节点
2-4
更新与选中节点 2 相邻的节点的暂定距离
2-5
寻找暂定距离 dist 最小的节点
2-6
更新与选中节点 1 相邻的节点的暂定距离
2-7
寻找暂定距离 dist 最小的节点
2-8
更新与选中节点 4 相邻的节点的暂定距离
2-9
寻找暂定距离 dist 最小的节点
2-10
更新与选中节点 3 相邻的节点的暂定距离

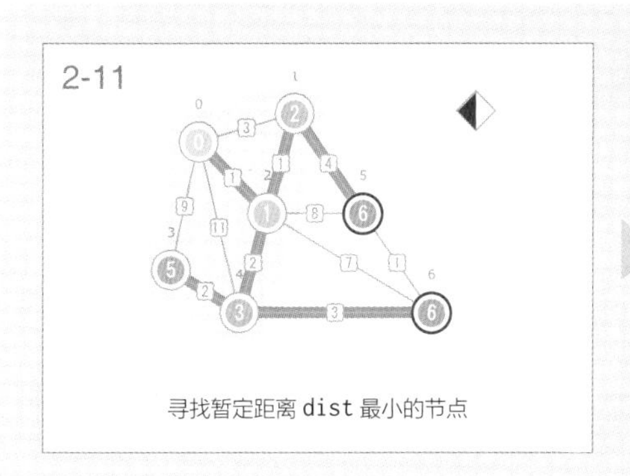

寻找暂定距离 dist 最小的节点

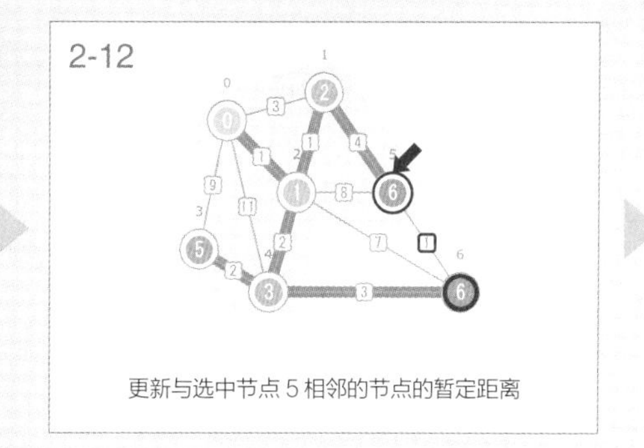

更新与选中节点 5 相邻的节点的暂定距离

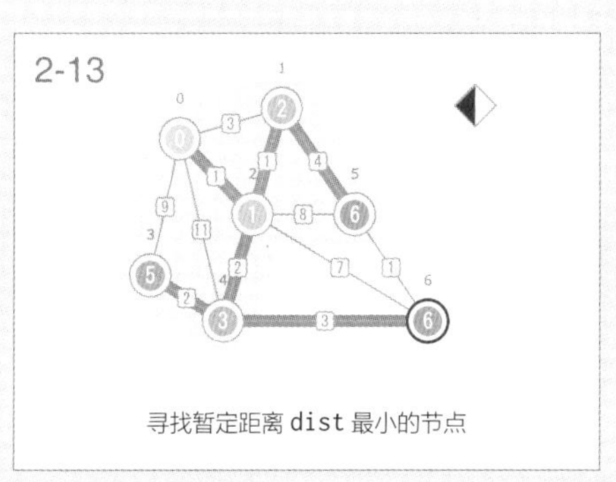

寻找暂定距离 dist 最小的节点

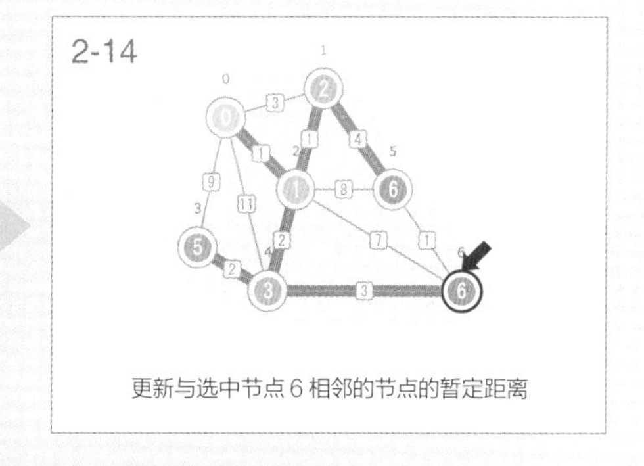

更新与选中节点 6 相邻的节点的暂定距离

最短路径树的输出

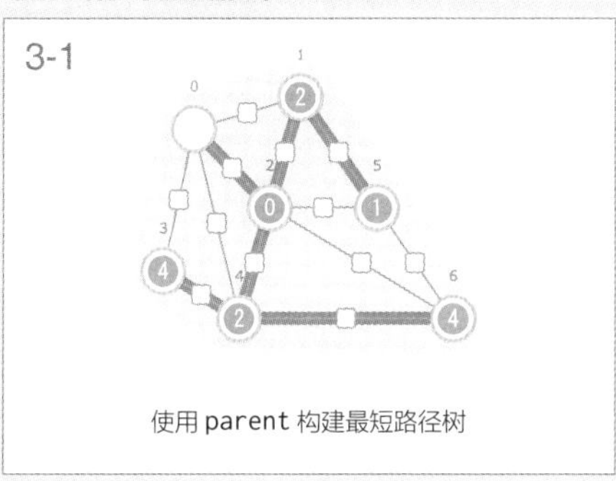

使用 parent 构建最短路径树

迪杰斯特拉算法通过不断扩展来构建最短路径树 T。最短路径树是指以根节点作为起点，从根节点到每个节点的（唯一一条）路径是图的最短路径的树。在每个计算步骤中，算法确定只经过 T 中包含的节点的从起点到每个节点的最短距离；对于尚不包含在 T 中的每个节点 *i*，从起点到这些节点的暂定最短距离被记录到 dist[i]。在每一个步骤中，算法从尚未包含在 T 的节点中选择暂定距离 dist 最小的节点 *u*，然后将其放入 T 中。此时，如果与节点 *u* 相邻的、尚不包含在 T 中的节点的暂定距离更小，算法将会更新暂定距离，并将节点 *v* 在最短路径树中的父节点 parent[v] 更新为 *u*。当所有节点都被放入最短路径树时，迪杰斯特拉算法也就结束了。结束时 dist 被确定下来，dist[i] 中的值就是从起点到节点 *i* 的最短距离。最短路径树，即从起点到其他各节点的最短路径，可以基于 parent 进行构建。

```
# T：最短路径树
# 求图 g 中从起点 s 开始的最短路径
dijkstra(g, s):
    for v ← 0 to g.N-1:
        dist[v] ← INF
        parent[v] ← NIL # 没有父节点的状态

    dist[s] ← 0

    while True:
        u ← NIL
        minv ← INF
        # find minimum
        for v ← 0 to g.N-1:
            if v在T中: continue
            if dist[v] < minv:
                u ← v
                minv ← dist[v]

        if u = NIL: break
        将u加入T

        for v ← 0 to g.N-1:
            if weight[u][v] = INF: continue
            if v在T中: continue
            if dist[v] > dist[u] + weight[u][v]:
                dist[v] ← dist[u] + weight[u][v]
                parent[v] ← u
```

迪杰斯特拉算法逐步添加节点以扩展最短路径树 T。如果通过线性搜索进行寻找暂定距离最小的节点的处理，那么时间复杂度是 $O(N^2)$。无论是通过邻接矩阵还是邻接表来实现，这都是一样的。而如果在算法中应用堆（优先队列），就能实现高效的算法。

特点

时间复杂度为 $O(N^2)$ 的实现是低效的，对大图来说不实用。下一节将会介绍应用了堆的实用的迪杰斯特拉算法。

26.2 迪杰斯特拉算法（优先队列） ★★★★

最短路径

对更大的图求最短路径树。

基于给定的加权图、起点、终点信息，求从起点到终点的最短路径。

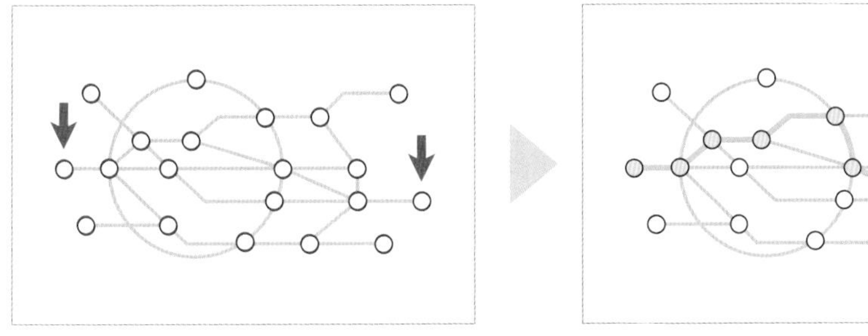

加权图

从起点到终点的最短路径

- 节点数量 $N \leqslant 100\ 000$
- 边的数量 $M \leqslant 100\ 000$
- $0 \leqslant$ 边的权重 $\leqslant 10\ 000$

迪杰斯特拉算法（优先队列）
Dijkstra's Algorithm (with Priority Queue)

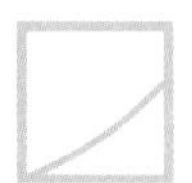

在迪杰斯特拉算法中应用基于最小堆的优先队列，就能高效地构建最短路径树。

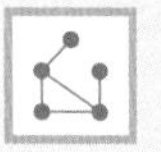

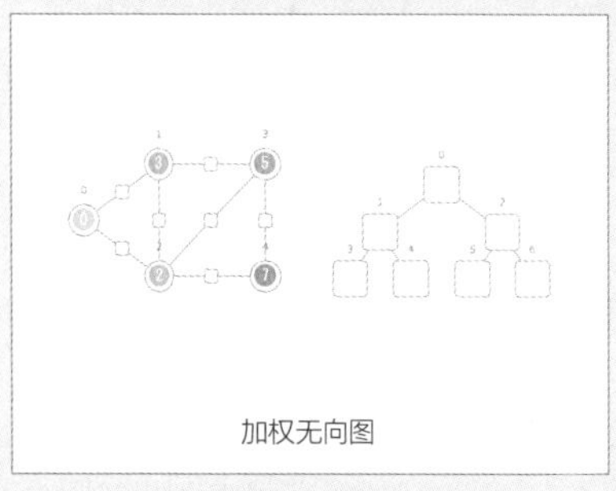

加权无向图

	从起点到各节点的暂定最短距离	dist
	节点编号	nodeId
	在最短路径树中的父节点	parent
	节点间的距离	weight

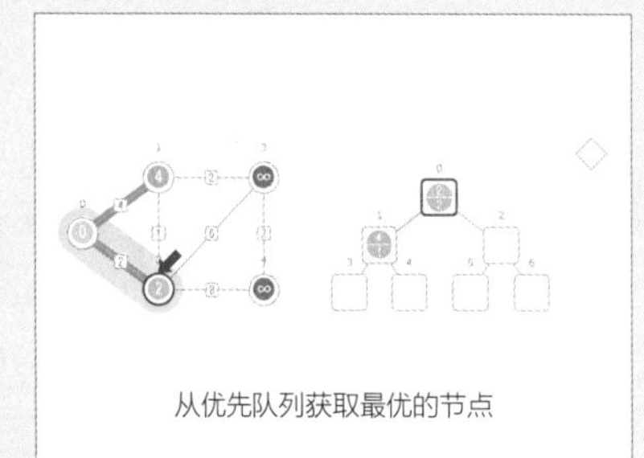

从优先队列获取最优的节点

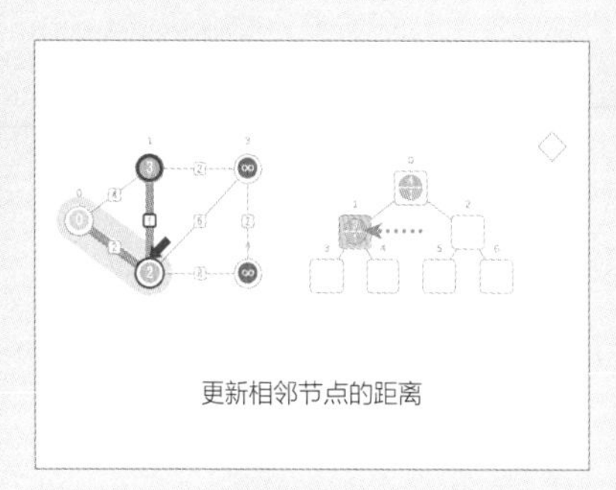

更新相邻节点的距离

起点的确定		
	将起点的距离初始化为 0	dist[s] ← 0
	将其他节点的暂定距离初始化为大值	dist[v] ← INF
最短路径树的构建		
	指向从堆中取出的最优的节点	u
	访问相邻节点，更新距离	
	if dist[e.v] > dist[u] + e.weight: dist[e.v] ← dist[u] + e.weight 将 (dist[e.v], e.v) 插入 que parent[e.v] ← u	
	表示最短路径树的暂定边	(v, parent[v])
	扩展最短路径树	T 中包含的节点
最短路径树的输出		
	基于父节点的信息构建最短路径树	

起点的确定

1-1

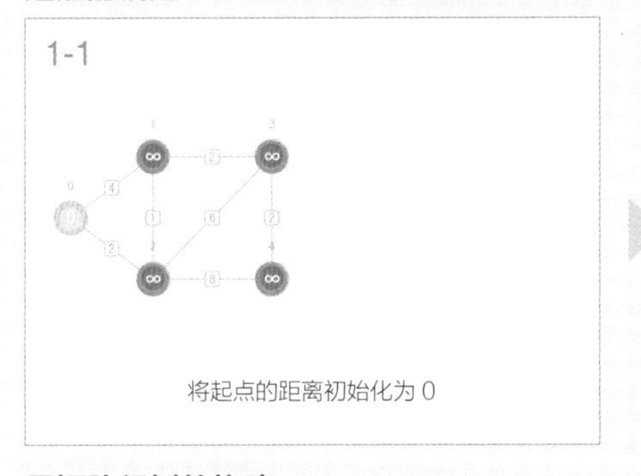

将起点的距离初始化为 0

1-2

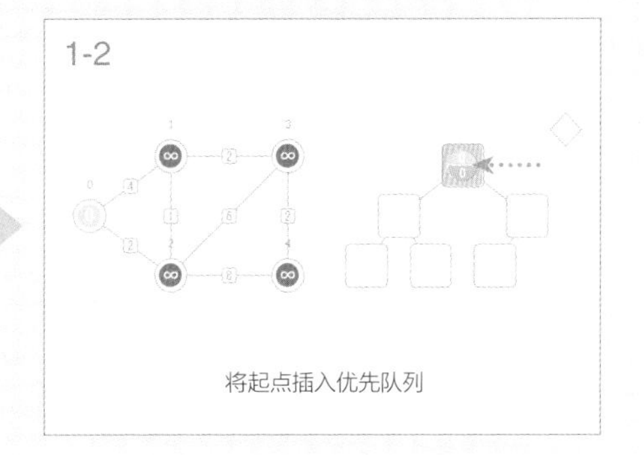

将起点插入优先队列

最短路径树的构建

2-1

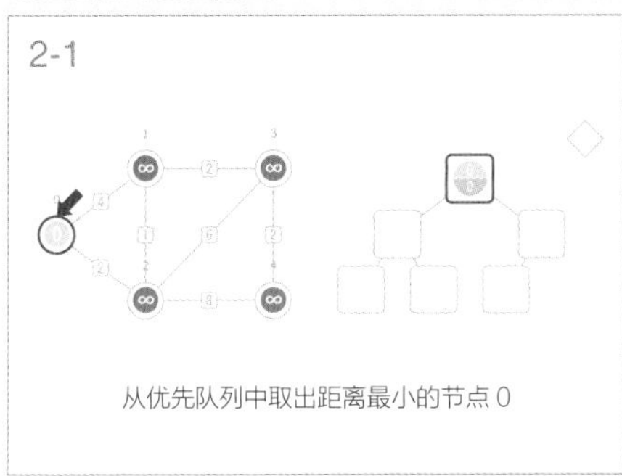

从优先队列中取出距离最小的节点 0

2-2

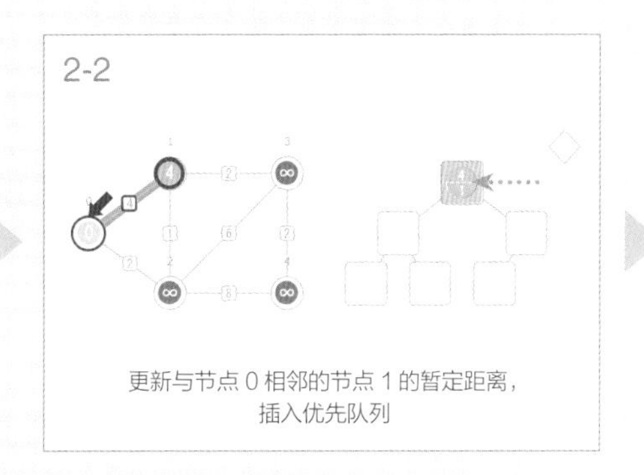

更新与节点 0 相邻的节点 1 的暂定距离，插入优先队列

2-3

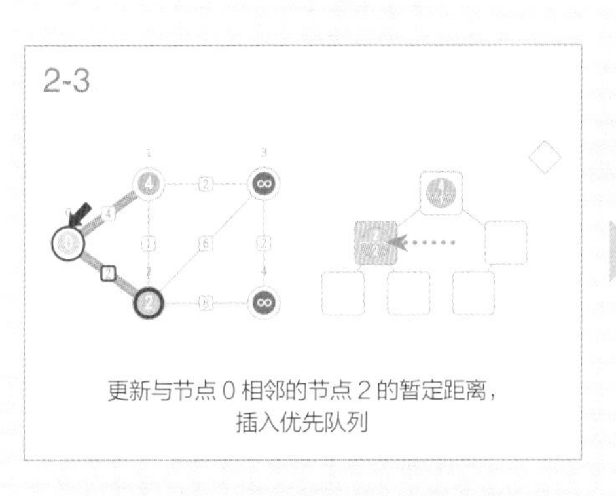

更新与节点 0 相邻的节点 2 的暂定距离，插入优先队列

2-4

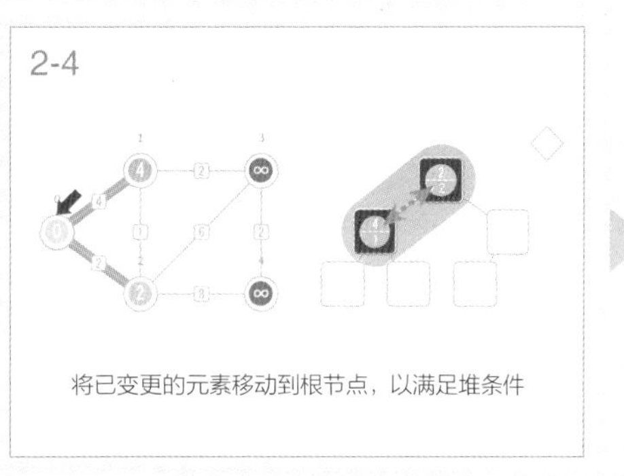

将已变更的元素移动到根节点，以满足堆条件

2-5

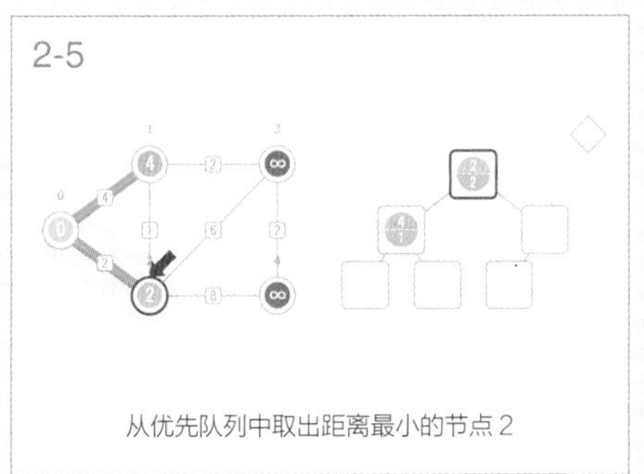

从优先队列中取出距离最小的节点 2

2-6

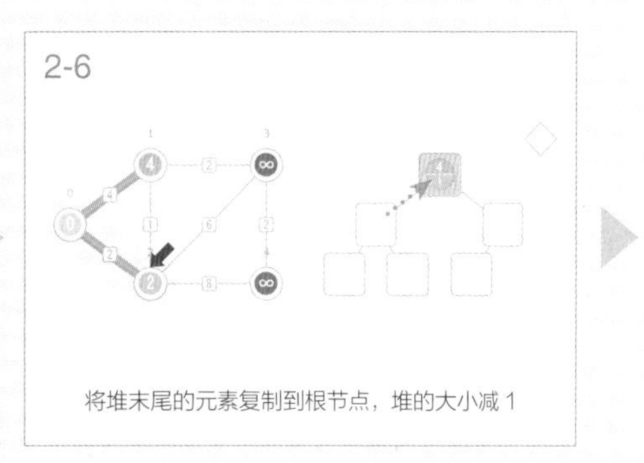

将堆末尾的元素复制到根节点，堆的大小减 1

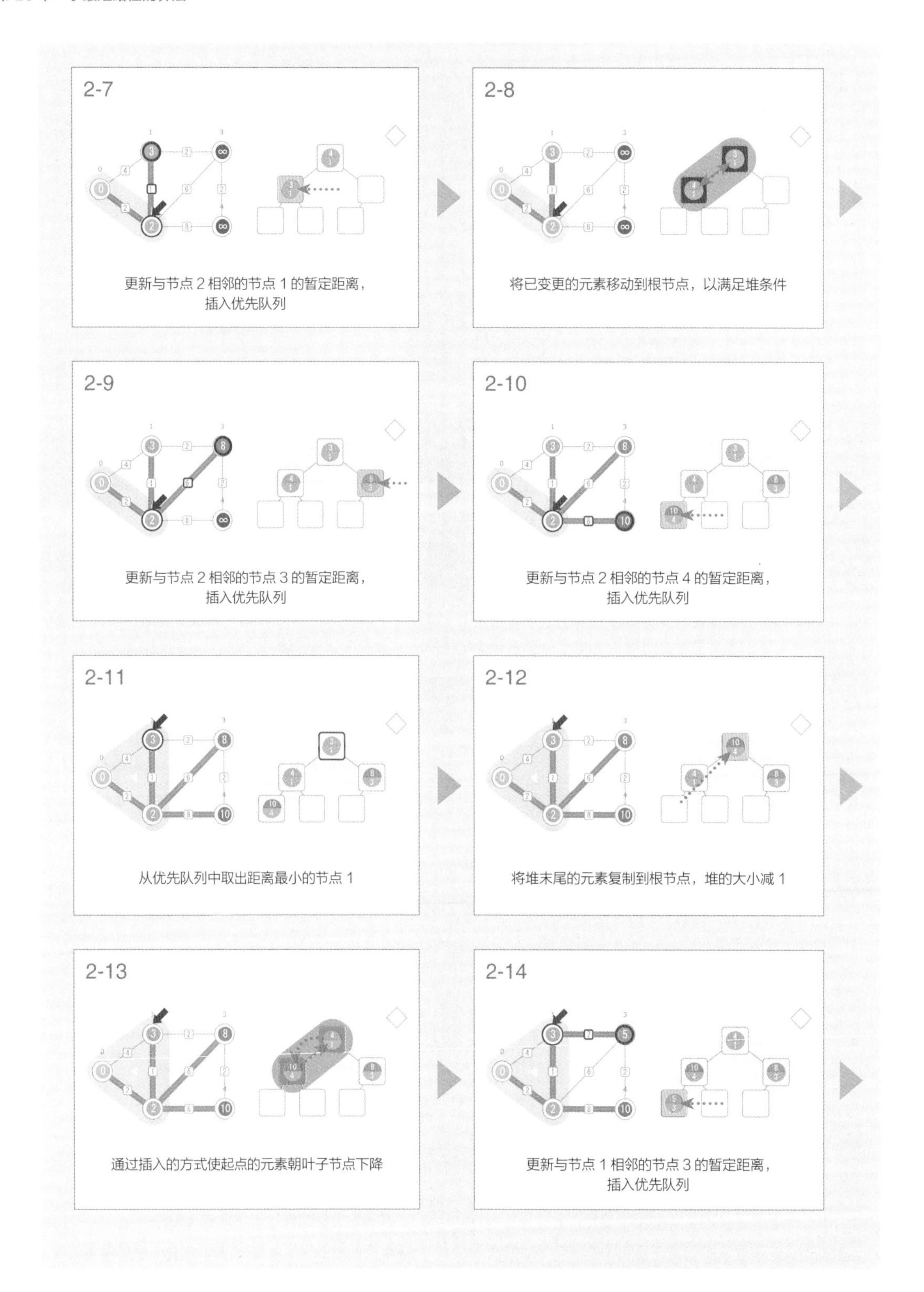
2-7
更新与节点 2 相邻的节点 1 的暂定距离，
插入优先队列
2-8
将已变更的元素移动到根节点，以满足堆条件
2-9
更新与节点 2 相邻的节点 3 的暂定距离，
插入优先队列
2-10
更新与节点 2 相邻的节点 4 的暂定距离，
插入优先队列
2-11
从优先队列中取出距离最小的节点 1
2-12
将堆末尾的元素复制到根节点，堆的大小减 1
2-13
通过插入的方式使起点的元素朝叶子节点下降
2-14
更新与节点 1 相邻的节点 3 的暂定距离，
插入优先队列

2-15

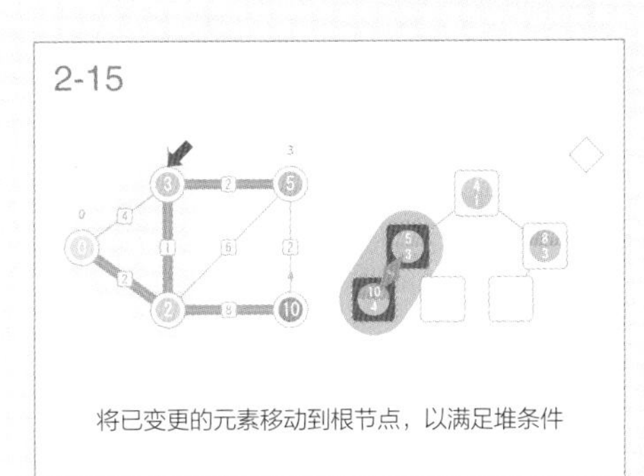

将已变更的元素移动到根节点，以满足堆条件

2-16

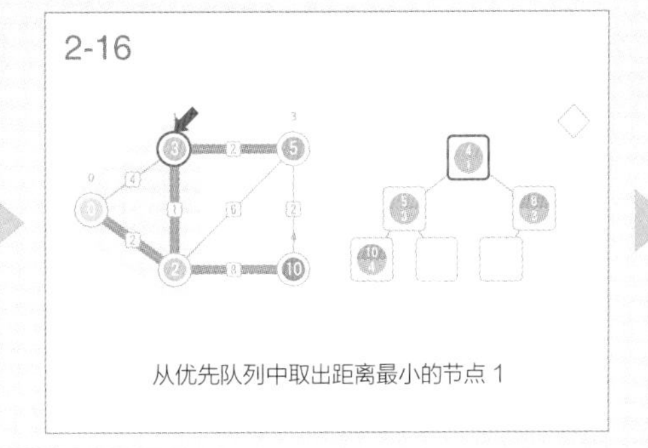

从优先队列中取出距离最小的节点 1

2-17

将堆末尾的元素复制到根节点，堆的大小减 1

2-18

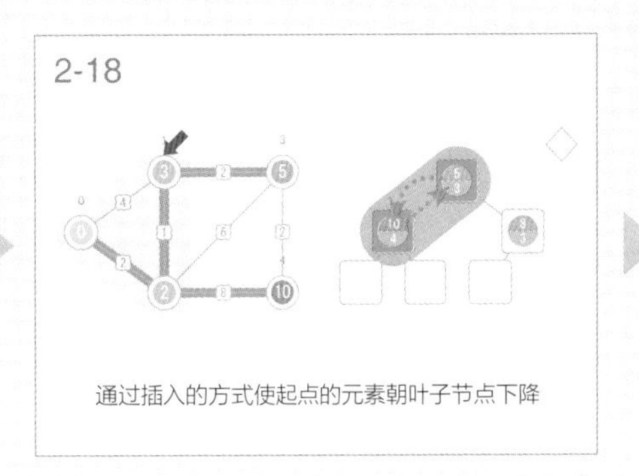

通过插入的方式使起点的元素朝叶子节点下降

2-19

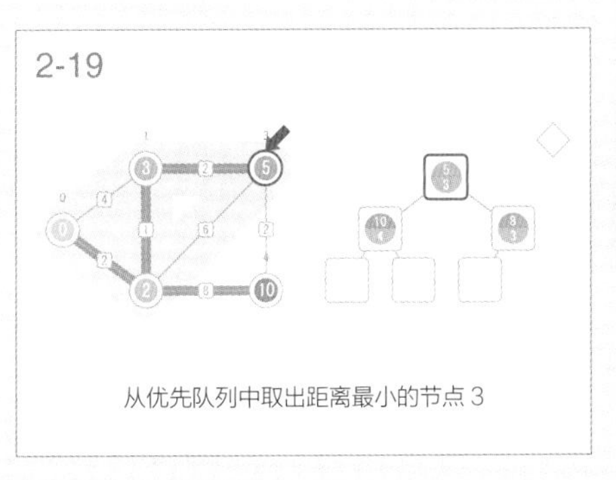

从优先队列中取出距离最小的节点 3

2-20

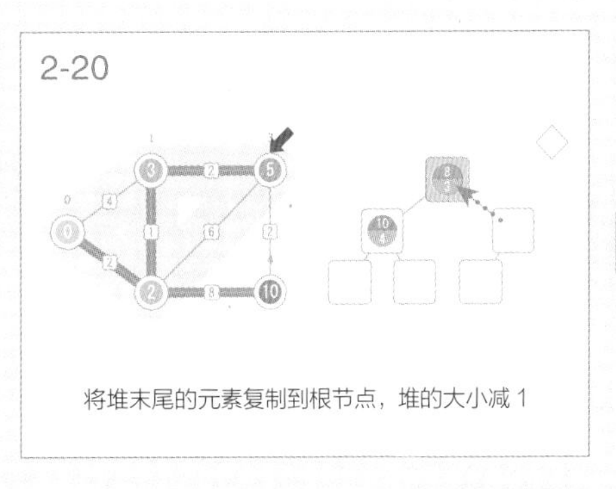

将堆末尾的元素复制到根节点，堆的大小减 1

2-21

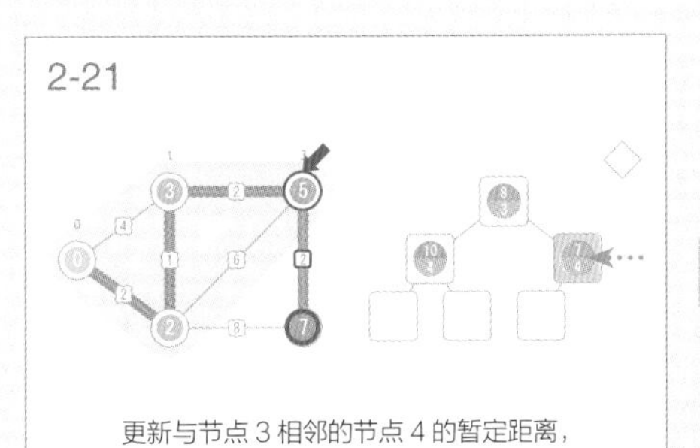

更新与节点 3 相邻的节点 4 的暂定距离，
插入优先队列

2-22

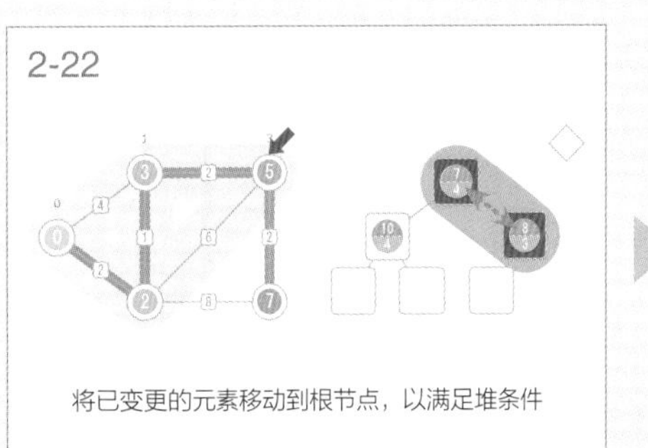

将已变更的元素移动到根节点，以满足堆条件

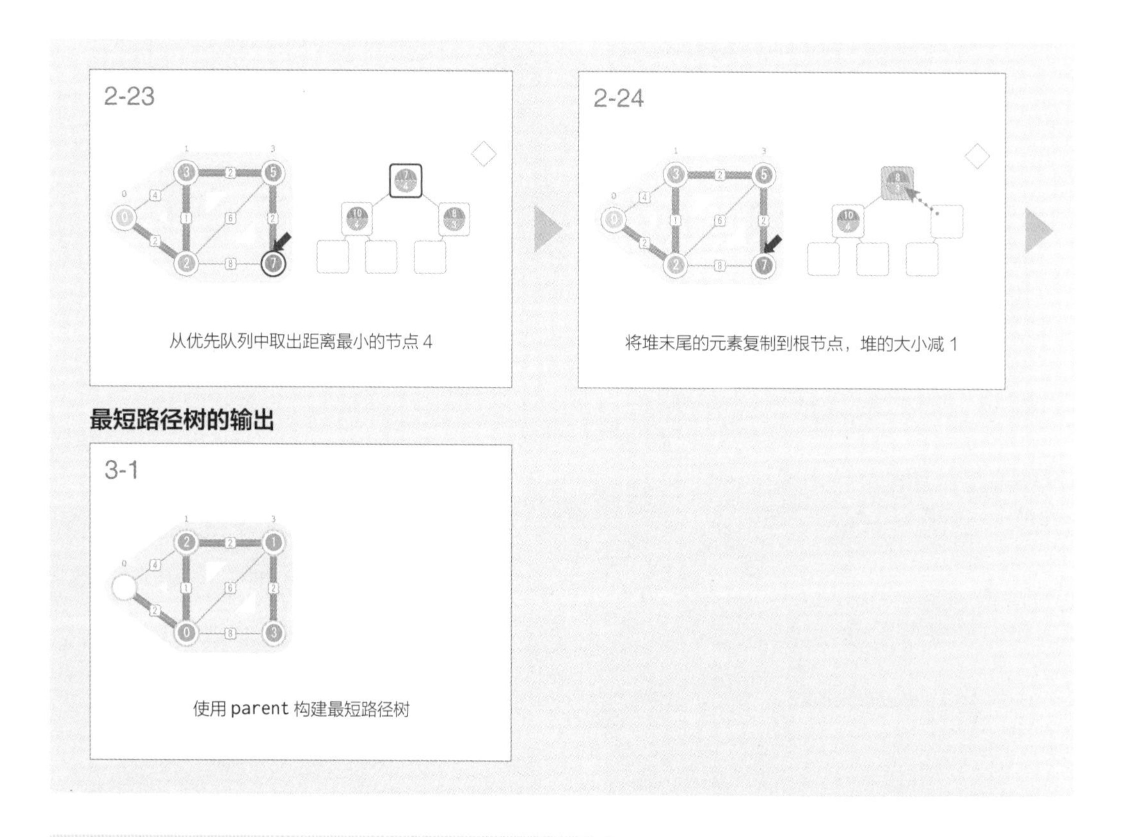

在确定距离暂定的节点的最短距离并将其放入最短路径树的处理中，算法必须在未被放入最短路径树的节点中寻找距离最小的节点。使用优先队列来完成这个处理的目的是提高算法的效率。优先队列通过最小堆管理格式为 (暂定距离，节点编号) 的数据组的元素，以便先取出暂定距离最小的元素。

首先，我们把起点的暂定距离初始化为 0，把 (0, 起点的节点编号) 数据组放入优先队列 que。然后重复接下来的处理，直到 que 为空：从 que 取出 (暂定距离 cost，节点编号 *u*)，将 *u* 放入最短路径树，更新与 *u* 相邻的节点 *v* 的暂定距离，并将 (*v* 的临时距离 , *v*) 添加到 que。

```
# T：最短路径树
# 图g和起点s
dijkstra(g, s):
    PriorityQueue que     #元素为（暂定距离，节点编号）数据组的优先队列

    for v ← 0 to g.N-1:
        dist[v] ← INF

    dist[s] ← 0
    将(0, s)插入到que

    while not que.empty():
        cost, u ← que.extractMin() # 得到的暂定距离最小的数据组元素
                                   # 分别赋值给cost和u

        if dist[u] < cost: continue

        将u放入T

        for e in g.adjLists[u]:
            if e.v在T中: continue
            if dist[e.v] > dist[u] + e.weight:
                dist[e.v] ← dist[u] + e.weight
                将(dist[e.v], e.v)插入到que
                parent[e.v] ← u
```

在使用了堆（优先队列）的迪杰斯特拉算法中，从堆取出最优元素的时间复杂度为 $O(N \log N)$、更新暂定距离并将元素添加到堆的时间复杂度是 $O(M \log N)$，所以总的时间复杂度是 $O((N+M) \log N)$。

不过需要注意的是，迪杰斯特拉算法虽然高效，却不适用于有负权重边的图。

特点

使用了堆的迪杰斯特拉算法是高效实用的，可以应用于大图。迪杰斯特拉算法出现在各种应用中，代表性的使用场景是用到了地图的信息系统中的路线搜索。此外，解决最短路径问题的算法不仅在网络等工程领域得到了应用，而且在社会生活中也得到了广泛的应用，如调度、社交网络、路线规划、货币兑换和游戏等。

26.3 贝尔曼－福特算法 ★★★

最短路径（负权边）

对于有些问题，我们必须考虑加权图的边权重为负值的情况。验证所应用的算法对于这样的图能否正确工作也非常重要。

基于给定的加权图、起点、终点信息，求从起点到终点的最短路径。

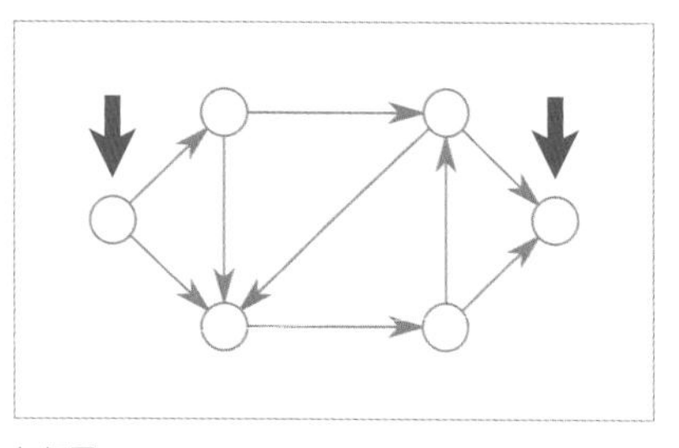

加权图

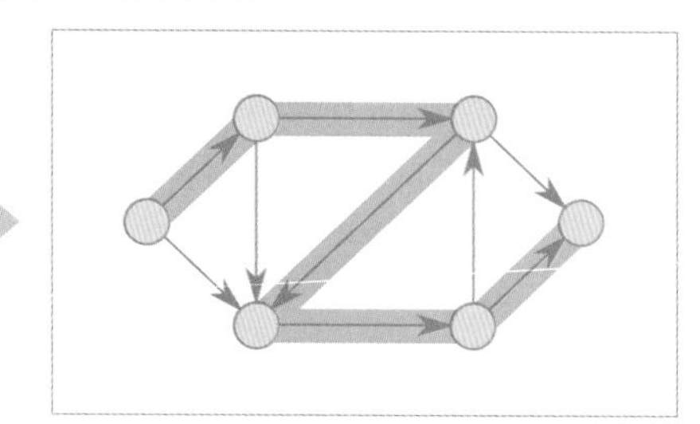

从起点到终点的最短路径

- 节点数量 $N \leqslant 1000$
- 边的数量 $M \leqslant 2000$
- $-10\,000 <$ 边的权重 $\leqslant 10\,000$

贝尔曼－福特算法 Bellman-Ford's Algorithm

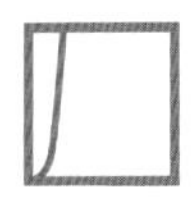

贝尔曼－福特算法通过对边进行一定次数的遍历来更新暂定最短距离。

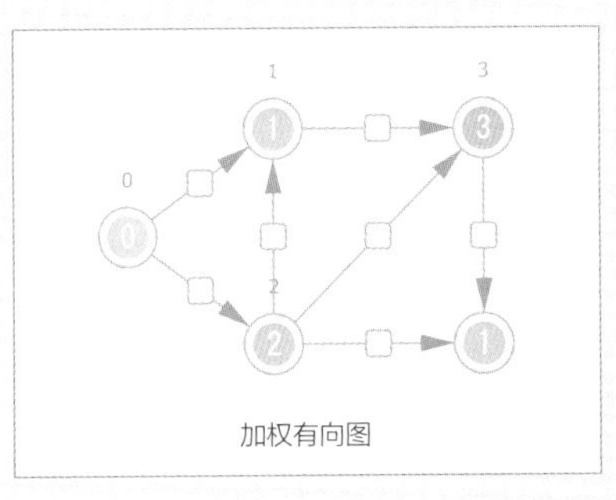

加权有向图

	从起点到各节点的最短距离	dist
	节点间的距离	weight

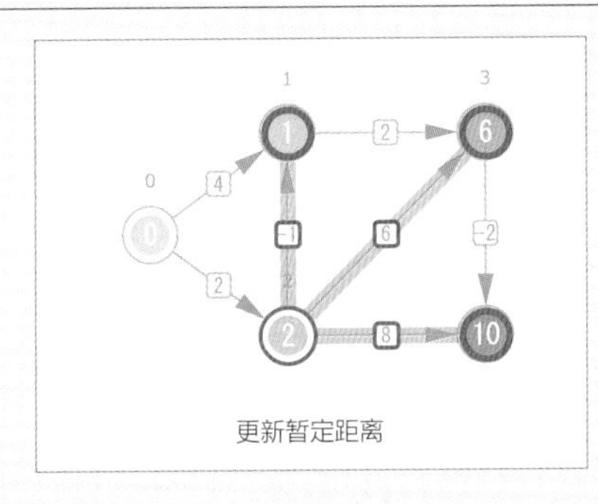

更新暂定距离

起点的初始化		
	将起点的暂定距离初始化为 0	dist[s] ← 0
	将其他节点的暂定距离初始化为大值	dist[v] ← INF
距离的更新		
	更新暂定距离 if dist[e.v] > dist[u] + e.weight: dist[e.v] ← dist[u] + e.weight	
最短距离的输出		
	输出从起点开始的最短距离	

起点的初始化

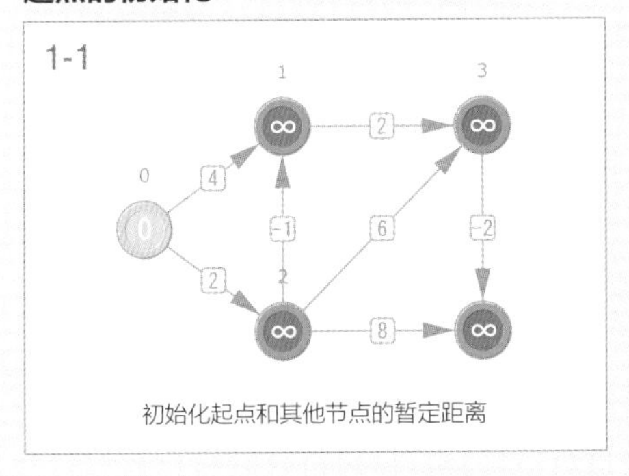

初始化起点和其他节点的暂定距离

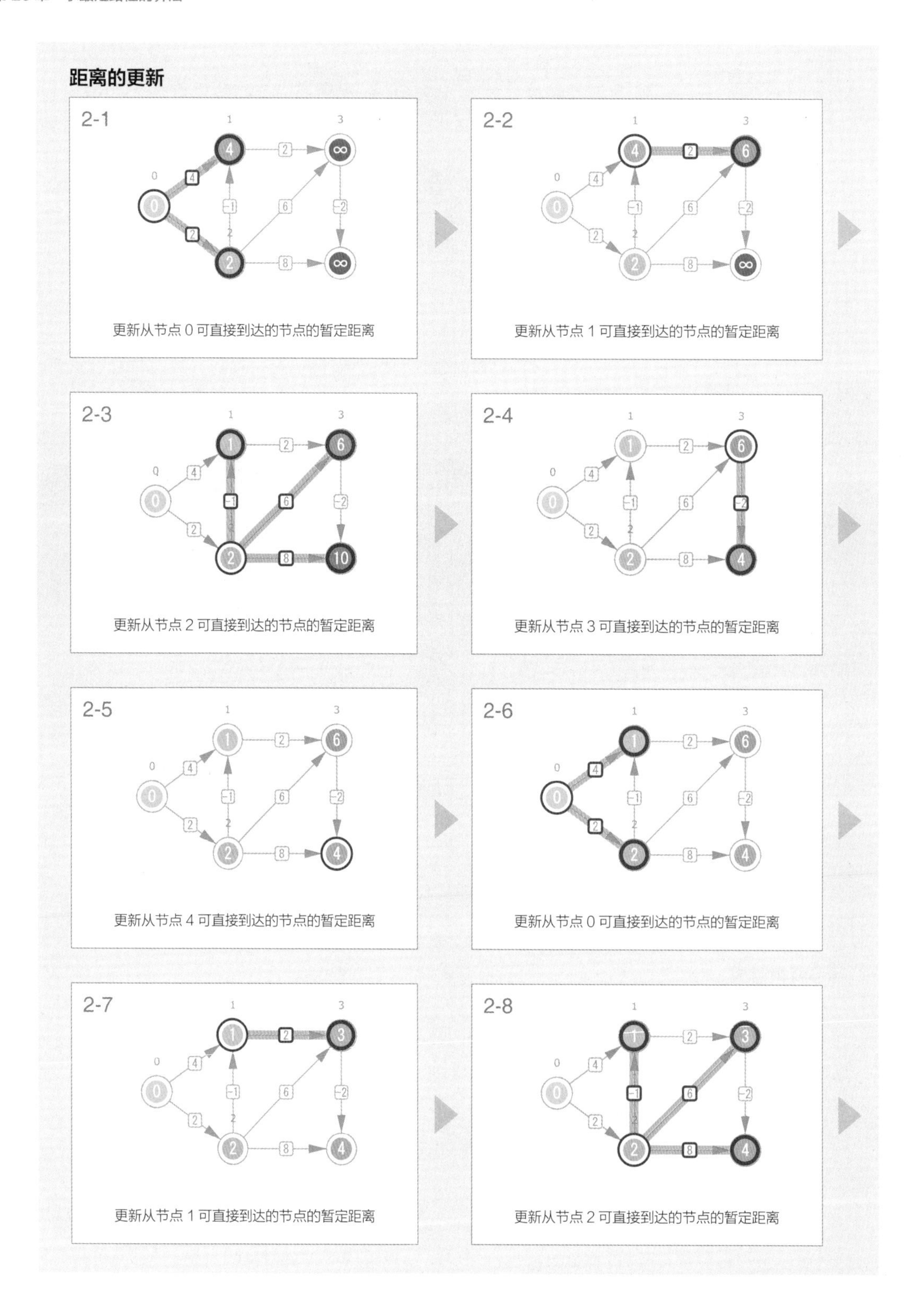
距离的更新
2-1
更新从节点 0 可直接到达的节点的暂定距离
2-2
更新从节点 1 可直接到达的节点的暂定距离
2-3
更新从节点 2 可直接到达的节点的暂定距离
2-4
更新从节点 3 可直接到达的节点的暂定距离
2-5
更新从节点 4 可直接到达的节点的暂定距离
2-6
更新从节点 0 可直接到达的节点的暂定距离
2-7
更新从节点 1 可直接到达的节点的暂定距离
2-8
更新从节点 2 可直接到达的节点的暂定距离

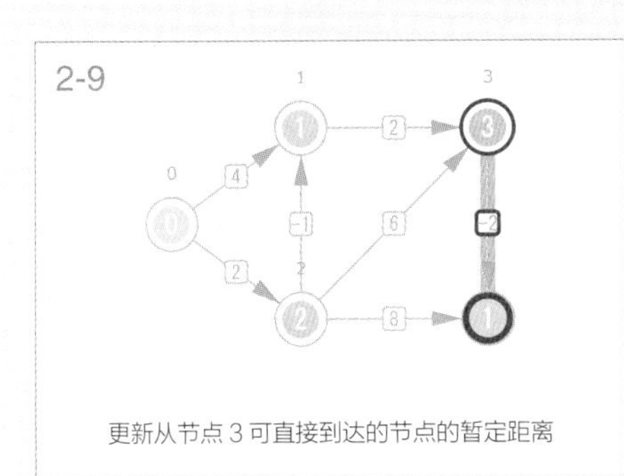

更新从节点 3 可直接到达的节点的暂定距离

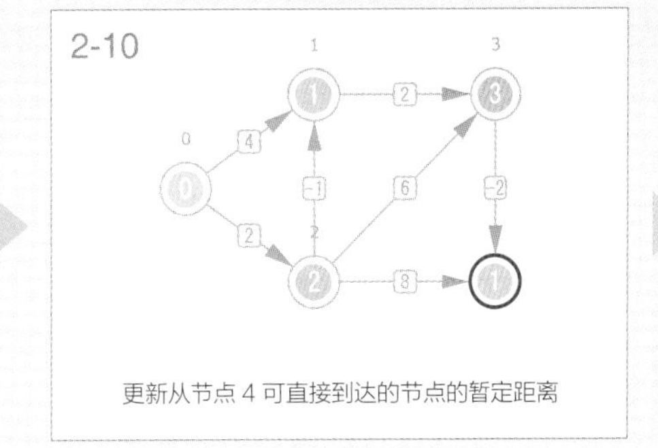

更新从节点 4 可直接到达的节点的暂定距离

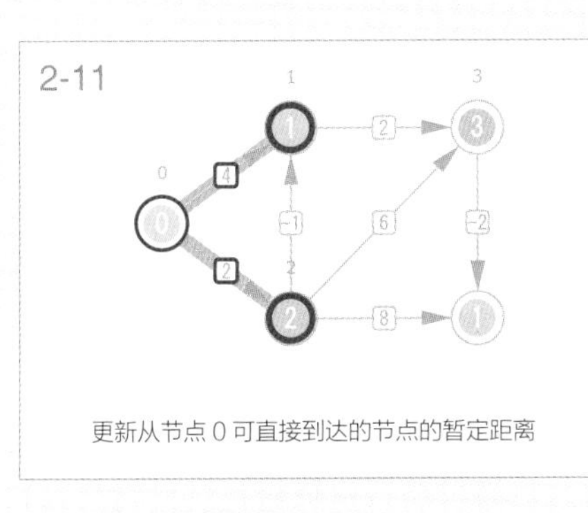

更新从节点 0 可直接到达的节点的暂定距离

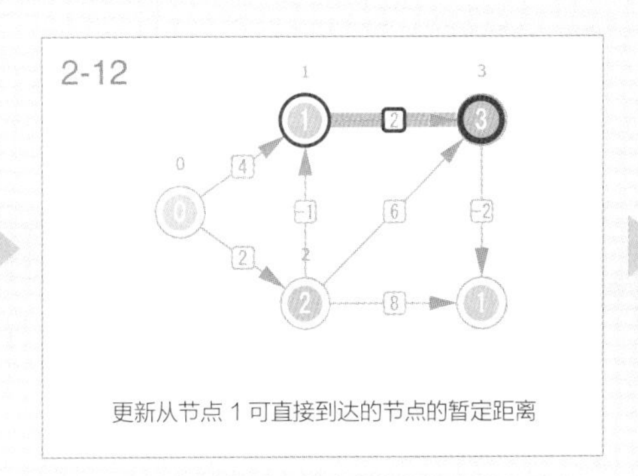

更新从节点 1 可直接到达的节点的暂定距离

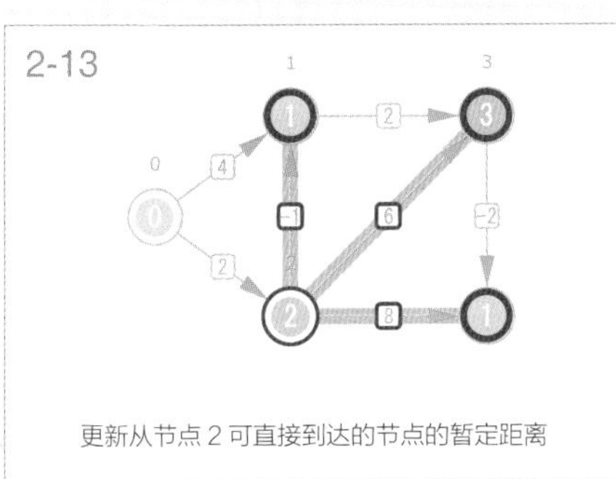

更新从节点 2 可直接到达的节点的暂定距离

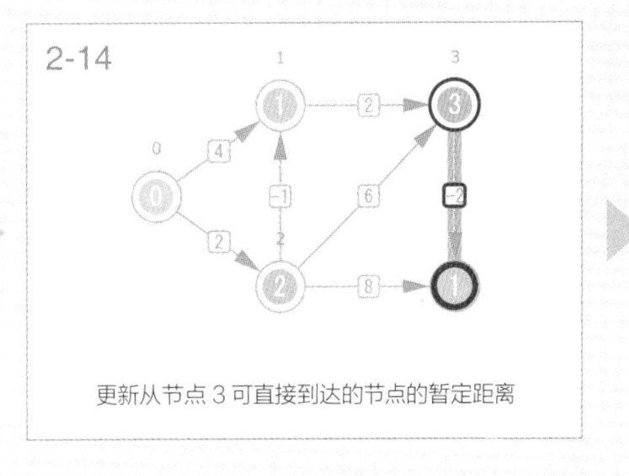

更新从节点 3 可直接到达的节点的暂定距离

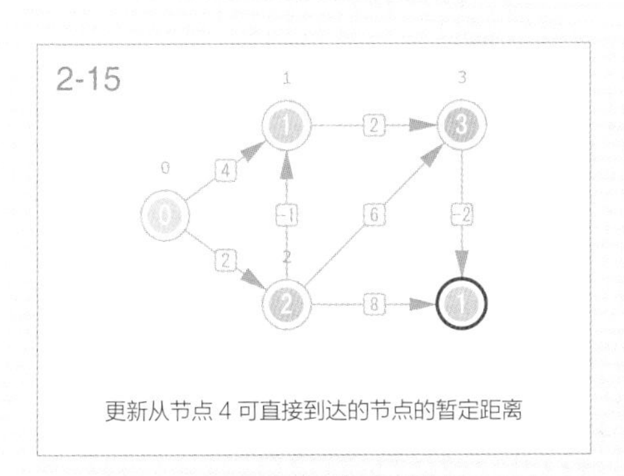

更新从节点 4 可直接到达的节点的暂定距离

最短距离的输出

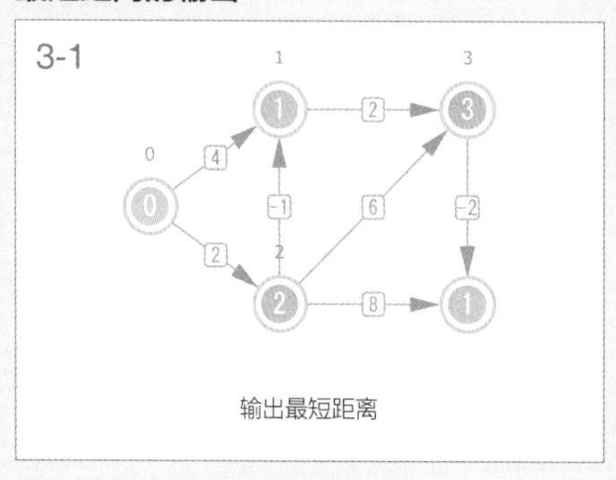

与迪杰斯特拉算法一样，贝尔曼 - 福特算法更新了从起点到每个节点 *i* 的暂定最短距离 `dist[i]`，在算法结束时，确定最短距离。迪杰斯特拉算法更新的是与所选最优节点相邻的节点的暂定距离，与之相比，贝尔曼 - 福特算法则需重复遍历所有的边。

对于每条边 (*u*，*v*)，贝尔曼 - 福特算法将 `dist[v]` 与 `dist[u] + weight[u][v]` 进行比较，并将 `dist[v]` 更新为二者中更小的值。这个处理要一直进行到所有节点的 `dist[i]` 被确定为止，不过进行 *N*−1 次就足以保证最优解。

在最短路径问题中，不能有使暂定距离变成负数的所谓的负环出现（这会导致距离无限地减小）。贝尔曼 - 福特算法能够检测负环。具体做法是在遍历所有边的循环处理中，通过判断第 *N* 次循环是否发生了 `dist` 的更新来检测。

另外，如果像迪杰斯特拉算法一样在更新暂定距离时记录父节点，就可以构建最短路径树。

```
# 图g和起点s
# 如果有负环，则返回True
bellmanFord(g, s):
    for v ← 0 to g.N-1:
        dist[v] ← INF

    dist[s] ← 0

    for t ← 0 to N-1:
        updated ← False
        for u ← 0 to g.N-1:
            if dist[u] = INF: continue
            for e in g.adjLists[u]:
                if dist[e.v] > dist[u] + e.weight:
                    dist[e.v] ← dist[u] + e.weight
                    updated ← True
                    if t = N-1:
                        return True  # 检测负环

        if not updated: break        # 如果没有更新，则结束循环
    return false                     # 没有负环
```

因为对图中包含的 M 条边共进行了 N 次操作，所以贝尔曼 – 福特算法的时间复杂度是 $O(NM)$。不过由于算法在暂定距离停止更新时就结束了，因此在某些具有特定形状和边的权重的图上，该算法可以高效运行。

特点 贝尔曼 – 福特算法的计算效率虽不如迪杰斯特拉算法，但可被用于需处理有负权边的图的应用。

26.4 Floyd-Warshall 算法[①] ★★★

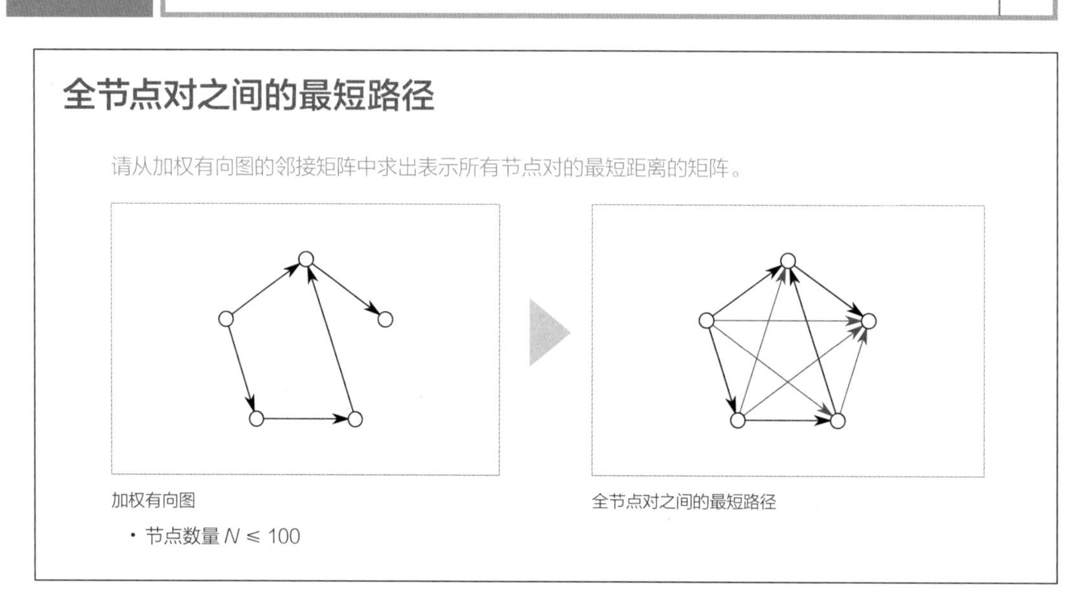

Floyd-Warshall 算法 Floyd-Warshall's Algorithm

Floyd-Warshall 算法将图的邻接矩阵转换为表示所有节点对（i, j）之间最短距离的矩阵。

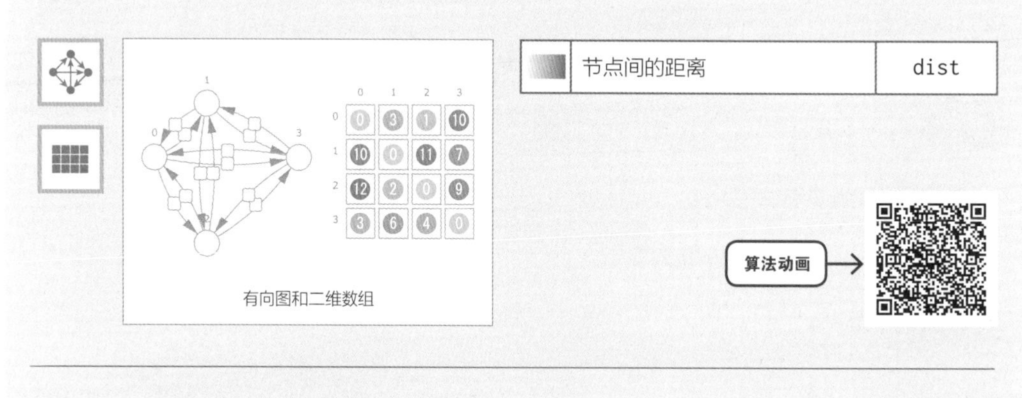

有向图和二维数组

① 该算法也叫 Floyd 算法、弗洛伊德最短距离算法等。——译者注

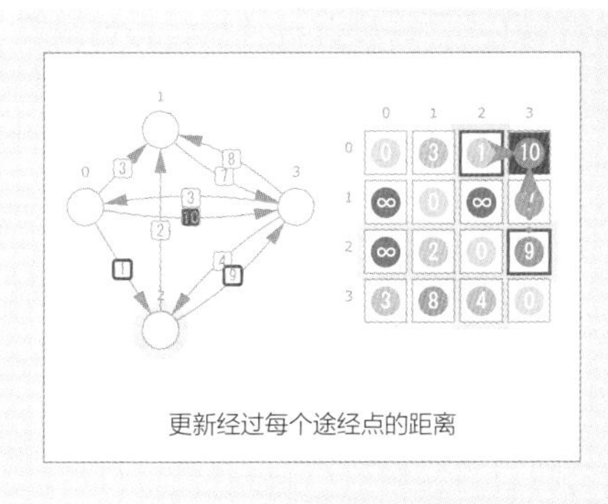
更新经过每个途经点的距离

邻接矩阵的初始化		
（灰色）	创建矩阵	
矩阵的更新		
（黑色）	更新距离	
	dist[i][j] ← dist[i][k] + dist[k][j]	
（虚线框）	表示途经点	k
输出		
（白色）	输出矩阵	

邻接矩阵的初始化

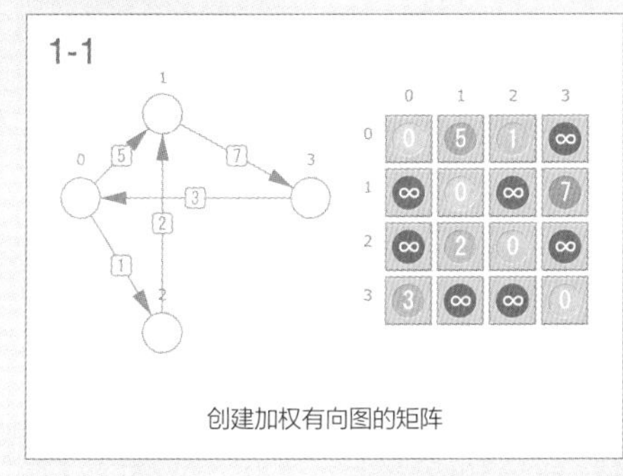

创建加权有向图的矩阵

矩阵的更新

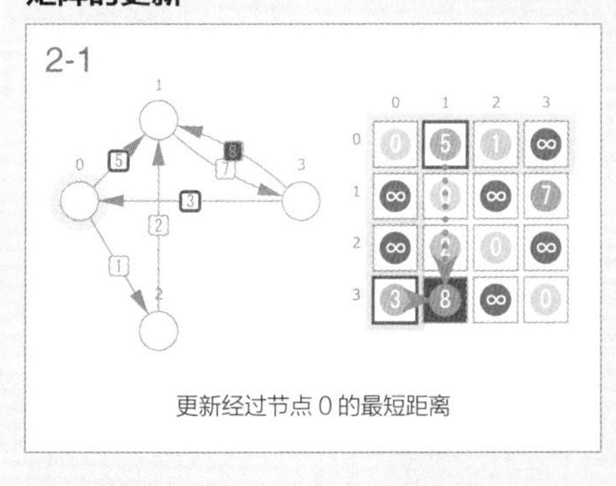

更新经过节点 0 的最短距离

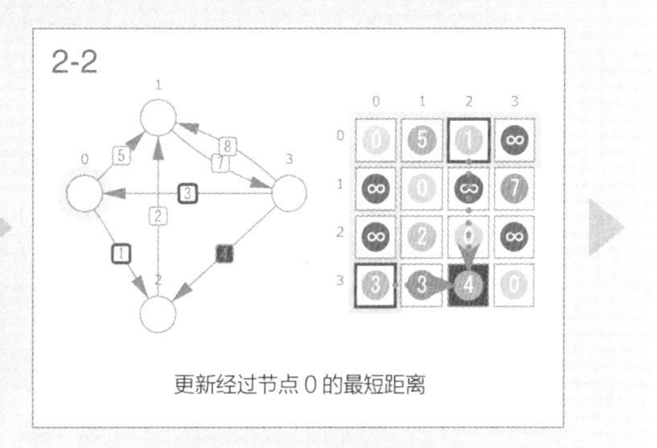

更新经过节点 0 的最短距离

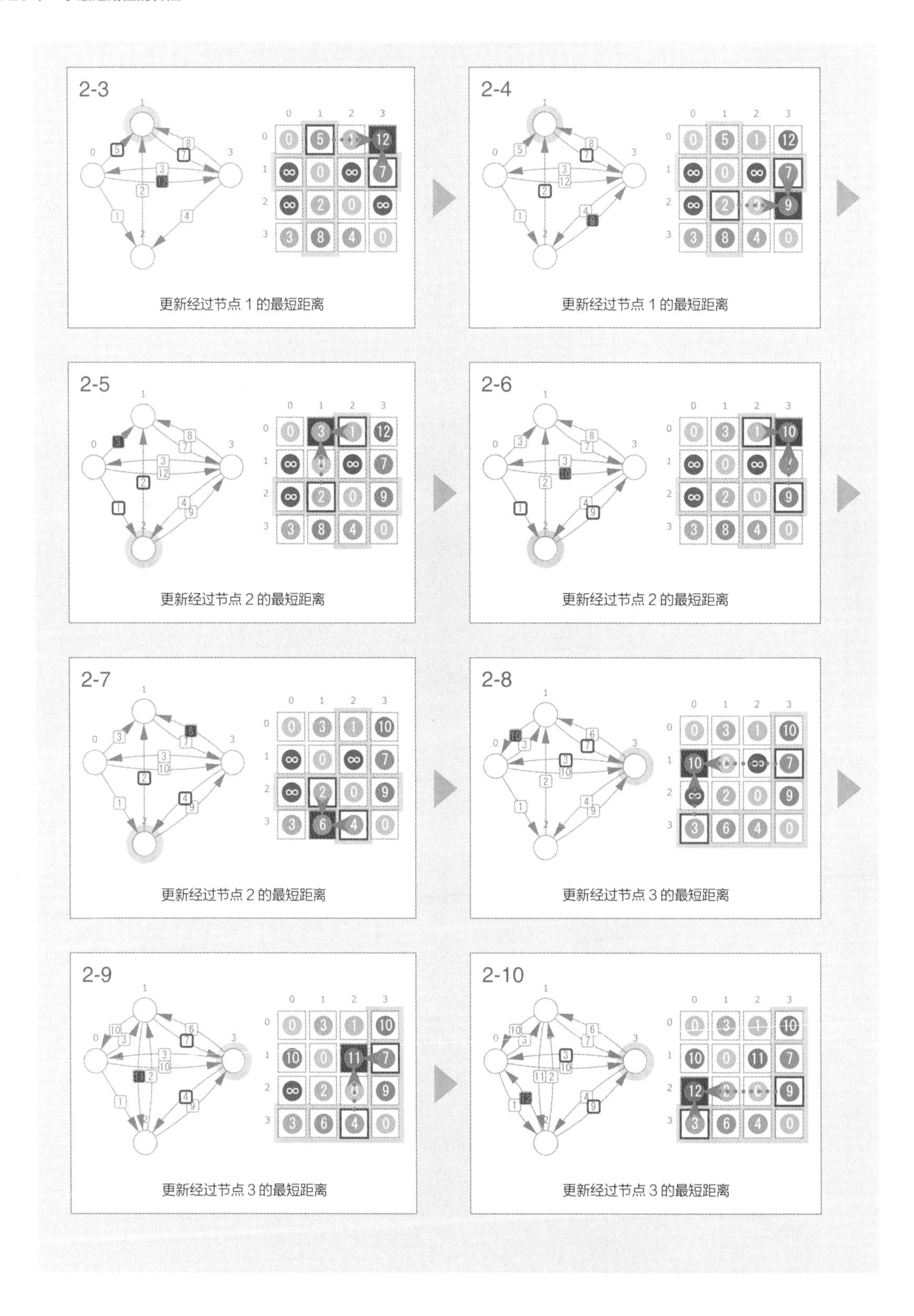
2-3
更新经过节点 1 的最短距离
2-4
更新经过节点 1 的最短距离
2-5
更新经过节点 2 的最短距离
2-6
更新经过节点 2 的最短距离
2-7
更新经过节点 2 的最短距离
2-8
更新经过节点 3 的最短距离
2-9
更新经过节点 3 的最短距离
2-10
更新经过节点 3 的最短距离

输出

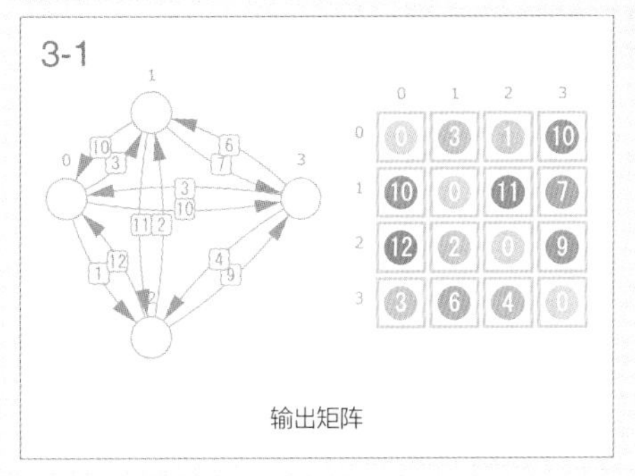

Floyd-Warshall 算法生成 $N \times N$ 的矩阵，矩阵对应的二维数组 `dist` 的元素 `dist[i][j]` 是节点 i 到节点 j 的最短距离。`dist` 一开始与给定图形的邻接矩阵相同。

Floyd-Warshall 算法更新节点 i 到节点 j 经过每个中间节点 k（k=0，1，⋯，N−1）的最短距离。算法在更新经过节点 k 的最短距离时，已计算完成经过中间节点 0，1，2，⋯，k−1 的距离。对于每个起点－终点对 (i，j)，如果 k 不在从 i 到 j 的最短路径中，那么 `dist[i][j]` 的值不变。反之，如果 k 在从 i 到 j 的最短路径中，且 `dist[i][k] + dist[k][j]` 比 `dist[i][j]` 更小，那么 `dist[i][j]` 的值会被更新为 `dist[i][k] + dist[k][j]`。

Floyd-Warshall 算法可被用于具有负权边的图，也能够检测出负环，这与贝尔曼－福特算法相同。在算法结束时，如果某个节点与自己的最短距离是负值，我们就可做出图中存在负环的结论。

```
warshallFloyd(g):
    dist ← g 的邻接矩阵

    for k ← 0 to g.N-1:
        for i ← 0 to g.N-1:
            for j ← 0 to g.N-1:
                if dist[i][j] > dist[i][k] + dist[k][j]:
                    dist[i][j] ← dist[i][k] + dist[k][j]
```

对于 N 个途经点，Floyd-Warshall 算法可能都要进行所有节点对 $N \times N$ 的距离的更新，所以该算法的时间复杂度是 $O(N^3)$。

特点

Floyd-Warshall 算法的实现虽然简单，但功能强大。尽管对图的大小有限制，但它可被用于求所有起点 - 终点对的最短路径的问题、有负权边的图的问题、检查节点间的连通性的应用等。

最短路径算法比较表

算　法	时间复杂度	距　离	用到的技术
使用 BFS 计算最短距离		从一个起点到所有节点的最短路径（边的数量）	队列
迪杰斯特拉算法		从一个起点到所有节点的最短路径 * 不能有负权边	
迪杰斯特拉算法（优先队列）		从一个起点到所有节点的最短路径 * 不能有负权边	优先队列
贝尔曼 - 福特算法		从一个起点到所有节点的最短路径 * 可以有负权边 * 可检测出负环	
Floyd-Warshall 算法		全节点对之间的最短路径 * 可以有负权边 * 可检测出负环	

第27章

计算几何学

计算几何学是研究用于解决几何学问题的算法的学问，在计算机图形、地图信息系统、游戏和机器人等领域得到了广泛应用。

本章介绍基于计算几何学中最基本的数据结构之一二维点群的算法。

- 礼品包装算法
- Graham 扫描法
- 安德鲁算法

27.1 礼品包装算法

点的凸包

点的凸包就是包围了所有点的面积最小的凸多边形。凸多边形是不向内部凹陷的多边形。

请求出给定点的集合的凸包。

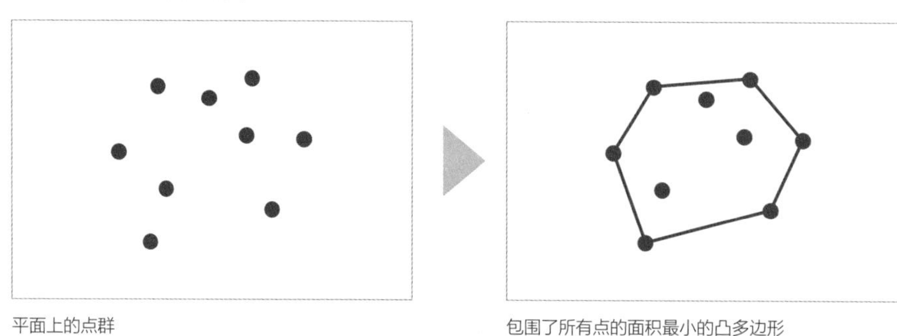

平面上的点群　　包围了所有点的面积最小的凸多边形

・点的数量 $N \leq 1000$

礼品包装算法 Gift Wrapping Algorithm

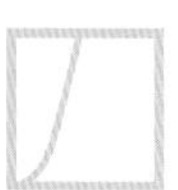

礼品包装算法是一种直观的算法，它逐条添加凸包的边，就像包装物品一样。

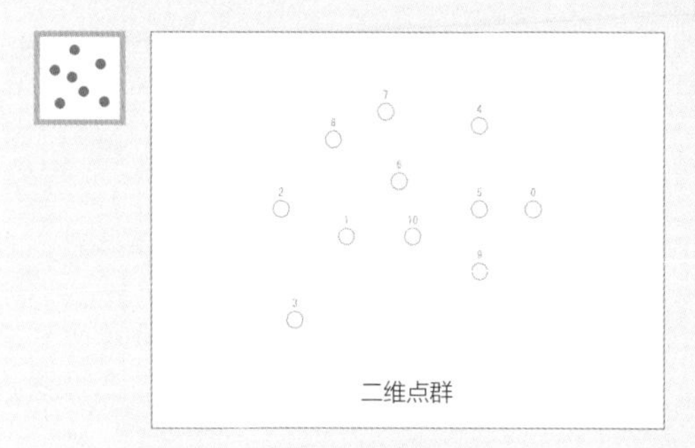

※ 该算法不使用与节点相关的变量，主要处理的是二维点群结构中点的 (x, y) 坐标。

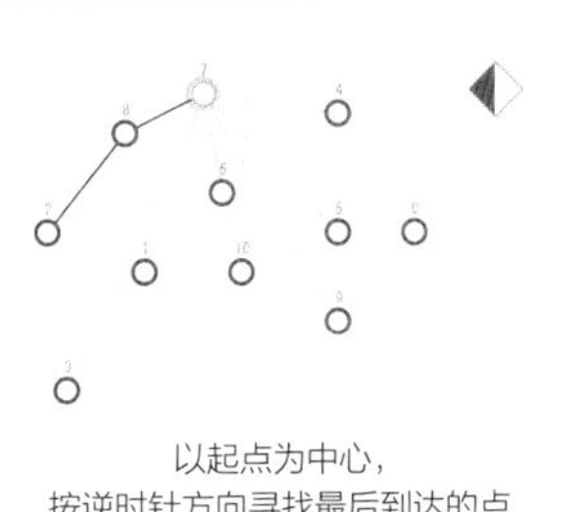

以起点为中心，
按逆时针方向寻找最后到达的点

凸包的构建		
◆	寻找最左边的点	
◆	以起点为中心，按逆时针方向寻找最后到达的点	
⬇	指向被选中的点	t
●	将点添加到凸包	
—	确定凸包的边	

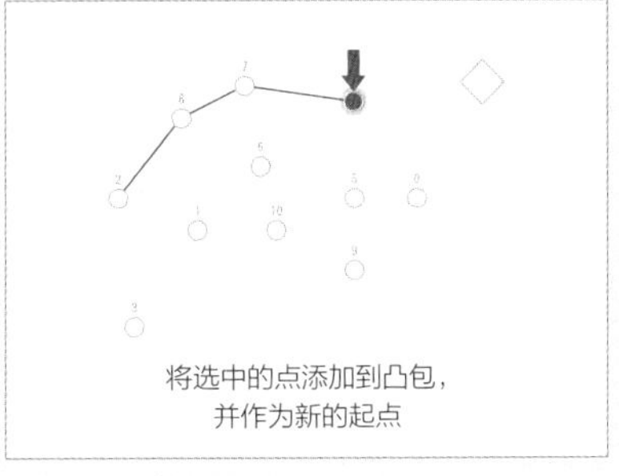
将选中的点添加到凸包，
并作为新的起点

凸包的构建

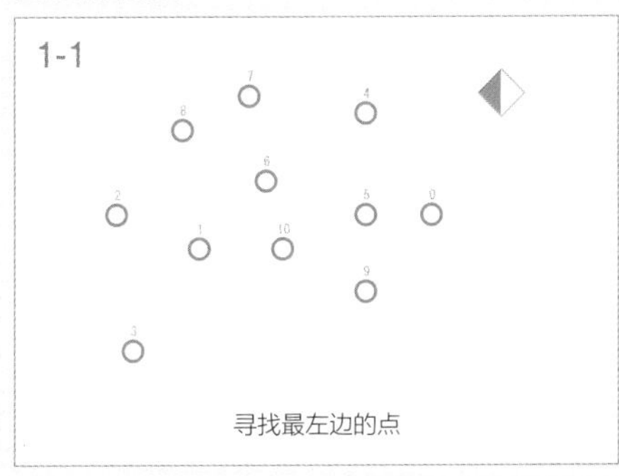

寻找最左边的点

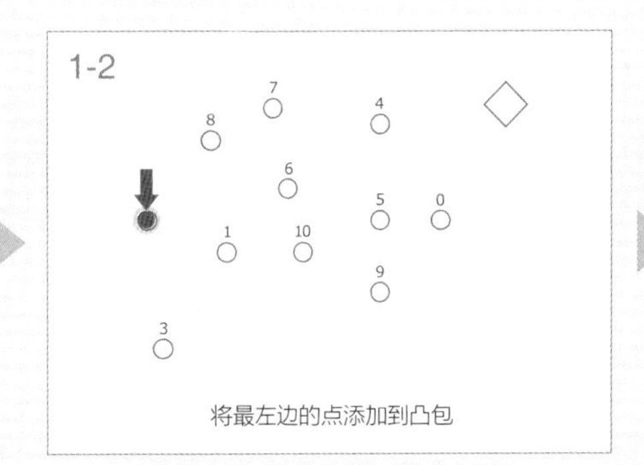

将最左边的点添加到凸包

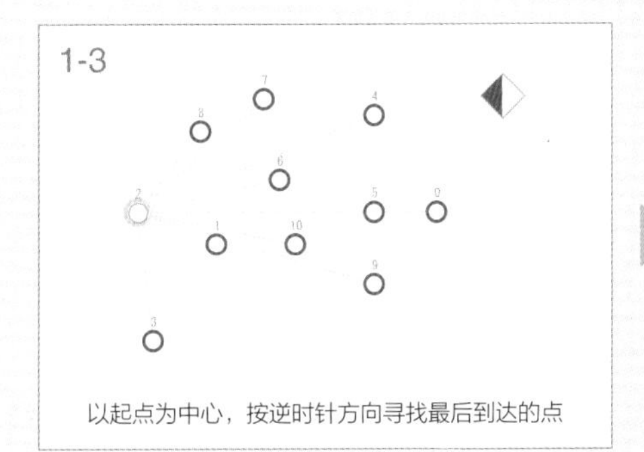

以起点为中心，按逆时针方向寻找最后到达的点

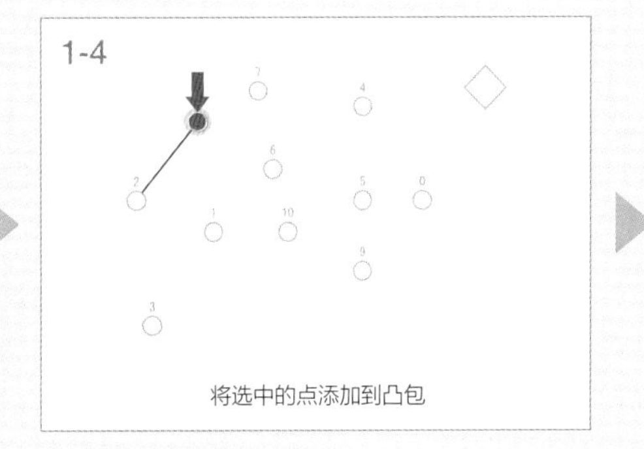

将选中的点添加到凸包

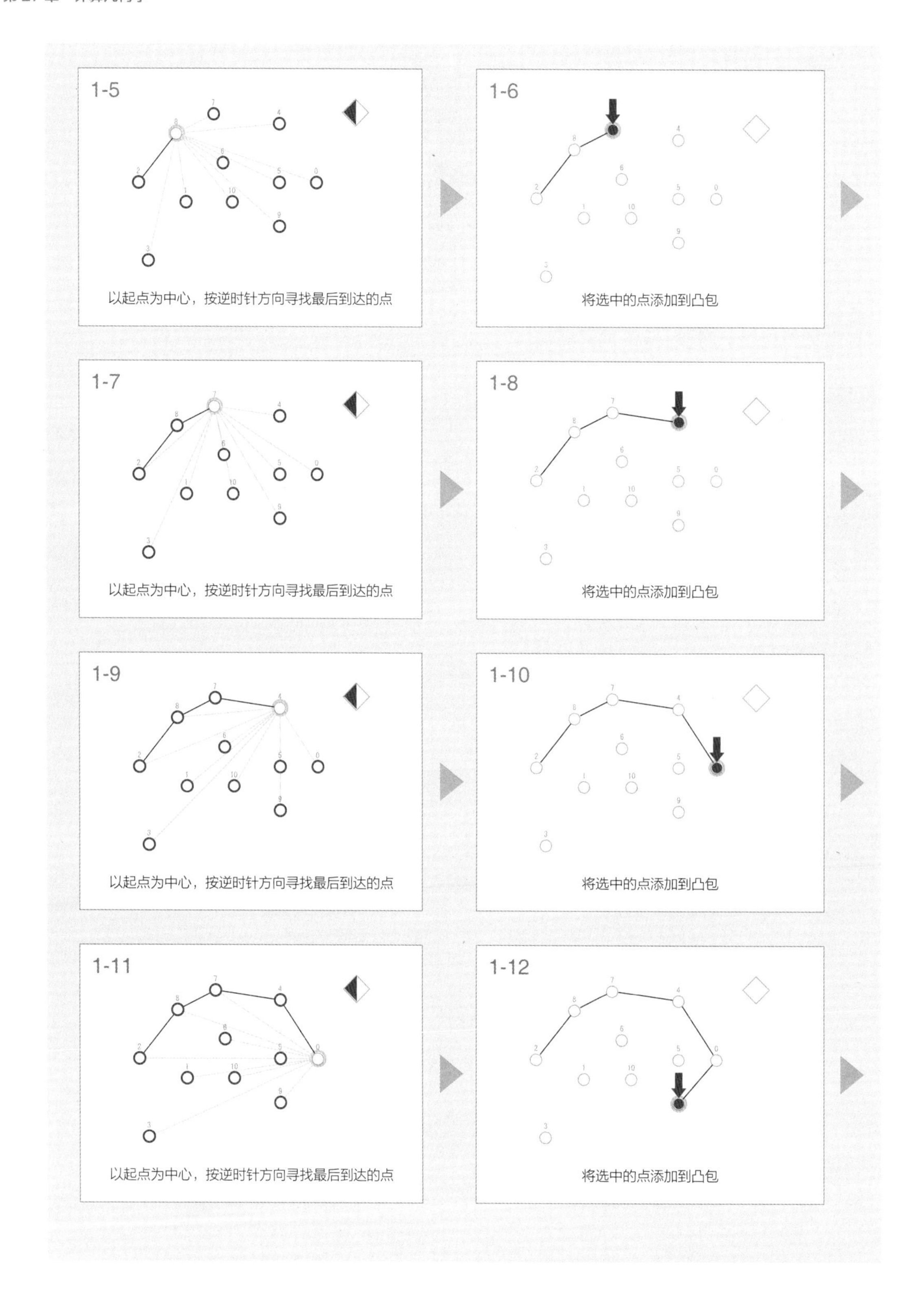
1-5
以起点为中心，按逆时针方向寻找最后到达的点
1-6
将选中的点添加到凸包
1-7
以起点为中心，按逆时针方向寻找最后到达的点
1-8
将选中的点添加到凸包
1-9
以起点为中心，按逆时针方向寻找最后到达的点
1-10
将选中的点添加到凸包
1-11
以起点为中心，按逆时针方向寻找最后到达的点
1-12
将选中的点添加到凸包

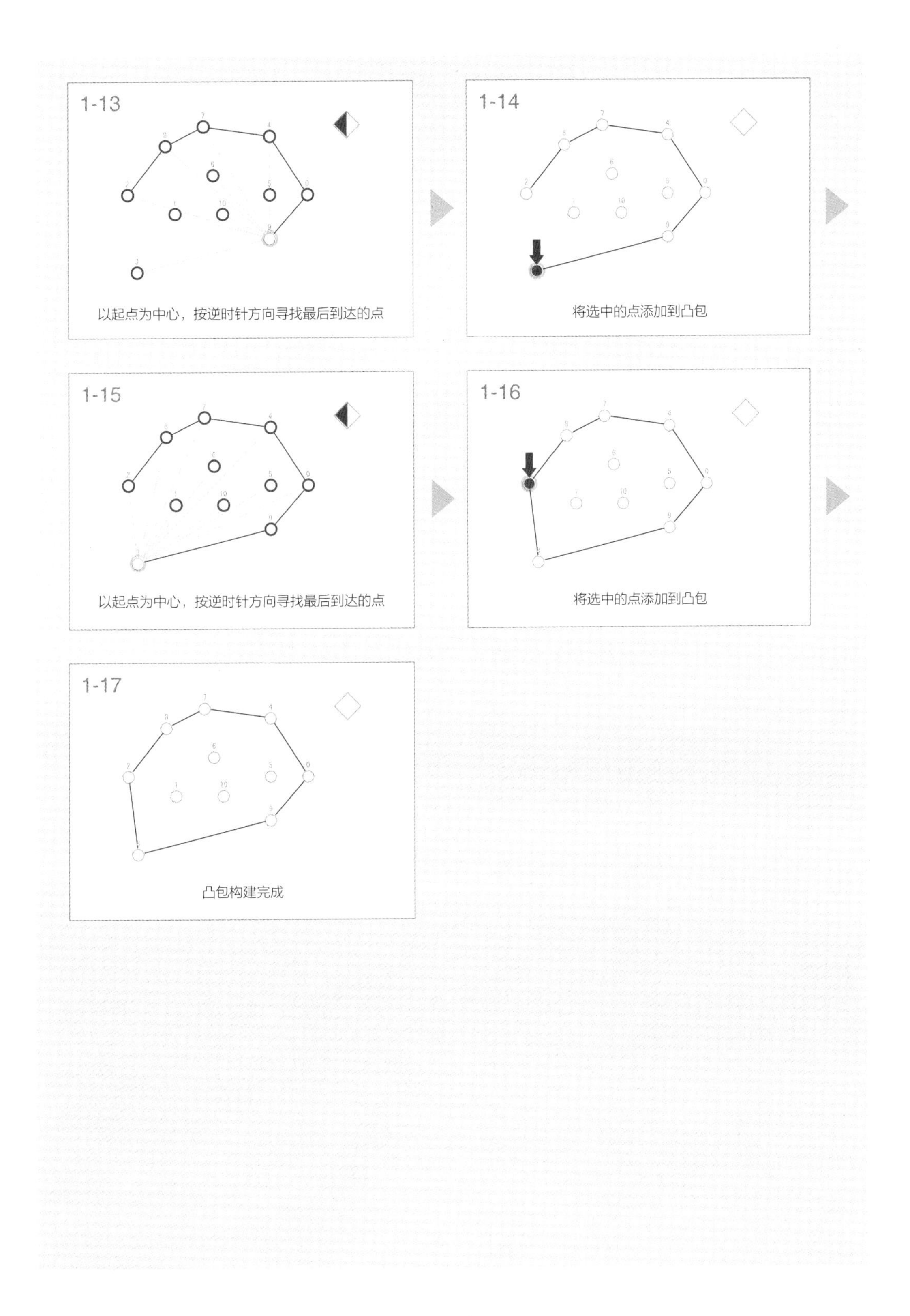
1-13
以起点为中心，按逆时针方向寻找最后到达的点
1-14
将选中的点添加到凸包
1-15
以起点为中心，按逆时针方向寻找最后到达的点
1-16
将选中的点添加到凸包
1-17
凸包构建完成

礼品包装算法也叫 Jarvis 算法，是一种基于线性搜索寻找形成凸包的边的算法。

首先选择一个必被包含在凸包中的点作为起点。起点是 x 坐标最小的点（最左边的点），如果有几个这样的点，则选择其中 y 坐标最小的点。

然后从起点开始连接凸包中的边。我们将最后被添加到凸包中的边的端点命名为 head，最开始的起点也是 head。算法每次以 head 为中心，寻找逆时针方向角度最大的边，将该边的端点 t 添加到凸包，并将点 t 作为 head，重复同样的处理。当 head 到达处理的起点时，凸包就完成了。

```
# 二维点群 PointGroup pg
giftWrapping(pg):
    head ← pg.points 的最左边的点编号
    f ← head # 记录最终点

    while True:
        t ← pg.points 中以点 head 为起点，按逆时针方向最后到达的点编号
        将点 t 添加到凸包
        head ← t
        if head = f:
            break #  回到起点后结束
```

礼品包装算法的时间复杂度取决于输入的点的状态。如果得到的凸包的边的数量是 H，那么要在 N 个点上进行线性搜索来添加每条边，时间复杂度是 $O(HN)$。

特点

礼品包装算法对于凸包中边的数量相对较少的输入效率很高，但难以用在凸包中点（边）的数量较多的应用中。

27.2 Graham 扫描法

★★★

点的凸包

我们尝试对更大规模的点的集合求凸包。

请求出指定点的集合的凸包。

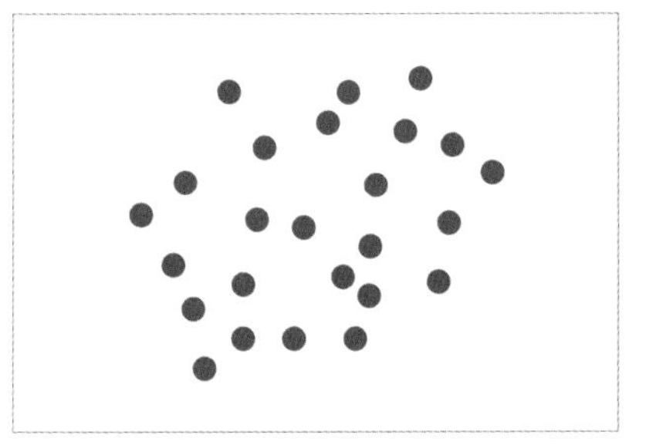

平面上的点群

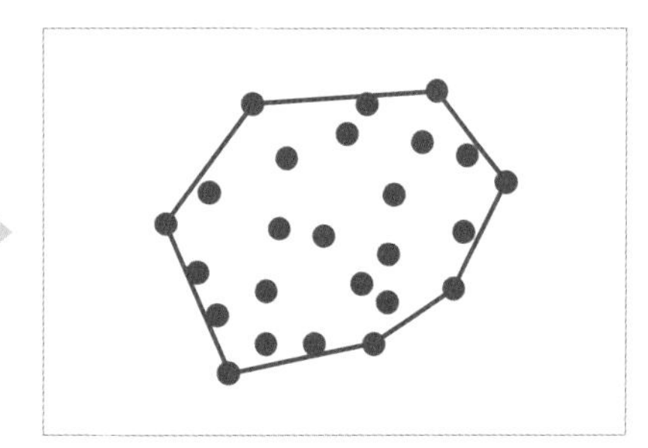

包围了所有点的面积最小的凸多边形

- 点的数量 $N \leqslant 100\ 000$

Graham 扫描法 Graham Scan

Graham 扫描法利用了栈的特性，从起点开始按逆时针方向确定凸包的边上的点。

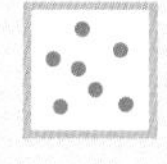

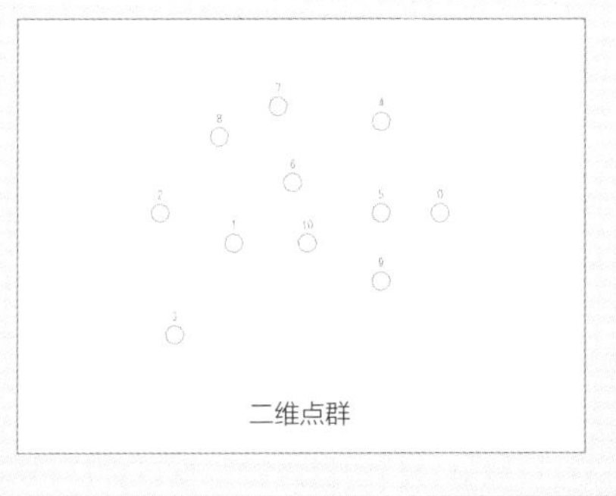

二维点群

※ 该算法不使用与节点相关的变量，主要处理的是二维点群结构中点的 (x, y) 坐标。

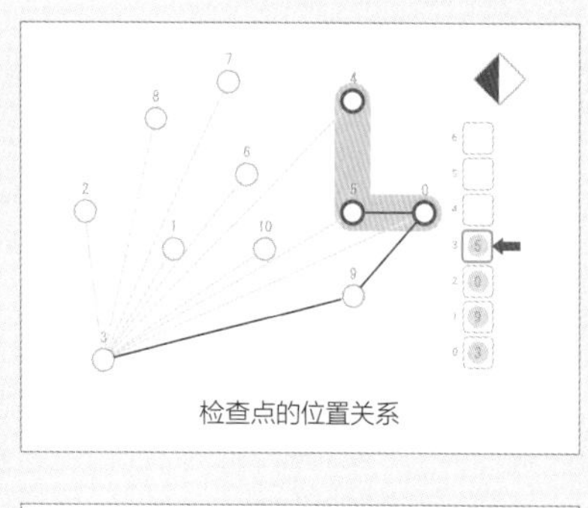
检查点的位置关系

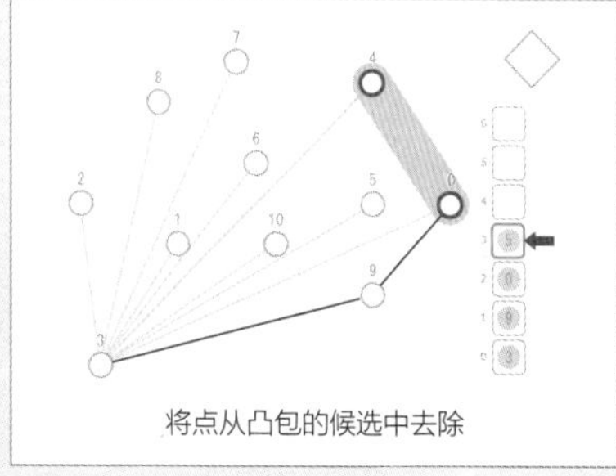
将点从凸包的候选中去除

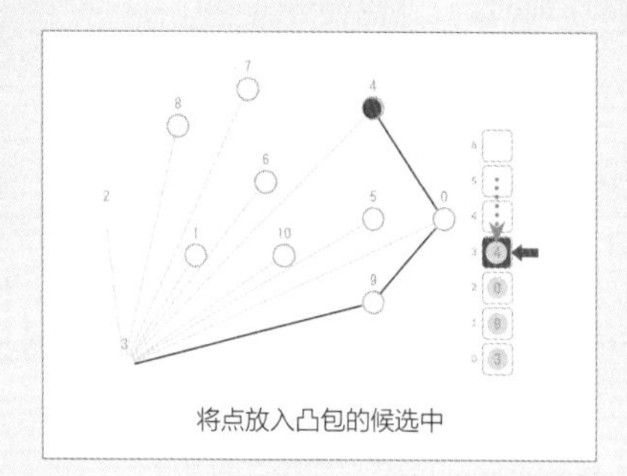
将点放入凸包的候选中

点的排序和起点的确定		
	寻找最左下的点	
	指向最左下的点	
	以最左下的点为基准，根据极角大小对点进行排序	
凸包的构建		
	检查三个点是否按逆时针方向排列	
	将点的编号压入栈	st.push(head)
	确定凸包的边	

点的排序和起点的确定

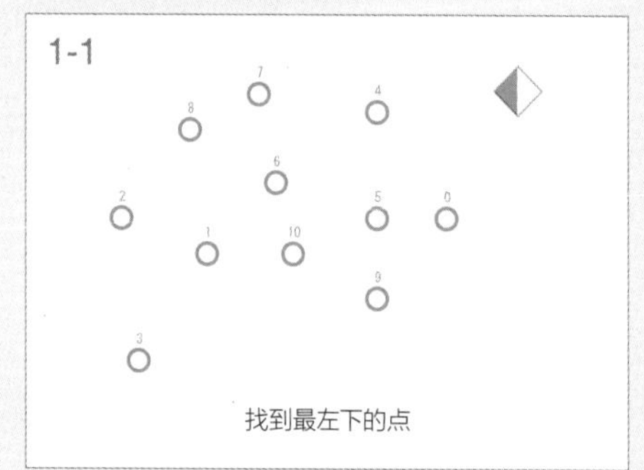

找到最左下的点

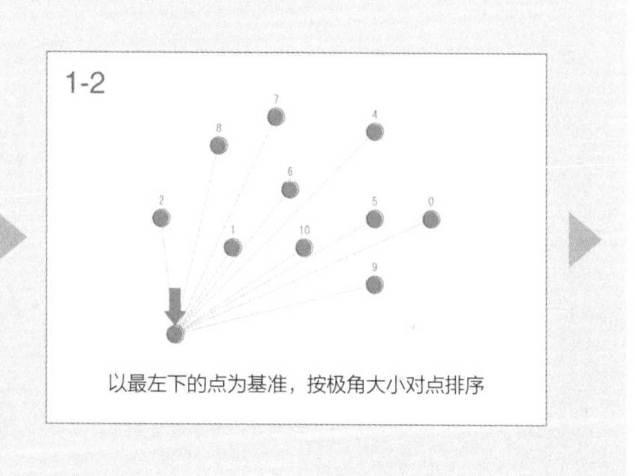

以最左下的点为基准，按极角大小对点排序

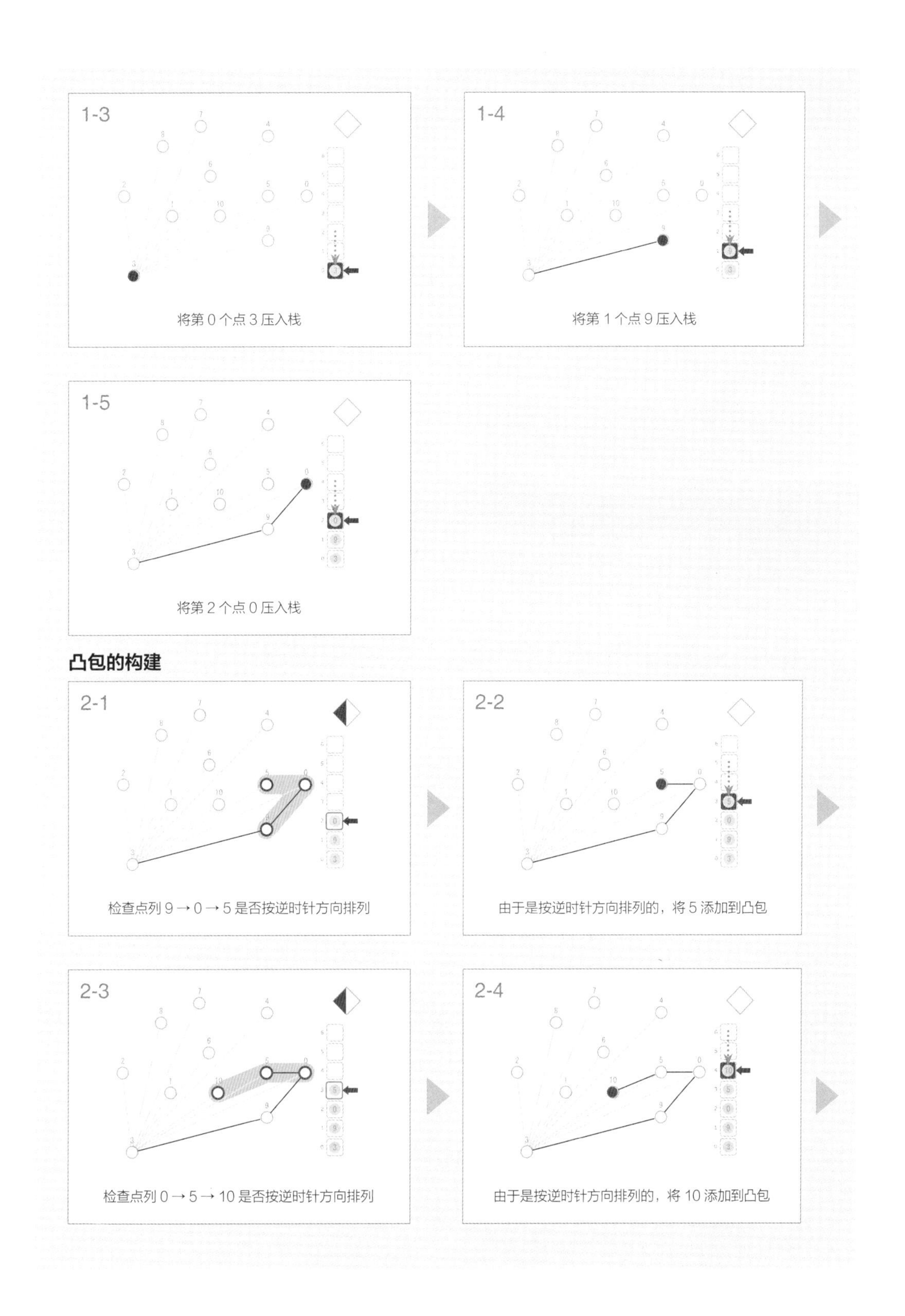
1-3
将第 0 个点 3 压入栈
1-4
将第 1 个点 9 压入栈
1-5
将第 2 个点 0 压入栈

凸包的构建

2-1
检查点列 9 → 0 → 5 是否按逆时针方向排列
2-2
由于是按逆时针方向排列的，将 5 添加到凸包
2-3
检查点列 0 → 5 → 10 是否按逆时针方向排列
2-4
由于是按逆时针方向排列的，将 10 添加到凸包

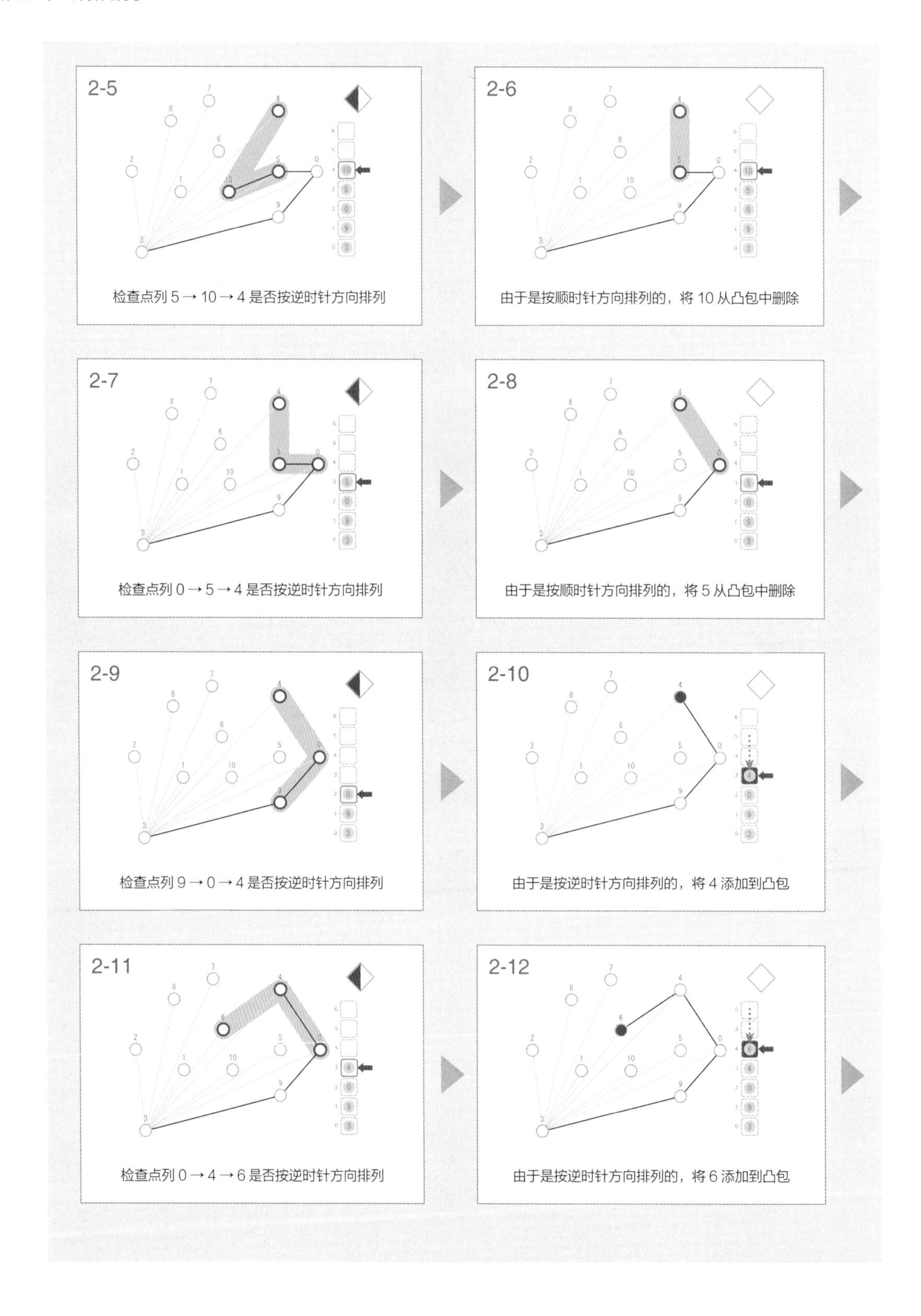
2-5
检查点列 5 → 10 → 4 是否按逆时针方向排列
2-6
由于是按顺时针方向排列的，将 10 从凸包中删除
2-7
检查点列 0 → 5 → 4 是否按逆时针方向排列
2-8
由于是按顺时针方向排列的，将 5 从凸包中删除
2-9
检查点列 9 → 0 → 4 是否按逆时针方向排列
2-10
由于是按逆时针方向排列的，将 4 添加到凸包
2-11
检查点列 0 → 4 → 6 是否按逆时针方向排列
2-12
由于是按逆时针方向排列的，将 6 添加到凸包

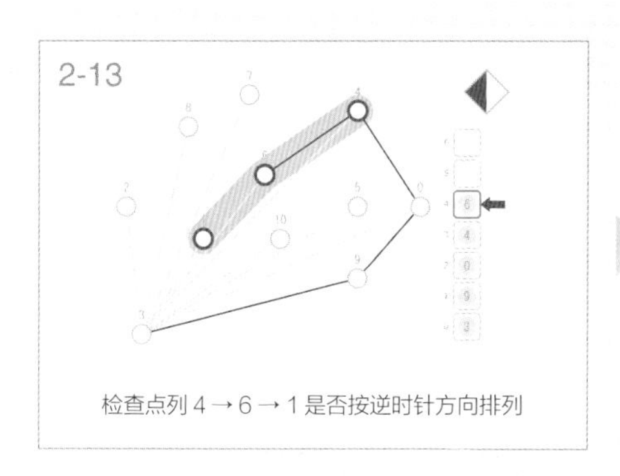

检查点列 4 → 6 → 1 是否按逆时针方向排列

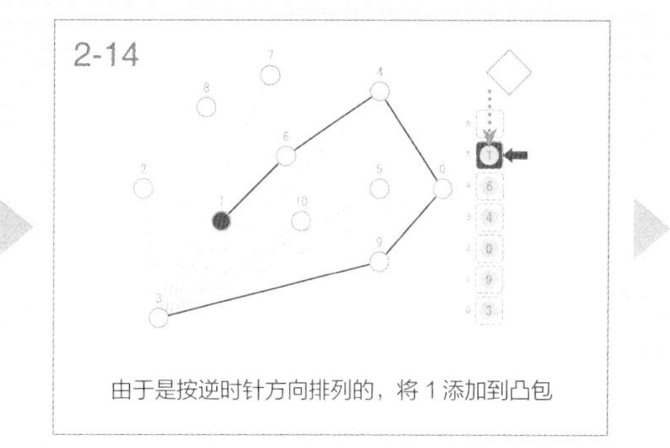

由于是按逆时针方向排列的，将 1 添加到凸包

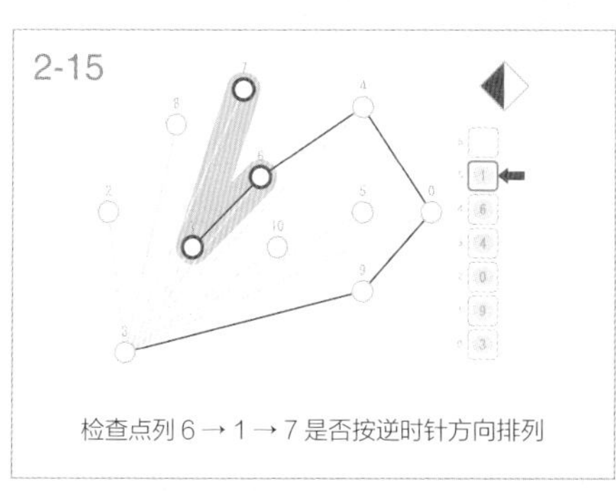

检查点列 6 → 1 → 7 是否按逆时针方向排列

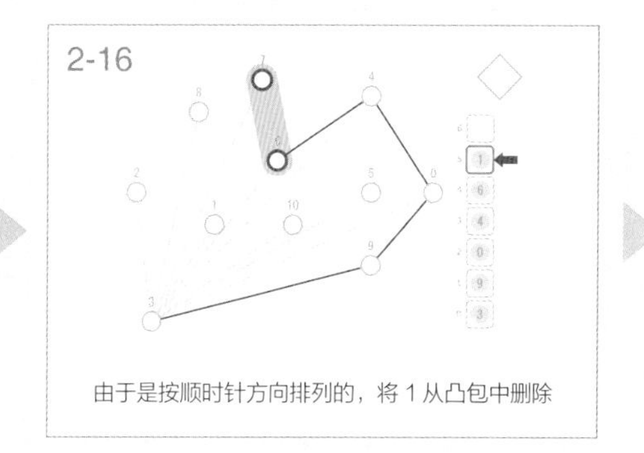

由于是按顺时针方向排列的，将 1 从凸包中删除

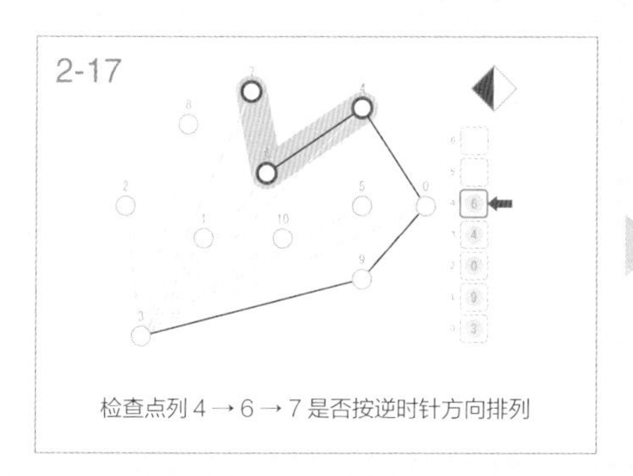

检查点列 4 → 6 → 7 是否按逆时针方向排列

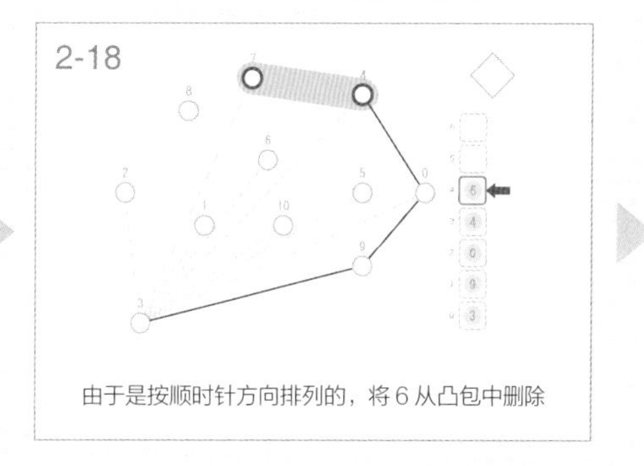

由于是按顺时针方向排列的，将 6 从凸包中删除

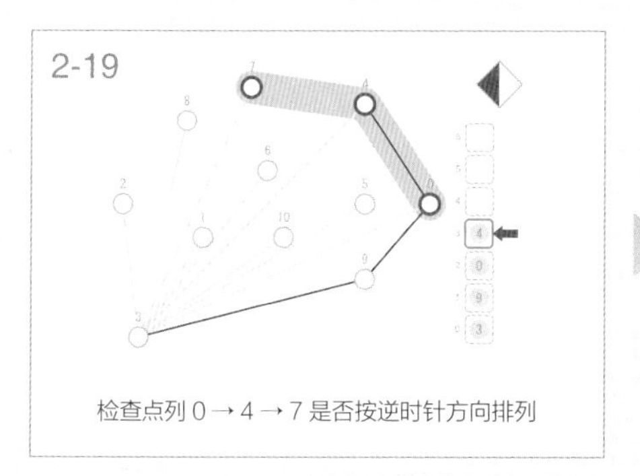

检查点列 0 → 4 → 7 是否按逆时针方向排列

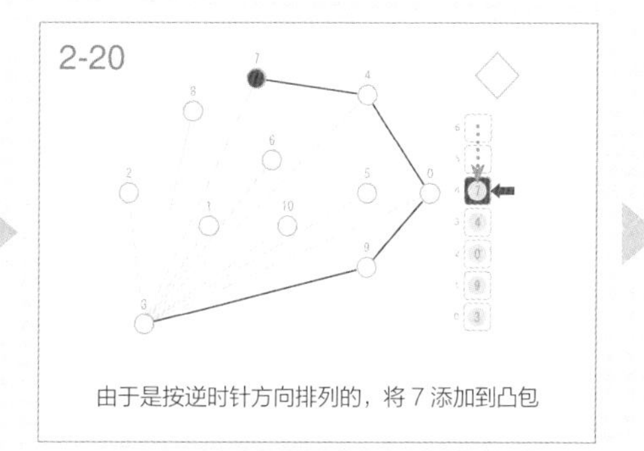

由于是按逆时针方向排列的，将 7 添加到凸包

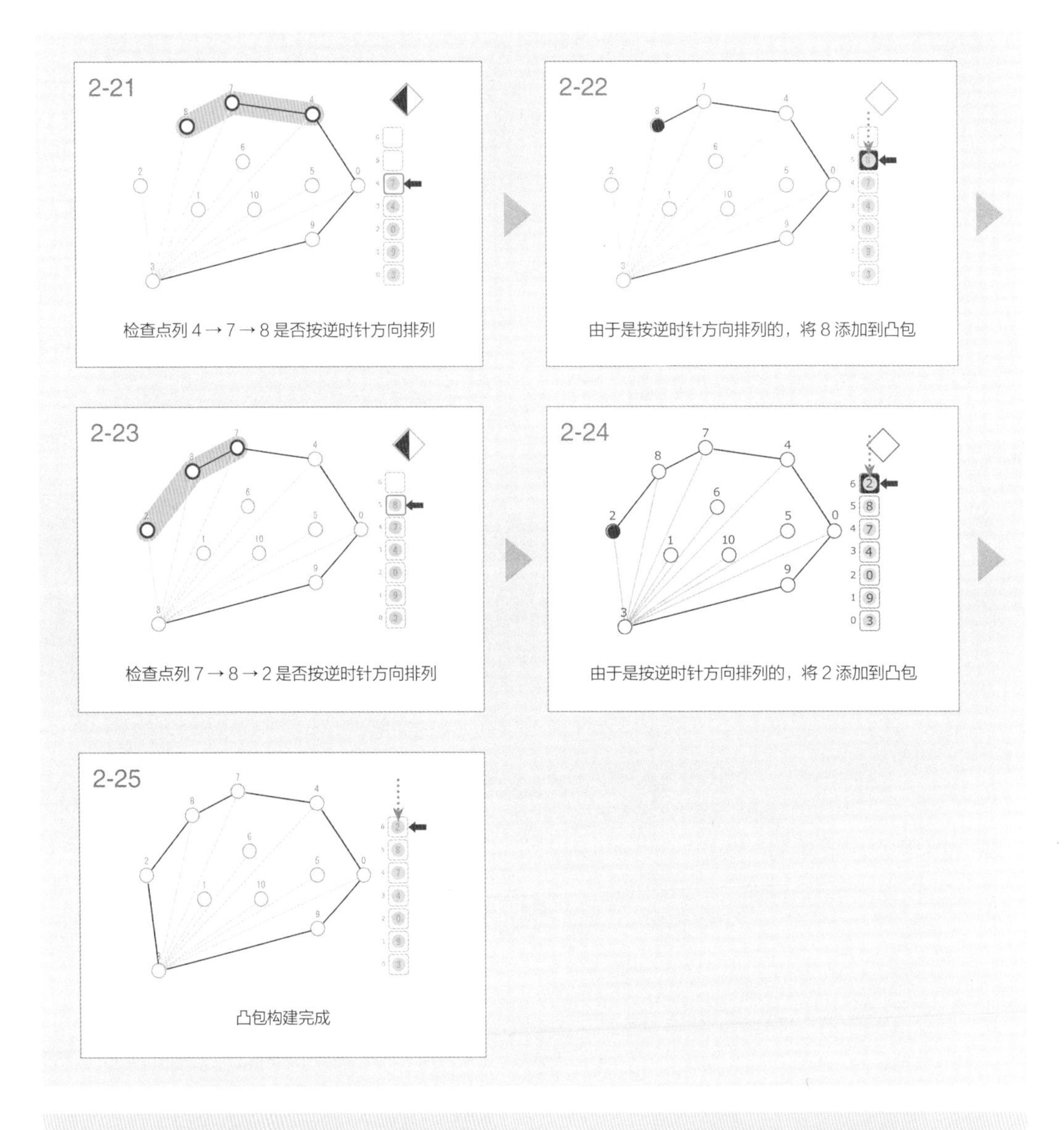

Graham 扫描法由预处理和扫描操作这两个阶段构成。预处理阶段确定扫描的起点，以该点为基准对其他的点进行排序。起点是 y 坐标最小的点，如果有多个这样的点，则选择其中 x 坐标最小的点。点的排序根据它们相对于起点的极角来进行。如果极角相同，则优先选择与起点距离最近的点。然后，将包括起点在内的前三个点放入凸包，并按照点的排列顺序将它们压入栈。

Graham 扫描法的核心扫描阶段将凸包上的候选点压入栈，使用最终留在栈中的点来完成凸包的构建。扫描阶段按照预处理阶段确定的点的排列顺序，依次检查这些凸包上的候选点。设 head 为当前正在检查的点，在将 head 添加到凸包之前，算法检查从栈的顶点开始的第二个点 top2、栈的顶点 top 和 head 这三点的位置关系，如果相对于 top2 → top，head 处于顺时针的位置，那么将 top 从栈中删除；如果 head 处于逆时针的位置，也就是能够形成凸包，将 head 放入凸包中，压入栈。

```
# 二维点群 PointGroup pg
grahamScan(pg):
    Stack st
    leftmost ← pg.points 最左下的点
    orderedIndex ← 将 pg.points 以 leftmost 为基准按照极角排序的索引列表

    st.push(orderedIndex[0])
    st.push(orderedIndex[1])
    st.push(orderedIndex[2])

    for i ← 3 to pg.N-1:
        head ← orderedIndex[i]

        while st.size() ≥ 2:
            top2 ← st 的顶点下面的点的值
            top ← st 的顶点的值
            if 相对于将 pg.points[top2] 和 pg.points[top] 连起来的直线
               pg.points[head] 处于右侧（顺时针）:
                st.pop()
            else:
                break
        st.push(head)
```

Graham 扫描法在选择凸包的点的处理中，每个点压入栈的次数最多只有一次，所以时间复杂度是 $O(N)$。不过最影响时间复杂度的是按极角排序的部分，所以 Graham 扫描法的时间复杂度依赖于排序算法，时间复杂度为 $O(N \log N)$。

特点

实现了求点的凸包的 Graham 扫描法在计算几何学、图像处理、计算机视觉图形、游戏领域有许多应用。例如，它可被用作物体识别、物体碰撞检测和地图上的路径规划等的预处理。

27.3 安德鲁算法

点的凸包

我们尝试对更大规模的点的集合求凸包。

请求出指定点的集合的凸包。

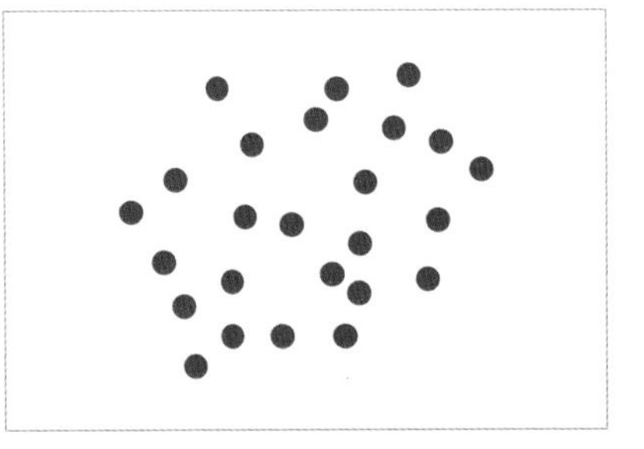

平面上的点群

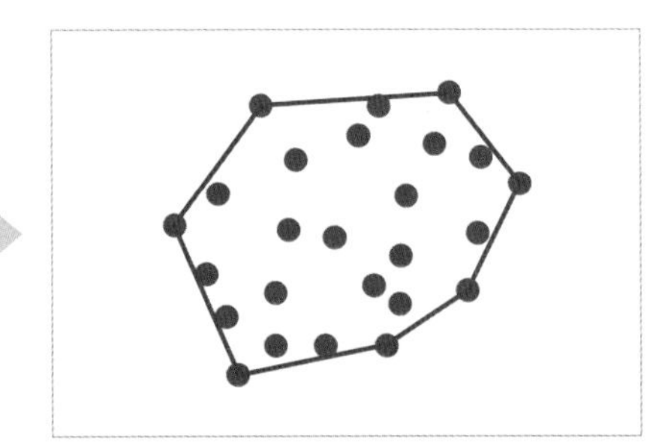

包围了所有点的面积最小的凸多边形

- 点的数量 $N \leqslant 100\ 000$

安德鲁算法 Andrew's Algorithm

安德鲁算法通过分别构建凸包的上半部分和下半部分来完成整个凸包的构建。在点的选择处理中利用了栈的特性，按顺时针方向确定凸包的边上的点。

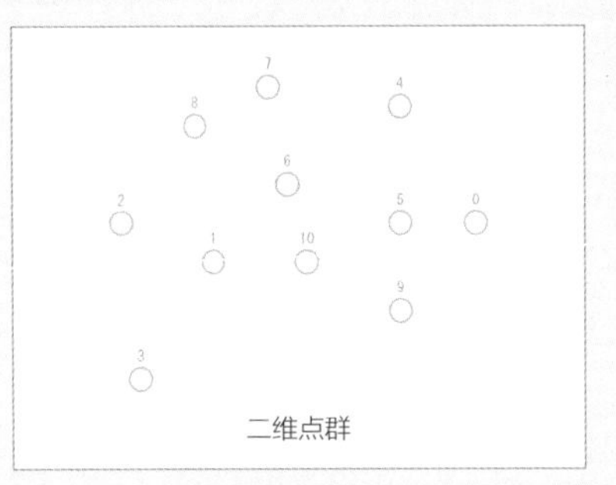

二维点群

※ 该算法不使用与节点相关的变量，主要处理的是二维点群结构中点的 (x, y) 坐标。

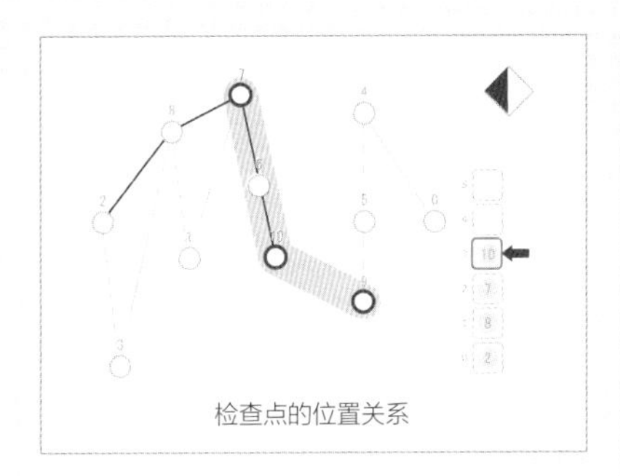

检查点的位置关系

将点从凸包的候选中移除

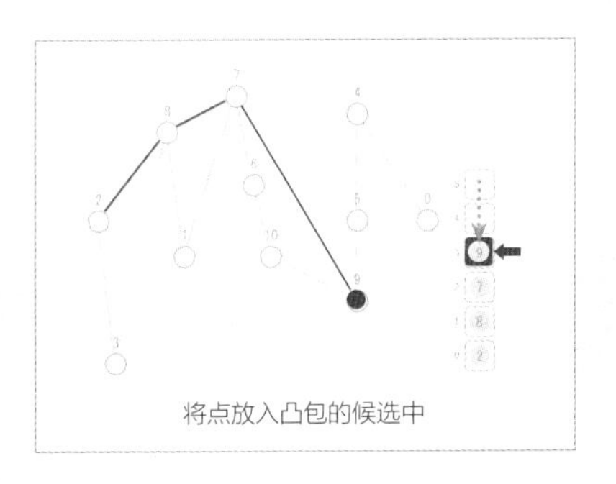

将点放入凸包的候选中

点的排序		
●	按 x 升序对点进行排序	
凸包的构建		
◆	检查三个点是否按逆时针方向排列	
●	将点的编号压入栈	st.push(head)
—	确定凸包的边	

点的排序

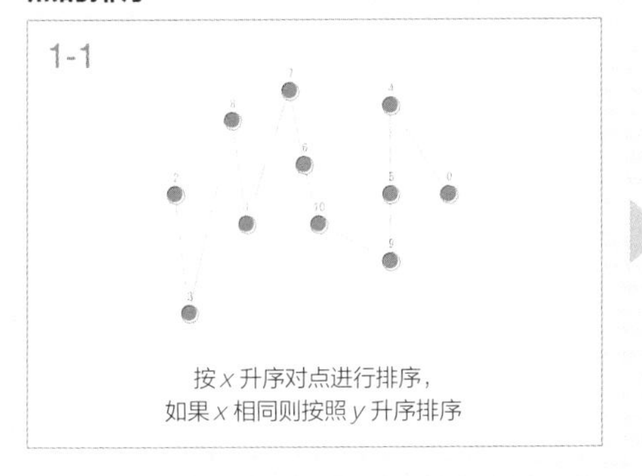

1-1

按 x 升序对点进行排序，如果 x 相同则按照 y 升序排序

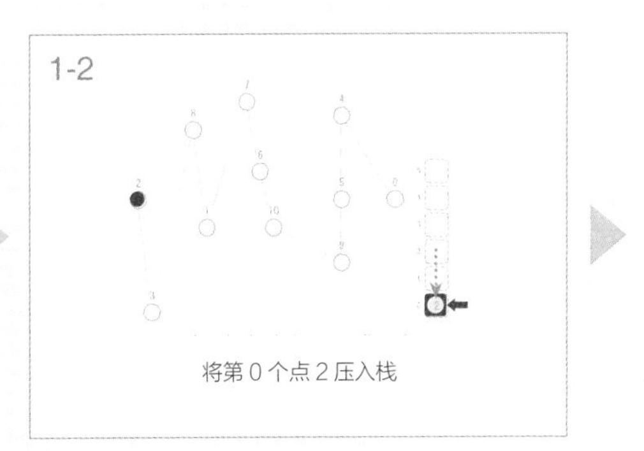

1-2

将第 0 个点 2 压入栈

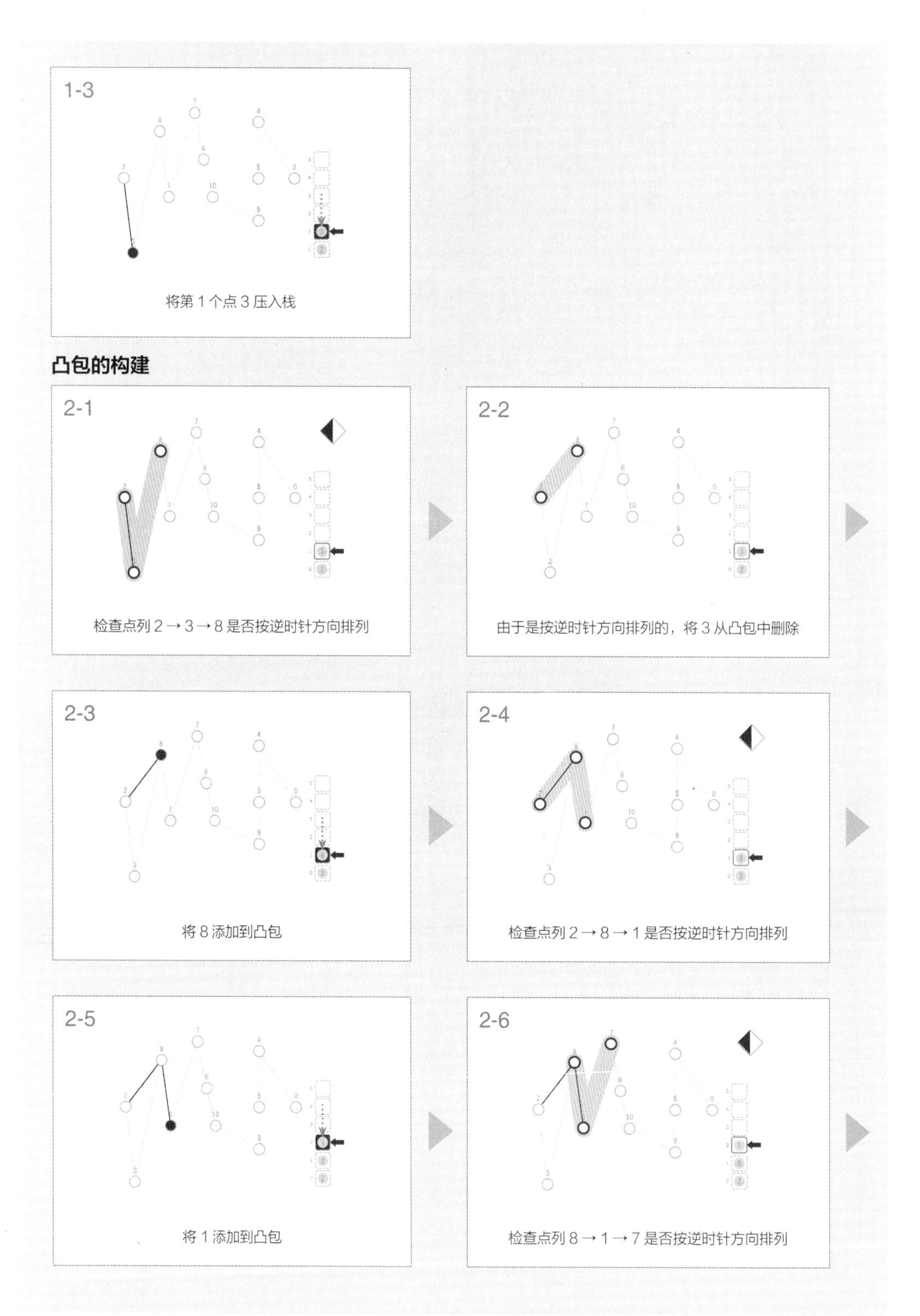
1-3
将第 1 个点 3 压入栈
凸包的构建
2-1
检查点列 2 → 3 → 8 是否按逆时针方向排列
2-2
由于是按逆时针方向排列的，将 3 从凸包中删除
2-3
将 8 添加到凸包
2-4
检查点列 2 → 8 → 1 是否按逆时针方向排列
2-5
将 1 添加到凸包
2-6
检查点列 8 → 1 → 7 是否按逆时针方向排列

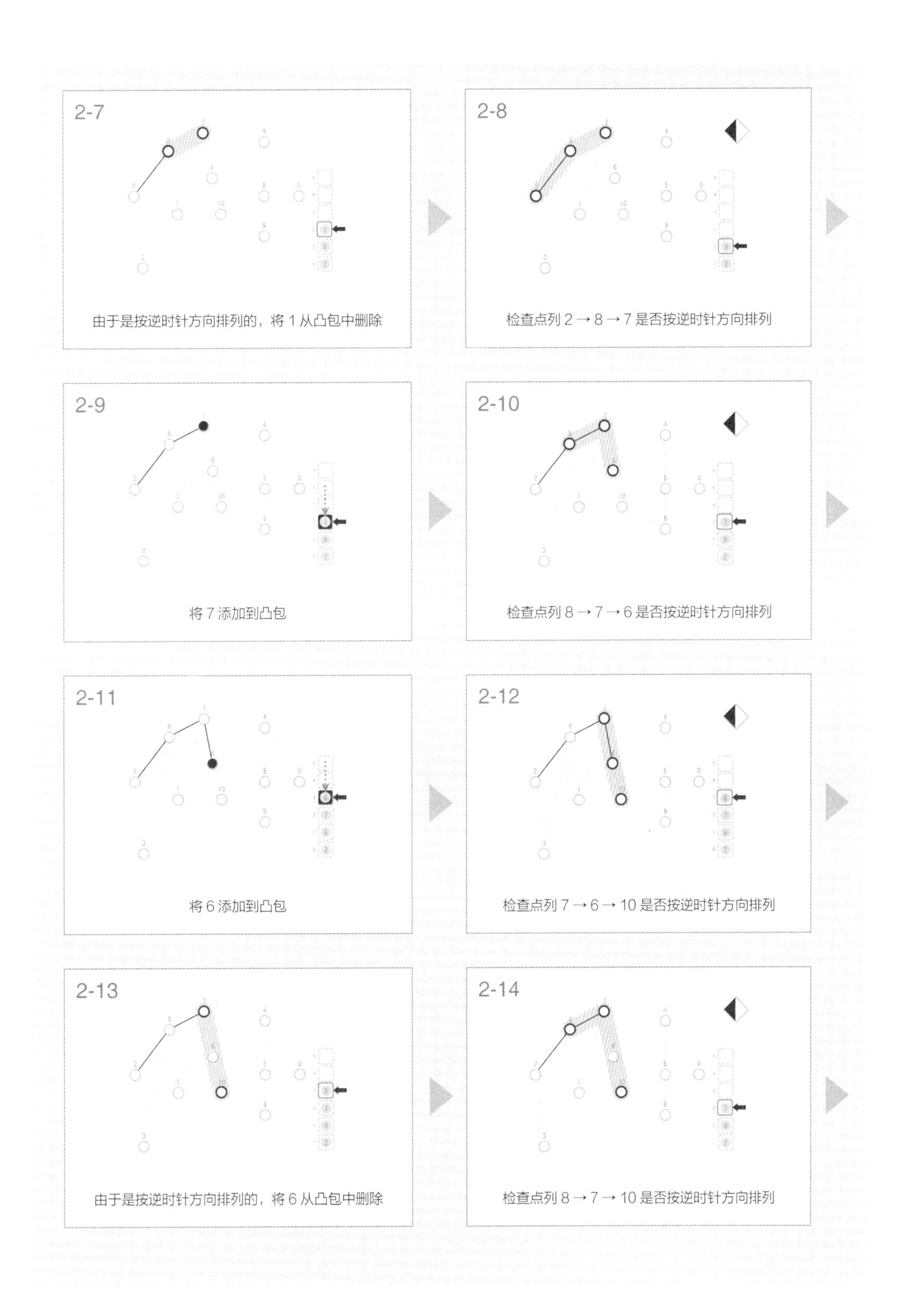
2-7
由于是按逆时针方向排列的，将 1 从凸包中删除
2-8
检查点列 2 → 8 → 7 是否按逆时针方向排列
2-9
将 7 添加到凸包
2-10
检查点列 8 → 7 → 6 是否按逆时针方向排列
2-11
将 6 添加到凸包
2-12
检查点列 7 → 6 → 10 是否按逆时针方向排列
2-13
由于是按逆时针方向排列的，将 6 从凸包中删除
2-14
检查点列 8 → 7 → 10 是否按逆时针方向排列

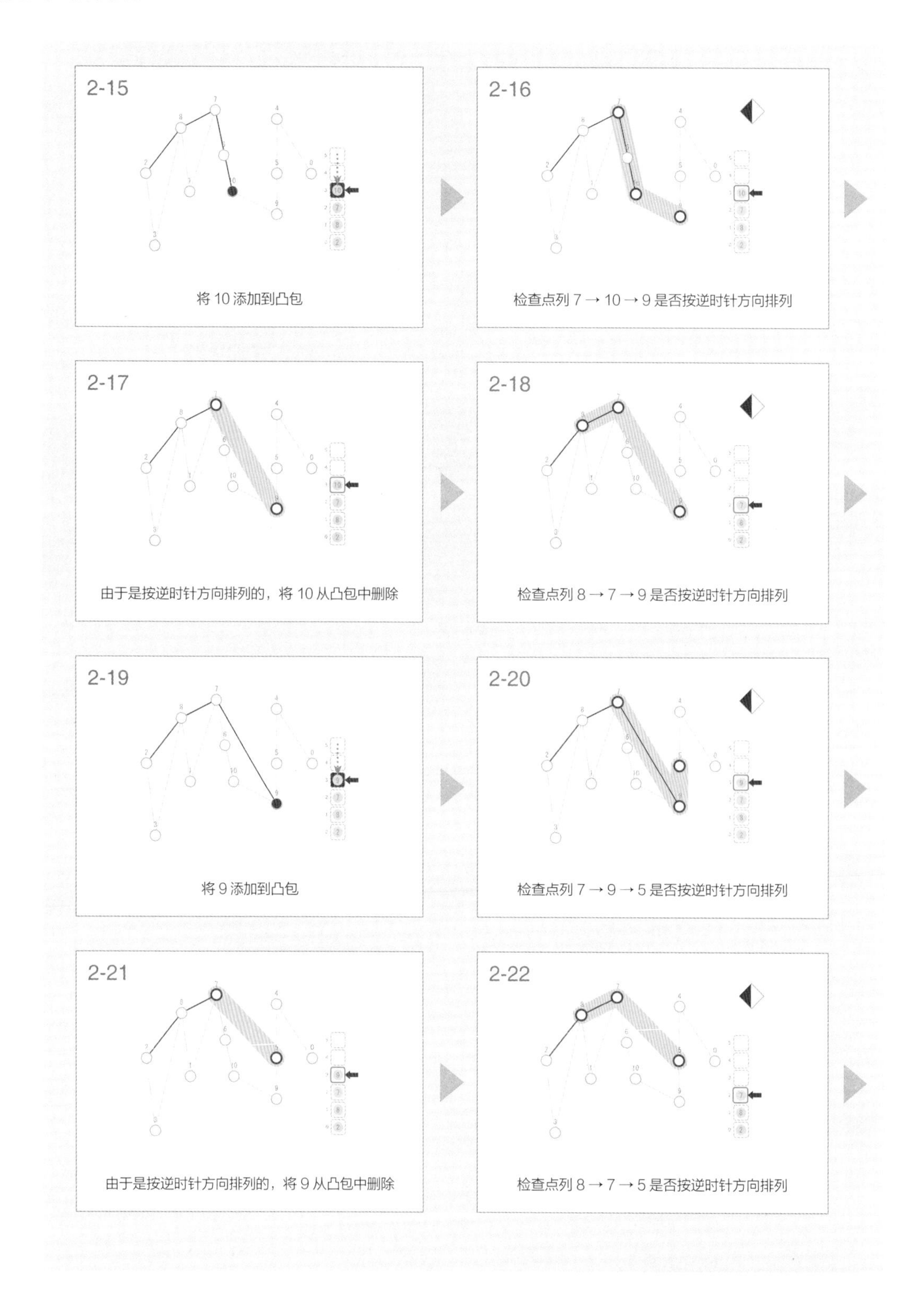
2-15
将 10 添加到凸包
2-16
检查点列 7 → 10 → 9 是否按逆时针方向排列
2-17
由于是按逆时针方向排列的，将 10 从凸包中删除
2-18
检查点列 8 → 7 → 9 是否按逆时针方向排列
2-19
将 9 添加到凸包
2-20
检查点列 7 → 9 → 5 是否按逆时针方向排列
2-21
由于是按逆时针方向排列的，将 9 从凸包中删除
2-22
检查点列 8 → 7 → 5 是否按逆时针方向排列

2-23

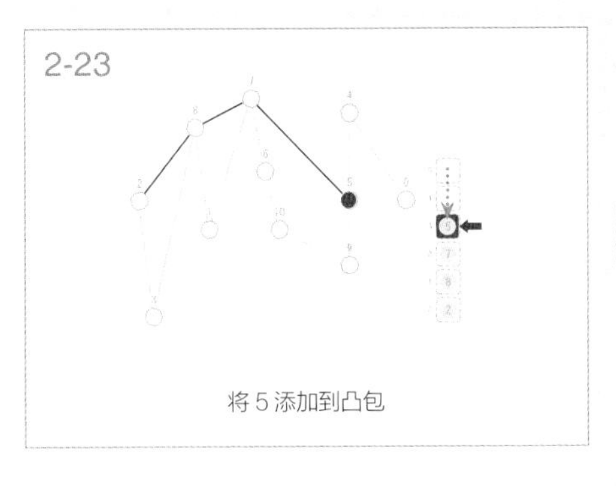

将 5 添加到凸包

2-24

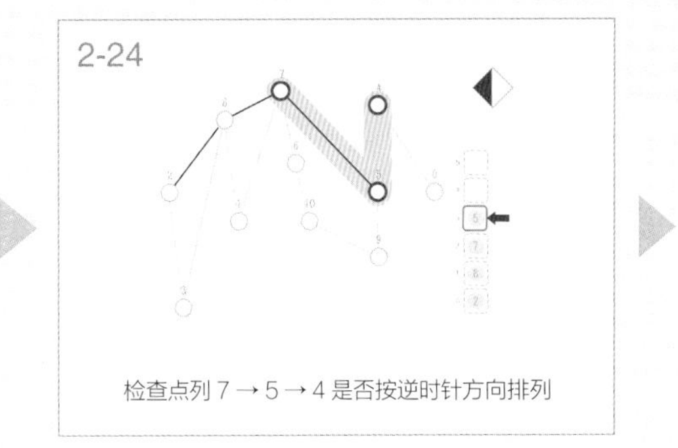

检查点列 7 → 5 → 4 是否按逆时针方向排列

2-25

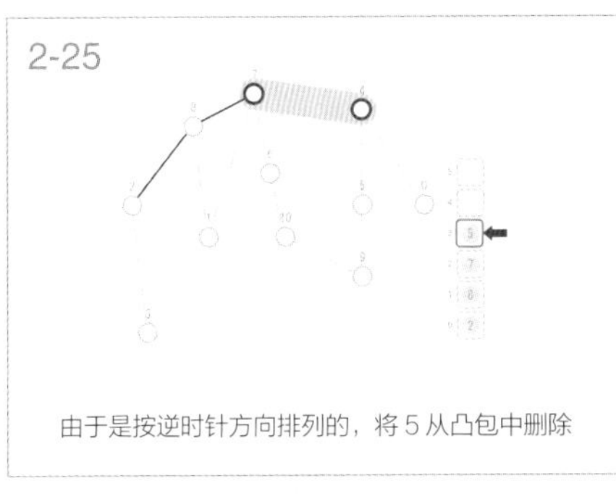

由于是按逆时针方向排列的，将 5 从凸包中删除

2-26

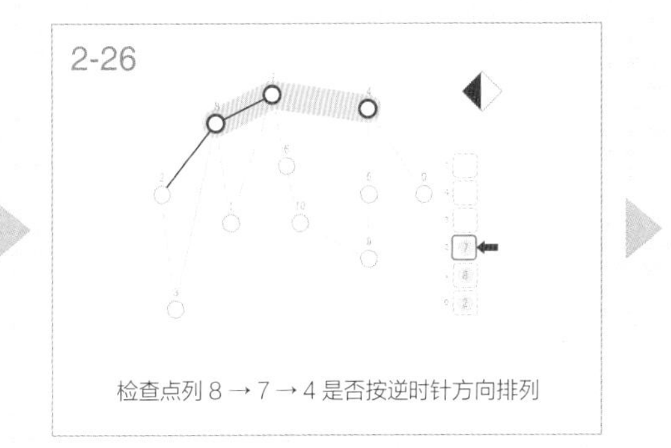

检查点列 8 → 7 → 4 是否按逆时针方向排列

2-27

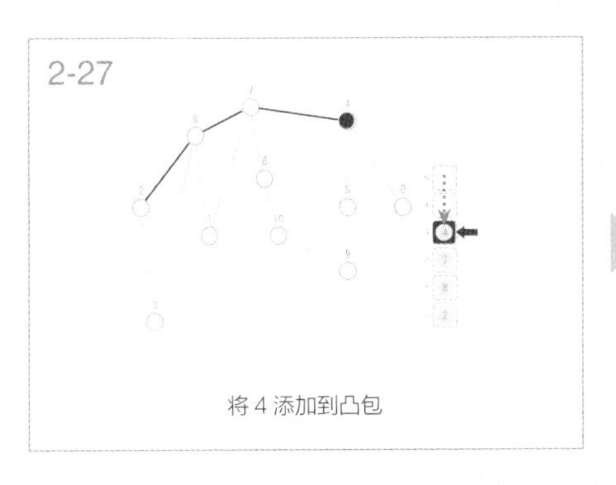

将 4 添加到凸包

2-28

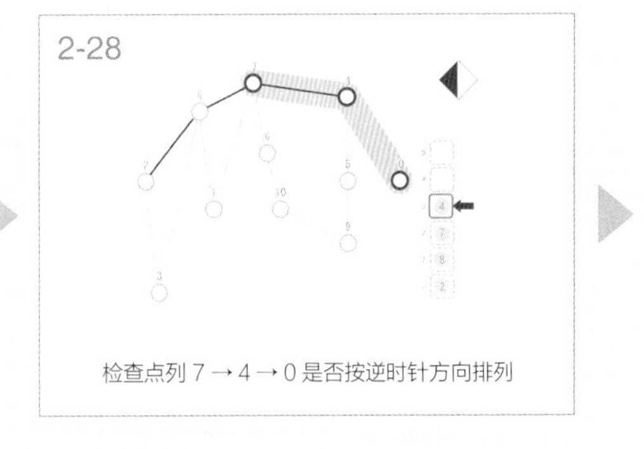

检查点列 7 → 4 → 0 是否按逆时针方向排列

2-29

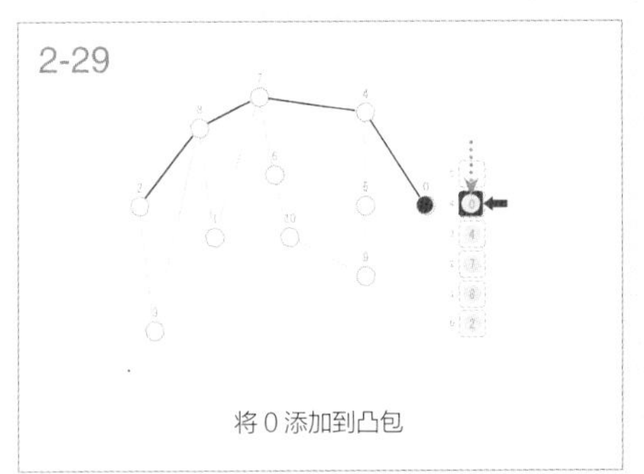

将 0 添加到凸包

以上展示的是求凸包上部的算法。首先将所有的点按 x 坐标升序排序，对于 x 相同的多个点，则按 y 坐标升序排序。然后将点列的前两个点添加到凸包，按照点的排列顺序将它们压入栈。

安德鲁算法将凸包上的候选点压入栈，使用最终留在栈中的点来完成凸包的构建，再按照点的排列顺序依次检查这些凸包上的候选点。设 head 为当前正在检查的点，在将 head 添加到凸包之前，算法检查从栈的顶点开始的第二个点 top2、栈的顶点 top 和 head 这三点的位置关系，如果相对于 top2 → top，head 处于逆时针的位置，那么将 top 从栈中弹出；如果 head 处于顺时针的位置，也就是能够形成凸包，将 head 放入凸包中，压入栈。

凸包的下半部分的计算方法与上半部分一样。对于下半部分，我们可以应用与上面同样的算法：按 x 坐标降序对点进行排序，然后从最右边的点开始扫描，按顺时针方向求凸包。

```
# 二维点群 PointGroup pg
andrewScan(pg):
    Stack st
    orderedIndex ← 以 x 为基准，若 x 相同则以 y 为基准，对 pg.points 进行排序的索引列表

    st.push(orderedIndex[0])
    st.push(orderedIndex[1])

    for i ← 2 to pg.N-1:
        head ← orderedIndex[i]

        while st.size() ≥ 2:
            top2 ← st 的顶点下面的点的值
            top ← st 的顶点的值
            if 相对于将 pg.points[top2] 和 pg.points[top] 连起来的直线
               pg.points[head] 处于左侧（逆时针）:
                st.pop()
            else:
                break
        st.push(head)
```

安德鲁算法在选择凸包的点的处理中，每个点被压入栈的次数最多只有两次，所以时间复杂度是 $O(N)$。不过计算的瓶颈在于一开始对所有点进行排序的部分，所以安德鲁算法的时间复杂度依赖于排序算法，为 $O(N \log N)$。

第28章

线段树

许多处理区间的算法都是基于一维数组结构的，为了应对在大小迥异的区间上进行的大量操作和查询，我们需要在结构上下功夫。与之前接触的很多算法一样，看上去是一维的区间操作中也用到了树结构。

本章将介绍线段树，它是一种基于满二叉树管理区间的数据结构。

- 线段树：RMQ
- 线段树：RSQ

28.1 线段树：RMQ

★★★★

区间最小值查询

对整数列的区间操作和查询能够以各种方式组合，被用在了许多应用问题中。本节将解决一个最基本的问题，即区间最小值查询（RMQ，range minimum query）。

请对整数列 $a_0, a_1, \cdots, a_{N-1}$ 进行以下操作和查询。

- 将 a_i 更新为 x。
- 报告区间 $[a, b)$ 的最小值。

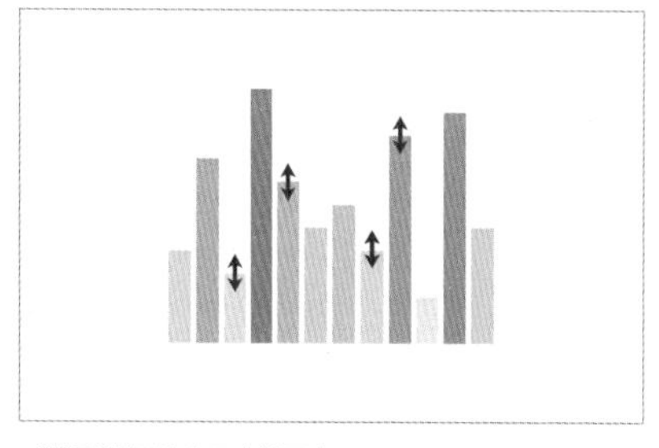

对数列进行单个元素的更新

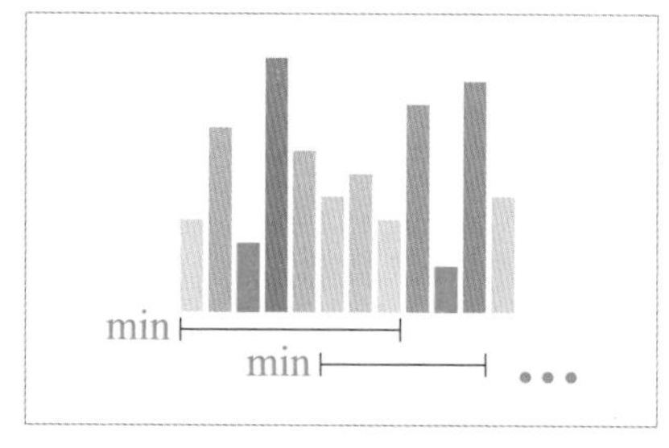

区间最小值查询

- 整数的数量 $N \leqslant 100\ 000$
- 查询的数量 $N \leqslant 100\ 000$
- $0 \leqslant x，a_i \leqslant 1000$

线段树：RMQ　Segment Tree: RMQ

满二叉树可被用作管理区间的线段树。这里主要为线段树指定保持区间最小值的变量。

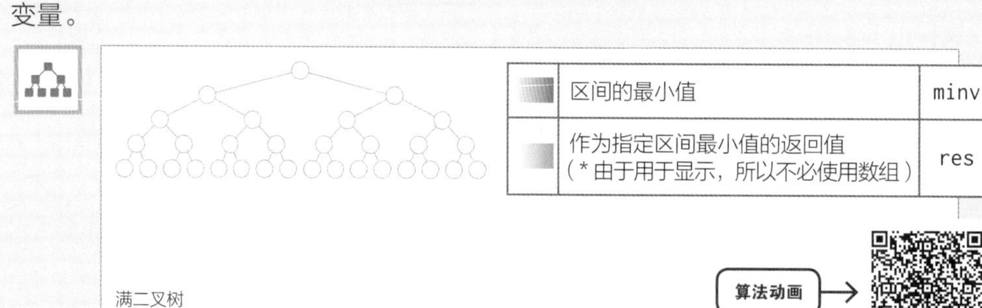

	区间的最小值	minv
	作为指定区间最小值的返回值（* 由于用于显示，所以不必使用数组）	res

满二叉树

算法动画

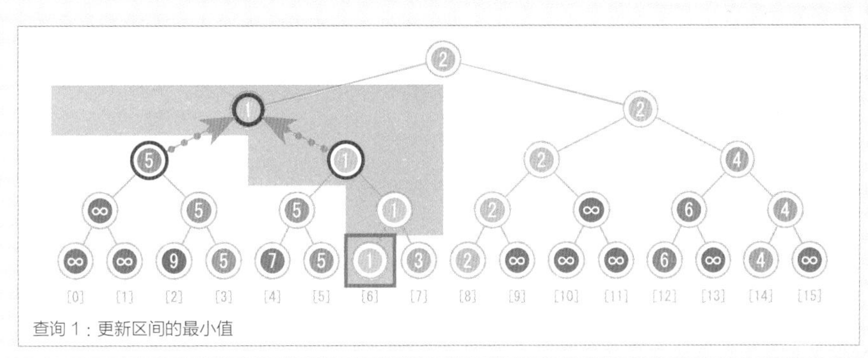

查询 1：更新区间的最小值

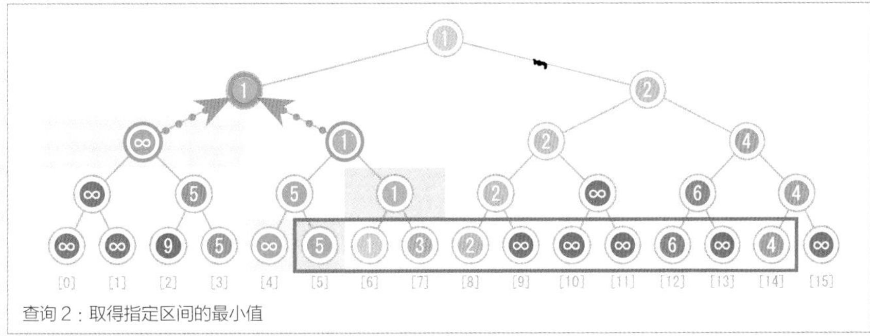

查询 2：取得指定区间的最小值

对请求的处理		
	更新区间的最小值	minv[k] ← ?
	确定指定区间的最小值	res ← ?
	因更新查询而更新的区间	k 的轨迹
	搜索区间与查询区间不相交	if r ≤ a or b ≤ l:
	搜索区间完全处于查询区间内	else if a ≤ l and r ≤ b:
	搜索区间包含查询区间内和查询区间外的部分	else:

对请求的处理

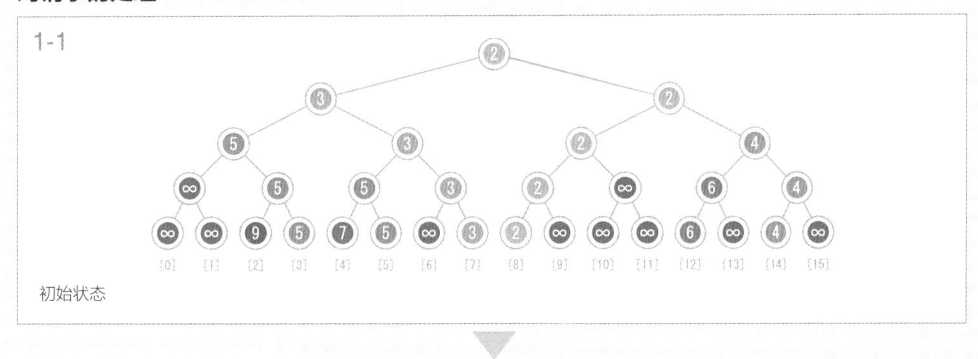

初始状态

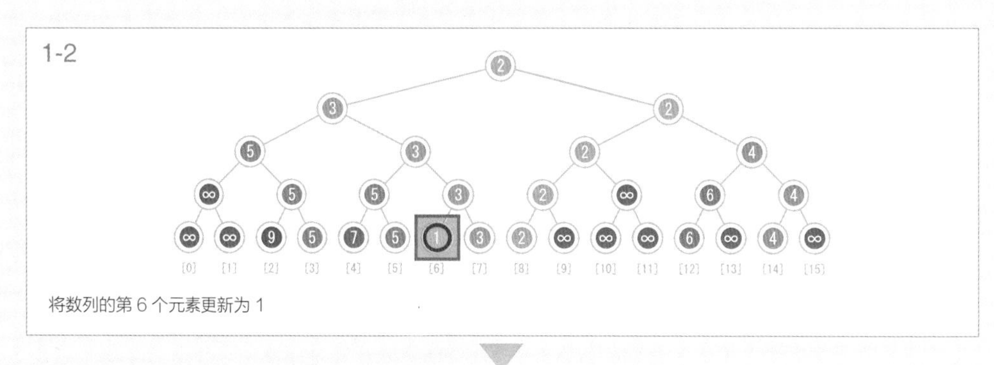

将数列的第 6 个元素更新为 1

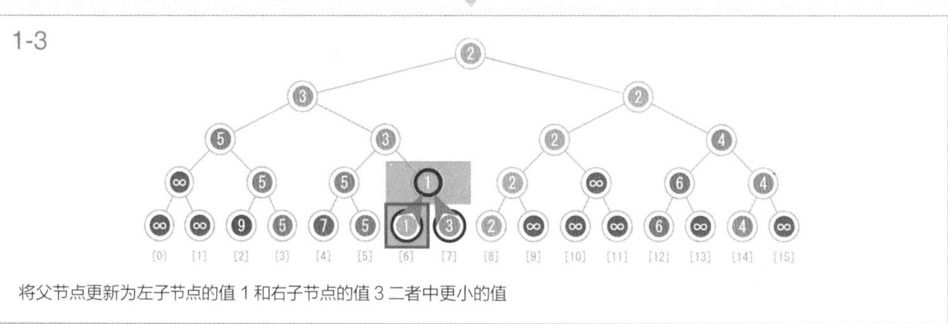

将父节点更新为左子节点的值 1 和右子节点的值 3 二者中更小的值

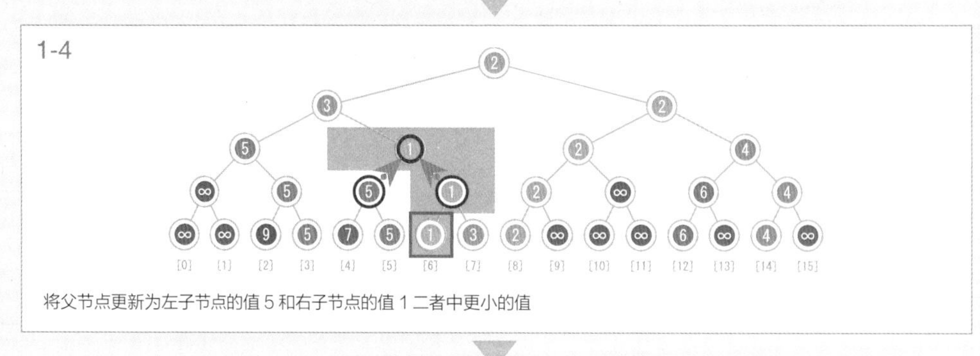

将父节点更新为左子节点的值 5 和右子节点的值 1 二者中更小的值

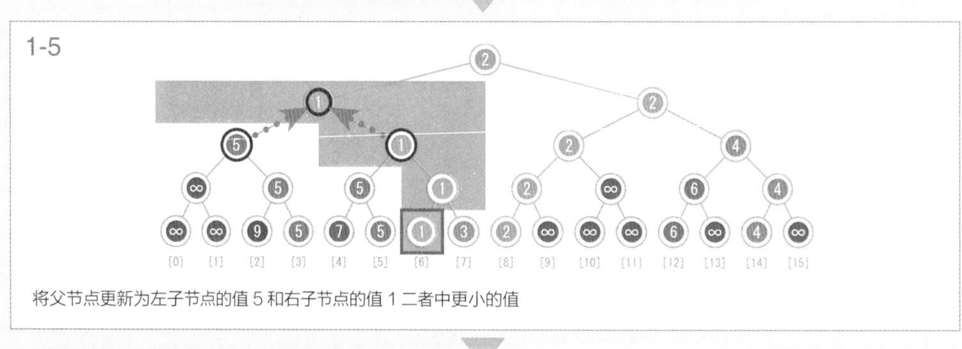

将父节点更新为左子节点的值 5 和右子节点的值 1 二者中更小的值

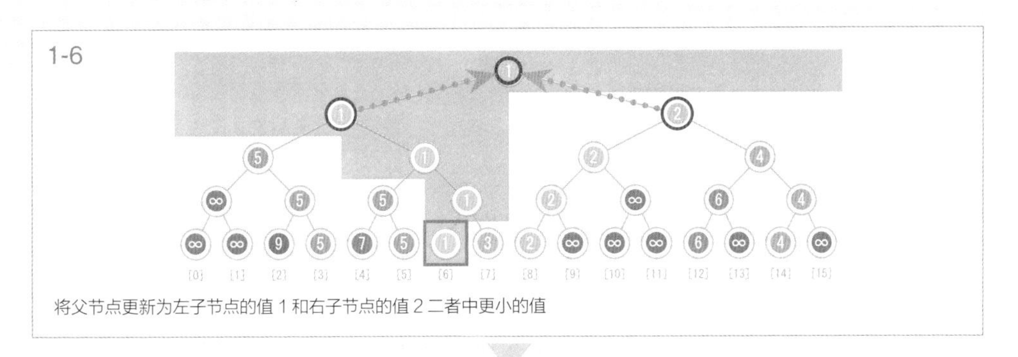

将父节点更新为左子节点的值 1 和右子节点的值 2 二者中更小的值

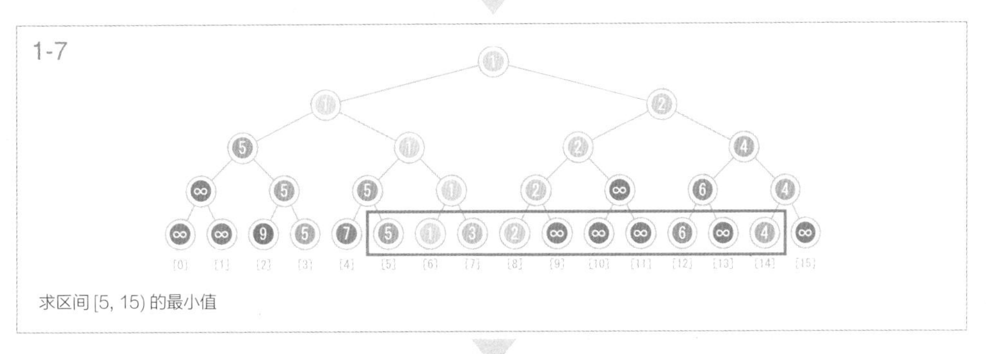

求区间 [5, 15) 的最小值

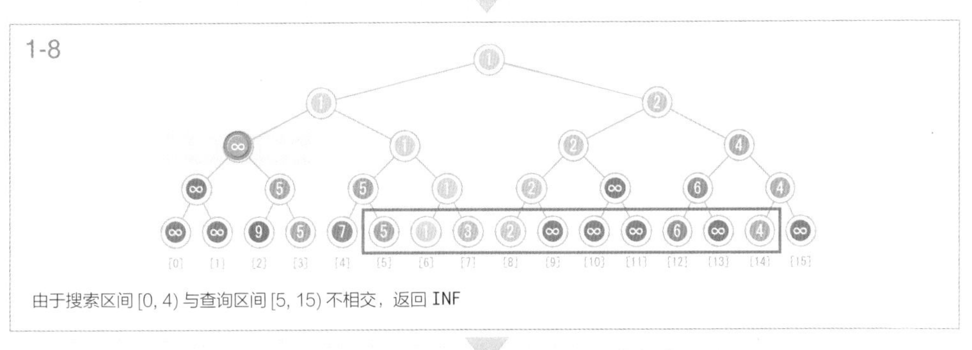

由于搜索区间 [0, 4) 与查询区间 [5, 15) 不相交，返回 INF

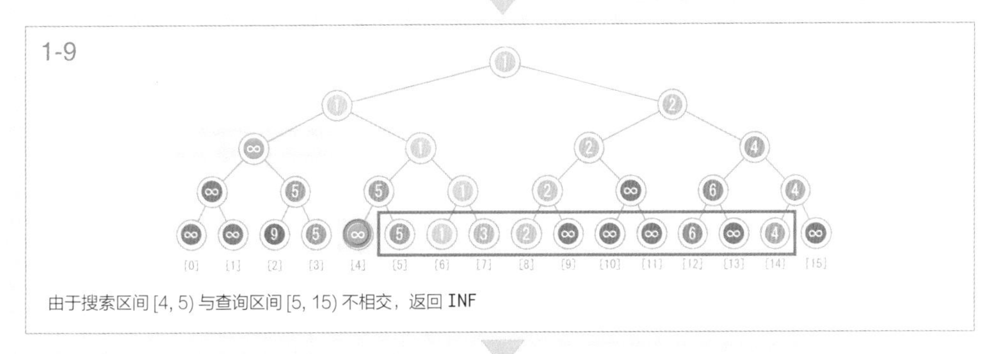

由于搜索区间 [4, 5) 与查询区间 [5, 15) 不相交，返回 INF

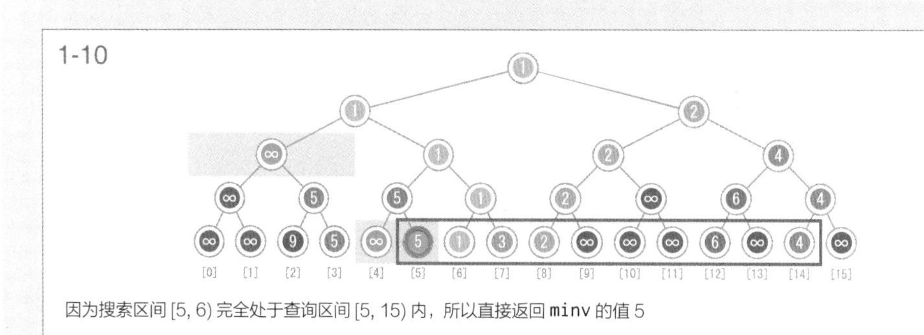

因为搜索区间 [5, 6) 完全处于查询区间 [5, 15) 内，所以直接返回 minv 的值 5

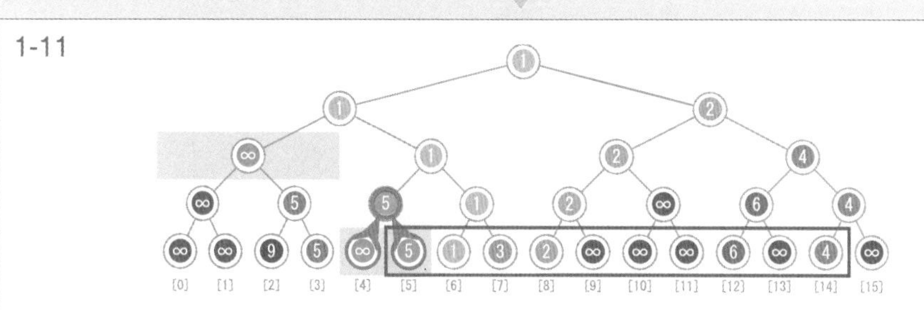

因为搜索区间 [4, 6) 包含查询区间 [5, 15) 内和查询区间外的部分，所以返回左子节点和右子节点二者中更小的值

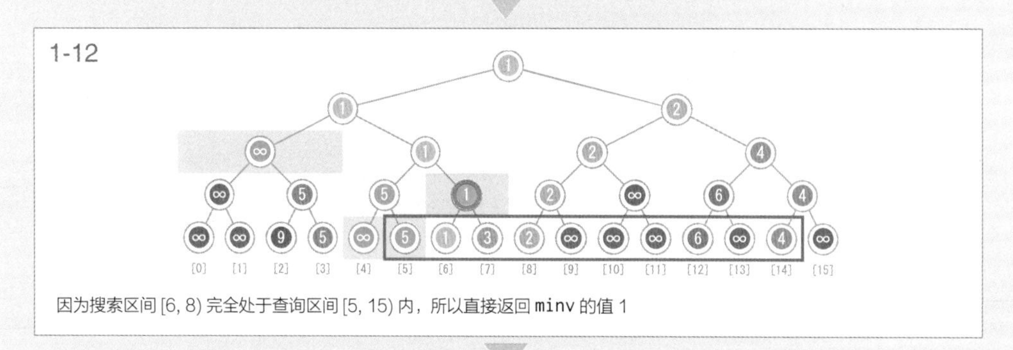

因为搜索区间 [6, 8) 完全处于查询区间 [5, 15) 内，所以直接返回 minv 的值 1

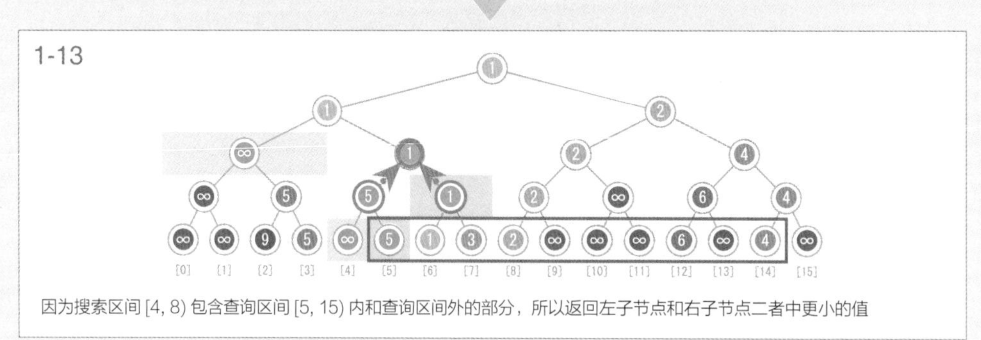

因为搜索区间 [4, 8) 包含查询区间 [5, 15) 内和查询区间外的部分，所以返回左子节点和右子节点二者中更小的值

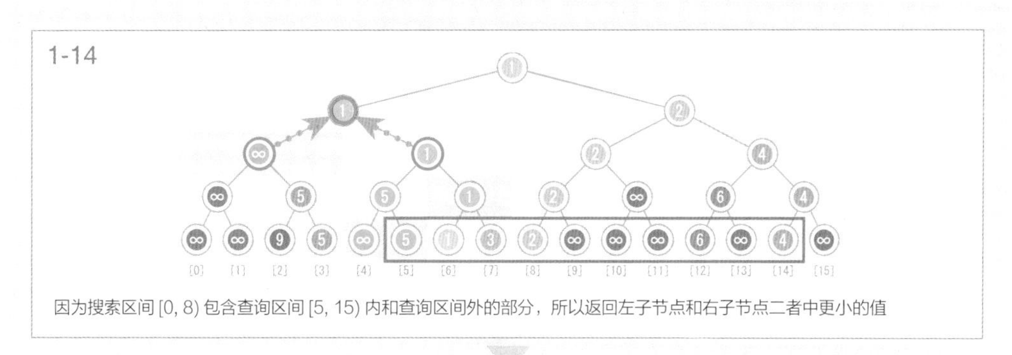

因为搜索区间 [0, 8) 包含查询区间 [5, 15) 内和查询区间外的部分，所以返回左子节点和右子节点二者中更小的值

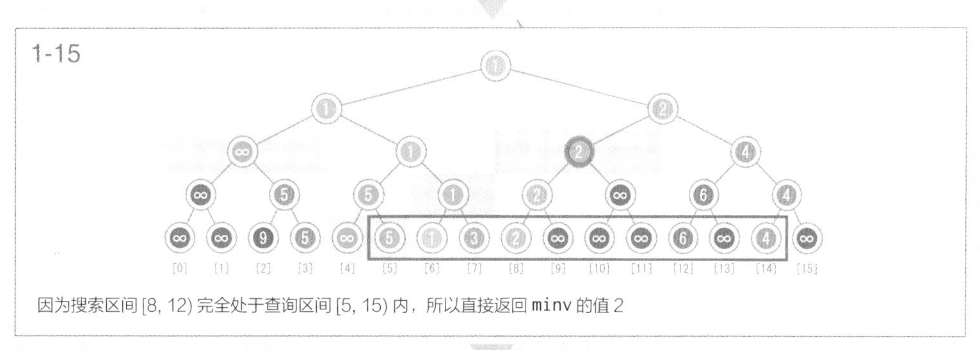

因为搜索区间 [8, 12) 完全处于查询区间 [5, 15) 内，所以直接返回 minv 的值 2

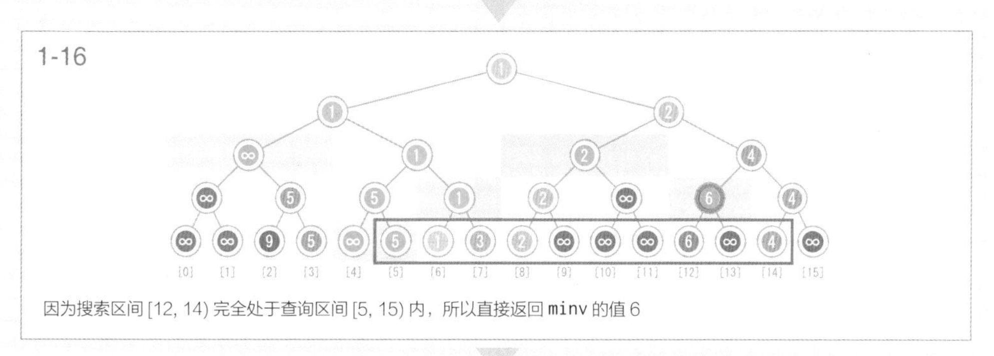

因为搜索区间 [12, 14) 完全处于查询区间 [5, 15) 内，所以直接返回 minv 的值 6

1-17 ~ 1-21 省略

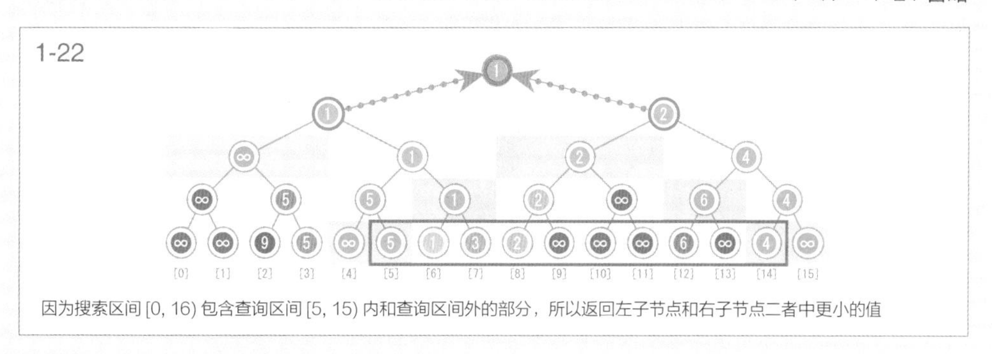

因为搜索区间 [0, 16) 包含查询区间 [5, 15) 内和查询区间外的部分，所以返回左子节点和右子节点二者中更小的值

线段树是满二叉树。满二叉树的叶子节点依次对应数列的元素。树的内部节点对应包含作为其子孙的叶子节点的区间。例如，根节点代表数列的整个区间，它的左子节点代表数列的前半部分的区间，右子节点代表后半部分的区间。线段树根据它要响应的查询类型，在每个节点记录相应的值。为了响应单个元素的更新和区间最小值查询，每个节点记录该区间的最小值 `minv`，该值在数据更新后也会得到维护。

在单个元素的更新处理中，算法以数列中的指定元素对应的叶子节点作为起点，朝着根节点的方向更新 `minv`。它被更新为当前节点 k 的左右两个子节点的值中的较小值。

在区间最小值查询中，算法利用内部节点的值（如果内部节点有值，就无须查找子孙节点）来高效地找出指定区间的最小值。对答案的搜索从根节点开始，然后采用二叉树后序遍历的方式访问各节点。假设查询区间为 $[a, b)$，当前的搜索区间为 $[l, r)$，那么分为以下三种情况搜索答案：

1. $[l, r)$ 和 $[a, b)$ 不相交
2. $[l, r)$ 完全处于 $[a, b)$ 内
3. 其他情况

对于情况 1，由于对 RMQ 的答案没有影响，算法返回 `INF`（大值）。对于情况 2，由于可以确定区间的最小值，算法直接返回最小值。对于情况 3，算法将递归计算左子节点和右子节点的答案，并返回二者中更小的值（如果二者值相同，则返回这个相同的值）。

```
# 用于 RMQ 的线段树
class RMQ:
    N     # 满二叉树的节点数
    n     # 数列的元素数量 = 叶子节点的数量
    minv # 记录最小值的数列

    # 对所需的最低限度数量的数列元素进行初始化
    init(len):
        n ← 1
        while n < len:
            n ← n * 2  # 叶子节点的数量 n 乘以 2 的幂
        N ← 2 * n - 1  # 调整满二叉树的节点数量
        for i ← 0 to N-1:
            minv[i] ← INF
```

```
findMin(a, b):
    return query(a, b, 0, 0, n)

query(a, b, k, l, r):
    if r ≤ a or b ≤ l:
        res ← INF
    else if a ≤ l and r ≤ b:
        res ← minv[k]
    else:
        vl ← query(a, b, left(k), l, (l+r)/2)
        vr ← query(a, b, right(k), (l+r)/2, r)
        res ← min(vl, vr)

    return res

# 将第 k 个元素的值替换为 x
update(k, x):
    k ← k + n - 1
    minv[k] ← x

    while  k > 0:
        k ← parent(k)
        minv[k] ← min(minv[left(k)], minv[right(k)])

left(k):
    return 2 * k + 1

right(k):
    return 2 * k + 2

parent(k):
    return (k - 1) / 2
```

对线段树的更新是朝着根节点方向追溯节点的，所以时间复杂度是 $O(\log N)$。区间最小值查询的计算次数也由树的高度决定，所以时间复杂度是 $O(\log N)$。

28.2 线段树：RSQ

★★★★

区间和查询

对整数列的区间操作和查询能够以各种方式组合，被用在许多应用问题中。本节将解决一个最基本的问题，即区间和查询（RSQ，range sum query）。

请对整数列 $a_0, a_1, \cdots, a_{N-1}$ 进行以下操作和查询。

- 将 a_i 加 x。
- 报告区间 $[a, b)$ 的和。

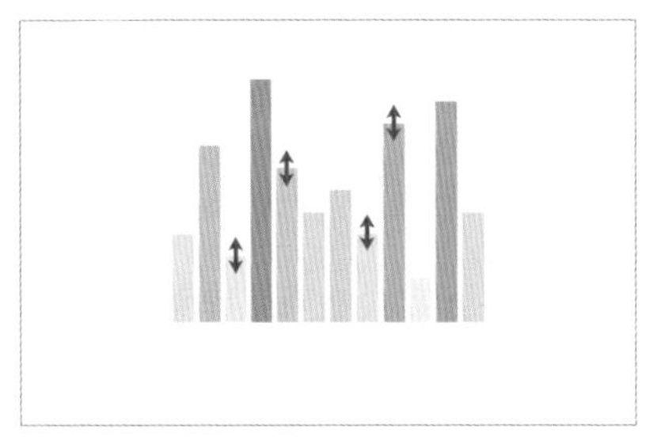

对数列进行单个元素的更新

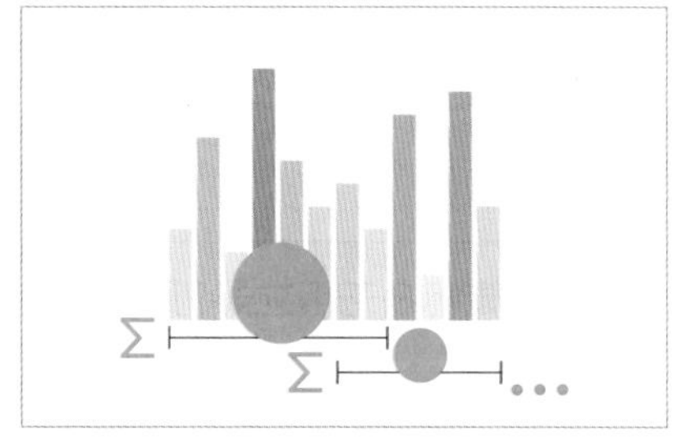

区间和查询

- 整数的数量 $N \leqslant 100\,000$
- 查询的数量 $N \leqslant 100\,000$
- $-1000 \leqslant x，a_i \leqslant 1000$

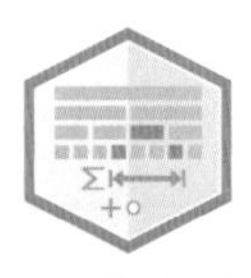

线段树：RSQ　Segment Tree: RSQ

为线段树指定保持区间和的变量。

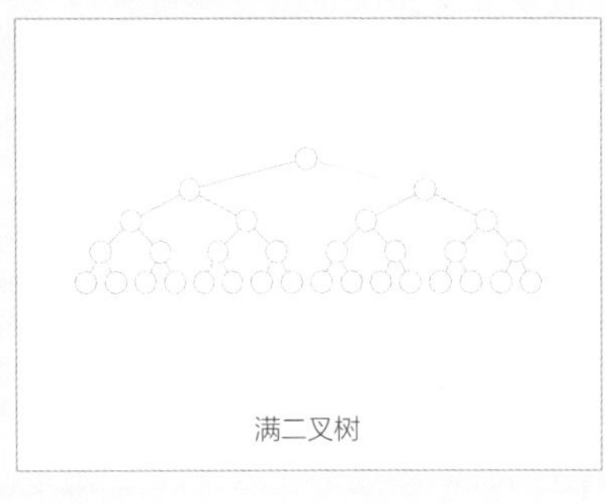

满二叉树

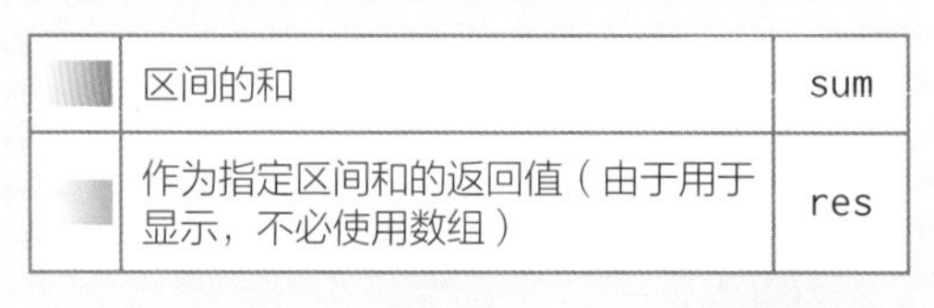

	区间的和	sum
	作为指定区间和的返回值（由于用于显示，不必使用数组）	res

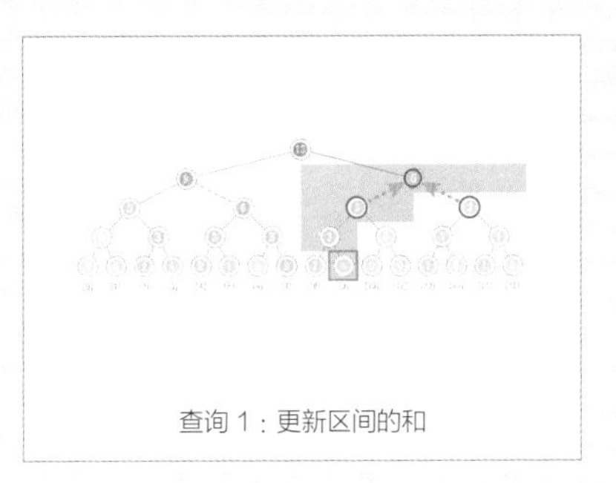

查询 1：更新区间的和

查询 2：取得指定区间的和

对请求的处理		
●	更新区间的和	sum[k] ← ?
●	确定指定区间的和	res ← ?
■	因更新查询而更新的区间	k 的轨迹
	搜索区间与查询区间不相交	
	if r ≤ a or b ≤ l:	
	搜索区间完全处于查询区间内	
	else if a ≤ l and r ≤ b:	
	搜索区间包含查询区间内和查询区间外的部分	else:

对请求的处理

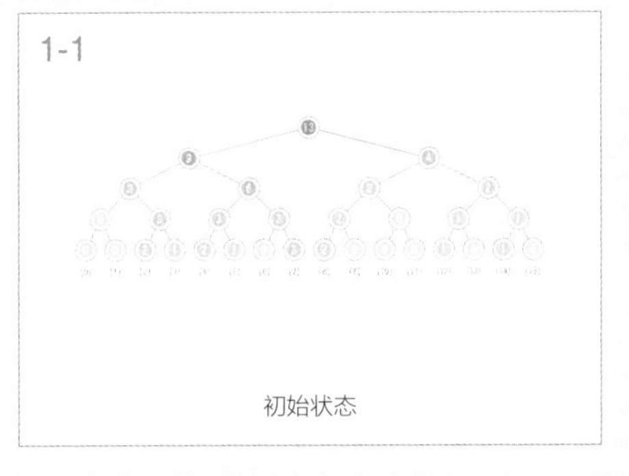

初始状态

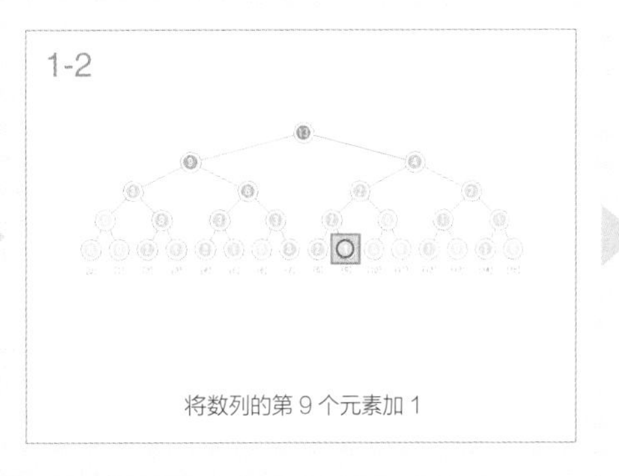

将数列的第 9 个元素加 1

将父节点更新为左子节点的值 2 与右子节点的值 1 的和

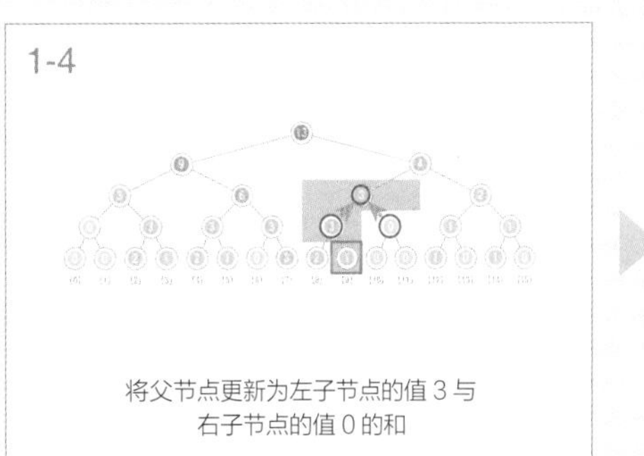

将父节点更新为左子节点的值 3 与右子节点的值 0 的和

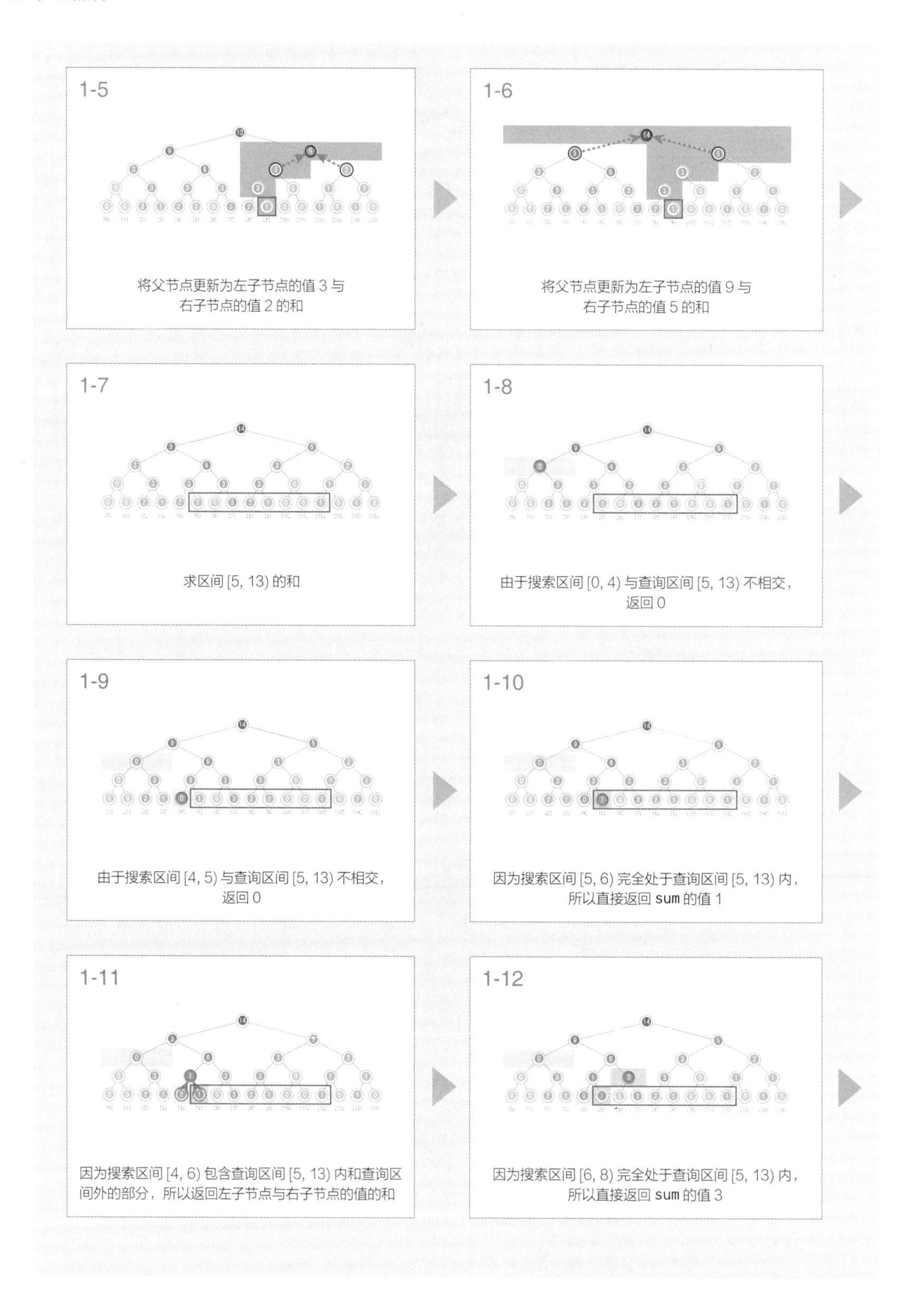
1-5
将父节点更新为左子节点的值 3 与
右子节点的值 2 的和
1-6
将父节点更新为左子节点的值 9 与
右子节点的值 5 的和
1-7
求区间 [5, 13) 的和
1-8
由于搜索区间 [0, 4) 与查询区间 [5, 13) 不相交，
返回 0
1-9
由于搜索区间 [4, 5) 与查询区间 [5, 13) 不相交，
返回 0
1-10
因为搜索区间 [5, 6) 完全处于查询区间 [5, 13) 内，
所以直接返回 sum 的值 1
1-11
因为搜索区间 [4, 6) 包含查询区间 [5, 13) 内和查询区
间外的部分，所以返回左子节点与右子节点的值的和
1-12
因为搜索区间 [6, 8) 完全处于查询区间 [5, 13) 内，
所以直接返回 sum 的值 3

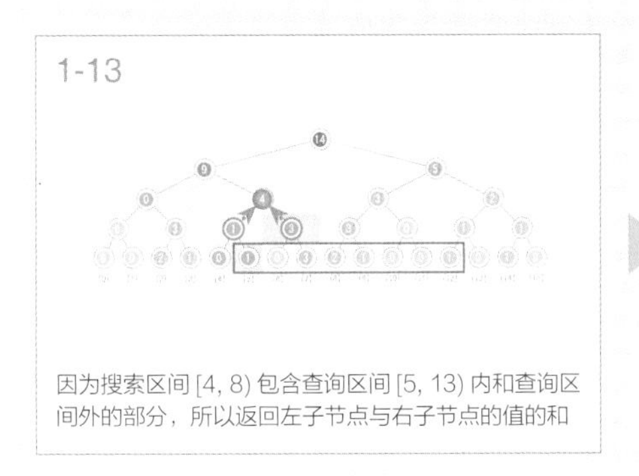
1-13

因为搜索区间 [4, 8) 包含查询区间 [5, 13) 内和查询区间外的部分，所以返回左子节点与右子节点的值的和

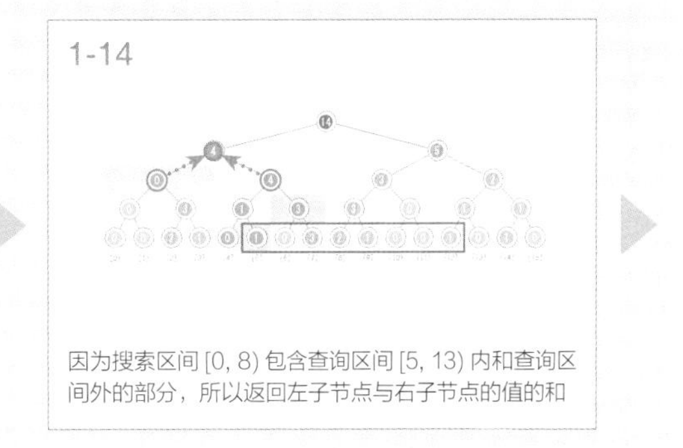
1-14

因为搜索区间 [0, 8) 包含查询区间 [5, 13) 内和查询区间外的部分，所以返回左子节点与右子节点的值的和

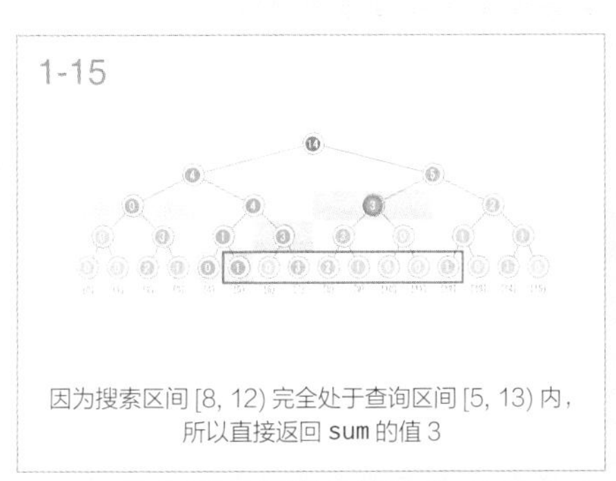
1-15

因为搜索区间 [8, 12) 完全处于查询区间 [5, 13) 内，所以直接返回 sum 的值 3

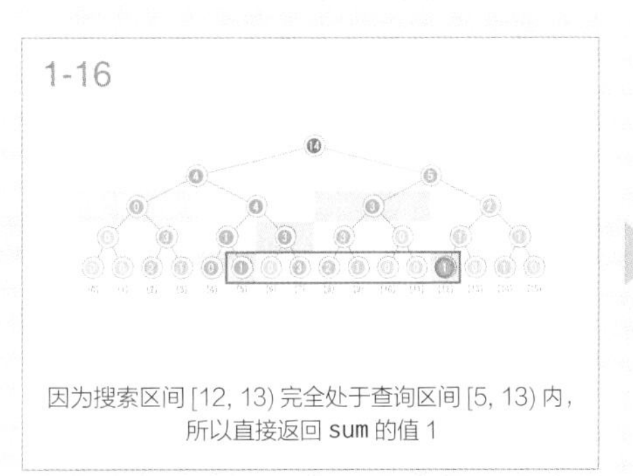
1-16

因为搜索区间 [12, 13) 完全处于查询区间 [5, 13) 内，所以直接返回 sum 的值 1

1-17 ~ 1-21 省略

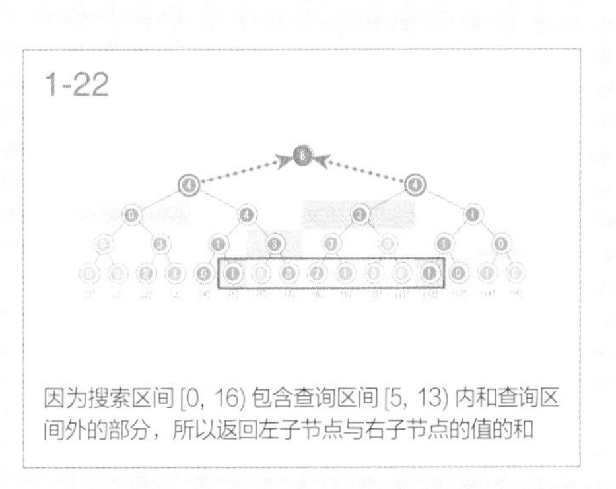
1-22

因为搜索区间 [0, 16) 包含查询区间 [5, 13) 内和查询区间外的部分，所以返回左子节点与右子节点的值的和

为了响应单个元素的加法、减法运算及区间和查询，每个节点记录该区间的和 sum，该值在数据更新后也会得到维护。

在单个元素的更新处理中，算法以数列中的指定元素对应的叶子节点作为起点，朝着根节点的方向更新 sum。它被更新为当前节点 k 的左右两个子节点值的和。

在区间和查询中，算法利用内部节点的值（如果内部节点有值，就无须查找子孙节点）来高效地求出指定区间的和。对于 $[l, r)$ 和 $[a, b)$ 不相交的情况，由于对 RSQ 的答案没有影响，算法返回 0。对于 $[l, r)$ 完全处于 $[a, b)$ 内的情况，由于可以确定区间和，算法直接返回区间和。对于其他情况，算法将递归计算左子节点和右子节点的答案，并返回二者的和。

```
# 用于 RSQ 的线段树
class RSQ:
    N   # 满二叉树的节点数
    n   # 数列的元素数量 = 叶子节点的数量
    sum # 记录和的数列

    # 对所需的最低限度数量的数列元素进行初始化
    init(len):
        n ← 1
        while n < len:
            n ← n * 2  # 叶子节点的数量 n 乘以 2 的幂
        N ← 2 * n - 1  # 调整满二叉树的节点数量
        for i ← 0 to N-1:
            sum[i] ← 0

    findSum(a, b):
        return query(a, b, 0, 0, n)

    query(a, b, k, l, r):
        if r ≤ a or b ≤ l:
            res ← 0
        else if a ≤ l and r ≤ b:
            res ← sum[k]
        else:
            vl ← query(a, b, left(k), l, (l+r)/2)
            vr ← query(a, b, right(k), (l+r)/2, r)
            res ← vl + vr

        return res

    # 将第 k 个元素的值加 x
    update(k, x):
        k ← k + n - 1
        sum[k] ← sum[k] + x

        while  k > 0:
            k ← parent(k)
            sum[k] ← sum[left(k)] + sum[right(k)]

    left(k):
        return 2 * k + 1

    right(k):
        return 2 * k + 2

    parent(k):
        return (k - 1) / 2
```

与用于 RMQ 的线段树相同，对单个元素的更新与区间和查询的时间复杂度都是 $O(\log N)$。

第29章

搜索树

搜索树是一种用于查找键的树结构，常被用于提供集合或字典功能的数据结构。有多种数据结构可以提供字典功能，包括搜索树、列表和哈希表等，它们都有各自的特点和缺点。为了有效地使用内存，提高搜索效率，并保持元素的顺序，需要付出许多的努力。

本章将介绍别具创意的搜索树，它是提供了高效的有序字典功能的高级数据结构。

- 二叉查找树
- 旋转
- 树堆

29.1 二叉查找树

★★★★★

排序字典

对字典的内容进行管理，使其保持已排序的状态，就能更灵活地响应各种请求。

请实现在数据的搜索、添加、删除之外，能够管理和提供已排序元素的字典数据结构。在本节中，键和值被合在一起，只有键中包含实际的数据。

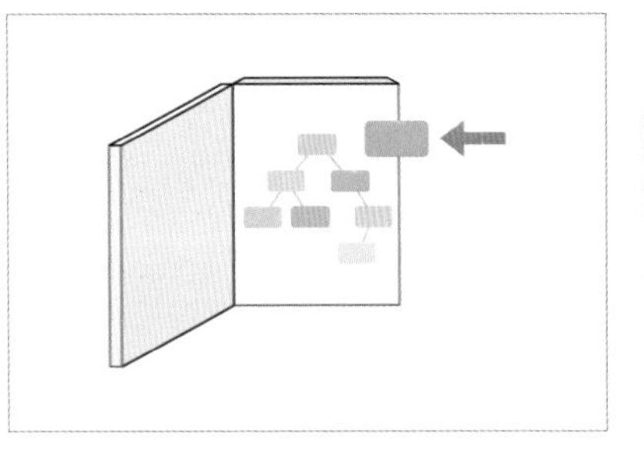

对排序字典进行搜索、添加、删除操作

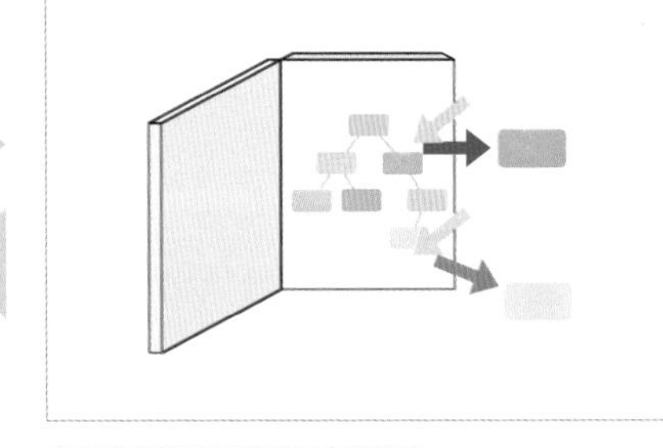

查询的响应和已排序元素的输出

- 操作、查询的数量 $Q \leqslant 100\ 000$
- $0 \leqslant$ 键 $\leqslant 100\ 000\ 000$

二叉查找树 Binary Search Tree

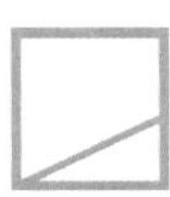

二叉查找树是每个节点都拥有键，并且总是满足以下条件的搜索树。

设 x 是属于二叉查找树的节点，y 是属于 x 的左子树的节点，z 是属于 x 的右子树的节点，那么 y 的键 $\leqslant x$ 的键 $\leqslant z$ 的键。

本节主要介绍向二叉查找树添加键的算法。

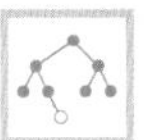

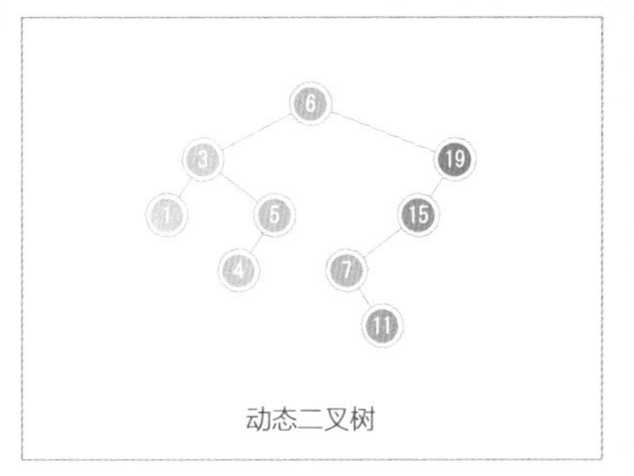

动态二叉树

	字典中保存的键	key

搜索添加键的插入场所

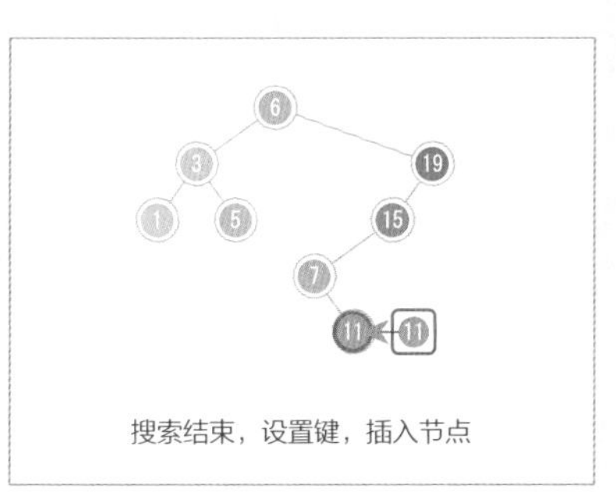

搜索结束，设置键，插入节点

数据的搜索和插入		
	与当前的键比较，判断降到左侧还是右侧	
	if data < x.key:	
	指向已选择的子节点	x
	设置键，生成并插入节点	insert(data) 的后半部分
键的输出		
	使用中序遍历，依次输出键	inorder(u)

数据的搜索和插入

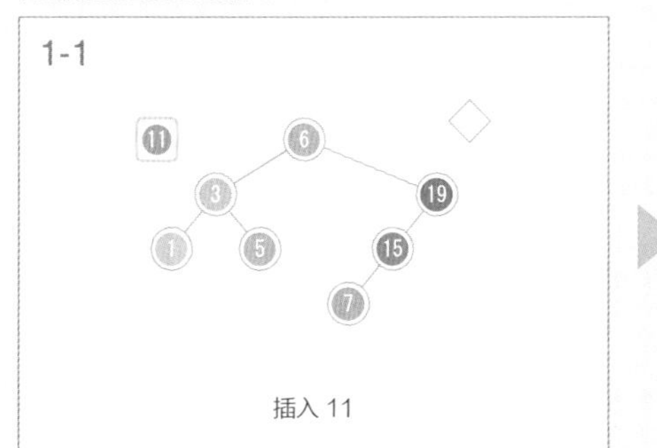

插入 11

1-2

与根节点的键 6 比较

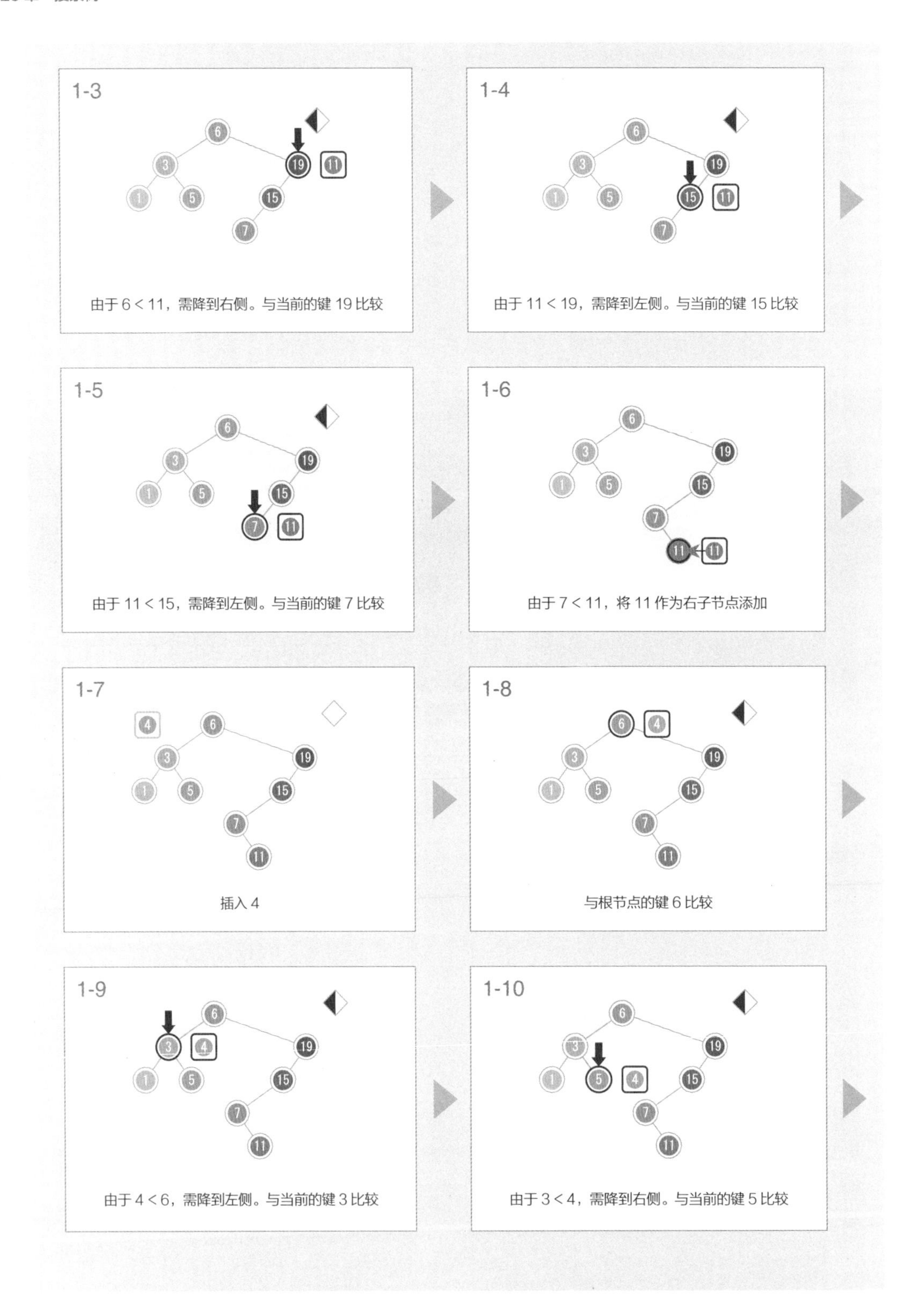
1-3
6
3
19
11
1
5
15
7
由于 6 < 11，需降到右侧。与当前的键 19 比较
1-4
由于 11 < 19，需降到左侧。与当前的键 15 比较
1-5
由于 11 < 15，需降到左侧。与当前的键 7 比较
1-6
由于 7 < 11，将 11 作为右子节点添加
1-7
4
插入 4
1-8
与根节点的键 6 比较
1-9
由于 4 < 6，需降到左侧。与当前的键 3 比较
1-10
由于 3 < 4，需降到右侧。与当前的键 5 比较

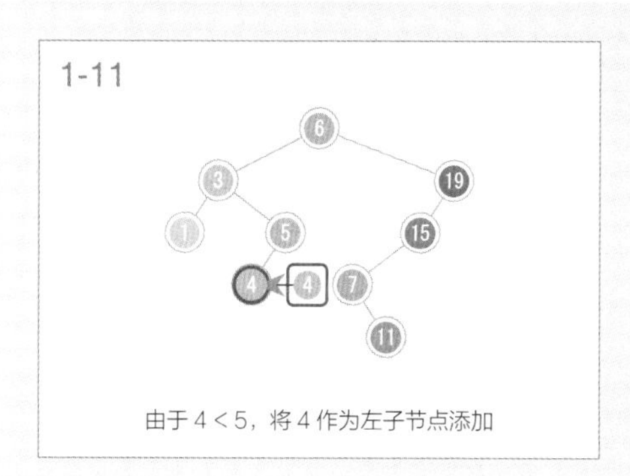

由于 4 < 5，将 4 作为左子节点添加

键的输出

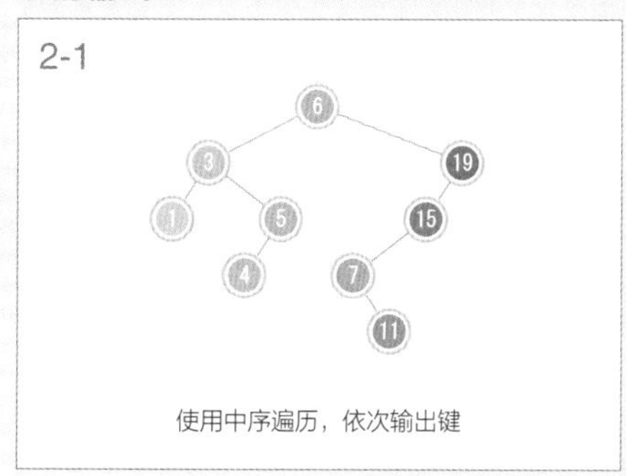

使用中序遍历，依次输出键

向二叉查找树添加新键的操作需要生成节点，并将其插入到满足二叉查找树条件的正确位置。保存了给定键的新节点将是现有二叉查找树的叶子节点的某个子节点。添加节点的位置是从根节点开始搜索的，将当前位置节点的键与给定的键进行比较，如果给定的键小，则下降到左子树，否则下降到右子树。当给定的键到达叶子节点时，算法再次根据键的大小关系判断它是哪个子节点，设置键，并添加节点。

这种插入算法也很容易应用于搜索指定键。

保持了键的排序状态的二叉查找树的一个特点是，对该树进行中序遍历，能够得到按升序排列的键的序列。此外，该算法还能够找到特定元素的位置，这就扩大了该算法的应用范围。而且，该算法也很容易找到最小值和最大值。

```
# 动态二叉树的节点
class Node:
    Node *parent
    Node *left
    Node *right
    key

# 动态二叉树
class BinaryTree:
    Node *root

    insert(data):
        Node *x ← root    # 从根节点开始搜索
        Node *y ← NULL    # x 的父节点

        # 确定新节点的父节点
        while x ≠ NULL:
            y ← x # 设置父节点
            if data < x.key:
                x ← x.left     # 移动到左子节点
            else:
                x ← x.right    # 移动到右子节点

        # 生成节点，设置指针
        Node *z ← 生成节点
        z.key ← data
        z.left ← NULL
        z.right ← NULL
        z.parent ← y

        if y = NULL: # 树为空的情况
            root ← z
        else if z.key < y.key:
            y.left ← z # 设 z 为 y 的左子节点
        else:
            y.right ← z # 设 z 为 y 的右子节点

    inorder(Node *u):
        if u = NULL: return
        inorder(u.left)
        输出 u.key
        inorder(u.right)
```

向二叉查找树上添加新的键（节点）的算法，其时间复杂度取决于树的高度 h，即 $O(h)$。如果二叉查找树的节点数为 N，且添加给定的键的序列后的树是平衡的，那么时间复杂度为 $O(\log N)$。不过，一般来说，添加的键和它们的顺序会导致树不平衡，变高。在最坏的情况下，树将变得像列表结构，每次添加或搜索的时间复杂度是 $O(N)$。

特点

虽然二叉查找树可被应用于实现已排序的字典，但那些不考虑树的平衡性的简易实现并不实用。基于二叉树的特性，它也可以被用作优先队列，但同样需要想办法维持树的平衡性。

29.2 旋转 ★★

子树的变形

如果能在满足二叉查找树条件的同时，将树变形为请求效率高的树的形状，我们就能维持平衡性良好的二叉查找树。

请对子树进行变形，但是变形前后，中序遍历得到的节点的访问顺序必须相同。

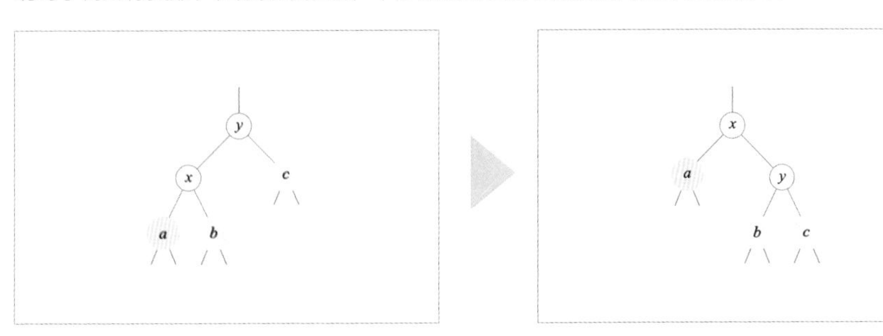

已确定根节点的子树

在满足二叉查找树条件的前提下变形后的子树

旋转 Rotate

对子树的旋转是在满足二叉查找树条件的前提下所进行的，如上图中改变节点的父子关系的操作所示。

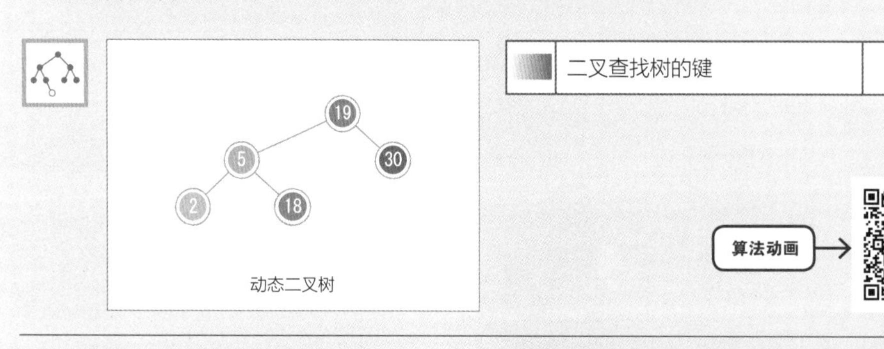

动态二叉树

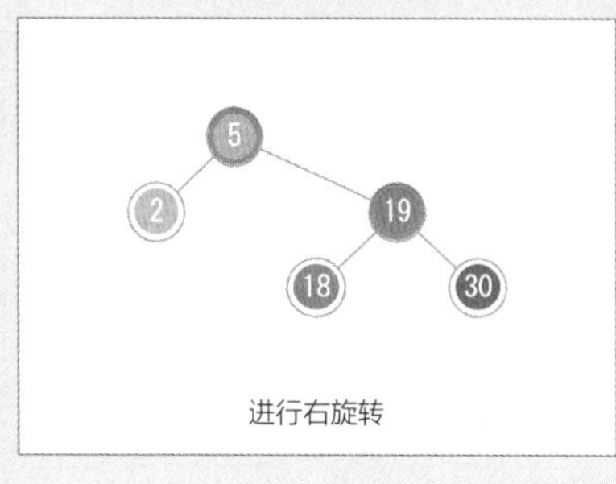

进行右旋转

旋转		
●	修改指针的连接	

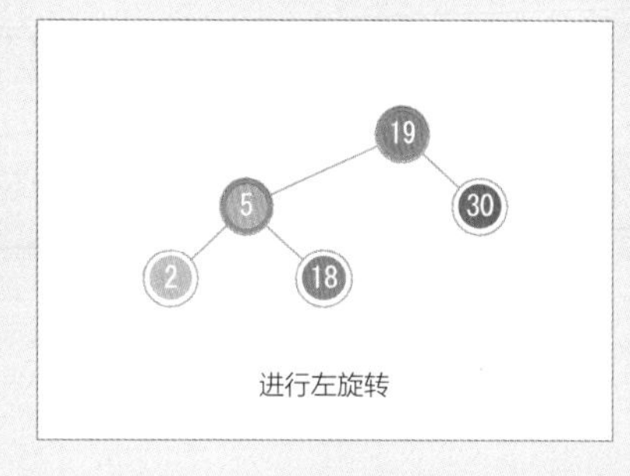

进行左旋转

旋转

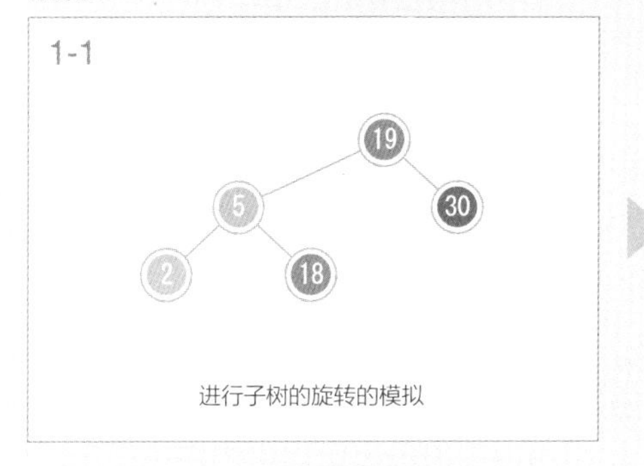

进行子树的旋转的模拟

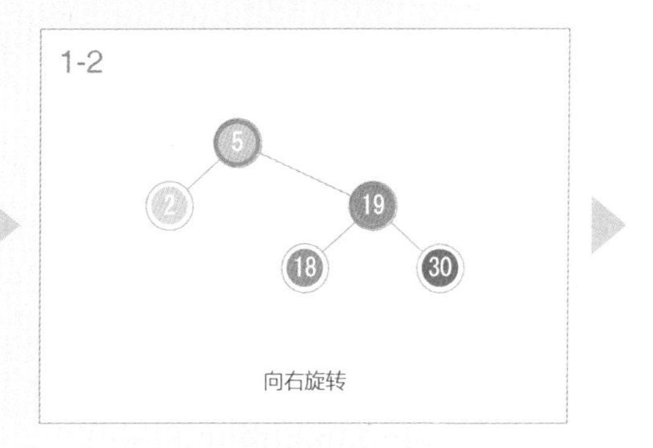

向右旋转

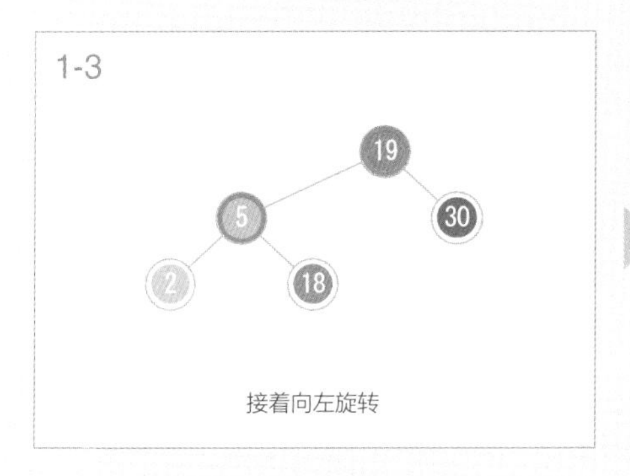

接着向左旋转

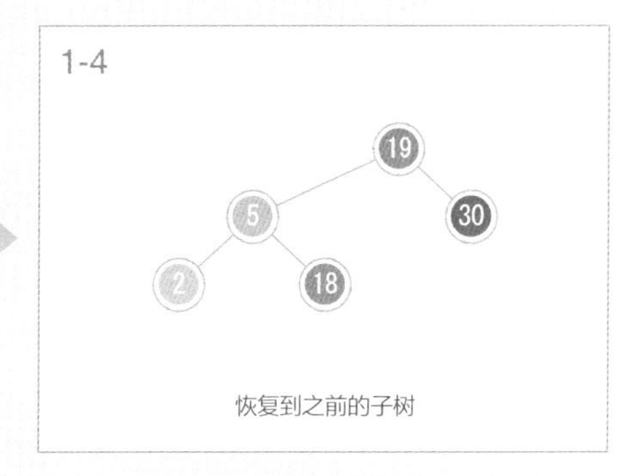

恢复到之前的子树

旋转操作虽然修改了树的形状，但是变形后的树仍然满足二叉查找树的条件。这意味着通过对该子树进行中序遍历得到的键的序列，其顺序保持不变。旋转分为右旋转和左旋转。右旋转将根节点的左子节点提升为新的根节点，旧根节点成为新根节点的右子节点，新根节点原来的右子节点成为旧根节点（新根节点的右子节点）的左子节点。同样地，左旋转将根节点的右子节点提升为新的根节点，旧根节点成为新根节点的左子节点。

旋转操作是通过修改指针的连接来进行的，如伪代码所示。虽然需要修改连接的只有两个节点，但要重点注意指针的连接顺序。

```
rightRotate(Node *t):
    Node *s ← t.left
    t.left ← s.right
    s.right ← t
    return s # 返回子树的新根节点

leftRotate(Node *t):
    Node *s ← t.right
    t.right ← s.left
    s.left ← t
    return s # 返回子树的新根节点
```

因为旋转操作只修改一定数量的指针的连接，所以时间复杂度是 $O(1)$。

旋转操作作为实现平衡搜索树的基本操作，已被应用于多种高级数据结构，如红黑树和树堆，它们都是平衡性良好的二叉查找树。

29.3 树堆

排序字典

对字典的内容进行管理，使其保持已排序的状态，就能更灵活地响应各种请求。

请实现在数据的搜索、添加、删除之外，能够管理和提供已排序元素的字典数据结构。在本节中，键和值被合在一起，只有键中包含实际的数据。

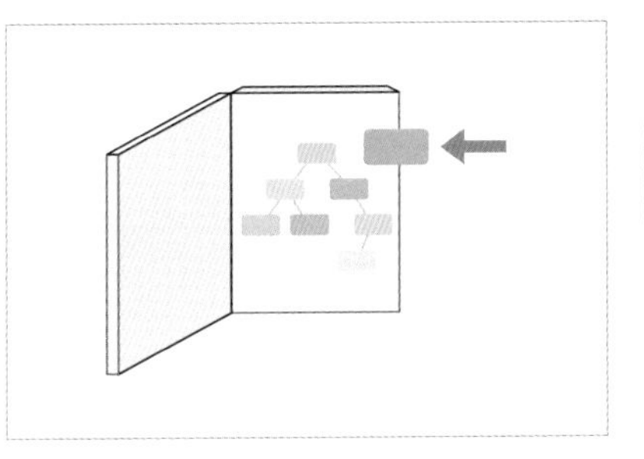

对排序字典进行搜索、添加、删除操作

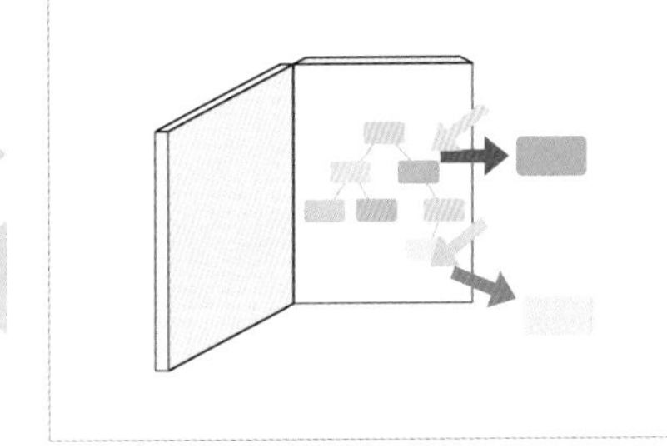

查询的响应和已排序元素的输出

- 操作、查询的数量 $Q \leqslant 100\ 000$
- $0 \leqslant$ 键 $\leqslant 100\ 000\ 000$

树堆 Treap

树堆是满足以下二叉查找树和堆二者条件的搜索树。

- 如果 x 是属于搜索树的节点，y 是属于 x 的左子树的节点，z 是属于 x 的右子树的节点，那么 y 的键 $\leqslant x$ 的键 $\leqslant z$ 的键。
- 如果 x 是属于搜索树的节点，c 是 x 的子节点，那么 c 的优先级 $< x$ 的优先级。

树堆使用维护优先级的旋转操作来保持树的平衡。本节主要介绍数据的插入和删除的算法。

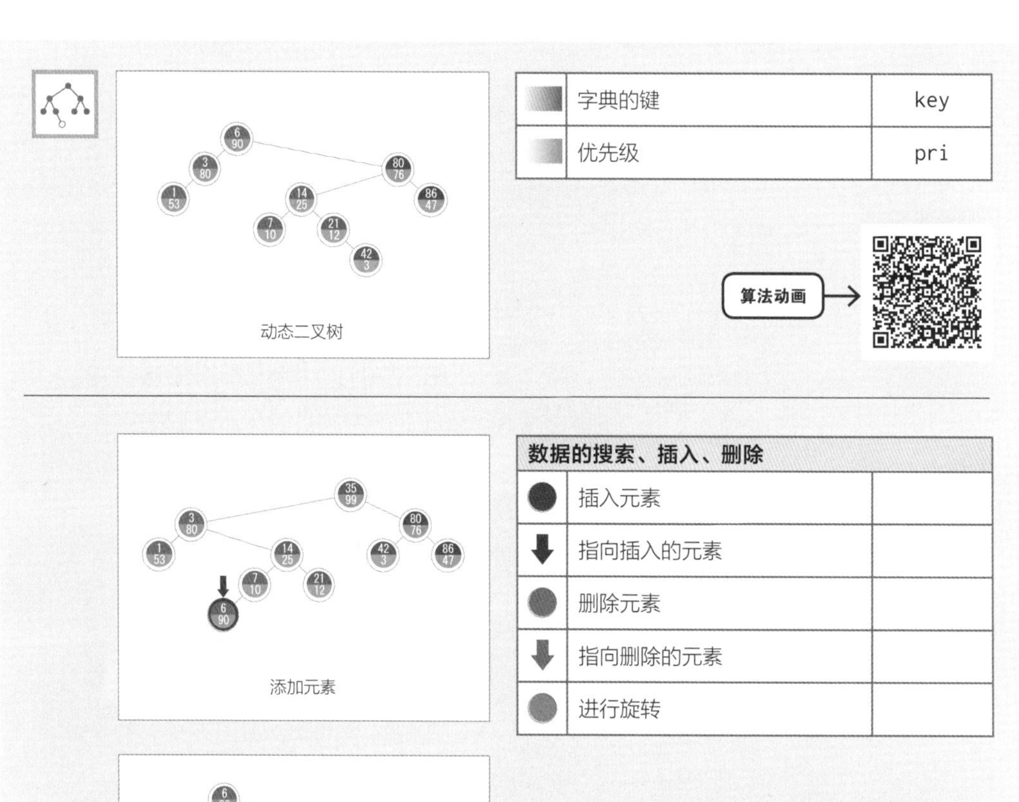

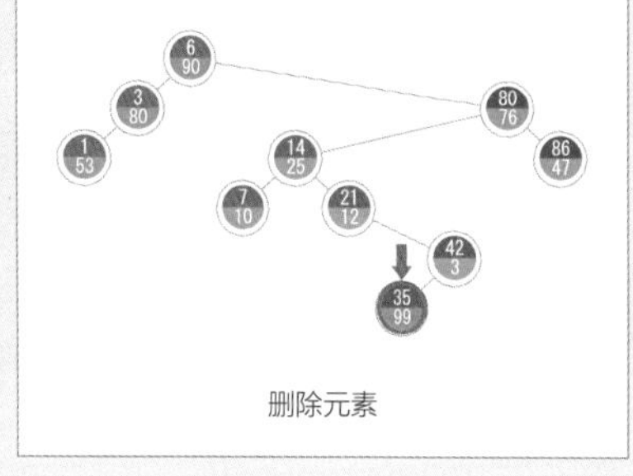
删除元素

数据的搜索、插入、删除

1-1

对该树堆进行数据的插入和删除

1-2

插入 (6, 90)

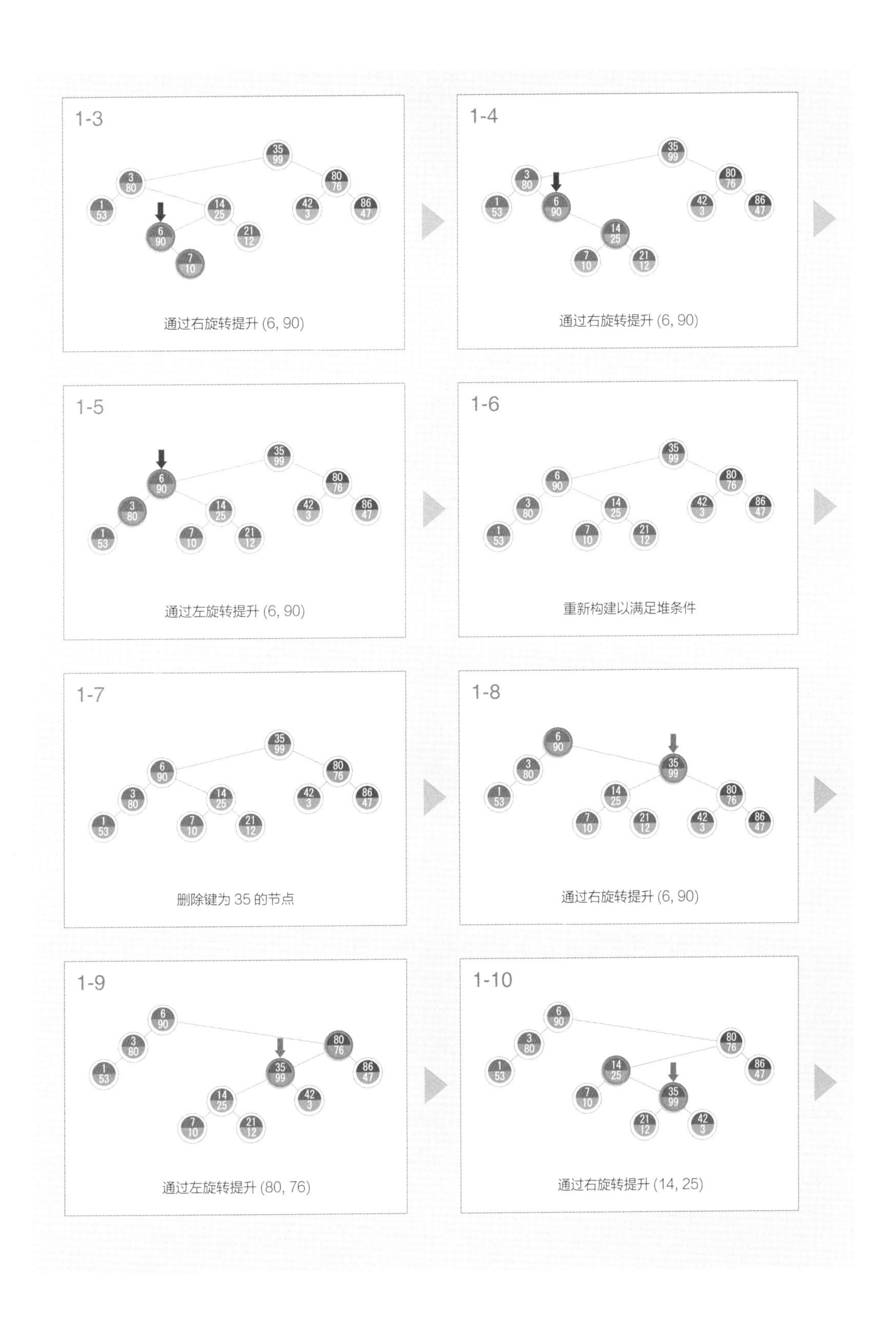
1-3
35
99
3
80
80
76
1
53
14
25
42
3
86
47
6
90
21
12
7
10
通过右旋转提升 (6, 90)
1-4
通过右旋转提升 (6, 90)
1-5
通过左旋转提升 (6, 90)
1-6
重新构建以满足堆条件
1-7
删除键为 35 的节点
1-8
通过右旋转提升 (6, 90)
1-9
通过左旋转提升 (80, 76)
1-10
通过右旋转提升 (14, 25)

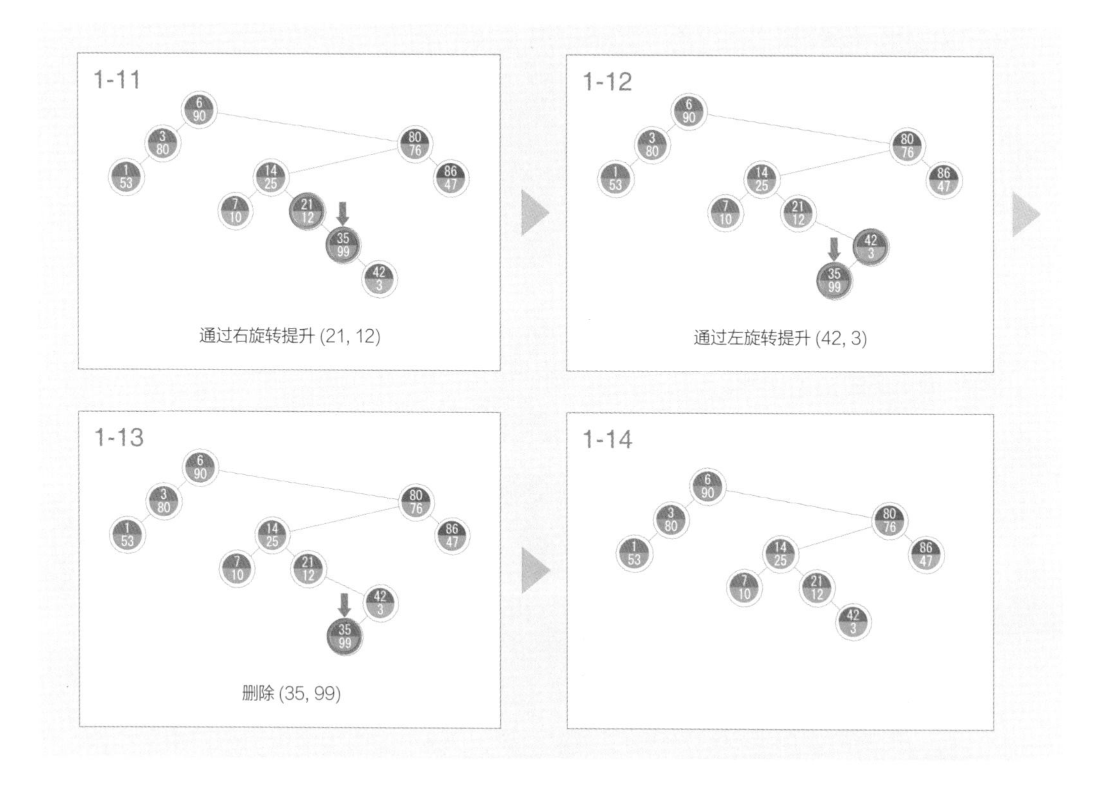

树堆上的每个元素由（键，优先级）组成，但只有键是数据实体，而且这些键总是满足二叉查找树的条件，而优先级满足堆条件（最大）。为了使树保持良好的平衡，优先级应该随机分布。

当向树堆添加新元素时，应使用与普通的二叉查找树的插入操作相同的方法，插入由给定的键和随机生成的优先级的组构成的元素。插入后，虽然二叉查找树的条件得到满足，但堆的优先级条件可能不再满足，所以我们通过旋转将插入的元素向根节点提升，直到满足堆条件为止。

要从树堆中删除给定键的元素，首先要像普通的二叉查找树一样搜索该节点，找到后再通过旋转将其下降到叶子节点。进行旋转时，选择子节点以使优先级更高的子节点得到提升。删除对象被移到叶子节点后，就可以很容易地删除它。

```
class Node:
    Node *left
    Node *right
    key
    pri

class Treap:
    Node *root

    # 递归搜索插入位置
    insert(Node *t, key, pri):
        # 到达叶子节点时，生成并返回节点
        if t = NULL:
            return Node(key, pri) # 返回指针

        # 忽略重复的键
        if key = t.key:
            return t

        if key < t.key: # 移动到左子节点
            # 返回的节点成为左子节点
            t.left ← insert(t.left, key, pri)
            # 如果该节点的优先级高，通过右旋转提升该节点
            if t.pri < t.left.pri:
                t ← rightRotate(t)
        else: # 移动到右子节点
            # 返回的节点成为右子节点
            t.right ← insert(t.right, key, pri)
            # 如果该节点的优先级高，通过左旋转提升该节点
            if t.pri < t.right.pri:
                t ← leftRotate(t)

        return t

    # 递归搜索对象
    erase(Node *t, key):
        if t = NULL:
            return NULL

        if key = t.key: # t是删除对象
            if t.left = NULL and t.right = NULL: # t是叶子节点
                return NULL
            else if t.left = NULL:               # t只有一个右子节点
                t ← leftRotate(t)
            else if t.right = NULL:              # t只有一个左子节点
                t ← rightRotate(t)
            else:                                # t有两个子节点
```

```
            # 提升优先级高的子节点
            if t.left.pri > t.right.pri
                t ← rightRotate(t)
            else:
                t ← leftRotate(t)
        return erase(t, key)

    # 递归搜索对象
    if key < t.key:
        t.left ← erase(t.left, key)
    else:
        t.right ← erase(t.right, key)

    return t
```

对树堆进行数据的搜索、插入和删除的时间复杂度取决于树的高度。树的高度取决于给定的操作、键和生成的优先级，通过随机生成优先级可保证树是平衡的，对树堆的操作有望以时间复杂度 $O(\log N)$ 完成。

提供排序字典的优秀算法有好几种，树堆是其中比较容易实现的强大的数据结构。字典在许多编程语言中是标配，是信息处理中不可或缺的概念。此外，排序字典不能基于哈希表提供。像树堆这样良好的二叉查找树由于保留了键的顺序，得以进行元素列表化、枚举指定范围的元素等各种操作。

字典数据结构比较表

算　法	时间复杂度	内存效率是否良好	是否有顺序	应　用
链表	×	○	○有顺序	列表、字典
哈希表	○	×	×	字典
二叉查找树	△	○	○已排序	字典、集合、优先队列、最大堆、最小堆
树堆	○	○	○已排序	字典、集合、优先队列、最大堆、最小堆

参考文献

1.《挑战程序设计竞赛 2：算法和数据结构》(原书名：プログラミングコンテスト攻略のためのアルゴリズムとデータ構造 作者：[日]渡部有隆 中文版由图灵出品，于 2016 年由人民邮电出版社出版)

2.《挑战程序设计竞赛》(原书名：プログラミングコンテストチャレンジブック 作者：[日]秋叶拓哉，岩田阳一，北川宜稔 中文版由图灵出品，于 2013 年由人民邮电出版社出版)

3.《C/C++ 编程入门：基于 Online Judge 网站》(原书名：オンラインジャッジで始める C/C++ プログラミング入門 作者：[日]渡部有隆 国内未出版)

4.《算法导论》(原书名：Introduction to Algorithms 作者：Thomas H. Cormen，Charles E. Leiserson，Ronald L. Rivest，Clifford Stein 中文版于 2013 年由机械工业出版社出版)

5. Yutaka Watanobe and Nikolay Mirenkov, Hybrid intelligence aspects of programming in *AIDA, Future Generation Computer Systems, 37, 417-428, 2014, Elsevier Publisher.

6. Yutaka Watanobe, Nikolay N. Mirenkov, and Rentaro Yoshioka, Algorithm Library based on Algorithmic CyberFilms, Journal on Knowledge-Based Systems, 22, 195-208, 2009, Elsevier Publisher.

7. Yutaka Watanobe, Nikolay N. Mirenkov, Rentaro Yoshioka, Oleg Monakhov, Filmification of methods: A visual language for graph algorithms, Journal of Visual Languages and Computing, 19(1), 123-150, 2008, Elsevier Publisher.

作者介绍

渡部有隆（Watanobe Yutaka）

出生于 1979 年，计算机理工学博士。日本会津大学计算机理工学部信息系统学部门副教授。专业领域为可视化编程语言。AIZU ONLINE JUDGE 开发者。

尼古拉·米连科夫（Nikolay Mirenkov）

苏联新西伯利亚电气工程研究所（今俄罗斯新西伯利亚国立技术大学）毕业。研究方向是可视化和分布式计算。历任会津大学教授、会津大学副校长、会津大学特聘荣誉教授。

说　　明

本书的相关网址

以下网址提供了关于本书的补充信息、勘误表等，敬请参考。

https://www.ituring.com.cn/book/2954

- 本书记载的产品、软件或服务的版本、界面、功能、URL、产品的规格等都是 2020 年 2 月撰写时的信息。这些信息有可能发生变更，敬请知悉。
- 本书记载的内容仅以信息的提供为目的。请读者完全基于个人的责任和判断使用本书。
- 本书出版之际，我们力求内容的准确，但原书作者、译者及出版社均不对本书内容做任何保证，对于由本书内容产生的任何后果概不负责。敬请知悉。
- 本书中出现的公司名称、产品名称为各公司的商标或注册商标。正文中一概省略 ©、®、™ 等标识。